集成电路基础与实践技术丛书

薄膜晶体管液晶显示（TFT LCD）技术原理与应用

邵喜斌　廖燕平　陈东川　宋勇志　刘　磊　编著

电子工业出版社·

Publishing House of Electronics Industry

北京·BEIJING

内 容 简 介

薄膜晶体管液晶显示产业在中国取得了迅猛的发展，每年吸引着大量的人才进入该产业。本书基于作者在薄膜晶体管液晶显示器领域的开发实践与理解，并结合液晶显示技术的最新发展动态，首先介绍了光的偏振性及液晶基本特点，然后依次介绍了主流的广视角液晶显示技术的光学特点与补偿技术、薄膜晶体管器件的 SPICE 模型、液晶取向技术、液晶面板与电路驱动的常见不良与解析，最后介绍了新兴的低蓝光显示技术、电竞显示技术、量子点显示技术、Mini LED 和 Micro LED 技术及触控技术的原理与应用。

本书对从事半导体显示器生产、开发和研究的工程技术人员，以及学校、研究所的学生和研究学者具有重要的参考价值。

图书在版编目（CIP）数据

薄膜晶体管液晶显示（TFT LCD）技术原理与应用 / 邵喜斌等编著. —北京：电子工业出版社，2022.9

（集成电路基础与实践技术丛书）

ISBN 978-7-121-44164-6

Ⅰ. ①薄… Ⅱ. ①邵… Ⅲ. ①薄膜晶体管—液晶显示器 Ⅳ. ①TN321 ②TN141.9

中国版本图书馆 CIP 数据核字（2022）第 151268 号

责任编辑：刘海艳

印　　刷：北京缤索印刷有限公司
装　　订：北京缤索印刷有限公司
出版发行：电子工业出版社
　　　　　北京市海淀区万寿路 173 信箱　邮编　100036
开　　本：720×1 000　1/16　印张：24.25　字数：489 千字
版　　次：2022 年 9 月第 1 版
印　　次：2023 年 8 月第 2 次印刷
定　　价：168.00 元

序

2003 年，索尼正式宣布将停止特丽珑显像管的生产及民用销售，这标志着笨重、难以大尺寸化的 CRT 时代宣告终结，具有轻薄、便携化、易大尺寸化的 TFT LCD 显示技术逐步成为半导体显示舞台的主角。然而，面对这场疾风骤雨般的产业变革，处在世纪之交的中国显示产业并没有提前做好应对准备，这也导致"缺芯少屏"在相当长的一段时间内成为掣肘中国追赶全球信息革命步伐的关键要素。

可喜的是，自 2003 年以来，以京东方为代表的中国显示器件制造企业不畏艰难、开拓创新，通过"海外收购、国内扎根、消化吸收再创新"战略，高起点切入液晶显示领域，并于 2005 年实现中国大陆首条自主建设的第 5 代 TFT LCD 生产线投产，历经近 20 年的创新发展，推动中国半导体显示产业不断发展壮大、实现历史跨越。时至今日，京东方在显示器件整体及五大主流产品的出货量已连续多年稳居世界第一，全球每四块显示屏中就有一块来自京东方。同时，预计 2022 年底全球液晶面板出货产能中，中国大陆占比将提升至 70% 以上，中国显示产业已成为全球显示产业最重要的增长极，困扰我们多年的"缺芯少屏"中的"少屏"问题已经解决。中国半导体显示产业的蓬勃发展，也有力推动了全球电子信息产业的迭代升级，更在一定程度上加速移动互联网的快速普及。

站在"两个一百年"奋斗目标的历史交汇点和"十四五"开局的新起点，我们正迎来一个全新的万物互联时代。半导体显示产品成为物联网时代的"重要端口"和"第一触点"，与物联网新兴产业深度融合，并通过技术和产品升级持续赋能各细分应用场景，"显示无处不在"的呼唤已成为现实，半导体显示产业将迎来新一轮增长机遇。创新永远是产业发展的源动力，只有永葆对技术的尊重和对创新的坚持，才能牢牢把握产业发展机遇，实现良性竞争和持续稳定增长。

虽然目前 TFT LCD、AMOLED、Mini LED、Micro OLED 等显示技术蔚然成荫、竞相争艳，但纵观市场全局，TFT LCD 在当前及未来相当长的一段时间内仍将是绝对的出货主力，而通过持续的技术挖潜和产品创新，TFT LCD 技术仍将保持旺盛的生命力。京东方自 2003 年进入半导体显示领域以来，深刻洞察行业内在发展规律，持续挖掘 TFT LCD 前沿技术和创新应用，多年来已积累丰富的创新成果和智力资本，为京东方成为全球领先的行业龙头奠定了坚实基础。本书正是京东方在 TFT LCD 领域持续深耕、创新求索的智慧结晶，是由邵喜斌、廖燕平、陈东川、宋勇志和刘磊这五位作者在 2016 年出版的《薄膜晶体管液晶显示器显示原理与设计》基础上撰写完成的进阶版本，是以这五位作者为代表的京东方同仁在多年工作实践中的创新成果集萃和实践经验总结。我相信本书的出版，定将为业内同仁和高校师生提供有益参考，助力中国半导体显示产业培育一批基础扎实、富有创新力的优秀人才，并为推动中国半导体显示产业长期稳定高质量发展贡献一份力量。

京东方科技集团董事长

2022 年 2 月 10 日

前　言

当今半导体显示技术日新月异，新材料、新工艺、新型显示技术层出不穷，无处不在的显示产品，如手机、电视、平板、车载中控、广告屏和监控器等，给人们的日常生活与出行带来了极大的便利。当前，薄膜晶体管液晶显示技术依然是半导体显示技术的主流，并在新兴的量子点技术、Mini LED 背光技术和新型氧化物半导体技术的加持下，进一步提升了液晶显示产品的技术竞争力，拓宽了市场应用场景，也给消费者带来了全新的体验。

薄膜晶体管液晶显示产业在中国取得了迅猛的发展，每年也吸引着大量的人才进入该产业。本书的撰写结合了液晶显示基本原理、产品开发实践经验和新型技术发展动态等方面的知识内容，与行业内已出版书籍相比，内容上具有互补和紧跟技术发展前沿的特点，为读者提供基本物理原理、基本概念、显示专业技术基础等基础知识与基本技能，希望有助于读者更全面、更深入地了解技术原理，起到开拓思路、抛砖引玉、激发创新思维的作用。

本书的撰写，除了我们几位作者对知识的汇总与统稿，还得到了公司同事、同行专家的帮助与指导，在此表示诚挚的感谢，他们（敬称略）是：第 1 章感谢郭远辉和杜悦等同事；第 2 章感谢西安彩晶的邓登、闫路和陆涛等专家；第 3 章感谢曲莹莹、郭远辉和江鹏等同事；第 4 章感谢华大九天的常江、李晓坤、朱能勇和王梓轩等专家及缪应蒙同事；第 5 章感谢薄灵丹、田晓菡、杜悦、崔明珠和彭昭宇等同事；第 6 章感谢崔晓鹏、刘冬、刘荣铖和林洪涛等同事；第 7 章感谢肖利军和汪建明等同事及奕斯伟的王健铭专家；第 8 章与第 9 章感谢杨炜帆、刘杰和魏重光等同事；第 12 章感谢张银龙、肖利军、赵重阳和郭俊杰等同事。此外，还特别感谢深圳市视显光电技术有限公司对我们 75 英寸 8K 288Hz 和 4K 576Hz 技术开发的大力支持（样品于 2022 年 5 月在美国 SID 展会上展出），以及京东方大学堂徐涛老师对本书出版的支持与帮助。

本书顺利出版，感谢"科技北京百名领军人才培养工程"（项目编号 lj201807）的经费资助。本书撰写过程中，虽然我们力求尽善尽美，但是才学有限，并且技术发展太快，不妥或疏漏之处在所难免，恳请读者批评指正。

作者
2022 年 2 月

目　　录

第 *1* 章   偏振光学基础与应用

光具有波粒二象性。由于光的波动性，可以认为光本质上属于特定波长范围内的电磁辐射波。电磁辐射波在真空中匀速传播，存在干涉和衍射现象。电磁辐射波具有一定的波长和振幅，可用一对波长和振幅值表示，也可用频率（与波长成反比）和辐射强度（与振幅成正比）表示。常见电磁波辐射波长范围如图 1.1 所示。目前所知具有最短波长的是伽马射线（γ Rays），波长约 $10^{-12} \sim 10^{-14}$m；具有最长波长的是电视广播波段，波长约 10^4m。在如此宽广的波长分布范围内，只有 $380 \sim 780$nm 范围内的电磁波能被人眼所感知，为可见光，其余为非可见光。在可见光范围，随着波长由长变短，人眼识别到的颜色分别为红、橙、黄、绿、青、蓝、紫。

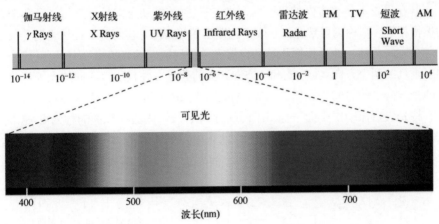

图 1.1   常见电磁波辐射波长范围

1.1   光的偏振性

由光学原理知道，光是横波，它的电矢量 **E** 和磁矢量 **H** 相互垂直，且又垂直

于光的传播方向 k，如图 1.2 所示。通常用电矢量 E 代表光矢量，并将光矢量 E 和光的传播方向 k 所构成的平面称为光的振动面。把光矢量振动保持在特定振动方向的状态，称为光的偏振态。按照光矢量在不同振动状态下其矢量末端在垂直于光传播方向平面内的轨迹，可以把光分为 5 种偏振态：自然光、部分偏振光、线偏振光、圆偏振光和椭圆偏振光。能使自然光变成偏振光的装置或器件，称为起偏器（Polarizer）；用来检验偏振光的装置或器件，称为检偏器（Analyzer）。在液晶显示器件中，液晶盒贴有下偏光片和上偏光片，分别起到起偏器和检偏器的作用。

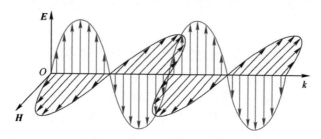

图 1.2　光波中电矢量与磁矢量及其传播方向

1.1.1　自然光与部分偏振光

若在垂直于传播方向的平面内，光矢量 E 的振动方向是任意的，且各个方向的振幅相等，则称为自然光。一般光源发出的光，都是自然光。自然光的光矢量 E 在各个方向传播，并且振幅相等。自然光中任何取向的光矢量 E 都可以被分解为相互垂直的两个方向（x 方向和 y 方向）上的分量，并且所有取向的光矢量分解在这两个方向上的时间平均值必相等，如图 1.3（a）所示；分解为互相垂直的两个方向，将光矢量振动中平面平行于纸面的称为 P 波，垂直于纸面的称为 S 波，如图 1.3（b）所示。但是必须注意，由于自然光中各电矢量之间无固定的相位关系，所以其中任何两个取向不同的电矢量不能合成为一个单独的矢量。

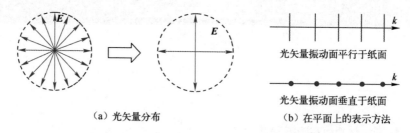

（a）光矢量分布　　　　　　　　　（b）在平面上的表示方法

图 1.3　自然光的光矢量分布和在平面上的表示方法

部分偏振光是光矢量在某个方向上振动占优势的偏振光，可以分解为两束

振动方向相互垂直、振幅不相等且无
固定相位关系的线偏振光，如图 1.4
所示。

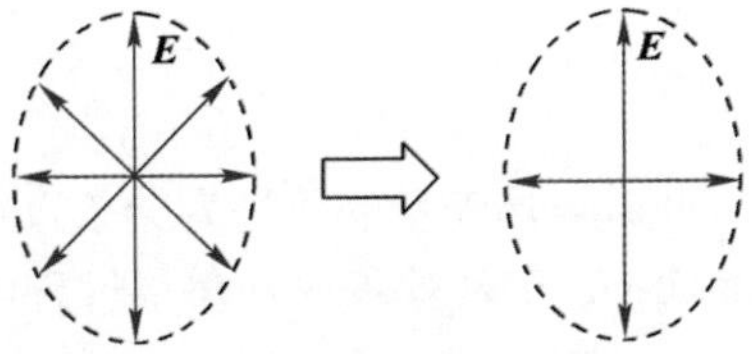

图 1.4　部分偏振光的光矢量分布

1.1.2　偏振光

振动和波是经典物理学中的一种重
要的运动形式，我们可以把波分成 3 类：电磁波、机械波和物质波。这 3 种波虽说
本质不同，但是它们的波动具有共同的特征，波动所遵守的规律也很相似，都能用
形式类似的波函数描述波动状态。

描述光波波函数，只要知道振幅和相位
差，就可以用数学公式表达出来。如图 1.5 所
示，k 表示光沿着 z 轴传播的方向，代表任意
偏振态的光矢量 E 可分解成两个偏振方向互
相垂直的偏振分量。不失一般性，光波可以表
达为

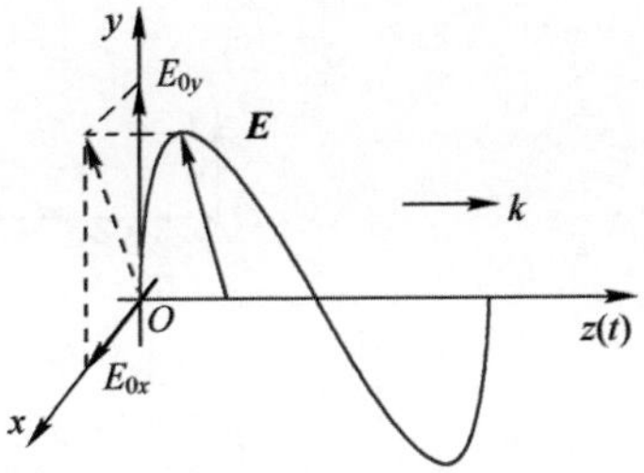

图 1.5　任意光矢量 E 的分解示意图

$$E = E_0 \cos(\tau + \delta_0) \tag{1.1}$$

式中，E_0（很多文献中用 A）为光矢量的振幅；
$\tau = \omega t - kz$。（式 1.1）写成分量形式为

$$E_x = E_{0x} \cos(\tau + \delta_1) \tag{1.2}$$

$$E_y = E_{0y} \cos(\tau + \delta_2) \tag{1.3}$$

式中，E_{0x}（很多文献中用 A_x）和 E_{0y}（很多文献中用 A_y）分别为光矢量在 x 轴和 y
轴的最大振幅；ω 为角频率；δ_1 和 δ_2 为相位。

为了求得电场矢量端点所描述的曲线，把参变量 τ 消去，得到

$$\left(\frac{1}{E_{0x}}\right)^2 E_x^2 + \left(\frac{1}{E_{0y}}\right)^2 E_y^2 - 2\frac{E_x E_y}{E_{0x} E_{0y}} \cos\delta = \sin^2\delta \tag{1.4}$$

式中，$\delta = \delta_2 - \delta_1$。式（1.4）是一个椭圆方程，即在任一个时刻，沿着传播方向上，
空间各点电场矢量末端在 x-y 平面上的投影是一个椭圆；或在空间任一点，电场端
点在相继各时刻的轨迹是一个椭圆。

1. 线偏振光

由式（1.4）可知，当 $\delta = \delta_2 - \delta_1 = m\pi,\ m = 0, \pm1, \pm2, \pm3, \cdots$ 时，椭圆方程可简化
为一条直线方程：

$$\frac{E_y}{E_x} = \frac{E_{0y}}{E_{0x}} \text{ 或 } \frac{E_y}{E_x} = -\frac{E_{0y}}{E_{0x}} \tag{1.5}$$

此时电场矢量的轨迹为一条直线，斜率与 E_{0x} 和 E_{0y} 比值相关，称为线偏振或平面偏振。即线偏振光在传播过程中，光矢量只沿着一个固定方向振动，其振幅大小随着相位而变化。图 1.6 列举了沿着光传播方向上线偏振光的光矢量分解方式，在 x 方向和 y 方向上，分解的光矢量振幅大小（E_{0x} 和 E_{0y}）可以不相同，但是相位必须相同。

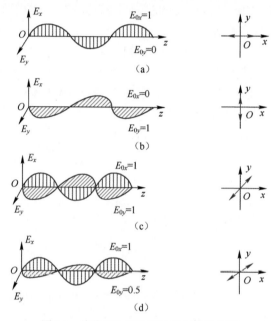

图 1.6　线偏振光的几种分解方式示意图

2. 圆偏振光

如图 1.5 所示，E_{0x} 和 E_{0y} 两分量的振幅相等，而且其相位差为 π/2 的奇数倍，即

$$E_{0x} = E_{0y} = E_0$$

$$\delta = \delta_2 - \delta_1 = m\frac{\pi}{2}, \quad m = \pm1, \pm3, \pm5, \cdots$$

则椭圆方程式（1.4）可以简化为

$$E_x^2 + E_y^2 = E_0^2 \tag{1.6}$$

此时电场矢量 $\boldsymbol{E}$ 的轨迹为圆，称为圆偏振。

这时如果 $\sin\delta > 0$，则 $\delta = \delta_2 - \delta_1 = \dfrac{\pi}{2} + 2m\pi$，$m = 0, \pm1, \pm2, \pm3, \cdots$，有

$$E_x = E_{0x}\cos(\tau + \delta_1)$$

$$E_y = E_{0y}\cos(\tau + \delta_1 + \pi/2) \tag{1.7}$$

说明 E_y 的相位比 E_x 的超前 $\pi/2$，因此其合成矢量的端点描绘一顺时针方向旋转的圆。这相当于观察者顺着光传播方向观察时，电场矢量 **E** 是顺时针方向旋转的，这种圆偏振光称为右旋圆偏振光，符合右手螺旋定则。图 1.7 列举了沿着 z 轴方向传播，并顺着光传播方向观察光矢量轨迹为顺时针的右旋圆偏振光的几种表示方法。

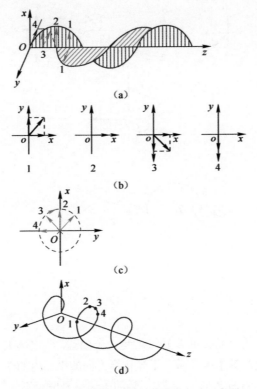

图 1.7 右旋圆偏振光的几种表示方法示意图

同理，如果 $\sin\delta < 0$，则 $\delta = \delta_2 - \delta_1 = -\dfrac{\pi}{2} + 2m\pi$，$m = 0, \pm1, \pm2, \pm3, \cdots$，有

$$E_x = E_{0x}\cos(\tau + \delta_1)$$

$$E_y = E_{0y}\cos(\tau + \delta_1 - \pi/2) \tag{1.8}$$

这说明 E_y 的相位比 E_x 的落后 $\pi/2$，因此其合成矢量的端点描绘一逆时针方向旋转的圆。这相当于观察者顺着光传播方向观察时，电场矢量 $\boldsymbol{E}$ 是逆时针方向旋转的，这种圆偏振光称为左旋圆偏振光，符合左手螺旋定则。图 1.8 列举了沿着 z 轴方向传播，并顺着光传播方向观察光矢量轨迹为逆时针的左旋圆偏振光的几种表示方法。

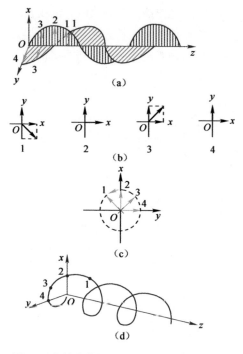

图 1.8　左旋圆偏振光的几种表示方法示意图

3．椭圆偏振光

方程式（1.4）的电场矢量 $\boldsymbol{E}$ 轨迹就是一个椭圆，即电场矢量的大小和方向随时间周期性地变化，其末端在垂直于光传播方向的平面内的轨迹是椭圆形，称为椭圆偏振光。椭圆偏振光在 x 轴与 y 轴的电场矢量振幅不相等，即 $E_{0x} \neq E_{0y}$，且当相位差为 $\delta = \delta_2 - \delta_1 = \pm \dfrac{\pi}{2} + 2m\pi$，$m = 0, \pm1, \pm2, \pm3, \cdots$ 时，为正椭圆偏振光。左旋正椭圆偏振光的几种表示方法如图 1.9 所示。可以看出，圆偏振光是相位差为 $\pm\pi/2$，且 $E_{0x} = E_{0y}$ 的正椭圆偏振光的特例；线偏振光是相位差为 $m\pi$ 的正椭圆偏振光的特例；在其他相位差时，为斜椭圆偏振光。图 1.10 列出了相位差在 $[0, 2\pi]$ 周期内几个典型角度的偏振光状态。

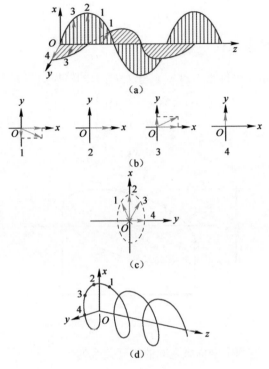

图 1.9　左旋正椭圆偏振光的几种表示方法示意图

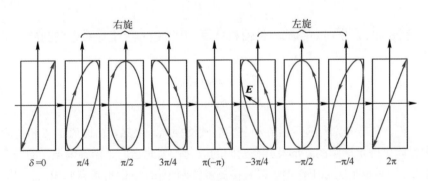

图 1.10　相位差在[0,2π]周期内几个典型角度的偏振光状态

1.2　光偏振态的表示方法

　　描述方程式（1.4）的椭圆偏振光各参量之间关系的方法通常有琼斯矢量矩阵法、斯托克斯参量法、三角函数表示法和庞加莱球图示法。为了方便理解，这里

仅介绍后面两种。

1.2.1 三角函数表示法

如图 1.11 所示，坐标系（$x'Oy'$）与（xOy）的转换矩阵为

$$E_0 = \begin{bmatrix} \cos\psi & \sin\psi \\ -\sin\psi & \cos\psi \end{bmatrix} \tag{1.9}$$

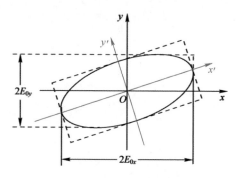

图 1.11　椭圆偏振光各参数间的关系

而电场矢量在这两个坐标系之间的相互关系为

$$\begin{bmatrix} E'_x \\ E'_y \end{bmatrix} = E_0 \begin{bmatrix} E_x \\ E_y \end{bmatrix} \tag{1.10}$$

设 $2a$ 和 $2b$ 分别为椭圆的长轴和短轴，则（$x'Oy'$）坐标系中椭圆的参量方程为

$$\begin{cases} E'_x = a\cos(\tau + \delta_0) \\ E'_y = \pm b\sin(\tau + \delta_0) \end{cases} \tag{1.11}$$

式中，正、负号分别对应于右旋和左旋椭圆偏振光。显然，由比值 a/b 和角度 ψ 两参量就可确定椭圆的外形及其在空间的取向，因此它们是椭圆偏振光的两个基本参量，同时也是实际工作中可以直接测量的两个量。下面再求它们和 E_{0y}/E_{0x} 及其相位差 δ 的关系。为此，利用式（1.11）与式（1.10）的等价性可得

$$a\cos\delta_0 = E_{0x}\cos\delta_1\cos\psi + E_{0y}\cos\delta_2\sin\psi \tag{1.12}$$

$$a\sin\delta_0 = E_{0x}\sin\delta_1\cos\psi + E_{0y}\sin\delta_2\sin\psi \tag{1.13}$$

$$\pm b\cos\delta_0 = E_{0x}\sin\delta_1\sin\psi - E_{0y}\sin\delta_2\cos\psi \tag{1.14}$$

$$\pm b\sin\delta_0 = -E_{0x}\cos\delta_1\sin\psi + E_{0y}\cos\delta_2\cos\psi \tag{1.15}$$

式（1.12）和式（1.13）平方相加，式（1.14）和式（1.15）平方相加，可得

$$a^2 = E_{0x}^2 \cos^2 \psi + E_{0y}^2 \sin^2 \psi + 2E_{0x}E_{0y}\cos\psi\sin\psi\cos\delta \tag{1.16}$$

$$b^2 = E_{0x}^2 \sin^2 \psi + E_{0y}^2 \cos^2 \psi - 2E_{0x}E_{0y}\cos\psi\sin\psi\cos\delta \tag{1.17}$$

所以

$$a^2 + b^2 = E_{0x}^2 + E_{0y}^2 \tag{1.18}$$

式（1.12）和式（1.14）相乘，式（1.13）和式（1.15）相乘，然后把两乘积相加，可得

$$\pm ab = E_{0x}E_{0y}\sin\delta \tag{1.19}$$

式（1.12）和式（1.14）相除，式（1.13）和式（1.15）相除，可得

$$\pm \frac{b}{a} = \frac{E_{0x}\sin\delta_1\sin\psi - E_{0y}\sin\delta_2\cos\psi}{E_{0x}\cos\delta_1\cos\psi + E_{0y}\cos\delta_2\sin\psi} = \frac{-E_{0x}\cos\delta_1\sin\psi + E_{0y}\cos\delta_2\cos\psi}{E_{0x}\sin\delta_1\cos\psi + E_{0y}\sin\delta_2\sin\psi} \tag{1.20}$$

式（1.20）交叉相乘，则可求出 ψ 的表达式：

$$(E_{0x}^2 - E_{0y}^2)\sin 2\psi = 2E_{0x}E_{0y}\cos\delta\cos 2\psi \tag{1.21}$$

在实际测量中，比值 E_{0y}/E_{0x} 较之 E_y、E_x 更为有用，且在计算上也更方便，故令

$$\frac{E_{0y}}{E_{0x}} = \tan\alpha \qquad \left(0 < \alpha < \frac{\pi}{2}\right) \tag{1.22}$$

于是式（1.21）可简化成

$$\tan 2\psi = (\tan 2\alpha)\cos\delta \tag{1.23}$$

而由式（1.18）、式（1.19）可得

$$\pm \frac{2ab}{a^2 + b^2} = (\sin 2\alpha)\sin\delta \tag{1.24}$$

令

$$\pm \frac{b}{a} = \tan\chi \qquad \left(-\frac{\pi}{4} \leqslant \chi \leqslant \frac{\pi}{4}\right)$$

式中，正、负号分别表示椭圆是右旋还是左旋，于是式（1.24）可改写成

$$\sin 2\chi = \sin 2\alpha\sin\delta \tag{1.25}$$

由此可见，若测出 χ、ψ 的实际值，则两偏振光的振幅 E_{0y}、E_{0x} 及其相位差 δ 就可由下面的等式求出。

$$(\tan 2\alpha)\cos\delta = \tan 2\psi$$

$$\sin 2\alpha \sin \delta = \sin 2\chi$$

$$\frac{E_{0y}}{E_{0x}} = \tan \alpha \qquad \left(0 < \alpha < \frac{\pi}{2}\right)$$

$$E_{0x}^2 + E_{0y}^2 = a^2 + b^2 \tag{1.26}$$

1.2.2 庞加莱球图示法

庞加莱球是表示任一偏振态的图示法，是 1892 年由 H.Poincare（庞加莱）提出来的。由于任一椭圆偏振光只需要两个方位角就可以完全决定其偏振态，而两个方位角可以用球面上的经度和纬度来表示，因此球面上一个点就可以代表一个偏振态。球面上的点，就是各种偏振态的组合。

1. 斯托克斯参量描述

任一平面单面光波的偏振态可用两个相互垂直的振动来表示。如以 xOy 表示其振动平面，则这两个振动可表为

$$x = a\cos \omega t \qquad y = b\cos\left(\omega t - \varphi\right) \tag{1.27}$$

式中，ω 为该单色光的角频率；a 和 b 分别为在振动平面内沿 Ox 和 Oy 方向的振幅；φ 为 a、b 间的相位差。正是这 3 个相互独立的常量 a、b、φ 共同描述着该光波的偏振态。但是，我们也可以不用它们，而用 Stokes 参量来描述其偏振态。Stokes 参量共有 4 个，它们是

$$S_0 = a^2 + b^2, S_1 = b^2 - a^2, S_2 = 2ab\cos\varphi, S_3 = 2ab\sin\varphi \tag{1.28}$$

注意，这 4 个量中只有 3 个是独立的。因为，无论 a、b、φ 为何值，这 4 个量总存在着一个关系：

$$S_0^2 = S_1^2 + S_2^2 + S_3^2 \tag{1.29}$$

而其中 S_0 的平方表示该光波振动的强度。

根据式（1.28）和式（1.29），我们可以引入这样一个三维空间，它由相互垂直的空间轴 S_1、S_2 和 S_3 所构成。在这个空间里，对任一已知强度（S_0 一定）的单色光波都可作一球面：球心在原点，半径为 S_0。这样一来，该球面上的任意一点 M 就表示该光波的一个特定的偏振态。由图 1.12 中可看出，球面上任一点 M 的坐标 S_1、S_2 和 S_3 分别与 S_0、2θ 和 2β 有如下关系：

$$\begin{cases} S_1 = S_0 \cos 2\beta \cos 2\theta \\ S_2 = S_0 \cos 2\beta \sin 2\theta \\ S_3 = S_0 \sin 2\beta \end{cases} \tag{1.30}$$

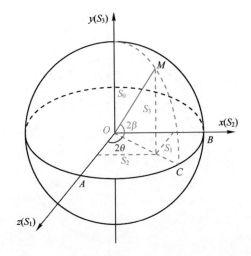

图 1.12　庞加莱球上任意一点的偏振态表示方法

如上定义并用来描述特定强度的单色光波的偏振态的这种球面就是庞加莱球（Poincare 球）。

2. 庞加莱球特征

由上述定义和球面三角学的基本公式可以证明庞加莱球具有如下的特征：

① 庞加莱球赤道上的不同点表示振动方向不同的线偏振光，如图 1.13 所示。因为在这些点上 $S_3 = 0$，即 $a=0$ 或 $b=0$，或 $\delta = k\pi$，其中 k 只能为零或任一整数。在 OS_1 轴与球面的交点 A 处，S_2 也为零，有 $S_0 = S_1$，因此 $a = 0$，即点 A 表示平行于 Oy（OS_3）的线偏振态。同理，在 OS_2 轴与球面的交点 B 处，由式（1.28）可知它表示与 Oy（OS_3）成 45° 的线偏振态。与点 A 通过球心在球面上对应的点 A' 表示与 Oy（OS_3）成 90° 即与 Ox（OS_2）方向平行的线偏振态。不难直接证明：在赤道上与 2θ 对应的任一点 C 表示与 Oy（OS_3）成 $\alpha = \theta$ 角的线偏振态。

② 庞加莱球的两极 P 和 P' 分别表示左旋和右旋圆偏振态。因为在这两点处 $S_1 = S_2 = 0$，则有 $|a| = |b|$ 和 $\varphi = k\pi + \dfrac{\pi}{2}$。对于 P 点，$S_3 > 0$，k 为零或偶数；对于 P' 点，$S_3 < 0$，k 为奇数。

③ 庞加莱球上任一确定点 M（S_1, S_2, S_3），由于 S_1 和 S_2 和 S_3 都确定，因而 a、b、φ 也确定。所以，一确定的点 M 表示一确定的椭圆偏振态。两极和赤道除外，由式（1.28）和（1.30）可以得到

$$\tan 2\theta = \frac{S_2}{S_1} = \frac{2ab\cos\varphi}{b^2 - a^2} \tag{1.31}$$

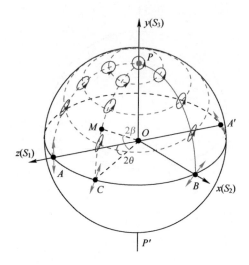

图 1.13 庞加莱球赤道上点的线偏振态

θ 正是当 a、b、φ 确定时，由式（1.28）表示的由两相互垂直振动所合成的椭圆振动的主轴与 Oz 方向的夹角。又由于在庞加莱球同一经线上的各点有相同的 2θ，所以这些点表示不同的椭圆偏振态，但这些椭圆的主轴有相同的取向，它们的主轴都与 Oy 成 θ 角。由式（1.28）和（1.30）也可以得到

$$\tan 2\beta = \frac{S_3}{\sqrt{S_1^2 + S_2^2}} = \frac{2ab\sin\varphi}{\sqrt{(b^2 - a^2)^2 + (2ab\cos\varphi)^2}} \tag{1.32}$$

β 的正切是当 a、b、φ 确定时，由式（1.28）表示的由两相互垂直振动所合成的椭圆振动的轴比。因此，庞加莱球同一纬度线上的各点（有相同的 2β）表示不同的椭圆偏振态，且这些椭圆具有相同的轴比，或者说具有相同的偏心率，如图 1.13 所示。由式（1.28）和式·（1.30）还可以得到

$$\tan\varphi = \frac{S_3}{S_2} = \frac{\tan 2\beta}{\sin 2\theta} \text{ 即 } \tan\varphi \cdot \sin 2\theta = \tan 2\beta \tag{1.33}$$

另一方面，将球面三角学的基本公式用于庞加莱球面上的直角三角形 AMC（见图 1.14），可以得到

$$\sin 2\beta = \sin 2\alpha \cdot \sin \widehat{MAC} \tag{1.34}$$

$$\cos \widehat{MAC} = \cot 2\alpha \cdot \tan 2\theta \tag{1.35}$$

$$\cos 2\alpha = \cos 2\beta \cdot \cos 2\theta \tag{1.36}$$

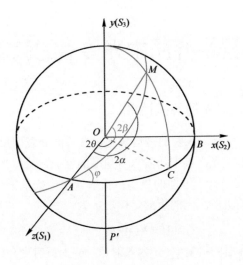

图 1.14　庞加莱球上椭圆偏振光的相位差

由这三个式子消去 2α，得到

$$\tan\widehat{MAC} \cdot \sin 2\theta = \tan 2\beta \qquad (1.37)$$

比较式（1.33）和式（1.37），可知 $\widehat{MAC} = \varphi$，即证明了在庞加莱球面上的角 $\widehat{MAC}$ 就是构成 M 点所表示的椭圆偏振态在 Ox 和 Oy 方向的两个振动分量的相位差 φ。

又由于对北半球的各点 M，φ 满足：

$$2k\pi \leqslant \varphi \leqslant (2k+1)\pi \qquad k = 0,1,2,3,\cdots$$

即 x 方向的振动都超前于 y 方向的振动，故它们所表示的各椭圆偏振态都是左旋的；相反，在南半球的各点 M 所表示的各椭圆偏振态都是右旋的（见图 1.13）。

④ 可以证明在庞加莱球上的 $\tan 2\alpha$ 仅与 a、b 有如下关系：

$$\tan 2\alpha = \frac{\sqrt{S_2{}^2 + S_3{}^2}}{S_1} = \frac{2ab}{b^2 - a^2} \qquad (1.38)$$

而与 φ 无关。

注意：当 M 点不在赤道上时，它所表示的椭圆偏振的主轴与 Oy 夹角由式（1.31）中的 θ 所确定。在这些点上，由于 $\varphi \neq 0$，一般来说 $\theta \neq \alpha$。只有当 $2\alpha = \dfrac{\pi}{2}$（即 $|a| = |b|$）时，或 M 点在赤道上（$\varphi = 0$）时才有 $\theta = \alpha$。

1.3   各向异性介质中光传播的偏振性

1.3.1   反射光与折射光的偏振性

如图 1.15（a）所示，入射的是自然光，在界面处发生反射和折射。反射光
与折射光都是部分偏振光，其中随着入射角度的增加，反射光中光矢量垂直于纸
面的分量（S 波）比平行于纸面的更多；折射光中光矢量平行于纸面的分量（P
波）比垂直于纸面的更多。光的折射定律表示为

$$n_1 \sin i = n_2 \sin r \tag{1.39}$$

式中，n_1 为入射光介质的折射率；i 为入射角；n_2 为折射光介质的折射率，r 为折
射角。随着入射角角度增加，当反射光线与折射光线互相垂直时，

$$\tan i_0 = \frac{n_2}{n_1} = n_{21} \tag{1.40}$$

此时的入射角 i_0 称为布儒斯特角。此时，反射光是光矢量垂直纸面的完全偏
振光，而折射光是光矢量平行纸面占优势的部分偏振光，如图 1.15（b）所示。在
一些光学器件中，获得完全偏振的反射光，又称布儒斯特角为起偏振角。以玻璃
为例，玻璃的折射率是 1.5，则光由空气入射时，反射光为完全偏振光的起偏振角
为 57°。

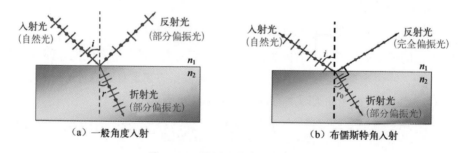

（a）一般角度入射   （b）布儒斯特角入射

图 1.15   反射光与折射光的偏振性

1.3.2   晶体的双折射

1. 晶体与光轴

光学器件中最常用的透明材料是晶体和非晶体。非晶体比较常见，如玻璃、

熔融石英等，它们的光学性质一般在宏观上呈现出各向同性。晶体的特点是其原子（离子或分子）在空间排列上具有一定的规则性，生长良好的单晶体具有规则的几何外形。单晶体中，除了立方晶系的单晶体具有空间各向同性的光学性质外，一般的单晶体光学性质均具有空间上的各向异性。在一定的外界物理场，如电场、磁场、机械力或热应力的作用下，某些非晶态介质，甚至立方晶系的单晶体会在宏观上由各向同性转变为各向异性的特点。这种场致各向异性与晶体的自然各向异性具有类似的特点。最常见的两种各向异性的单轴晶体是方解石和石英，如图 1.16 所示。方解石又称冰洲石，属六角晶系晶体，其化学成分为碳酸钙（$CaCO_3$），为斜六面体形，菱面的锐角为 78°08'，钝角为 101°52'。纯质的方解石晶体呈无色透明状，且在天然状态下可以形成较大尺寸，是制造偏振光学器件的重要材料之一。石英又称水晶，属三角晶系晶体，其化学成分为二氧化硅（SiO_2），呈锥状。纯质的石英晶体呈无色透明状，因而也是制造偏振光学器件的重要材料之一。

 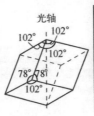  

（a）天然方解石晶体　　（b）方解石晶体原子结构与光轴　　（c）石英晶体　　（d）石英晶体原子结构与光轴

图 1.16　天然方解石晶体与石英晶体及其原子结构和光轴

晶体的光轴是指各向异性晶体中的一些特定方向，沿此方向入射的自然光不发生双折射现象。单轴晶体指只有一个光轴的晶体，主要有四方晶系、六角晶系、三角晶系等晶体，如六角的方解石、三角的石英、红宝石和铌酸锂等。双轴晶体是指包含两个光轴的晶体，主要有正交晶系、单斜晶系、三斜晶系等晶体，如云母（单斜）、黄玉（正交）、铌酸钾（正交）等，其三个轴向的折射率都不相等。自然界中的晶体大多是双轴的。

2. 双折射现象

双折射现象指同一束入射光射入晶体时，同时出现两束折射光线的现象。其中在单轴晶体中始终满足折射定律的光束称为寻常光，即 O 光（Ordinary Light）；而在单轴晶体中一般情况下不满足折射定律的光束称为非寻常光，即 E 光（Extra-Ordinary Light）。O 光和 E 光都是线偏振光。透过食盐（NaCl）晶体和方解石晶体的线条如图 1.17 所示，可以看出方解石晶体因为光学各向异性，发生了双折射现象，观察到了两条线。入射的自然光在单轴晶体中发生双折射的 O 光与 E 光的偏振态，O 光的光矢量振动方向垂直于纸面，E 光的光矢量振动方向平行于纸面，如图 1.18 所示。

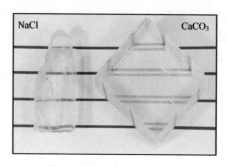

图 1.17　透过食盐（NaCl）晶体与方解石晶体的双折射线条

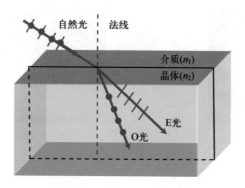

图 1.18　入射的自然光在单轴晶体中发生双折射的 O 光与 E 光的偏振态

3. 单轴晶体中的主截面与主平面

主截面是指晶体光轴与界面法线组成的平面。折射光线在晶体中传播，其与光轴组成的平面称为主平面，即光轴与 O 光或 E 光组成的平面分别称为 O 光主平面和 E 光主平面。

O 光光矢量的振动方向垂直于自己的主平面，E 光光矢量的振动方向平行于自己的主平面，并且在平面内，如图 1.19（a）所示。当主截面与入射面重合时（入射光线与法线组成的平面称为入射面），即入射光线、法线与光轴共面，O 光与 E 光主平面重合且与主截面重合，此时两折射光线的光矢量振动方向正交，如图 1.19（b）所示。当光线垂直界面入射时，O 光和 E 光处在同一平面内，这个平面是它们的主平面。

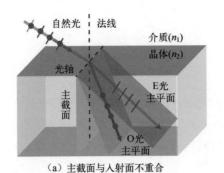 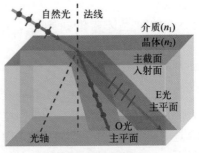

（a）主截面与入射面不重合　　　　　（b）主截面与入射面重合

图 1.19　晶体中的主截面与主平面

光轴不在入射面内（主截面与入射面不重合）时，O 光与 E 光主平面有一夹角，因而 O 光与 E 光的光矢量振动方向不正交。

马吕斯定律表明自然光入射时 O 光与 E 光的强度为

$$I_{\mathrm{O}} = I_{\mathrm{E}} = \frac{I}{2} \tag{1.41}$$

式中，I 为入射自然光的强度；I_{O} 和 I_{E} 分别为 O 光与 E 光的强度。当线偏振光入射，并且垂直入射到晶体上时，O 光与 E 光的振幅：

$$E_{\mathrm{O}} = E\sin\theta \,, \quad E_{\mathrm{E}} = E\cos\theta$$

$$I_{\mathrm{O}} = I\sin^2\theta \,, \quad I_{\mathrm{E}} = I\cos^2\theta \,, \quad I = E^2 \tag{1.42}$$

式中，E 为入射线偏振光的振幅；θ 为入射光振动面与 O 光和 E 光的主平面的夹角，如图 1.20 所示。

在液晶显示中，液晶是单轴晶体，并且在光学上是正性晶体，液晶分子的长轴是光轴。在 FFS 与 IPS 模式中，液晶分子处于初始的取向状态时未加电或 L0 灰阶时，当入射的线偏振光垂直入射到液晶盒，光矢量的振动方向与液晶分子长轴平行时，即 θ 角为 0°，此时 O 光强度为 0，说明折射光只有 E 光，通常称为 E-mode（E 模式）；

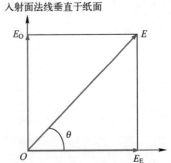

图 1.20　线偏振光入射时 O 光与 E 光的振幅

如果入射的线偏振光光矢量的振动方向与液晶分子长轴垂直，即 θ 角为 90°，此时 E 光强度为 0，说明折射光只有 O 光，通常称为 O-mode（O 模式）。但是在实际显示中，液晶分子在电场作用下发生了旋转，因此液晶晶体中同时存在 O 光与 E 光的双折射。

1.3.3 单轴晶体中的折射率

1. 主折射率

设单轴晶体中有一个点光源，它发出的光波在晶体中传播时，将形成两个波面，即分别对应 O 光与 E 光的球面波和椭球面波。O 光在各个方向传播速度相同，因此是球面；E 光显示各向异性，即各个方向传播速度不同，因此是椭球面。在光轴方向，O 光的速度等于 E 光的速度。

光在晶体中传播，不管是 O 光还是 E 光，其折射率遵循：

$$n = \frac{真空中的光速}{晶体中的光速}$$

按此定义，晶体中的 O 光光速 υ_O 在各个方向一样，因此其折射率 n_O 在各个方向也一样；晶体中的 E 光在各个方向上光速 υ_E 在各个方向不一样，因此其不同方向的折射率不同。n_E 表示 E 光的电矢量振动方向与光轴平行，n_O 表示 O 光的电矢量振动方向与光轴垂直。n_O 和 n_E 合称为晶体的主折射率。对于正性晶体，$n_O < n_E$；对于负性晶体，$n_O > n_E$。光学正性与负性晶体 O 光与 E 光在 Δt 时间后的波面如图 1.21 所示。表 1.1 列出了方解石与水晶在几个波长下 O 光与 E 光的主折射率。

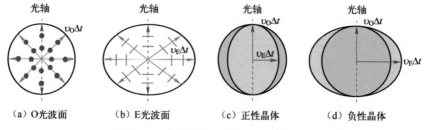

| （a）O 光波面 | （b）E 光波面 | （c）正性晶体 | （d）负性晶体 |

图 1.21   单轴正性与负性晶体中的波面

表 1.1   方解石与水晶在几个波长下 O 光与 E 光的主折射率

波长(nm)	方解石		水晶	
	n_O	n_E	n_O	n_E
404.656	1.68134	1.49694	1.55716	1.56671
546.072	1.66168	1.48792	1.54617	1.55535
589.2509	1.65836	1.48641	1.54425	1.55336

2. 折射率椭球

单轴晶体只存在一个光轴，其折射率椭球如图 1.22 所示。O 光折射率小于 E

光折射率的晶体称为正单轴晶体或光学正性单轴晶体，其折射率椭球为橄榄状的长椭球形；O 光折射率大于 E 光折射率的晶体称为负单轴晶体或光学负性单轴晶体，其折射率椭球为飞碟状的扁椭球形。

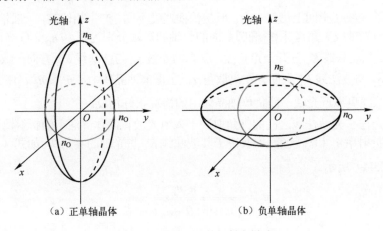

（a）正单轴晶体　　　　　　　　　（b）负单轴晶体

图 1.22　单轴晶体的折射率椭球

正单轴晶体中的光波与折射率如图 1.23 所示，晶体为正单轴晶体，O 光和 E 光的波法线分别为 K_O 和 K_E，过原点并垂直波法线作折射率椭球的截面，对 O 光和 E 光各得到一个椭圆形截面，每个椭圆均有长轴和短轴两条轴线。对 O 光取位于水平面内的轴线长度 n_O 为其折射率，对 E 光则取位于非水平面内的轴线长度 n_E 为其折射率。

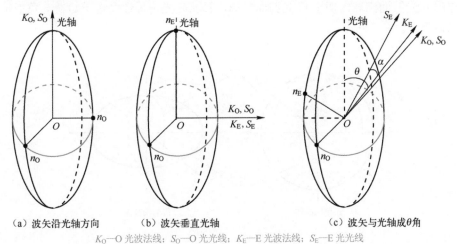

（a）波矢沿光轴方向　　　　（b）波矢垂直光轴　　　　（c）波矢与光轴成 θ 角

K_O—O 光波法线；S_O—O 光光线；K_E—E 光波法线；S_E—E 光光线

图 1.23　正单轴晶体中的光波与折射率

如图 1.23 所示，当波法线与光轴方向一致时，所得截面是一个位于水平面内的圆，只有一个轴线长度 n_O，因此只有 O 光而没有 E 光。当波法线垂直光轴时，所得截面是一个位于竖直平面内的椭圆，长轴和短轴分别为 n_E 和 n_O，因此 O 光和 E 光的光线在空间上仍然重合，但是传播速度不同，产生相位差。一般情况下，波法线与光轴成夹角 θ，所得椭圆截面的长轴和短轴分别为 n_E 和 n_O，O 光波法线 K_O 与 E 光波法线 K_E 分开一定角度，O 光的光线 S_O 与波法线 K_O 方向一致，E 光的光线 S_E 与波法线 K_E 之间存在离散角 α。在正单轴晶体中，$n_O < n_E$，E 光的光线比波法线更靠近光轴，而负单轴晶体中的情况正好相反。

O 光与 E 光波法线之间的夹角取决于入射光波在晶体界面上的折射情况，而 E 光的折射率 n_E 和离散角 α 均取决于其波法线 K_E 与光轴的夹角 θ，如式（1.43）和式（1.44）所示。

$$n_2 = \frac{n_O n_E}{\sqrt{n_O^2 \sin^2 \theta + n_E^2 \cos^2 \theta}} \tag{1.43}$$

$$\tan \alpha = \left(1 - \frac{n_O^2}{n_E^2}\right) \frac{\tan \theta}{1 + \frac{n_O^2}{n_E^2} \tan^2 \theta} \tag{1.44}$$

双折射晶体中，E 光的折射率与其传播方向有关，因此传播速度也与方向相关。根据图 1.22 中的折射率椭球，可以绘制相应的波面椭球，如图 1.24 所示。波面代表光波的等相位面，O 光与 E 光的波面椭球在光轴方向内切，正单轴晶体的 E 光波面椭球内切于 O 光波面椭球，表示 E 光传播速度慢于 O 光，负单轴晶体反之。

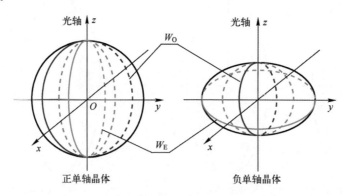

图 1.24　单轴晶体中的波面椭球

在各向同性介质中，光线方向总是与波法线一致，因此可以直接以折反射定律来分析光线的传播情况。在各向异性的双折射晶体中，E 光的波法线遵守折反射定律，而光线不再遵守此定律，因此必须先通过折反射定律得到 E 光的波法线方向，再根据离散角得到光线方向，最终得到的光线与光轴夹角为 $\theta + \alpha$。当 $n_O < n_E$ 时 $\alpha < 0$；当 $n_O > n_E$ 时 $\alpha > 0$。

3. 单轴晶体中折射光线的传播方向

下面用惠更斯作图法（见图 1.25）以负性晶体为例确定单轴晶体中 O 光与 E 光的光线传播方向。

① 画平行的入射光束的两边缘光线 LA 和 $L'B'$；

② 作垂线 AB，量出 BB' 的长度；

③ 以 A 点为中心，BB'/n_O 为半径画半圆，以 BB'/n_E 为半轴画椭圆；

④ 经 B' 点分别画半圆和椭圆的切线；

⑤ 经 A 点连接切点 A'_O 和 A'_E。

则 AA'_O 和 AA'_E 直线方向分别是折射光线 O 光和 E 光传播的方向。

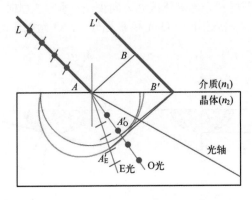

图 1.25　折射光线的惠更斯作图法

根据上面的基本方法，下面以单轴负性晶体为例做出几种不同光轴情况下的 O 光与 E 光光线传播方向。

（1）光轴同时平行于入射面与界面

图 1.26 显示了负性单轴晶体中，入射光线分别垂直正入射与斜入射时，晶体中 O 光与 E 光的光线传播方向。光轴是水平方向，主截面与入射面重合，故 O 光与 E 光主平面重合，光矢量振动方向正交。垂直入射时，O 光与 E 光不分开，只是速度不同，分别为 υ_O 和 υ_E。斜入射时，E 光偏离 O 光，并且更靠近法线，E 光不满足折射定律。

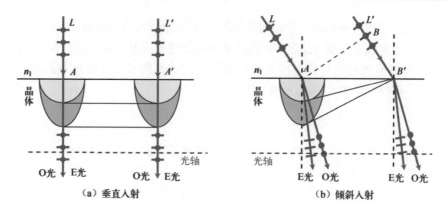

图 1.26　光轴同时平行于入射面和界面的 O 光与 E 光方向

（2）光轴平行于入射面，但与界面垂直

图 1.27 显示了负性单轴晶体中，入射光线分别垂直正入射与斜入射时，晶体中 O 光与 E 光的光线传播方向。光轴垂直于界面，O 光和 E 光的主平面、主截面与入射面重合，O 光与 E 光光矢量振动方向正交。垂直入射时，O 光与 E 光不分开，且速度均为 υ_O。斜入射时，O 光和 E 光分开，O 光更靠近法线。

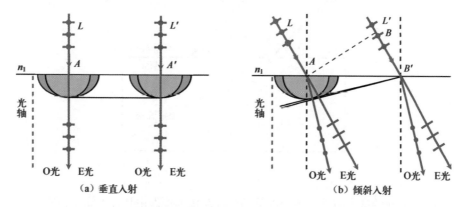

图 1.27　光轴平行于入射面但垂直于界面的 O 光与 E 光方向

（3）光轴与界面平行，但垂直于入射面

图 1.28 显示了负性单轴晶体中，入射光线分别垂直正入射与斜入射时，晶体中 O 光与 E 光的光线传播方向。光轴平行于界面，但垂直于入射面（垂直于纸面），主截面与入射面正交，O 光与 E 光波面与入射面交线均为圆。垂直入射时，O 光与 E 光不分开，光矢量振动方向正交但速度不同；斜入射时，O 光和 E 光分开，O 光与 E 光主平面不重合，但光矢量振动面正交。需要注意的是，O 光主平面垂直于纸面，因此光矢量振动方向用"线"表示。

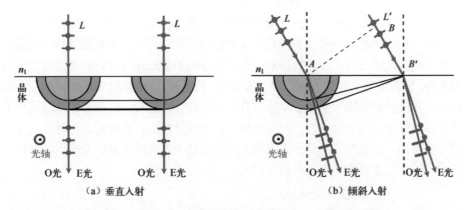

图 1.28　光轴平行于界面但垂直于入射面的 O 光与 E 光方向

（4）光轴平行于入射面，并与界面相交一角度

由图 1.29 可知，主截面、入射面和主平面重合，无论是垂直入射还是斜入射，O 光与 E 光均分开。

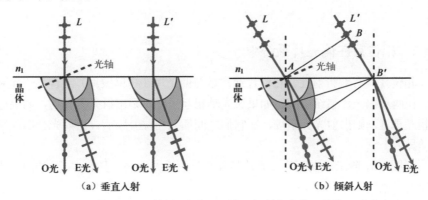

图 1.29　光轴平行于入射面，但与界面有一倾斜角度的 O 光与 E 光方向

1.4　相位片

1.4.1　相位片的定义

前面章节提到的方解石和水晶存在双折射现象，是相对一般的晶体结构，其原子排列在不同的方向排列密度不同。光沿着原子密度高的方向，折射率大（光速低）；沿着原子密度低的方向，折射率小（光速快）。相位片又称为相位延迟片、相位差膜或补偿膜，指的就是薄膜在三维的 x-y-z 方向上原子排列存在差异，折射

率存在不同，导致入射的偏振光通过时发生了速度的变化，出现了相位差。

通常所说的相位差膜指的是延伸了的高分子膜。高分子膜被延伸后，其高分子链会根据延伸方向重新进行排列，在延伸方向和非延伸方向的原子排列方式出现差异。通常情况是延伸方向的原子密度高，其垂直方向的原子密度低。如图1.30所示，构成高分子膜的小分子单元本身具有各向异性的特点，在延伸前组成分子链的各小分子杂乱无章排列，薄膜整体没有各向异性。在延伸后，出现了小分子的有序排列，在延伸方向分子密度增大，因此这个方向的折射率会变大。这样，延伸了的相位差膜就具有了双折射现象。

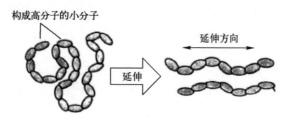

图1.30 高分子链及延伸后的排列

1.4.2 相位片在偏光片系统中

相位片具有双折射性。相位片通常是与偏光片（线偏振片）组合在一起应用的。在两片偏光片系统中间，如果透光轴相互平行，则出射光为亮场，如果透光轴相互垂直，则出射光为暗场，在它们之间插入相位差膜后，出射光会出现颜色的差异。

如图1.31所示，在两片偏光片相互垂直的系统中插入具有双折射的相位片，则出射光强度：

$$I = I_0 \sin^2 2\phi \sin^2(\delta/2) \qquad (1.45)$$

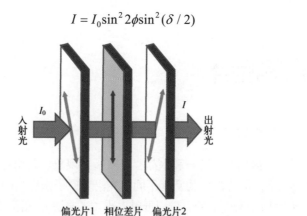

图1.31 相位差片在两片偏光片中间

式中，I_0 为入射到两片偏光片时的强度；ϕ 为偏光片 1（又称为起偏器）的吸收轴和相位差膜的慢轴之间的角度；δ 为相位差 $2\pi(\Delta n)d/\lambda$。从图 1.31 中可以看出 ϕ 为 45°，因此式（1.45）简写为

$$I = I_0\sin^2(\delta/2) \tag{1.46}$$

因为相位差 δ 与波长相关，因此出射光强度有差异，出射的光就由入射的白光转变为有颜色的光，并且在不同角度观察，颜色还可能出现差异。

从式（1.45）中可以看出，如果偏光片 1 和相位片的光轴形成的角度是 0° 或者 90°，则 $\sin^2 2\phi = 0$，因此不会出现颜色偏差。如果两片偏光片的光轴相互平行，则式（1.45）表示为

$$I = I_0[1-\sin^2(\delta/2)]$$

因为相位差 δ 与波长相关，因此出射光同样出现颜色差异。

1.4.3　相位片的特点

通常，相位片是由高分子膜延伸后得到的。使用不同的高分子材料进行延伸，随着延伸方向、延伸程度、温度与湿度等条件的变化，得到的相位差膜的性能是不一样的。表征相位片的参数除了光轴，还有相位差、N_z 系数及波长分散性。

1．相位差

相位片最重要的物理特性之一是相位差，分为平面内相位差 R_0（从法线方向看）和垂直方向膜片厚度的相位差 R_{th}，分别表示为

$$R_0 = (n_x - n_y) \times d\,(\text{nm}) \tag{1.47}$$

$$R_{th} = \left(\frac{n_x + n_y}{2} - n_z\right) \times d\,(\text{nm}) \tag{1.48}$$

式中，n_x、n_y 和 n_z 分别为 x 轴、y 轴和 z 轴方向的折射率；d 为相位片的厚度（z 轴方向）。

对于不同波长来说，相位差不同，一般以 589nm 来测量相位片的相位差。测试方法有偏光显微镜法和偏光干涉法。不同测试方法的结果有原理性的差异，因此，对比数据需要采用同样的测试方法，否则结果没有意义。

2．N_z 系数

N_z 系数表明了材料的单轴或双轴特性，其计算方法为

$$N_z = (n_x - n_z)/(n_x - n_y) \qquad (1.49)$$

当 $0 < N_z < 1$ 时，表示相位片具有 z 轴方向的取向性；

当 $N_z = 1$ 时，表示相位片具有单轴取向性；

当 $N_z > 1$，或 $N_z < 0$ 时，表示相位片具有双轴取向性。

3. 波长分散性

相位片的相位差与波长相关，波长不同相位差也不同，称为相位片的波长分散性。这种特性是由延伸的高分子化学结构决定的，与薄膜的制造方法、延伸倍率无关。一般的高分子延伸薄膜，在长波长处相位差较小，而在短波长处相位差较大，如图 1.32 所示。通常选取波长 450nm 和 590nm 处的相位差的比值（α 值）称为该相位片的波长分散系数。常见高分子材料相位片的波长分散系数见表 1.2。

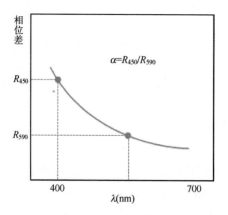

图 1.32　相位片的相位差随波长的变化关系

表 1.2　常见高分子材料相位片的波长分散系数

高分子材料名称	α 值
聚醚砜（PES）	1.17
聚碳酸酯（PC）	1.10
聚苯乙烯（PS）	1.08
聚对苯二甲酸乙二醇酯（PET）	1.07
聚乙烯醇（PVA）	1.01
环烯烃聚合物（COP）	1.01
三醋酸纤维素（TAC）	1.01

1.4.4　相位片的分类

相位片的分类可以根据 n_x、n_y 和 n_z 之间的关系，分为单轴和双轴补偿片或补偿膜。其中单轴膜可以分为 A 膜（A-Plate）和 C 膜（C-Plate）两大类。对于 A 膜，其光轴平行于膜表面，折射率关系为

$$n_E = n_x \neq n_O = n_y = n_z \tag{1.50}$$

对于+A 膜，$n_E > n_O$，即光学正性的；对于-A 膜，$n_E < n_O$，即光学负性的。

对于 C 膜，其光轴垂直于膜表面，折射率关系为

$$n_E = n_z \neq n_O = n_x = n_y \tag{1.51}$$

对于+C 膜，$n_E > n_O$；对于-C 膜，$n_E < n_O$。

此外，单光轴与膜表面倾斜一个角度，称为O膜（O-Plate）。

如果 $n_x \neq n_y \neq n_z$，即相位差膜具有两个光轴，称为双轴膜。表 1.3 列出了单轴与双轴相位片的折射率（用液晶取向工艺制备）。A 膜和 C 膜通常分别用来补偿液晶盒内直立和水平排列的液晶分子。采用碟状液晶取向，由于其光学对称轴 z 轴的折射率（off-axis，n_z）小于平面 x 轴或 y 轴折射率（on-axis，n_x，n_y），因此这种分子平躺取向为-C 膜，垂直取向则为-A 膜。

表 1.3　单轴与双轴相位片的折射率（用液晶取向工艺制备）

单轴	+A 膜	$n_x > n_y = n_z$	碟状液晶垂直取向； 向列相液晶扭曲取向	$N_z = 1$
	−A 膜	$n_x < n_y = n_z$	碟状液晶垂直取向	$N_z = 0$
	+C 膜	$n_z > n_x = n_y$	向列相液晶垂直取向	$N_z > 1$
	−C 膜	$n_z < n_x = n_y$	碟状液晶水平取向； 向列相液晶扭曲取向	$N_z = 1$
	±O膜	$n_x \neq n_y \neq n_z$	碟状液晶倾斜取向	-
双轴	+B 膜	$n_z > n_x > n_y$	碟状液晶倾斜取向	$N_z < 0$
	−B 膜	$n_x > n_y > n_z$	碟状液晶倾斜取向	$N_z > 1$
	B₀ 膜	$n_x > n_z > n_y$	碟状液晶倾斜取向	$0 < N_z < 1$

1.4.5　相位片的制备与应用

相位片的制备工艺一般分为基材的延伸工艺、在基材上涂覆双折射材料（一般是液晶）的取向工艺，以及两种工艺的结合。

延伸工艺就是对高分子薄膜在特定方向进行拉伸，并且为了保证相位差膜的均一性和最恰当的物性值，膜厚以及延伸时的温度、速度和倍率等工艺参数都很重要，决定着相位差膜的优劣。

通常适用于相位片的高分子膜是由米粒形状（pellet）小分子组成的高分子树脂制备而成。这种高分子膜的制备方法如下。

① 溶液法制备：把溶解了高分子树脂的溶液在不锈钢带或 PET 膜上进行涂覆，然后蒸发溶剂后形成。

② 熔融挤压法：把高温熔融的高分子树脂送至挤压机，在出口处设定一定的厚度间隙，把树脂挤压出来，冷却后形成。

熔融挤压法具有厚度均一性高、缺陷少的优点，除了 TAC 系膜外，相位差膜的基材基本上都是采用熔融挤压法制备的。作为相位差膜的材料，PC 树脂常用于 STN 液晶显示的相位差膜，COP 树脂以及 TAC 树脂常用于 TFT 液晶显示的相位差膜。

相位差膜的延伸，可以在 x 方向、y 方向、z 方向、倾斜方向或几个方向组合进行，最后得到需要物性值的薄膜。

相位差膜光轴与偏光片光轴之间很少出现平行或垂直，一般都会有一定的夹角。因此，如果相位差膜在倾斜方向延伸，则偏光片卷轴和相位差膜的卷轴就能直接贴合，可以以卷到卷（Roll-to-Roll）工艺低成本制作偏光片和相位差膜的贴合产品。最近，新开发的技术已经采用了偏光片与相位差膜平行或者垂直贴合的情况。如果是在厚度方向（z 轴方向）取向的相位差膜，这种方向性就更没有关联性了。从厚度方向取向，不采用涂覆补偿层的方法，工艺上无法从厚度方向直接进行延伸，但是在上下膜面使用特殊的黏着剂和膜材，结合单轴拉伸及温度工艺条件，能得到厚度方向的取向。

图 1.33 显示了高分子基材薄膜在卷对卷工艺（Roll-to-Roll）上下方向（y 方向）和水平方向（x 方向）延伸前后的示意图。

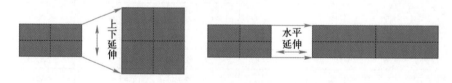

图 1.33　高分子基材薄膜的延伸（2 倍率）

采用高分子薄膜延伸的工艺，可以很容易制备 n_x 和 n_y 方向折射率不同的相位片，但是对于 n_z 方向折射率的调整，一般就需要采用具有双折射的材料进行涂敷（Coating）的取向工艺。液晶作为一种常见的双折射材料，根据采用的液晶相特点及取向状态不同，可以制备成不同类型的相位片。

① 将圆盘状的液晶涂敷在 TAC 基材表面，并且进行一定角度的倾斜取向，可以制备成 TN 型薄膜晶体管液晶显示器中应用的广视角补偿膜（WV 膜）；

②　将棒状的向列相液晶倾斜一定角度取向，固化后形成 NH 和 NR 补偿膜；

③　将棒状的向列相液晶涂敷在 PC 基材表面，并进行延伸后制备成补偿膜；

④　将胆甾相液晶涂敷在 TAC 基材表面，制备具有螺旋轴取向，常用于 STN 型液晶显示器的视角补偿膜。

液晶显示器中常用的相位片的主要特性需求：

①　厚度均一性。当制备工艺用的基材厚度不均、基材延伸速度或者用力不均引起相位差的波动，会导致显示器产生彩虹纹等不良；

②　波长分散系数。波长分散系数偏大，会影响不同波长下的补偿效果，导致显示器产生色偏或者彩虹纹等不良；

③　水氧阻隔性。集成于偏光片中的相位片，自身吸水后会引起相位差发生变化，导致暗态漏光不良。除了自身防止水汽外，还需要保护偏光片中的 PVA 免受水汽和氧的影响。如果水汽侵入，PVA 材料容易产生膨胀，导致偏振度发生变化，出现漏光不良。对于水氧阻隔性，一般来说 PET 材料和 COP 材料要优于亚克力和 TAC 材料。

1.5　波片

1.5.1　快轴与慢轴

波片，广义上也可以说是一种相位片，只是它通常是特指由单轴晶体在平行或垂直于光轴方向切割并加工而成的一块表面平整的薄晶片，并且其相位差一般比较固定，比如常见的有 $\lambda/4$ 波片、$\lambda/2$ 波片（半波片）和 λ 波片（全波片）。

波片的快轴是指波片中传播速度快的光矢量振动方向，慢轴是指波片中传播速度慢的光矢量振动方向。在单光轴负性晶体中，光轴与晶面平行，$n_O > n_E$，因此 E 光比 O 光传播速度快，而 E 光光矢量振动方向与光轴同向，因此光轴定义为快轴，与之垂直的方向就定义为慢轴；相反，在单光轴正性晶体中，光轴定义为慢轴。

线偏振光垂直入射到单轴晶片表面，光振动矢量与垂直方向成 θ 角，则分解的 O 光和 E 光振幅分别为 $E_O = E\sin\theta$，$E_E = E\cos\theta$，如图 1.34 所示。在波片里面，O 光与 E 光同向传播，在空间上不分开，但传播速度不一样，因此在出射面 O 光与 E 光的相位差为

$$\delta = \frac{2\pi}{\lambda}(n_O - n_E)d \begin{cases} <0\ 正性晶体，\ v_O > v_E，\ O光超前 \\ >0\ 负性晶体，\ v_O < v_E，\ E光超前 \end{cases} \tag{1.52}$$

图 1.34 所示为负性单轴晶片。由于传播速度不同，两偏振分量在出射面上具有不同的相位延迟，其相位差取决于入射光波长 λ、晶体对两偏振分量的折射率 n_O 和 n_E，以及晶片的厚度 d。

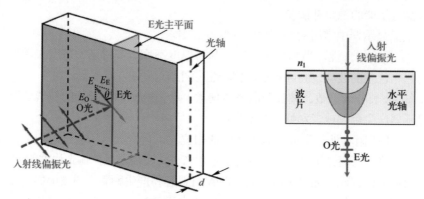

图 1.34   负性单轴晶片线偏振光入射到波片里的 O 光与 E 光示意图

1.5.2 $\lambda/4$ 波片

光程差满足如下公式的波片，称为 $\lambda/4$ 波片。

$$\Delta = (n_O - n_E)d = (2k+1)\frac{\lambda}{4}, k = 0,1,2,3,\cdots \tag{1.53}$$

此时相位差为

$$\delta = \frac{2\pi}{\lambda}(n_O - n_E)d = \pm(2k+1)\frac{\pi}{2}, k = 0,1,2,3,\cdots \tag{1.54}$$

正号对应负单轴晶体，负号对应正单轴晶体。

$\lambda/4$ 波片具有以下特点。

① 线偏振光通过 $\lambda/4$ 波片后，出射光的偏振态由入射偏振光的光矢量振动方向与波片光轴的夹角 θ 确定。当 $\theta = 0°$ 或 $90°$ 时，出射光仍然为线偏振光；当 $\theta = 45°$ 或 $135°$ 时，出射光为圆偏振光；当 θ 为其他值时，出射光为椭圆偏振光。

② 椭圆或圆偏振光通过 $\lambda/4$ 波片后，可变为线偏振光。下面是入射的圆偏振光转变为线偏振光的分析。

入射面上分解时的相位差为 $\delta = \pm\frac{\pi}{2}$，通过 $\lambda/4$ 波片时由于波片产生的相位差为

$$\delta_d = \frac{2\pi}{\lambda}(n_O - n_E)d = \pm(2k+1)\frac{\pi}{2} \tag{1.55}$$

通过 $\lambda/4$ 波片后出射面上合成时的相位差为

$$\delta_{出} = \delta_\lambda + \delta_d = \pm\frac{\pi}{2} \pm (2k+1)\frac{\pi}{2} = \pm m\pi, \; m = 0,1,2,3,\cdots \qquad (1.56)$$

即入射的圆偏振光，出射光转变为了线偏振光。

如果是正椭圆偏振光入射（光轴与椭圆主轴平行或垂直），入射与出射的相位差计算与上面的一致，仅 O 光与 E 光的振幅不相等，出射光仍然是线偏振光，只是在 x 和 y 轴上分解的振幅不相等，如图 1.35 所示。如果是斜椭圆偏振光入射，则出射光仍然为斜椭圆，只是倾斜角度发生改变。

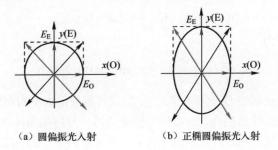

（a）圆偏振光入射　　　　　（b）正椭圆偏振光入射

图 1.35　圆偏振光与正椭圆偏振光入射到 $\lambda/4$ 波片中的情况

$\lambda/4$ 波片与线偏振片一起，可以鉴别自然光、圆偏振光或椭圆偏振光。

1.5.3　$\lambda/2$ 波片

光程差满足如下公式的波片，称为 $\lambda/2$ 波长波片。

$$\Delta = (n_O - n_E)d = (2k+1)\frac{\lambda}{2}, k = 0,1,2,3,\cdots \qquad (1.57)$$

此时相位差为

$$\delta = \frac{2\pi}{\lambda}(n_O - n_E)d = \pm(2k+1)\pi, k = 0,1,2,3,\cdots \qquad (1.58)$$

正号对应负单轴晶体，负号对应正单轴晶体。

$\lambda/2$ 波片具有以下特点。

① $\lambda/2$ 波片不改变偏振光性质，仅改变其振动方向，因此线偏振光通过 $\lambda/2$ 波片后，出射光仍为线偏振光，只是振动方向转过 2θ 角，如图 1.36 所示。

② 圆偏振光通过 $\lambda/2$ 波片后仍然为圆偏振光，但旋转方向（顺时针或逆时针）发生逆转。

③ 椭圆偏振光通过 $\lambda/2$ 波片后仍然为椭圆偏振光，但旋转方向（顺时针或逆时针）发生逆转，

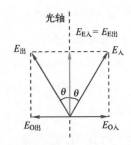

图 1.36　线偏振光入射到 $\lambda/2$ 波片中的情况

同时长轴旋转一定角度。

④ 当入射光矢量振动方向平行或垂直光轴时，出射光矢量振动方向不变。

注意：波片是针对特定波长的，$\lambda/4$ 波片和 $\lambda/2$ 波片是对给定波长 λ 的光而言。自然光经过波片后，出射光仍然为自然光（出射的 O 光与 E 光无固定相位差）。

1.5.4 λ波片

λ波片又称为全波片。光程差满足如下公式的波片被称为全波片。

$$\Delta = (n_O - n_E)d = (2k+1)\lambda, k = 0,1,2,3,\cdots \tag{1.59}$$

此时相位差为

$$\delta = \frac{2\pi}{\lambda}(n_O - n_E)d = \pm 2k\pi, k = 0,1,2,3,\cdots \tag{1.60}$$

全波片能使透射的 O 光和 E 光产生 2π 或其整数倍大小的相位差。

因此，要获得线偏振光，只需让自然光通过一片线偏振片即可；要获得圆偏振光，只需让自然光通过一片线偏振片和一片 $\lambda/4$ 波片，而且线偏振片的透振方向和波片光轴的夹角应为 $45°$ 或 $135°$；要获得椭圆偏振光，只需让自然光通过一片线偏振片和一片 $\lambda/4$ 波片，但是线偏振片的透振方向和波片光轴的夹角不能是 $0°$、$90°$、$45°$ 和 $135°$。

1.5.5 光波在金属表面的反射

光在正入射或掠入射的情况下，从折射率相对小的光疏介质射向折射率相对大的光密介质被反射时，产生相位 π 的突变，相当于损失半个波长的光程，称为半波损失。这可以由电磁场理论中的菲涅耳公式予以解释。

1. 线偏振光

入射光波函数：

$$E_x = E_{0x}\cos(\omega t + \delta_0); \quad E_y = E_{0y}\cos(\omega t + \delta_0) \tag{1.61}$$

反射光波函数：

$$E_x' = E_{0x}\cos(\omega t + \delta_0 + \pi) = -E_{0x}\cos(\omega t + \delta_0)$$

$$E_y' = E_{0y}\cos(\omega t + \delta_0) = E_y \tag{1.62}$$

光程差 $\delta = \delta_y - \delta_x = 0$，为线偏振光，且方向改变，

如图 1.37 所示，即线偏振光经过金属反射层后，仍然为线偏振光，只是偏振方向改变。

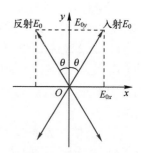

图 1.37　线偏振光在金属表面的反射

2．圆偏振光

入射光波函数：

$$E_x = E_0 \cos(\omega t + \delta_0) \; ; \quad E_y = E_0 \cos\left(\omega t + \delta_0 + \frac{\pi}{2}\right) \qquad （1.63）$$

反射光波函数：

$$E_x' = E_0 \cos(\omega t + \delta_0 + \pi) \; ; \quad E_y' = E_0 \cos\left(\omega t + \delta_0 + \frac{\pi}{2}\right) \qquad （1.64）$$

$E_{0x} = E_{0y} = E_0, \delta = \delta_y - \delta_x = -\dfrac{\pi}{2}$，为左旋偏振光。

即圆偏振光经过金属反射层后，仍然为圆偏振光，但旋转方向相反。

波片对入射偏振光的影响见表 1.4。

表 1.4　波片对入射偏振光的影响

波片	入射光	出射光	备注
λ/4 波片	线偏振光	线偏振光	入射光偏振矢量方向与快慢轴方向一致
		圆偏振光	入射光偏振矢量方向与快慢轴方向都成 45° 角
		椭圆偏振光	入射光偏振矢量方向与快慢轴方向成其他角度
	圆偏振光	线偏振光	入射光偏振矢量方向与快慢轴方向成任何角度
	椭圆偏振光	线偏振光	长轴或短轴方向与波片的快慢轴方向一致
		椭圆偏振光	长轴或短轴方向与波片的快慢轴方向不一致
λ/2 波片	线偏振光	线偏振光	入射光与快（慢）轴夹角 a，出射光向着快（慢）轴转动 $2a$
	圆偏振光	圆偏振光	旋向相反
	椭圆偏振光	椭圆偏振光	旋向相反
全波片	线偏振光	线偏振光	光程差增大
	圆偏振光	圆偏振光	光程差增大
	椭圆偏振光	椭圆偏振光	光程差增大
金属反射层	线偏振光	线偏振光	偏振方向改变
	圆偏振光	圆偏振光	旋向相反
	椭圆偏振光	椭圆偏振光	椭圆偏振光

1.5.6　波片的应用

1．线偏光片的特点

LCD 的光学性能与液晶盒、偏光片及补偿膜等因素相关。对透射型 LCD 显示来说，线偏光片也很大程度影响着显示器对比度和色彩平衡（Hue Balance，出射光的光谱分布）。

线偏光片的基本结构包括中间层的含碘（Iodine）聚乙烯醇（Poly-viny Alcohol，PVA）、两层三醋酸纤维素（Tri-acetyl Cellulose，TAC）、接触玻璃面的压敏胶（Pressure Sensitive Adhesive，PSA）、保护 PSA 的离型膜（Release Film）和最外层的保护膜（Protective Film），其中把入射的自然光（偏振矢量沿着各个方向）转变为线偏振光的是 PVA 层。PVA 在拉伸过程中，二向色性粒子 I^3 和 I^5 配合物就沿着拉伸方向取向排列，入射光偏振矢量沿拉伸方向的就会被吸收，而垂直于拉伸方向的可以通过，这样入射的自然光就转变为线偏振光了。通常定义 PVA 的拉伸方向为吸收轴方向，垂直拉伸方向就是透光轴方向。线偏光片的偏振度、透过率和二向色性与碘离子分布、离子占比等因素有关。

由图 1.38 中可知，两个线偏光片的光轴相互平行时，在短波长（蓝光区域）的透过率比在长波长（红光区域）的要低很多。这是由偏光片对不同波长光的吸收程度差异造成的，对蓝光的吸收比红光多。在应用中，亮态时蓝光输出偏低，造成所谓的蓝色脱色现象（Blue De-coloration Phenomenon），导致显示偏黄（Yellowish）。当两个线偏光片的光轴相互垂直时，在蓝光区和红光区仍然可见明显的漏光，导致暗态出现泛蓝（Bluish）和泛红（Reddish）的色偏现象。想要抑制这种色偏现象，可以对偏光片进行优化。常见的优化措施就是调节 I^3 和 I^5 配合物的浓度，因为每种二向色性离子都有自己独特的吸收峰，通过增加吸收蓝光区域离子的用量降低蓝光区的漏光。

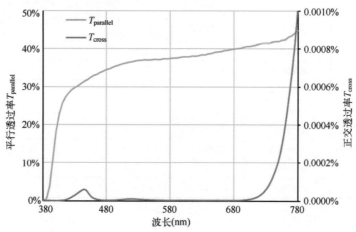

图 1.38　两个光轴相互平行和垂直的线偏光片在可见光谱下的光学特性

2. 圆偏光片的特点

在反射式和半透半反液晶显示器中，上偏光片需要用圆偏光片。通常圆偏光片（又称为圆偏光器）由一片线偏光片和一片单轴 $\lambda/4$ 波片构成，其中 $\lambda/4$ 波片的光轴与线偏光片的夹角为 45°，如图 1.39 所示。入射自然光经过线偏光片后，平行于吸收轴方向的光被吸收，垂直于吸收轴方向的光透过偏光片转变成线偏光，线偏光经过 $\lambda/4$ 波片后，转变为右旋圆偏光（Right-handed Circular Polarization，RCP），右旋圆偏光再经过反射层反射后（有半波损失）转变为左旋圆偏光（Left-handed Circular Polarization，LCP），接着经过 $\lambda/4$ 波片后，左旋圆偏光又转变为线偏光，此时线偏光的偏振矢量方向与线偏光片的透光轴相互垂直，因此光无法通过线偏光片，即入射的自然光最终没有反射出来。

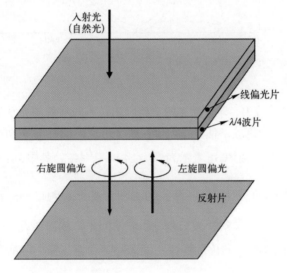

图 1.39　线偏光片和 $\lambda/4$ 波片组成的圆偏光片系统

　　但是图 1.39 所示的偏光系统存在一定的局限性：一方面，$\lambda/4$ 波片只对中心波长（通常是 550nm）具有显著的四分之一波长的光延迟，不能覆盖全可见光谱，所以仍有许多光在经过 $\lambda/4$ 波片后不能变成右旋圆偏光，无法继续完成上述的光转换，导致一部分光泄漏；另一方面，入射光并不是完全垂直偏光片界面进入的，入射角度不同，光程差不同，随着入射光的角度增加，漏光也逐渐增加。

　　图 1.40 显示了可见光分别以 0° 和 45° 入射于圆偏光片系统后的反射率，中心波长 550nm 处反射率最低，以 550nm 为中心，离 550nm 越远反射率越高，由于偏光片对短波长的光吸收更多，所以在短波长处的反射率也较低。以 45° 角斜入射的反射率要高于 0° 正入射的反射率，即随着入射角度倾斜度增加，反射率也逐渐增加。

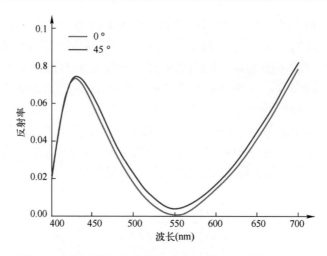

图 1.40　不同入射光角度的可见光在圆偏光片系统的反射率

在图 1.40 的系统中，导致漏光的主要因素是不同波长的光发生了色散。想要消除漏光，就要消除色散，使光程差值在整个可见光的范围内数值一致。具有相位差的聚合物膜的双折射率可表示为 $\Delta n \propto A + \dfrac{B}{\lambda^2 - \lambda_0^2}$，其中，$A$ 和 B 均是常数，λ_0 是波长吸收边界，通常是在紫外区，可知随着波长 λ 增加，Δn 下降，因此 $\dfrac{\Delta nd}{\lambda}$ 会更加偏离理想值。为了解决波长差异引起的漏光，就需要设计一种新的 $\lambda/4$ 波片系统，这种系统具有反向色散特性，以确保 $\dfrac{\Delta nd}{\lambda}$ 值在整个可见光谱范围基本不变。通过不同 Δn 值的波片叠加可以实现反向色散功能，例如可通过具有不同色散特性的 $\lambda/4$ 和 $\lambda/2$ 波片的光轴互相垂直叠加构成反向色散特性的膜片。

如图 1.41 显示了一种由线偏光片（透光轴为 0°），单色半波片（光轴为 $\varphi_{\lambda/2}$）和单色 $\lambda/4$ 波片（光轴为 $\varphi_{\lambda/4}$）组成的宽带圆偏光片系统。从庞加莱球上可以看出波片相对角度间的关系。图 1.42（a）是指定单波长绿光入射光在庞加莱球上的偏振轨迹。假设从线偏振片出来的线偏光在庞加莱球的 T 处，半波片的光轴在 H 处，则 $\angle TOH = 2\varphi_{\lambda/2}$；$\lambda/4$ 波片的光轴是在点 Q 处，则 $\angle TOQ = 2\varphi_{\lambda/4}$（这里在庞加莱球上表示的光轴之间的相对角度，是 x-y-z 坐标系下绝对值的两倍）。通过线偏光片出射的线偏光穿过半波片，形成其他振动方向上的线偏振光，在庞加莱球上对应的轨迹就是从 T 点绕 OH 光轴旋转半波长（即半圆轨迹）到 C 点，此时 $\angle TOC = 4\varphi_{\lambda/2}$。从半波片出来的线偏光经过 $\lambda/4$ 波片，形成右旋圆偏光，在庞加莱球上对应的轨迹就是从 C 点绕 OQ 光轴旋转 $\pi/2$（即四分之一圆轨迹）到 S_3 点。从 C 点经 $\lambda/4$ 波片到 S_3 点需要满足 $\angle QOC = 90°$ 这个条件，此时就有

$2\varphi_{\lambda/4} - 4\varphi_{\lambda/2} = 90°$ 这个关系。

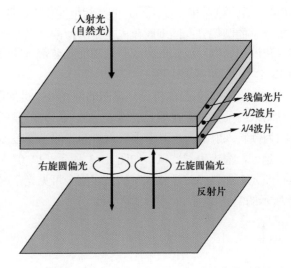

图 1.41　线偏光片、$\lambda/2$ 波片和 $\lambda/4$ 波片组成的宽带圆偏光片系统

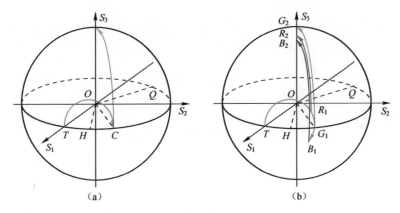

图 1.42　正入射角度的宽带圆偏振器（a）550nm G 光和（b）R、G 和 B 光在庞加莱球上的偏振光轨迹

要获得宽带的圆偏光器，$\varphi_{\lambda/2}$ 的值非常重要。图 1.42（b）粗略地描绘了不同波长的极化变化，其中每个波片厚度延迟特性基于 550nm 设计（R：650nm，G：550nm，B：450nm），因此该延迟值 $\frac{\Delta nd}{\lambda}$ 对红光补偿不足（相对绿光 550nm，红光 $\frac{\Delta nd}{\lambda}$ 偏小），但对蓝光补偿过大（蓝光 $\frac{\Delta nd}{\lambda}$ 偏大），所以，在经过第一个半波片之后，红色、绿色和蓝色光的偏振分别位于点 R_1、G_1 和 B_1，只有 G_1 在赤道上

是线偏振光，R_1，B_1 分别位于赤道的两侧，且 R_1 处的红光的位置离北极最近，因此，红光经过$\lambda/4$波片后，虽然相位变化不充分（相位变化不够四分之一波长），仍可以转换成北极附近的圆偏光；同理对蓝光也是类似的补偿原理。从上面的分析可知，$\varphi_{\lambda/2}$ 这个角度的选取对波长的自我补偿功能是非常重要的。对于 $\varphi_{\lambda/2}$ 的最优的角度约为 15°，因此 $\varphi_{\lambda/4}$ 约为 75°。

图 1.41 中的系统对于垂直入射的可见光范围的漏光可以得到很好的抑制，但是这种结构对于倾斜入射的光仍存在漏光的现象，且入射光的倾斜角度越大，漏光越严重，这是因为倾斜入射的光相对于垂直入射的光的光程差 Δnd 不同，倾斜角度越大，光程差越大，漏光也越严重。如图 1.43 所示，以 0° 入射的光只在蓝光和红光区域略有漏光，而以 45° 倾斜入射的光在整个可见范围内都有漏光，但是相比图 1.40 所示的漏光比例，已经大幅度降低。

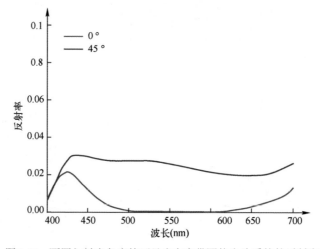

图 1.43   不同入射光角度的可见光在宽带圆偏光片系统的反射率

参 考 文 献

[1]   廖延彪. 偏振光学[M]. 北京：科学出版社，2003.

[2]   廖燕平，宋勇志，邵喜斌，等. 薄膜晶体管液晶显示器显示原理与设计[M]. 北京：电子工业出版社，2016.

[3]   Michael G. Robinson, Jianmin Chen, Gary D. Sharp. Polarization Engineering for LCD Projection[J]. A John Wiley and Sons, Ltd., 2005, 308: ISBN 0-470-87105-9.

[4]   Zhibing Ge, Shin Tson Wu. Transflective Liquid Crystal Displays[M]. A John Wiley and Sons, Ltd., 2009.

[5]   梁铨廷. 物理光学（第五版）[M]. 北京：电子工业出版社，2018.

第 2 章 液晶基本特点与应用

2.1 液晶发展简史

2.1.1 液晶的发现

液晶最早是由奥地利植物学家弗雷德里希·赖尼茨（Friedrich Reinitzer）于 1888 年发现的。他在测定有机物晶体的熔点时，发现某些有机物（胆甾醇的苯甲酸酯和醋酸酯）在温度升到 145.5℃时熔化成一个不透明的、乳白色、黏稠的液体，并发出多彩而美丽的珍珠光泽；再继续加热到 178.5℃时又变成了完全透明清亮的液体。

1889 年，德国物理学家奥托·雷曼（Otto. Lehmann）使用他亲自设计的、在当时称得上最新式的附有加热装置的偏光显微镜对这些酯类化合物进行了观察。他发现，这类乳白色而又浑浊的液体外观上虽然像液体，但却显示出各向异性晶体所特有的光学双折射性，因而建议称之为"Liquid Crystal"（液态晶体）。这就是"液晶"名称的由来。图 2.1 是赖尼茨和雷曼的生平。

Friedrich Reinitzer
(1857—1927)
布拉格德国大学讲师

Otto. Lehmann
(1855—1922)
亚琛物理技术大学教授

图 2.1　赖尼茨和雷曼的生平

2.1.2　理论研究

发现液晶之后的一百多年间，人们始终没有中断对它的研究。早期，O. Wiener 等人发展了液晶的双折射理论，E. Bose 提出了液晶的相态理论，V. Grandiean 等研究了液晶分子取向机理及织构。为了解释液晶的弹性性质，于 1933 年瑞典科学家 G. W. Oseen 和 H. Zocher 创立了连续体理论，并由英国的 F. C. Frank 进行了完善（1958 年）。在这一时期，理论研究中引入了序参数的概念，对于复杂的液晶系统的取向有序性给出了全面而且正确的描述。这一概念的引入对液晶理论的研究发展起了很重要的作用，因为日后所有的理论工作都基于这一概念来描述液晶的取向有序性。

苏联科学家 V. K. Freedericksz 和 V. Zolinao 最先研究了液晶分子与外场的相互作用，发现在电场（或磁场）的作用下，向列相液晶发生形变并存在电压阈值。在 1933 年的法拉第学会上，为表彰其贡献，人们将特定外场下液晶分子发生的形变称为 Freedericksz 转变。这一发现为液晶显示器的研制提供了理论依据。这一时期，M. Born 和 K. Lichtennecker 提出了液晶介电各向异性，W. Kast 提出用正负号来区分向列相液晶，等等。

1958 年德国科学家 W. Maier 和 A. Saupe 发表了关于液晶的平均场理论的论文，系统阐述了关于液晶相的微观理论，后来被称为 Maier-Saupe 理论。该理论引入了平均场概念，用以定性说明从向列相液晶至各向同性液体相变时的许多重要特征。该理论与上面提到的连续体理论（Oseen-Frank 理论）共同构建了描述液晶的两大理论体系。同年，法国科学家 P. G. de Gennes 组建液晶研究所，并在液晶光电效应的研究方面做出了卓越的贡献。他将 1937 年 Landau 建立的二级相变理论扩展到液晶的研究中，后来人们将这一理论称为 Landau-de Gennes 理论。由于在液晶研究方面的杰出贡献，de Gennes 被授予了 1991 年诺贝尔物理学奖，并被瑞典皇家科学院诺贝尔奖评审委员会誉为"当代牛顿"。1973 年 de Gennes 出版的关于液晶理论的专著《液晶物理》成为了这一领域的权威性著作。

2.1.3　应用研究

理论研究的快速发展为应用研究提供了坚实的基础。20 世纪 60 年代末期迎来了液晶科技的黄金发展期。1963 年 RCA 公司 R. J. Williams 发现用电刺激液晶时，其透光方式会改变。在此基础上，1968 年 R.Williams 发现向列相液晶在电场作用下形成条纹畴，并有光散射现象；G. H. Heilmeir 随即将其发展成动态散射显示模式（Dynamic Scattering，DS），并研制成功了世界上第一台液晶显示器（DS LCD）。这一成果轰动了整个产业界，人们看到了液晶应用于显示器的广阔前景。

1968 年美国 Heilmeir 等人还提出了宾主效应（Guest Host，GH）模式。1971 年 M.F.Schiekel 提出了电控双折射（Electrically Controlled Birefringence，ECB）模式，T.L.Fergason 等人提出了扭曲向列相（Twisted Nematic，TN）模式。1980 年 N.Clark 等人提出了铁电液晶模式（Ferroelectric LC，FLC），1983—1985 年间 T.Scheffer 等人先后提出了超扭曲向列相（Super Twisted Nematic，STN）模式。这些发现推动了液晶显示技术产业化的实现，并迎来了蓬勃发展，现在液晶显示器已经与人们的生活息息相关。

物理学和工程技术的每一个成就和进步，往往总是伴随着化学和材料科学的发展。它们之间相互依存、相互促进。在百余年的液晶发展史册中，同样记录着化学家和广大化学工作者为液晶发展所做出的贡献。发现液晶相后，在 20 世纪 20 年代，德国 Heidelberg 大学的 Ludwig Gattermann 和 Halle 大学的 Daniel Vorlander 先后合成了 300 多种液晶，并指出液晶分子是棒状的分子。在此基础上，法国的 George Friedel 和 F.Grand-jean 等人对液晶的结构及光学性能做了详细的研究，并于 1922 年完成了液晶分类的工作，将液晶划分为近晶相、向列相和胆甾相。早期的液晶材料稳定性较差，难以得到实际应用。直到 1973 年，英国科学家 G. W. Gray 合成了具有氰基和联苯结构的向列相液晶，才得到化学性质稳定的液晶材料，并发表了专著《液晶的分子结构和性质》。其中 4′-正戊基-4-氰基联苯（4′-n-pentyl-4-cyanobiphenyl，5CB）现在仍然在实验室广泛应用。1976 年，由 SHARP 公司在世界上首次将其应用于 EL-8025 型计算器的显示屏中，采取的是 TN 型液晶显示技术，响应速度较慢，透过率较低，称为"Passive"（被动式）；而且其视角较窄，拖尾现象也十分明显，因此只用于电子表及电器显示仪表等对图像显示质量要求不高的设备上。1985 年，日本 Toshiba 公司推出了全球第一台 9 英寸单色显示器的笔记本电脑 T1000，其将显示器和主机完美地结合到了一起，第一次使移动办公成为了可能。

1984 年，T. Scheffer 发现了超扭曲双折射效应，并发明了超扭曲向列相（STN）显示技术。这种显示技术在显示容量、视角等方面进行了改善，克服了早期的扭曲向列相显示的某些缺点。

1989 年，日本 Toshiba 公司推出了第一台应用双重扫描 STN（Double-layer STN，DSTN）显示器的笔记本电脑。这次技术革新让笔记本电脑用户所面对的黑白世界瞬间进入了真正的彩色世界，但尽管实现了彩色输出，DSTN 显示器依然存在着许多不尽人意的局限性，如视角狭窄、图像品质较差、分辨率和彩色深度低等。DSTN 显示只能提供 640×350 的分辨率，显示 16 种色彩。

1980 年以来，薄膜晶体管液晶显示（Thin Film Transistor LCD，TFT LCD）技术的发展，使得液晶显示成为数字化信息时代显示技术的佼佼者，出现在人们生活中的每一个角落。1994 年，Toshiba 公司推出了专门为笔记本电脑设计的 TFT 液晶显示屏，并迅速登上了时代的舞台，成为风靡一时的主流产品。不同于无源矩阵液晶显示（Passive Matrix LCD, PM LCD）的 TN 与 STN 显示技术，TFT LCD 属于有源矩阵液晶显示（Active Matrix LCD, AM LCD），具有更高的对比度、更加丰富的色彩及更快的响应速度，再加上液晶显示轻薄的特点，在 20 世纪末迅速发展成为替代传统笨重 CRT 显示的新型半导体显示技术。

　　目前，液晶的作用和影响远超出显示领域，液晶的研究也已深深地渗透到了化学、物理学、电子学、生物学等各个学科，并涌现出越来越多的科研成果和应用领域。与自然界中生命现象紧密相连的溶致液晶在液晶的研究发展史上也经历了漫长曲折的过程，在此过程中，我国物理学家欧阳钟灿院士做出了杰出的贡献。在高分子液晶研究领域，我国化学家周其凤首先提出了甲壳型液晶高分子的概念并引起液晶高分子科学界的广泛重视，现已成为高分子领域相当活跃的研究方向。

2.2　液晶分类

　　液晶分类一般可以按照液晶分子形状、分子量和液晶态形成条件进行划分。以分子形状进行划分，通常可以分为棒状的、盘状的和条状的；以分子量进行划分，分为小分子的和高分子的。实际应用中主要以液晶态形成条件进行划分，通常有热致液晶和溶致液晶两大类，其中热致液晶随着温度变化的相转变示意图如图 2.2 所示。

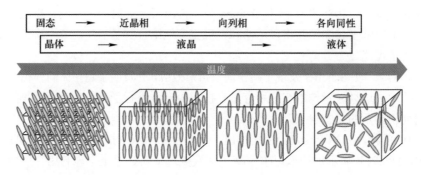

图 2.2　热致液晶随着温度变化的相转变示意图

2.2.1　热致液晶

　　将某种能形成液晶相的固体加热到熔点，这种物质就转变得既有液体的流动性，又有晶体的双折射性，这种在热的作用下形成的液态物质称为热致液晶。温度是热致液晶呈现液晶相与否的决定性因素，并且仅在一定温度范围内出现。目前用于液晶显示的液晶材料基本上都是热致液晶。热致液晶一般可分为近晶相（Smectic）、向列相（Nematic）和胆甾相（Cholesteric），如图 2.3 所示。

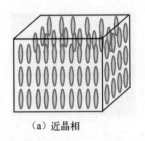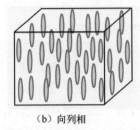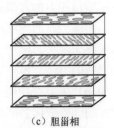

（a）近晶相　　　　　　　　　（b）向列相　　　　　　　　　（c）胆甾相

图 2.3　热致液晶的分类

1．近晶相

近晶相液晶由棒状或条状分子组成，分子排列成层，层内分子长轴相互平行，其方向可以垂直于层面，或倾斜与层面成一定角度排列。因分子排列整齐，其规整性接近晶体，具有二维有序性。分子质心在层内无序，可以前后、左右滑动，但不能在上下层间移动，因此黏滞系数较大。因为它的高度有序性，近晶相经常出现在较低的温度范围内。已经发现至少有 8 种近晶相（$S_A \sim S_H$），近年来，近晶 J 相和 K 相也已经被证实。

2．向列相

向列相液晶由长径比很大的棒状分子所组成，分子质心具有短程有序性，具有类似于普通液体的流动性，分子能够上下、左右、前后滑动，只在分子长轴方向上保持相互平行或近似平行。向列相液晶在偏光显微镜下显示为丝状条纹，所以又把向列相液晶称为丝状液晶。向列相液晶分子粘在支撑物表面上可以减少流动性，同时很小外力（比如电场）就可以改变液晶分子的指向矢，使液晶分子排列方向发生改变，因此在液晶显示中得到广泛应用。

3．胆甾相

胆甾相液晶大部分是胆甾醇的各种衍生物，由胆甾醇经酯化或卤素取代后呈现液晶相，故名胆甾相。胆甾相液晶具有很强的光学活性，并且有天然的螺旋结构。这类液晶分子呈扁平形状，排列成层，层内分子相互平行，分子长轴平行于层面。不同层的分子长轴方向稍有变化，相邻两层分子，其长轴彼此有一小的扭曲角，多层分子的排列方向逐渐扭转成螺旋线，并沿着层的法线方向排列成螺旋状结构。螺旋结构用螺距表示，其螺距一般在 0.2～100μm。

胆甾相实际上是向列相的一种畸变状态。因为胆甾相层内的分子长轴彼此也是平行取向，仅仅是从这一层到另一层时的均一择优取向旋转一个固定的角度，所以在胆甾相中加入消旋剂（手性化合物），能将胆甾相转变为向列相。因此，又把胆甾相称为扭曲向列相（Twisted Nematic）；或者说向列相是胆甾相的一个特例，就是螺距无限大。电场、磁场也可使胆甾相转变为向列相。反过来，采用添加旋光性物质的办法，可使通常的向列相或近晶 C 相液晶转变成胆甾相。

胆甾相液晶在稍低于清亮点时存在一个或两个热力学稳定相，这是介于胆甾相和各向同性液体之间的一个狭窄温度区间的新相，由于通常呈现蓝色，故称为蓝相。蓝相是稳定的相态，具有远程取向有序的特征。蓝相不一定都呈现蓝色，其颜色取决于布拉格散射及螺距的长短。

2.2.2　溶致液晶

溶致液晶是由符合一定结构要求的化合物与溶剂组成的体系，当溶液中溶质浓度达到某临界值并处于一定范围内时呈现液晶相。最常见的溶致液晶由水和"双亲"（Amphiphilic）性分子组成。所谓双亲性分子是指分子结构中既含有亲水性的极性基团，也含有不溶于水的、疏水性的非极性基团。双亲分子缔合使体系自由能减小，极性基团靠静电引力的相互作用彼此缔合形成层状结构的亲水层，非极性基团通过范德瓦耳斯力相互缔合形成疏水层，从而构成层状液晶结构。

2.3　液晶特性

2.3.1　光学各向异性

液晶的主要特征之一就是与光学单轴晶体相同，具有折射率各向异性的双折射性。单轴晶体具有两个不同的折射率 n_O（Ordinary Ray）和 n_E（Extraordinary Ray），n_O 称为寻常光折射率，其电矢量振动方向垂直于液晶分子的光轴；n_E 称为非寻常光折射率，其电矢量振动方向平行于液晶分子的光轴。

$$n_O = n_\perp \tag{2.1}$$

$$n_E = n_{/\!/} \tag{2.2}$$

式中，$n_\perp$ 和 $n_{/\!/}$ 分别为垂直和平行于液晶分子长轴方向（液晶分子指向矢方向）的折射率。当非寻常光折射率大于寻常光折射率时，即 $n_E > n_O$，表明光在液晶中的传播速度存在 $v_E < v_O$ 的关系，即寻常光的传播速度更大，则这种液晶在光学上被称为正光性，向列相液晶是正光性液晶；相反，当 $n_E < n_O$，即 $v_E > v_O$ 时，则这种液晶被称为负光性，胆甾相液晶是负光性液晶。

2.3.2　电学各向异性

液晶的电学各向异性（介电各向异性）是决定液晶分子在电场中行为的重要性能。Maier 等人将 Onsager 对各向同性液体介电性质的公式推广应用于各向异性的液晶。由分子极化度、分子中所含偶极矩以及它和分子长轴之间的夹角和方向的关系，导出如下公式：

$$\Delta\varepsilon = \varepsilon_{/\!/} - \varepsilon_\perp = \left[A \cdot \Delta\alpha - \frac{B\mu^2}{T}(1 - 3\cos^2\beta) \right]S \tag{2.3}$$

式中，$\varepsilon_{/\!/}$ 和 $\varepsilon_\perp$ 分别为平行和垂直于液晶分子长轴方向上的介电常数；A 与 B 为与材料无关的常数；μ 为永久偶极矩；α 为极化度；T 为绝对温度；β 为永久偶极矩与分子长轴之间的夹角；S 为序参数。

当 $\Delta\varepsilon = \varepsilon_{/\!/} - \varepsilon_\perp > 0$ 时，这种液晶在电学上称为正性液晶；相反，当 $\Delta\varepsilon = \varepsilon_{/\!/} - \varepsilon_\perp < 0$ 时，称为负性液晶。

显示中应用的液晶一般都是多种液晶单体混合而成的。对于 TN 型，介电各向异性 $\Delta\varepsilon$ 与混合液晶的阈值电压 V_{TH} 可以用下式进行表达：

$$V_{TH} = \pi\sqrt{\frac{K_{11} + (K_{33} - 2K_{22})/4}{\varepsilon_0 |\Delta\varepsilon|}} \tag{2.4}$$

式中，K_{11}、K_{22} 和 K_{33} 分别为展曲、扭曲和弯曲弹性常数。混合液晶的阈值电压主要取决于液晶材料的 $\Delta\varepsilon$，其越大越有利于降低液晶的阈值电压。

2.3.3　力学特性

液晶分子存在着一种从优取向，用指向矢 n（orientation vector 或 director）表示。事实上，由于约束作用或外电场作用，指向矢可能会随空间发生变化，即发生弹性形变（elastic deformation）。指向矢的空间变化被称为指向矢变形，并且是需要消耗能量的。当这种变化的发生距离远大于分子尺寸时，取向有序参数不变，此时形变可以参考固体经典弹性理论的连续体理论进行描述。

如图 2.4 所示，存在三种可能的液晶指向矢变形模式：展曲（splay）、扭曲（twist）和弯曲（bending）模式，分别用 K_{11}、K_{22} 和 K_{33} 表示这三种模式的弹性常数。

（a）展曲　　　　　　（b）扭曲　　　　　　（c）弯曲

图 2.4　液晶的三种弹性模式

虽然弹性常数的绝对值影响着液晶显示的阈值电压，但是弹性常数的比值，特别是 K_{33}/K_{11} 更受到重视，因为它影响着光电曲线（电压与透过率曲线，*V-T* 曲线）的形状。至今还没有一种满意的理论可以从分子结构中预测弹性常数，目前还主要是使用经验数据。端基为短链烷基或烷氧基的液晶分子，K_{33}/K_{11} 值增大；而增加液晶分子刚性部分的长宽比，也会增大 K_{33}/K_{11}。芳烃和杂环体系要比相应的环烷体系具有更低的 K_{33}/K_{11}。对于很多研究过的液晶化合物和混合物，弹性常数的大小顺序为 $K_{33}>K_{11}>K_{22}$。

2.3.4　黏度

黏度是流体内部阻碍其相对流动的一种特性。假如在流动的流体中，平行于流动方向，将流体分成不同流动速度的各层，则在任何相邻两层的接触面上，就存在与面平行且与流动方向相反的阻力，称为黏滞力或内摩擦力。向列相液晶的黏滞特性常用室温下液晶的体黏度 η（单位 Pa·s）和运动黏度 υ（单位为 mm^2/s，过去通常使用厘斯（cSt）作单位，1cSt−1mm^2/s）来表示，二者之间存在关系：

$$\upsilon=\eta/\rho \tag{2.5}$$

式中，ρ 为流体的密度。除了体黏度 η 和运动黏度 υ，向列相液晶的另一个重要的黏度是旋转黏度 γ（单位同运动黏度），是分子形状、转动惯量、温度和活化能的复杂函数。理论分析表明，液晶显示器的响应时间正比于 γ。所以研究液晶显示材料的一个重要方向就是寻找旋转黏度小的材料。

2.3.5　电阻率

液晶电阻率的数量级一般为 $10^8\sim10^{14}\Omega\cdot cm$。在制备液晶时，电阻率常作为纯度的表征量。电阻率越大，表示杂质离子越少，即液晶的纯度更高。在外场作用时，由于电化学分解会破坏液晶分子结构，直至失去液晶性能，使液晶器件寿命大大降低。因此在 TFT LCD 用液晶材料中，对电阻率有非常高的要求。

2.4　液晶分子合成与性能

在液晶显示领域，单一成分的液晶材料难以满足显示对液晶材料各种性能参数的要求，人们需要将多种单体液晶混合（混晶）在一起，以达到性能最优化。因此，在液晶材料的制备领域，液晶单体的合成、提纯和混晶的调制具有重要意义。

2.4.1　单体的合成

一般来说，无论是热致液晶、溶致液晶，还是其他类型的液晶都是有机化合物，因此它们的合成方法就是一般有机化合物的合成方法。所不同的是，液晶化合物由于有一定的分子长径比、结构和性能要求，合成步骤通常都比较多，一般也有七八步，甚至十余步反应；其次，为了确保显示性能，要求液晶的电阻率高达 $1 \times 10^{13} \Omega \cdot cm$ 以上，因此对液晶的纯度要求在 99.99% 以上，离子含量浓度在 PPB（10^{-9}）级。因而除了需要多次重结晶外，还要采用高真空蒸馏、分子蒸馏和柱色谱分离等分离纯化技术。

1. 合成单体的典型反应

合成单体液晶材料常见的化学反应包括卤化反应、酯化反应、醚化反应、催化加氢反应等系列反应，最终形成所需要的分子式。

表 2.1 列出了一些典型液晶单体的合成反应。

表 2.1　典型液晶单体的合成反应

标准反应	
氟化反应（Fluorination）	$X-\bigcirc-Cl \xrightarrow[\text{DMSO}]{\text{KF}} X-\bigcirc-F$
溴化反应（Bromination）	$X-\bigcirc \xrightarrow{\text{Br}_2} X-\bigcirc-Br$
碘化反应（Iodination）	$R-\bigcirc-\bigcirc \xrightarrow{\text{I}_2/\text{HIO}_3} R-\bigcirc-\bigcirc-I$
氰化反应（Cyanation）	$R-\bigcirc-\bigcirc-I \xrightarrow[\text{DMF}]{\text{CuCN}} R-\bigcirc-\bigcirc-CN$
酯化反应（Esterification）	$R-\bigcirc-\bigcirc-COCl + HO-\bigcirc-CN \xrightarrow{\text{吡啶}} R-\bigcirc-\bigcirc-COO-\bigcirc-CN$

续表

特殊反应		
氢化反应 （Hydrogenation）	R—环—苯—OH $\xrightarrow[\text{Pd/C}]{\text{H}_2, -40\text{bar}}$ R—环—环—OH	
傅-克酰基化反应 （Friedel-Crafts Acylation）	R—环—苯 $\xrightarrow{\text{CH}_3\text{COCl/AlCl}_3}$ R—环—苯—COCH_3	
拜耳-维立格氧化重排反应 （Beyer-Villiger Oxidation）	R—环—苯—CO $\xrightarrow{\text{RCOOH}}$ R—环—苯—O—CO	
沃尔夫-凯惜纳-黄鸣龙还原反应 （Wolff-Kishner-Huang）	R—环—苯—CO $\xrightarrow[\text{DEG}]{\text{NH}_2\text{NH}_2/\text{KOH}}$ R—环—苯—CH_2CH_3	
维蒂希反应 （Wittig）	C_3H_7—环—环—CHO+PPh_3CH_3I $\xrightarrow{\text{t-BuOK}}$ C_3H_7—环—环—CH=CH_2	

2. 典型液晶分子的合成

（1）联苯类液晶。以 5CB（4′-正戊基-4-氰基联苯）为例，将联苯与戊酰氯在三氯化铝存在下进行酰基化反应生成 4-正戊酰基联苯，再将其用水合肼、氢氧化钾和一缩二乙二醇还原得到 4-正戊基联苯。由所得 4-正戊基联苯与碘酸-碘在酸性条件下反应生成 4′-正戊基-4-碘代联苯，然后将该产物与氰化亚铜反应得到 5CB。5CB 液晶分子合成路线如图 2.5 所示。

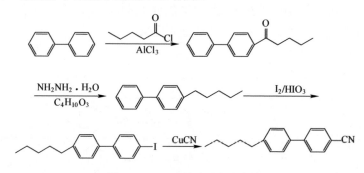

图 2.5　5CB 液晶分子合成路线

（2）双环己烷类液晶。此类液晶合成时，在冰醋酸的作用下，用钯作为催化剂，高压加氢还原烷基环己烷苯甲酸。合成路线如图 2.6 所示。

（3）苯基环己烷类液晶。这类液晶具有极高的化学稳定性、光学稳定性、黏度低及物理性能优良等特点，是显示器件的理想材料之一，其合成方法主要是环己烯法。该方法步骤简单、原料易得、产品纯度高。合成路线如图 2.7 所示。

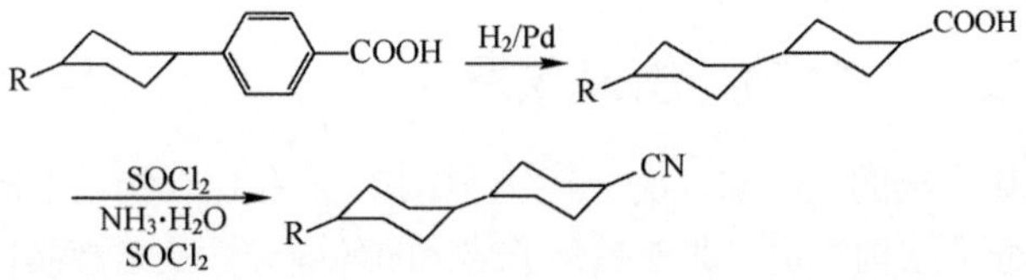

图 2.6 双环己烷类液晶分子合成路线

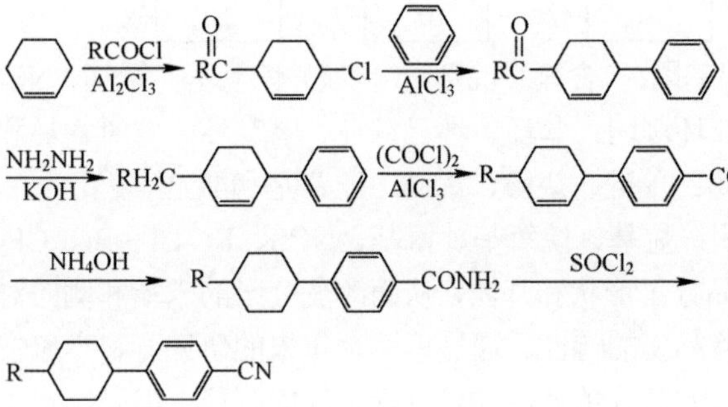

图 2.7 苯基环己烷类液晶分子合成路线

2.4.2 混合液晶

随着显示技术的进步，为了满足显示对液晶材料各种性能参数的要求，人们需要将多种单体液晶混合在一起，以达到性能最优化，得到满足显示需要的各种性能参数，如工作温度、响应速度、对比度和光电曲线陡度等。混合液晶的调制是一个相当复杂的工作，目前没有任何理论或公式能准确计算 10~20 种液晶单体混合后的熔点、清亮点、黏度、Δn（液晶水平与垂直方向折射率差）、$\Delta\varepsilon$ 和光电曲线的陡度等，主要是通过经验和多次试验获得满足性能的混合液晶配方。

混合液晶时应同时调节液晶的许多参数，调节一个性能参数而不影响另一个参数的值是不可能的，有时候在加入某种单体液晶调节混合液晶的某种性能参数时，可能对另外一些性能参数的改善不利。例如，加入低熔点、低清亮点的溶剂类液晶单体，能降低混合液晶的黏度、减小 Δn，但它又会降低混合液晶的清亮点，减小工作温度范围；降低混合液晶的 $\Delta\varepsilon$，又升高了阈值电压。因此，混合液晶中性能参数相互冲突的地方很多，反复的试验将是调制优良混合液晶的理想方法。当然，通过前人的总结，调制混合液晶也有一些经验规律。例如，在许多情况下，某些性能参数随浓度呈线性变化，而另一些参数则不然。

2.4.3　单体液晶分子结构与性能关系

任何有机化合物的性质都取决于其分子结构，液晶化合物也不例外。液晶化合物的特性由其分子结构决定，即液晶分子结构的各向异性决定液晶性质各向异性。

目前显示用液晶均为棒状分子，液晶分子的结构可以用下面的通式表示：

$$X - \boxed{\overset{Z1}{B1}} - A1 - \boxed{\overset{Z2}{B2}} - A2 - \boxed{\overset{Z3}{B3}} - Y \tag{2.6}$$

X、Y 为末端基团：（含氟）烷基、（含氟）烷氧基、氰基、NCS 和卤代基等。

B 为环体系或环基团：苯环、环己烷环、嘧啶环、二氧六环和吡啶环等。

A 为连接基团：单键、炔键、烯键、亚乙基和酯基等。

Z 为侧向基团：烷基、烷氧基、氰基、NCS、F、Cl、Br、CF_3 和 OCF_3 等。

通过改变液晶分子形状和基团，从而改变分子的末端和侧向对电场吸引力的大小，能够改变液晶相的特性。通过近百余年来的研究，科学家们发现了分子结构与液晶特性之间的部分关系，并可进行定性的解释。但是，对于液晶的大多数性质与分子结构之间的关系还不能建立定量化关系，特别是弹性常数等性能与分子结构之间的关系等问题还需进一步研究。

一般认为化合物分子形成液晶相必须具备以下几个条件：

① 分子形状各向异性，分子的长径比$(l/d)>4$；

② 分子长轴不易弯曲，有刚性，且为线性结构；

③ 分子末端含有极性或可以极化的基团，通过电性力、色散力使分子保持取向有序。

分子结构的各向异性是化合物具有液晶相态的必要条件，但分子长轴不能弯曲，且为具有刚性的线性结构。例如，高分子的长径比一般远远大于 4，但不具有液晶相，因为分子链发生绕曲，不具有刚性和线性结构，因此不能形成液晶相的有序排列。

1．末端基团的影响

① 当液晶分子中至少含有一个正烷基末端基团，液晶分子的性质随着烷基链的碳原子数目变化呈现如下性质：

● 奇偶效应规律：奇数碳链的清亮点高于偶数碳链的清亮点；

● 长链增加到 $C_6 \sim C_{10}$ 或更长，易形成近晶相；

● 烷基链长时，K_{33}/K_{11} 减小；烷基链短时，K_{33}/K_{11} 增大；

● 烷基链长时，液晶的黏度大。

② 当末端基团为烯基链，双键为奇数位时，K_{33}/K_{11} 增大，见表 2.2。

表 2.2　烯基链的液晶弹性常数比

分子结构	K_{33}/K_{11}
C$_3$H$_7$ 〇—〇—CN	2.41
H$_3$C 〇—〇—CN	2.56
C$_3$H$_7$ 〇—〇—CN	2.03
H$_3$C 〇—〇—CN	1.38

③ 当末端基团为烷氧基链时，由于增加了分子的共轭效应，从而增加了分子的刚性，电子云密度也变大，热稳定性增强，见表 2.3。

表 2.3　烷氧基链的液晶性能

分子结构	T_{C-N}（℃）	T_{N-I}（℃）	γ（mm²/s）
C$_5$H$_{11}$—〇—〇—CN	22.5	35	25
C$_4$H$_9$O—〇—〇—CN	78	75.5	73

注：T_{C-N} 为晶体到向列相的转变温度；T_{N-I} 为向列相到各向同性液体的转变温度。

④ 当末端基团为其他基团时，基于如下液晶分子结构液晶相变温度的影响，不同末端基团的液晶性能见表 2.4。

H$_3$C 〇—〇—COO—〇—X

表 2.4　不同末端基团的液晶性能

X 基团	T_{C-N} 或 T_{C-S}（℃）	T_{S-N}（℃）	T_{N-I}（℃）
H	87.5	—	114
F	92	—	156
CN	111	—	226
OCH$_3$	122	—	212
CH$_3$	106	—	176
PH	155	142	266

注：T_{C-S} 为晶体到近晶相的转变温度；T_{S-N} 为近晶相到向列相的转变温度。

末端基团对液晶向列相稳定性的影响顺序依次为

$$PH > CN > OCH_3 > CH_3 > F > H$$

⑤ 不同末端基团对液晶极性和黏度的影响，其影响规律如下：

● 共轭和诱导（CN，NCS）作用，黏度增大，$\Delta\varepsilon$ 大；

● CF_3、OCF_3 和 F 极性大，但侧向引力小，黏度均较低；

● 二环体系，OCH_3 与 CH_3 相比较，前者热稳定性和黏度大。

基于如下液晶分子结构，末端基团对液晶极性和黏度的影响见表 2.5。

$$C_5H_{11}—\bigcirc—\bigcirc—X$$

表 2.5　末端基团对液晶极性和黏度的影响

X 基团	$\Delta\varepsilon$	γ（mm^2/s）
CH_3	0.3	7
OCH_3	−0.5	8
F	3	3
OCF_3	7	4
CF_3	11	9
NCS	11	12
CN	13	22

2．侧向取代基团的影响

侧向取代基团的作用：

● 分子变宽，降低侧向引力，导致 S 相和 N 相的热稳定性降低；

● 侧向基团一般会增大分子之间的摩擦力，导致液晶黏度增加。

侧向取代基团的性质（是否形成共轭效应）、极性（吸或推电子基团）和基团大小（取代基体积的大小）都将影响液晶分子性能，其中最具实用价值的是 CN 基团，特别是 F 基团。

① 当侧向取代基团为简单基团时，取代基团明显扰乱了液晶分子的紧密堆积结构和层状结构，侧向 F 基团对相变温度 T_{N-1} 影响小；而体积大的基团，如 CH_3、Br、CN、NO_2 则影响大。基于如下液晶分子结构，侧向取代基团对液晶性能的影响见表 2.6。

表 2.6　侧向取代基团对液晶性能的影响

X 基团	$T_{C\text{-}N}$ 或 $T_{C\text{-}S}$（℃）	$T_{S\text{-}N}$（℃）	$T_{N\text{-}I}$（℃）
H	50.0	196.0	—
F	61.0	79.2	142.8
Cl	46.1	—	96.1
Me	55.5	—	86.5
Br	40.5	43.1	80.8
CN	62.8	—	79.5
NO₂	51.2	—	57.0

② 当苯环之间有 1 个和多个侧向取代基时对液晶性质的影响有如下规律：

● 联苯侧向取代基需要考虑苯环之间的平面扭曲角度问题；

● 增加分子的宽度；

● 侧向基团位于分子中间的影响大于位于分子末端的影响。

侧向氟基个数对液晶性能的影响见表 2.7。

表 2.7　侧向氟基个数对液晶性能的影响

序号	结构式	$T_{C\text{-}N}$ 或 $T_{C\text{-}S}$（℃）	$T_{N\text{-}I}$（℃）	Δn	$\Delta \varepsilon$
1	C₅H₁₁—⟨⟩—⟨⟩—⟨⟩—Cl	105	245	0.32	—
2	C₅H₁₁—⟨⟩—⟨F⟩—⟨⟩—Cl	134	157.6	0.27	5
3	C₅H₁₁—⟨F⟩—⟨F⟩—⟨⟩—Cl	60	111	0.25	12
4	C₅H₁₁—⟨F⟩—⟨F⟩—⟨F⟩—Cl	66	77	0.22	14
5	C₅H₁₁—⟨⟩—⟨F⟩—CH₂CH₂—⟨⟩—Cl	71	94	0.20	4

③ 酯类液晶是典型的负性液晶材料，以 CN 基团为例，侧向取代基对液晶性能的影响：

- CN 体积大，降低了相变温度；
- 由于 CN 强极性，且有共轭效应，增加了液晶的黏度。

基于如下液晶分子结构，侧向取代基团对酯类液晶性能的影响见表 2.8。

表 2.8　侧向取代基团对酯类液晶性能的影响

R 基团	X 基团	Y 基团	$T_{C\text{-}N}$ 或 $T_{C\text{-}S}$（℃）	$T_{N\text{-}I}$（℃）	$\Delta\varepsilon$	γ（mm²/s）
C_5H_{11}	H	H	87	176	0.6	41
C_5H_{11}	CN	H	57	111	−4	200
C_5H_{11}	CN	CN	106	(101.6)	—	—
OC_4H_9	CN	CN	138	148	−20	—

④ 脂肪环液晶时，侧向取代基团对液晶性能的影响：由于环己烷环对 CN 的屏蔽作用，脂肪环液晶热稳定性的降低比预料的小，性能影响见表 2.9。

表 2.9　侧向取代基团对脂肪环液晶性能的影响

分子结构	$T_{C\text{-}N}$ 或 $T_{C\text{-}S}$（℃）	$T_{S\text{-}N}$（℃）	$T_{N\text{-}I}$（℃）	$\Delta\varepsilon$	Δn
	15.6	95.6	—	—	—
	25	30	66	−8	0.03

⑤ 当侧向取代基团为强极性基团时，如末端为 F 时，第 3 位置 F 对液晶的 $\Delta\varepsilon$、$T_{N\text{-}I}$ 影响较大。基于如下液晶分子结构，侧向强极性基团对液晶性能的影响见表 2.10。

表 2.10　侧向强极性基团对液晶性能的影响

X 基团	Y 基团	$T_{C\text{-}N}$（℃）	$T_{S\text{-}N}$（℃）	$T_{N\text{-}I}$（℃）	$\Delta\varepsilon$
H	F	45	83	134	6
F	F	20	50	117	9
H	CN	69	—	196	12
F	CN	72	—	170	18

⑥ 当烷基链作为侧向取代基时，链长对液晶相变温度的影响：

● 烷基链柔软，沿分子长轴方向排列；

● 没有奇偶效应，因为奇偶效应针对分子长轴的末端基团而言，如果是垂直于长轴方向的，则向列相立即消失（失去液晶态）。基于如下液晶分子结构，侧向烷基链基团对液晶性能的影响见表 2.11。

$$C_6H_{13}O \text{—} \bigcirc \text{—COO—} \bigcirc \overset{H_{2n+1}C_n}{} \text{—COO—} \bigcirc \text{—OC}_6H_{13}$$

表 2.11　侧向烷基链基团对液晶性能的影响

n（≥0）	$T_{C\text{-}N}$（℃）	$T_{N\text{-}I}$（℃）
0	126	211
1	88	172
2	60	132
7	61	80
16	61	65

3．中心连接基团的影响

中心连接基团又称为中心桥键，具有以下特点：

● 增加分子长度及 l/d 值；

● 影响分子的极化度和柔韧性，即极性和共轭效应；

● 连接基团应保持分子的线性，否则失去液晶态，故要么没有连接基团，要么是两个原子的连接基团或偶数原子基团；

● 连接基团为 CH=CH、CH=N、N=N 或 N=N(O) 时，该液晶的化学、光化学稳定性均差；

● 连接基团为 CH_2CH_2 时，因其柔软，易破坏液晶分子的共轭效应，会使分子刚性降低；

● 连接基团为 C≡C 时，会与苯环形成共轭效应，使液晶分子极化度增大，$\Delta\varepsilon$ 和 Δn 值增大；

● 连接基团为 COO 时，会与苯环形成共轭效应，使液晶具有高的热稳定性，同时增大 Δn 和黏度；

● 连接基团为 CH_2O 时，会破坏液晶分子的刚性，一般黏度较大。

连接基团对液晶性能的影响如下。

（1）连接基团对液晶相变温度的影响

中心桥键 C≡C、COO 与 CH_2CH_2、CH_2O 相比，液晶 N-I 的热稳定性提高较

多，特别是在两个不饱和环之间表现更为明显。基于如下液晶分子结构，连接基团对液晶相变温度的影响见表 2.12。

$$NC - \boxed{A} - \langle \rangle - C_5H_{11}$$
（X）

表 2.12　连接基团对液晶相变温度的影响

X 基团	A=PH（苯基）		A=CH（环己烷）	
	T_{C-N}（℃）	T_{N-I}（℃）	T_{C-N}（℃）	T_{N-I}（℃）
CH₂CH₂	62	[−24]	30	52
CH₂O	49	[−20]	74	(49)
COO	64	(55)	48	79
C≡C	79.5	[70.5]	—	—

注：方括号表示虚拟（外推计算）相变温度，圆括号表示单向相变温度（降温出现）。

（2）连接基团对液晶 Δn 的影响

不同化学结构的连接基团对值大小的影响顺序可以表示为

$$C \equiv C > — > COO > CH_2CH_2$$

基于如下液晶分子结构，连接基团对液晶性能（Δn）的影响见表 2.13。

$$C_5H_{11} - \langle \rangle - \langle \rangle - X - \langle \rangle - Z$$

表 2.13　连接基团对液晶性能（Δn）的影响

X 基团	Z 基团	相变温度（℃）	$\Delta \varepsilon$	Δn	γ（mm²/s）
—	OCF₃	C43S128N147.4I	8.9	0.140	16
CH₂CH₂	OCF₃	C47S68N73.7I	7.2	0.104	16
COO	OCF₃	C106S(84)S131N168I	15.3	0.134	35
C≡C	OCF₃	C50S134S167N190I	9.9	0.219	18

注：C43S 表示 C-S 的相变温度为 43℃

（3）连接基团对液晶黏度 γ 的影响

不同化学结构的连接基团对黏度 γ 值大小的影响顺序可以表示为

$$OOC > COO > CH_2O > — > CH_2CH_2$$

基于如下液晶分子结构，连接基团对液晶性能的影响见表 2.14。

$$R - \langle \rangle - X - \langle \rangle - \langle \rangle - C_3H_7$$

表 2.14 连接基团对液晶性能的影响

R	X	T_{N-I}（℃）	Δn	γ（mm²/s）
Pr	—	170	—	24
Pr	CH₂CH₂	131	0.101	17
Pr	CH₂O	140	0.105	48
Pr	COO	190	0.112	44.2
Pr	OOC	158	0.116	103

4．环基团的影响

具有实用价值的六元环体系有下列几种，即不饱和环、饱和环、苯环、嘧啶环等，其中饱和环为环己烷环、二氧六环。

如果环基团的刚性强，则有利于提高液晶的热稳定性；如能与其他基团形成共轭效应则该液晶的黏度、Δn、$\Delta \varepsilon$ 等性能相应较高。

极性末端基团和饱和环相连时，当极化度高的区域和极化度低的区域交替出现时，热稳定性降低。基于如下液晶分子结构，不同环基团对液晶性能的影响见表 2.15。

C_5H_{11}—（ A ）—（ B ）—◯—CN

表 2.15 不同环基团对液晶性能的影响

A 基团	B 基团	相变温度（℃）	$\Delta \varepsilon$	Δn	γ（mm²/s）
◯	◯	C130N239I	13.5	0.356	90
◯(N)	◯	C124S204.5N259.5I	—	—	—
⬡	◯	C96N222I	9.1	0.21	78
⬡	⬡	C53.8S60.3N234.4I	13.0	0.17	94
⬡	⬡(O)	C87N222.1I	13.3	0.214	130
⬡	⬡(NH)	C100.5N231I	23.0	0.24	200

环数目对液晶性能的影响规律可由下面的液晶分子结构和表 2.16 中数据说明：

● 环数目增加，热稳定性提高，黏度增大；
● 共轭体系增大，Δn 增大。

表 2.16   环数目对液晶性能的影响

序号	相变温度（℃）	$\Delta\varepsilon$	Δn	γ（mm^2/s）
1	C24N35.3I	12	0.119	21.5
2	C96N222I	17	0.21	90
3	C73S81N242.5I	12	0.182	94

2.5   混合液晶材料参数及对显示性能的影响

　　液晶材料是液晶显示的关键光电子材料。高性能液晶显示器必须由优良性能的液晶材料实现。根据显示方式的不同，液晶材料也可以分为三类，即分别应用于无源的 TN 和 STN 显示器，以及有源的 TFT 驱动显示器的液晶材料。不同的显示方式对液晶材料的性能要求有很大的差别，即使是同样的显示方式，根据用途、电路驱动和面板制程工艺条件的不同，对液晶材料的要求也不尽相同。而任一单体液晶材料只具有　方面或几方面的优良性能，是不能直接用于显示的，因而需要调制混合液晶，得到综合性能良好的材料以满足显示性能的要求。

　　液晶显示器对混合液晶材料的性能要求存在依存关系，见表 2.17。

表 2.17   液晶材料的特性与显示器件性能的关系

显示器件性能	液晶材料特性
快速响应	低 γ
宽的工作温度范围	低 T_{S-N} 和高 T_{N-I} 相变温度
低工作电压	高 $\Delta\varepsilon$
宽视角	与盒厚匹配（如第一极值点）的 Δn

接下来依次讨论液晶的特性对显示性能的影响。

2.5.1   工作温度范围的影响

　　一般要求液晶材料的熔点低、清亮点高，以及具有宽的向列相温度范围，使液晶显示器件具有工作温度范围宽的特点。但并不是液晶材料的向列相温度范围越宽越好，因为提高液晶材料的清亮点将导致黏度增加，这样又降低了器件的响应速度；同时低温稳定性降低，容易产生析晶。另外宽温液晶材料使用的单体液晶成本也较高，增加了液晶显示器的成本。通常要根据显示器用途不同，合理选择液晶材料的向列相温度范围需求。

2.5.2　黏度的影响

液晶材料的黏度和响应时间之间具有下列关系：

$$\tau \propto \gamma d^2 \tag{2.7}$$

式中，γ 为旋转黏度；d 为液晶盒厚。

由此可见，提高液晶显示器件响应速度即降低响应时间的最好方法是降低混合液晶的黏度和减小液晶盒的盒厚。

为了提高显示器件的响应速度，需要尽量降低液晶材料的旋转黏度。但一般低黏度的液晶材料的清亮点、折射率各向异性等较低，因此调制混合液晶的配方时，在降低黏度同时，还需要考虑其他方面的性能要求。

不同显示模式液晶的响应时间与液晶黏度具有如下关系：

TN 模式　　　　　　　　　　　IPS 模式　　　　　　　　　　　VA 模式

$$\tau_{\text{off}} \propto \frac{\gamma d^2}{\pi^2 K} \qquad\qquad \tau_{\text{off}} \propto \frac{\gamma d^2}{\pi^2 K_{22}} \qquad\qquad \tau_{\text{off}} \propto \frac{\gamma^* d^2}{\pi^2 K_{33}}$$

$$\tau_{\text{on}} \propto \frac{\gamma}{\varepsilon_0 |\Delta\varepsilon| E^2 - \dfrac{\pi^2 K}{d^2}} \qquad \tau_{\text{on}} \propto \frac{\gamma}{\varepsilon_0 |\Delta\varepsilon| E^2 - \dfrac{\pi^2 K_{22}}{d^2}} \qquad \tau_{\text{on}} \propto \frac{\gamma^*}{\varepsilon_0 |\Delta\varepsilon| E^2 - \dfrac{\pi^2 K_{33}}{d^2}}$$

$$= \frac{\gamma d^2}{\varepsilon_0 |\Delta\varepsilon| (V^2 - V_{\text{th}}^2)} \qquad = \frac{\gamma d^2}{\varepsilon_0 |\Delta\varepsilon| (V^2 - V_{\text{th}}^2)} \qquad = \frac{\gamma^* d^2}{\varepsilon_0 |\Delta\varepsilon| (V^2 - V_{\text{th}}^2)}$$

式中，τ_{on} 与 τ_{off} 分别为液晶开态与关态的响应时间；$K = K_{11} + \dfrac{K_{33} - 2K_{22}}{4}$；

$\gamma^* = \gamma - \dfrac{2\alpha_2^2}{\alpha_4 + \alpha_5 - \alpha_2}$。

2.5.3　折射率各向异性的影响

液晶显示器件的透过率与混合液晶折射率各向异性和液晶盒的厚度具有下列关系：

$$T_{\text{TN}} = 1 - \frac{\sin^2\left(\frac{\pi}{2}\sqrt{1+\mu^2}\right)}{1+\mu^2}, \mu = 2d\frac{\Delta n}{\lambda}, \quad T_{\text{IPS/VA}} = \frac{1}{2}\sin^2 2\psi \sin^2\frac{\pi\Delta nd}{\lambda} \quad (2.8)$$

式中，ψ 为液晶分子指向矢方位角。

由此可见，当 Δnd 等于一定值时，液晶盒具有最大的透过率（极值点）。举例说明，在扭曲角为 90°的 TN LCD 中，Δnd 为 0.5 时，得到第一极值点；Δnd 为 1.05 时，得到第二极值点。在扭曲角为 240°的 STN LCD 中，Δnd 为 0.85 时，得到第二极值点。

无论何种显示方式，均利用第一或第二极值点，获得液晶盒最大的光透过率，以及高的对比度和画面质量。由此可见，调制混合液晶时，混合液晶的折射率各向异性必须与液晶盒的厚度相匹配。

2.5.4　介电各向异性的影响

对于 TN 模式，混合液晶的阈值电压与其介电各向异性和弹性常数的关系可以表达为

$$V_{\text{TH}} = \pi\sqrt{\frac{K_{11}+(K_{33}-2K_{22})/4}{\varepsilon_0|\Delta\varepsilon|}} \quad (2.9)$$

混合液晶的阈值电压主要取决于液晶的 $\Delta\varepsilon$。若 $\Delta\varepsilon$ 大，则有利于降低液晶的阈值电压。弹性常数对阈值电压的影响较小，但可以微调。所以通过不同极性单体液晶的混合，将混合液晶的 $\Delta\varepsilon$ 调配到合适的值，以满足显示器件的工作电压的要求。需要注意的是，提高液晶的 $\Delta\varepsilon$，可能增加液晶的黏度和降低液晶的稳定性，液晶面板残像性能也可能变差。

不同显示模式液晶的阈值电压与介电各向异性和弹性常数具有如下关系：

TN 模式　　　　　　IPS 模式　　　　　　VA 模式

$$V_{\text{TH}} = \pi\sqrt{\frac{K}{\varepsilon_0|\Delta\varepsilon|}} \qquad V_{\text{TH}} = \frac{\pi l}{d}\sqrt{\frac{K_{22}}{\varepsilon_0|\Delta\varepsilon|}} \qquad V_{\text{TH}} = \pi\sqrt{\frac{K_{33}}{\varepsilon_0|\Delta\varepsilon|}}$$

式中，$K = K_{11} + \dfrac{K_{33}-2K_{22}}{4}$，$l$ 为 IPS 梳状像素电极的宽度；d 为电极间距。

2.5.5　弹性常数的影响

适当的液晶弹性常数（K）和 K_{33}/K_{11} 比值，一方面可以提高光电曲线（电压-透过率曲线，即 V-T 曲线）的陡度，满足多路驱动的要求，同时可对液晶的阈值电压进行优化和调整；另一方面适当的弹性常数还可提高对比度和响应速度。一

般 TN LCD 要求弹性常数的比值 K_{33}/K_{11} 小一些，而 STN LCD 要求弹性常数的比值 K_{33}/K_{11} 尽量大一些。

2.5.6　电阻率的影响

不同显示模式对液晶材料的电阻率（ρ）具有不同的要求，理论上，电阻率越高，液晶材料的稳定性越好，功耗越低。当然，电阻率主要取决于液晶材料本身的结构和纯度。一般而言，共轭体系大和极性大的液晶材料，化学、光化学等稳定性不好；容易分解的液晶材料的电阻率较差，如联苯氰类、氟氰酯类液晶等；若液晶材料含有杂质或吸附杂质，如离子、水分和各种无机及有机杂质，其电阻率也较低。虽然电阻率高对液晶显示有利，但高电阻率液晶材料也可能会面临一些问题，如制造成本高、静电较强不利于释放残余直流电压，从而引发残像等不良；相比 TFT LCD，TN 与 STN LCD 的电阻率要求更低一些。一般的显示方式对液晶电阻率的要求如下：

- $\rho_{TN} > 5 \times 10^{10} \Omega \cdot cm$
- $\rho_{STN} > 1 \times 10^{11} \Omega \cdot cm$
- $\rho_{TFT} > 5 \times 10^{13} \Omega \cdot cm$

液晶材料的显示应用，必须具有高的化学、光化学、热稳定性和良好的抗紫外线性等全方位的性能，特别是 TFT LCD 应用需要更高的电压保持率，否则即使液晶材料的初始电阻率高，若稳定性差，在使用过程中显示画面质量将下降。

2.6　液晶的应用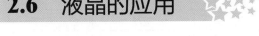

2.6.1　显示领域应用

液晶显示器已广泛应用于电视、手机、笔记本电脑、桌面监控器等系列消费品中，成为了人们现代生活不可或缺的产品。不同的显示方式对液晶材料的物理、化学特性参数的要求很不相同。下面将重点讨论几类主要显示模式对液晶材料的要求。

1. 扭曲向列相液晶显示器应用

目前扭曲向列相液晶显示器（TN LCD）多用于钟表和计算器等应用领域，这些器件不论是段式寻址还是多路寻址，所使用的向列相液晶材料，除了要求化学稳定性外，还应具有低熔点、高清亮点、低黏度、高双折射、高介电各向异性，

同时具有低的 K_{33}/K_{11} 值、低的 $\Delta\varepsilon/\varepsilon_\perp$ 值，从而能满足陡峭的光电响应曲线的要求。表 2.18 列出了三种典型的 TN LCD 的液晶性能参数。

表 2.18　三种典型的 TN LCD 的液晶性能参数

参数	TN-1	TN-2	TN-3
$T_{S\text{-}N}(\text{℃})$	<-20	<-20	<-20
$T_{N\text{-}I}(\text{℃})$	61	62	65
$\Delta n(589\text{nm}, 20\text{℃})$	0.170	0.189	0.130
$n_E(589\text{nm}, 20\text{℃})$	1.692	1.713	1.625
$\Delta\varepsilon(1000\text{Hz}, 25\text{℃})$	9.2	11.2	16
$\varepsilon_\perp(1000\text{Hz}, 25\text{℃})$	5.4	5.8	7.4
$\gamma(\text{mm}^2\text{s}^{-1}, 25\text{℃})$	42	41	51

2. 超扭曲向列相液晶显示器应用

超扭曲向列相液晶显示器（STN LCD）的液晶材料特性在许多方面与 TN LCD 相类似。为了提高光电曲线的陡度，STN 要求 K_{33}/K_{11} 大一些。表 2.19 列出了三种典型的用于 STN LCD 的液晶性能参数。

表 2.19　三种典型的 STN LCD 的液晶性能参数

参数	STN-1	STN-2	STN-3
$T_{S\text{-}N}(\text{℃})$	<-40	<-40	<-40
$T_{N\text{-}I}(\text{℃})$	92	103	101
$\Delta n(589\text{nm}, 20\text{℃})$	0.130	0.128	0.129
$n_E(589\text{nm}, 20\text{℃})$	1.627	1.621	1.624
$K_{11}(10^{-12}\text{N}, 25\text{℃})$	15.1	15.6	12.3
$K_{22}(10^{-12}\text{N}, 25\text{℃})$	13.5	15.5	12.3
$K_{33}(10^{-12}\text{N}, 25\text{℃})$	22.7	26.5	23.2
$K_{33}/K_{11}(25\text{℃})$	1.50	1.70	1.89
$\Delta\varepsilon(1000\text{Hz}, 25\text{℃})$	7.8	8.9	7.2
$\varepsilon_\perp(1000\text{Hz}, 25\text{℃})$	4.00	4.00	3.50
$\Delta\varepsilon/\varepsilon_\perp(1000\text{Hz}, 25\text{℃})$	2.0	2.2	2.1
$\gamma(\text{mm}^2\text{s}^{-1}, 25\text{℃})$	113	96	78

3. 薄膜晶体管液晶显示器应用

薄膜晶体管液晶显示器（TFT LCD）使液晶显示器面目一新，真正进入高画质、真彩色显示的全新阶段，奠定了它在当今平板显示领域的垄断地位。广泛应用的广视角 TFT LCD 技术有垂直取向模式（VA 模式）、面内开关模式（IPS 模式）和边沿场开关模式（FFS 模式）。虽然不同的模式对液晶性质有不同的要求，但都常常包含一些矛盾的要求，即高清亮点与低黏度共存，高极性与低黏度共存等。实际上很难获得既有高清亮点（宽的工作温度范围），又是低黏度（响应速度快）的液晶，或者既是高极性（低工作电压），又是低黏度的液晶。经过液晶开发者的不懈努力，近年开发了在正介电化合物中引入 CF_2O 桥键或通过引入负介电茚满衍生物，上述矛盾点取得了一些突破。

TFT LCD 用液晶材料的性能一般具有如下特点：

① 一般由 $10\sim20$ 种单体材料混合组成；

② 具有良好的光、热、化学稳定性，高的电阻率和高的电压保持率（VHR）；液晶单体纯度 $\geq99.9\%$，混合液晶电压保持率 $\geq98.5\%$；电阻率 $\rho_{TN}\geq1\times10^{13}\Omega\cdot cm$，$\rho_{IPS}\geq5\times10^{12}\Omega\cdot cm$，$\rho_{VA}\geq1\times10^{13}\Omega\cdot cm$；

③ 低黏度，20℃时黏度小于 $35mPa\cdot s$，以满足快速响应的需要；

④ 较低的阈值电压（V_{TH}），以达到低电压驱动，降低功耗的目的；

⑤ 与 TFT LCD 相匹配的光学各向异性（Δn），以消除"彩虹效应"，获得较大的对比度和广视角；Δn 值范围最好在 $0.08\sim0.1$。表 2.20 列出了两种典型的用于 TFT LCD 的正性与负性液晶性能参数。

表 2.20　两种典型的用于 TFT LCD 的正性与负性液晶性能参数

参数	TFT-1	TFT-2
$T_{S\text{-}N}(℃)$	<-25	<-20
$T_{N\text{-}I}(℃)$	85.5	94
Δn(589nm，25℃)	0.0995	0.0920
n_E(589nm，25℃)	1.5875	1.5726
$K_{11}(10^{-12}N$，25℃)	13.3	17.1
$K_{22}(10^{-12}N$，25℃)	6.9	8.8
$K_{33}(10^{-12}N$，25℃)	15.7	18.1
K_{33}/K_{11}(25℃)	1.18	1.06
$\Delta\varepsilon$(1000Hz，25℃)	2.7	-3.7
$\varepsilon_\perp$(1000Hz，25℃)	2.6	7.2
$\Delta\varepsilon/\varepsilon_\perp$(1000Hz，25℃)	1.04	-0.51
γ(mm^{2}s^{-1}，25℃)	52	105

正 $\Delta\varepsilon$ 液晶材料广泛用于 TN、IPS 和 FFS 液晶显示器中，其中 IPS 与 FFS 也还可以使用负 $\Delta\varepsilon$ 液晶材料。含氟液晶单体具有高电阻率，是 TFT LCD 应用的最

佳选择。一个典型的正 $\Delta\varepsilon$ 含氟液晶化合物结构为

为了获得给定偶极子的最大 $\Delta\varepsilon$，氟替代的最佳位置是沿着主分子轴的 4 位置。含单个氟的化合物 $\Delta\varepsilon$ 一般约为 2。为了进一步增加 $\Delta\varepsilon$，可以添加多个氟基团。在上面所示液晶结构的 3 和 5 两个位置添加氟基，其 $\Delta\varepsilon$ 可以增加到约为 10。但氟基团增加，因为分子堆积密度降低了，所以其双折射率会略有下降，而且黏度大幅增加。用 OCF_3 基团，可以降低黏度。

上述液晶化合物的双折射率差大约是 0.075。如果要提高双折射率差，可以用烷环取代中间的苯环。细长的电子云会使双折射率差增加至 0.12。液晶混合物的相变温度一般事先很难预测。通常来说，横向氟基替代会降低母体化合物的清亮点温度，因为增加的横向氟基会使分子分离，造成分子间关联变弱。所以，增加一点热能量就能够使分子分离，即液晶转变为各向同性的清亮点温度降低了。

对于 VA 显示模式，需要使用负 $\Delta\varepsilon$ 液晶材料。为了获得负的介电各向异性，偶极子应该在化合物侧面 2、3 的位置。同时，为了获得高电阻率，侧面优选氟基团。一个典型的负 $\Delta\varepsilon$ 含氟液晶化合物结构为

该化合物有两个侧向氟基团，其水平轴方向的偶极子分量完全抵消，垂直分量增加，邻近的烷氧基团也有助于提高负 $\Delta\varepsilon$。该化合物 $\Delta\varepsilon$ 的估算值约为-4。为了进一步增加 $\Delta\varepsilon$，就需要更多的侧向氟基团，这同时也将增加化合物的黏度，这是负性液晶材料的共同问题，即在不牺牲其他性能代价的前提下很难增加 $\Delta\varepsilon$。

正性液晶与负性液晶分子结构的差异，影响着对正负离子的吸引力，导致相同条件下残像水平也略有差异。典型含氟基团正性液晶化合物分子结构如图 2.8 所示，其特征结构是苯环结构形成其刚性骨架，一端的三氟取代基构成其基本的电学矢量方向，一端的烷基保证其一定的力学结构特征。中间的二氟甲醚桥键中的氟原子与氧原子同为吸电子基团，且连接在同一个碳原子上。二者间相互牵制影响，导致二者的静电势较独立存在情况下均明显下降，如图 2.9（a）所示，甲醚桥键处为负静电势最强的地方，经过模拟其负静电势是 3.4×10^{-2} KJ/mol；如图 2.9（b）所示，苯环上的氢是正静电势最强的地方，经过模拟其正静电势是 4.0×10^{-2} KJ/mol。所以二氟甲醚桥键单体既可以提供较大的极性，增强单体溶解性，又同时保持不高的静电势，吸附金属离子的能力相对弱，在残像方面

具有相对好的表现。

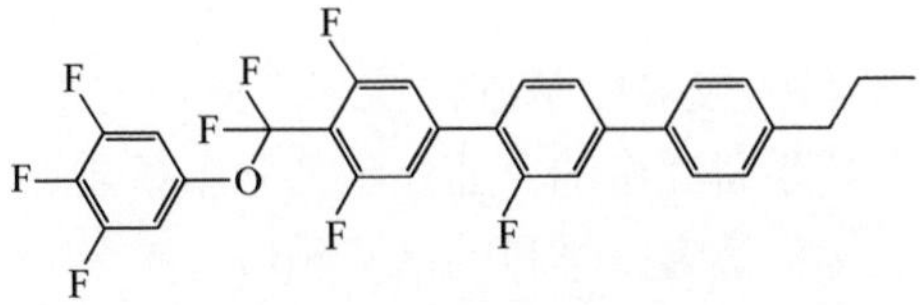

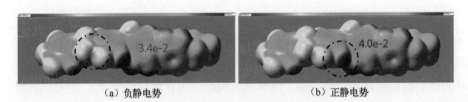

图 2.8　典型含氟基团正性液晶化合物分子结构

（a）负静电势　　　　　　　　　　（b）正静电势

图 2.9　正性液晶静电势模拟三维示意图

　　典型含氟基团负性液晶化合物分子结构如图 2.10 所示,其特征结构是一端的烷基保证其一定的力学结构特征,一端苯环上的侧向氟取代基构成其基本的电学矢量方向;负性液晶因为结构限制,一般只能有两个侧向氟原子;继续在多个环体上增加侧向氟原子,由于环体间的旋转,使所有氟原子不能指向一个方向,甚至有相互抵消,所以多氟基团负性液晶单体并不能增大介电常数。为了获得足够的介电各向异性值,增加了提供自由电子的烷氧基,导致了大的表面静电势。如图 2.11（a）所示烷氧基上的氧为负静电势最强的地方,经过模拟其负静电势是-5.6 × 10^{-2} KJ/mol;如图 2.11（b）所示苯环上的氢是正静电势最强的地方,经过模拟其正静电势是 3.9 × 10^{-2} KJ/mol。因此,与正性液晶相比可以看出,负性液晶与金属离子具有更大的结合能,相同条件下更容易吸附金属离子杂质,这将导致残像表现上要略逊色于正性液晶。

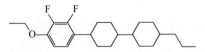

图 2.10　典型含氟基团负性液晶化合物分子结构

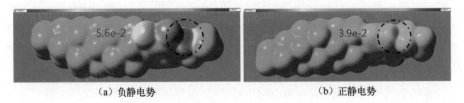

（a）负静电势　　　　　　　　　　（b）正静电势

图 2.11　负性液晶静电势模拟三维示意图

2.6.2　非显示领域应用

近年来有关液晶学科的较多的基础与应用基础研究开始转向了非显示领域深入探索，形成了液晶科学研究中的"非显示"应用新热点，它囊括了从生物、化学到物理、材料甚至工程等多个学科的诸多领域。

1. 生命科学领域的应用

近年来，科学已经证实人体内存在大量的液晶物质，脂质体就是其中之一。利用脂质体的液晶性质，可以将药物裹在脂质体的内水相和双层膜之间的憎水区域中，并且在脂质体表面安装分子识别物质（如抗体）以识别病源细胞的结构，从而达到靶向给药的目的。除了脂质体，也可以用其他溶致液晶（如甘油油酸酯水溶液）做成囊壁材料将药物封成胶囊，控制药物传输到特定部位再释放出来，避免消化过程中酶的破坏。

溶致液晶与生命科学关联的发现开阔了人们的视野，为生命科学的进一步研究打开了一扇门。

2. 微波器件的应用

目前液晶最为普及的应用是半导体显示器件，工作于电磁辐射的可见光波段。把液晶的电磁辐射可调制性引入其他波段是一个重要的研究方向。考虑到更短波段的辐射具有较高的能量，可能容易影响甚至破坏液晶分子的结构，所以目前的探索主要集中在比可见光更长波长的电磁辐射中的应用。幸运的是，20 世纪90 年代就已经发现，即使是目前可见光显示应用的液晶态在更长的、至少达到微波的波长领域也仍然保持着相当的介电各向异性和光学各向异性，从而为能在这些电磁波段工作的液晶调制器件的研制提供了相应的材料基础，并且人们想到了利用液晶来进行微波波段的电光调制的可能性。

前期研究的各种微波液晶调制器件都存在两个共同的问题，即响应时间较长和吸收损耗较大。这是由于器件具有较厚的液晶层所带来的。在尝试把液晶用于微波调制的同时，一种新的对金属层结构在可见光波段的透射性研究也正在蓬勃兴起，它引发了把这些金属层结构用于任何电磁波段的新思维。但由于金属的介电响应特性，在微波波段其电磁吸收的影响也大大地下降。这就又一次激发了研究者们使用非常狭窄的金属狭缝结构并充以很好锚定的液晶层来制作微波波段液晶电光调制器件的热情。

填充液晶材料的金属狭缝结构为微波调制领域提供了广阔的发展空间，这方面的研究工作正蓬勃发展，甚至可能扩展到微波的非线性变换领域中去。当然，除了在器件的结构设计及制作等方面需要继续做相应的工作，进一步设计和合成新的适用于微波领域的液晶材料，包括在微波频率范围内较大的光学和介电各向异性及低的吸收损耗等，应该是液晶微波调制器件走向实用化的当务之急。

在液晶的非可见较长波段应用研究中，除微波频率范围外，近红外和太赫兹（Terahertz，THz）波段也是两个很重要的领域，清华大学杨傅子教授及其所在的研究组在这两个波长范围中的液晶电光调制器件已经做了大量的、较深入的研究工作，并发表了多项有影响力的研究成果。

3. 有机光电子材料的应用

盘状液晶分子往往具有电子给体、受体容易自组装呈柱状相结构的特点，而且其柱状体内相邻体系间的重叠较小，导致电荷载体的低流动性，因而有望成为新型的有机半导体材料或有机光导材料。目前应用的有机电导材料多为非晶或多晶或是微晶与非晶的混合结构，缺陷较多，载流子迁移率多在 $10^{-6}\sim10^{-5}\mathrm{cm}^2/(\mathrm{V\cdot s})$；较好的有机单晶材料电子迁移率可达 $0.1\sim1\mathrm{cm}^2/(\mathrm{V\cdot s})$，但需要较为苛刻的加工技术且价格昂贵，限制了他们在器件中的应用。盘状液晶柱状相中载流子迁移率接近于单晶的水平，是理想的传输材料，且比单晶易于加工。1994 年，D. Adam 和 H. Ringsdorf 报道六烷基硫醚苯并菲能自组装成螺旋柱状相，载流子迁移率可达 $0.1\mathrm{cm}^2/(\mathrm{V\cdot s})$，并具有优异的光导性。此外，盘状液晶也是制备太阳能电池的理想材料。

从盘状液晶开发的新型有机光电子材料之所以能够激发人们极大的研究热情，是因为与传统的无机半导体材料相比，新型有机光电子材料具有节能、环境友好等优点，还能够实现光电子材料从硬到软的转变。

4. 光学补偿膜的应用

一些向列相的盘状液晶在工业上用于制作光学补偿膜，用于改善 LCD 的视角特性。目前日本富士胶片公司、新日本石油公司和住友化学公司都在生产这种宽视角补偿膜。此外，液晶也被应用于高强度高模量材料、化学反应中的催化剂或介质、采油工业、水处理、色谱、信息存储及发光材料等非显示领域。

参 考 文 献

[1]　De Gennes P G. Short range order effects in the isotropic phase of nematics and cholesterics[J]. Mol Cryst Liq Cryst, 1971, 12(3): 193-214.

[2]　Gray G W, Harrison K J, Nash J A. New Family of Nematic Liquid Crystals for Displays[J]. Electron Lett, 1973, 9(6): 130-131.

[3]   Gray G W. Molecular Structure and Properties of Liquid Crystals[J]. New York: Academic Press, 1963, 139(3551): 206-207.

[4]   Scheffer T J, Nehring. A new, highly multiplexable liquid crystal display. Appl Phys Lett, 1998, 45(10): 1021.

[5]   欧阳钟灿. 从液晶显示到液晶生物膜理论: 软凝聚态物理在交叉学科发展中的创新机遇[J]. 物理, 1999, 28(01): 15-21.

[6]   谢毓章, 刘寄星, 欧阳钟灿. 生物膜泡曲面弹性理论[M]. 上海: 上海科学技术出版社, 2003.

[7]   周其凤. 甲壳型液晶高分子研究进展[J]. 中国科学基金, 1994, 04(06): 256-261.

[8]   Zhou Q F, Li H M, Feng X D. Synthesis of liquid-crystalline polyacrylates with laterally substituted mesogens[J]. Macromolecules, 2002, 20(1): 233-234.

[9]   Zhou Q F, Wan X H, Zhu X L, Zhang F, Feng X D. Restudy of the old poly-2,5-di(benzoyloxy) styrene as a new liquid crystal polymer. Mol. Cryst. Liq. Cryst., 1993, 231: 107-117.

[10]   De Vries A, Fischel D L. X-ray photographic studies of liquid crystals: Ⅲ. Structure determination of the smectic phase of 4-butyloxybenzal-4'-ethylaniline[J]. Mol. Cryst. Liq. Cryst., 1972, 16(4): 311-332.

第 3 章 广视角液晶显示技术

本章主要介绍常用的几种广视角液晶显示模式的显示原理、发展历程和视角特性改善，最后对比了器件的光电特性。

3.1 显示模式概述

通过前面章节知识知道，正性液晶的介电常数差 $\Delta\varepsilon$ 大于零，在外加电场下，棒状的液晶分子指向矢与电场方向平行排列；相反，负性液晶的介电常数差 $\Delta\varepsilon$ 小于零，在外加电场下，棒状的液晶分子指向矢与电场方向垂直排列。考虑到液晶的类型、电场的方向和初始液晶分子的排列，有 8 种液晶盒状态，见表 3.1。

表 3.1　液晶类型、排列方向和电场方向组合的液晶盒类型

LC 类型	电场方向	LC 初始配向方向	LC 是否旋转	显示模式
正性	水平	水平	是	IPS/FFS
		竖直	是	
	竖直	水平	是	TN，ECB
		竖直	否	
负性	水平	水平	是	
		竖直	否	
	竖直	水平	否	
		竖直	是	VA

从表中可以看出，只有 3 种液晶盒是常用的，即水平电场下液晶分子水平方向排列的 IPS/FFS 模式、垂直电场下液晶分子水平排列的 TN 与 ECB 模式，以及垂直电场下负性液晶分子垂直排列的 VA 模式。随着技术的进步，负性液晶也逐渐在 IPS/FFS 模式中得到应用，相比正性液晶，只是液晶分子的初始排列方向旋

转了 90°。为了获得最佳的液晶显示性能，又有常白显示模式与常黑显示模式。在 TN 模式、IPS/FFS 模式和 VA 模式中，只有 TN 模式是常白模式。

接下来将重点介绍 TN 模式、VA 模式和 IPS/FFS 模式 3 种广视角液晶显示技术的特点。

3.2 TN 模式

3.2.1 显示原理

TN 模式液晶显示原理如图 3.1 所示。从图 3.1（a）可以看出，液晶盒的上下偏光片的透光轴是相互垂直的，在没有施加电压时，TFT 阵列基板的液晶分子到 CF 基板上的液晶分子在排列上呈现 90°的扭曲状态，此时有光透射出液晶盒；从图 3.1（b）可以看出，当施加电压后，液晶分子顺着垂直电场的方向由水平排列转向上下排列，此时没有光透射出液晶盒。这也是常白显示模式的基本原理。后面讲到的 VA 模式、IPS/FFS 模式是常黑显示模式。图 3.2 为 TN 像素结构的阵列图形。

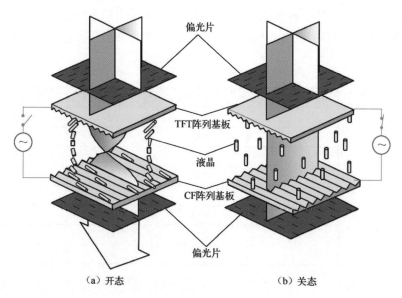

偏光片

TFT阵列基板

液晶

CF阵列基板

偏光片

（a）开态　　　　　　　　　　（b）关态

图 3.1 TN 模式液晶显示原理

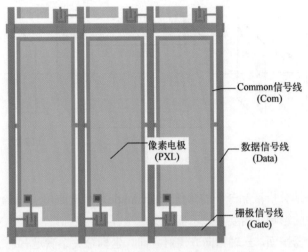

图 3.2　TN 像素结构的阵列图形

　　通过施加给液晶分子上的电压幅值，可以调节液晶分子由水平状态旋转到垂直状态的程度。不同的旋转程度，液晶分子对入射线偏振光的光程差影响不一样，从而影响出射光的亮度。这样，通过电压调节，就可以实现不同的出射光亮度，即不同的显示灰阶，从而实现图像的显示。

3.2.2　视角特性

　　由图 3.1 可以看出，TN 液晶盒上下基板的 PI 取向方向是相互垂直的，即靠近上下基板的液晶分子排列方向是相互垂直的。基于液晶分子的排列，上下偏光片的吸收轴方向有两种组合。如图 3.3 所示，下偏光片（TFT 基板）的吸收轴与 PI 取向方向相互垂直，这种模式是 E 模式（E-mode）。如果下偏光片的吸收轴与 PI 取向方向相互平行，这种模式是 O 模式（O-mode），如图 3.4 所示。TN 常白模式中，O 模式的视角特性比 E 模式的更好，因此应用型显示器件一般都是采用 O 模式。有关 E 模式与 O 模式的定义见第 1 章。

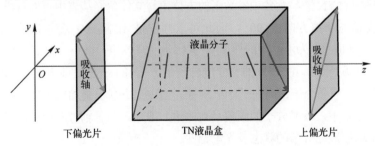

图 3.3　TN LCD 的 E 模式液晶盒结构

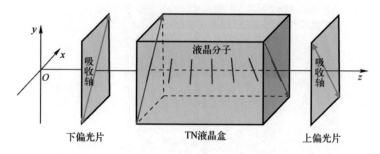

图 3.4　TN LCD 的 O 模式液晶盒结构

为了更好地分析液晶分子的倾角（Tilt Angle）和扭曲角（Twist Angle）对显示器视角特性的影响，需要对显示器定义一个 x-y-z 坐标系，如图 3.5 所示，x-y 平面代表显示器平面，z 轴指向光透射方向。坐标轴关系满足右手定则，即右手手指指向从 x 轴正方向到 y 轴正方向，拇指指向 z 轴正方向即光透射方向。定义 x-y 平面内的角称为方位角（Azimuthal Angle），用 φ 表示；定义 y-z 平面、x-z 平面以及 z 轴与 x-y 平面的角为立体角（又称为极化角，Polar Angle），用 θ 表示，其中 y-z 平面的 (y, z) 象限内的角称为（垂直方向）上视角（方位角 90°），$(-y, z)$ 象限内的角称为（垂直方向）下视角（方位角-90°），(x, z) 象限内的角称为（水平方向）右视角，$(-x, z)$ 象限内的角称为（水平方向）左视角。z 轴在 x-y 平面其他方向的立体角称为倾斜立体角（对应 0°～360°方位角）或某个方位角下的立体角。

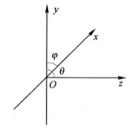

图 3.5　显示器的坐标系定义

由图 3.3 与图 3.4 可知，TN 型液晶显示器的上下基板 PI 取向方向是方位角 45°与-45°方向，但是摩擦取向起点方向差异，将会影响 TN 的主视角。表 3.2 列出了 E 模式的 TN 液晶盒各项参数下的方位角与立体角。从表中可以看出，偏光片的吸收轴与摩擦方向成 90°，因此可以判别是 E 模式；液晶分子指向矢在 $z=0, d/2, d$ 时（d 为液晶层的厚度），其倾角（立体角）很小，约 1°；液晶分子的扭曲角（方位角）由 $z=0$ 的 45°旋转到了 $z=d$ 的 135°，即旋转了 90°；在 $z=d/2$ 时，液晶分子指向矢平行于 y 轴。当在上下基板施加电压后，在 z 轴方向的电场作用下，液晶分子的倾角（立体角）增加，向 z 轴方向旋转。接下来分析施加电场后液晶分子的状态及光电特性。

表 3.2　E 模式的 TN 液晶盒各项参数下的方位角与立体角

组成	位置	取向	
		θ（倾斜角/立体角）	φ（扭曲角/方位角）
起偏器吸收轴（下偏光片）	后侧	—	-45°
配向膜	后侧	—	+45°
LC 指向矢	Z=0	1°	+45°
LC 指向矢	z=d/2（中间层）	1°	+90°
LC 指向矢	z=d	1°	+135°
配向膜	前侧	—	-45°
检偏器吸收轴（上偏光片）	前侧	—	+45°

图 3.6 显示了 TN 液晶分子指向矢在不同电压下沿着厚度方向（z 轴）的扭曲角变化（起始点 0°表示摩擦方向）。从图中可以看出，电压为 0V 或低于液晶分子阈值电压时，液晶分子指向矢的变化与液晶层厚度的变化呈线性关系；在厚度方向的中心值上，液晶分子指向矢的扭曲角是 45°，即与 y 轴平行。随着施加的电压越来越高，远离中心位置的液晶分子指向矢变化最明显，朝着基板上被锚定的液晶分子指向矢方向（摩擦取向方向）靠近。

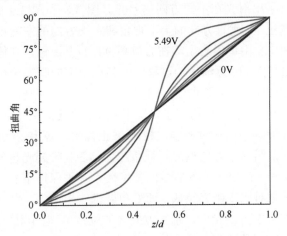

图 3.6　TN 液晶分子指向矢在不同电压下沿着厚度方向（z 轴）的扭曲角变化
（起始点 0°表示摩擦方向）

图 3.7 显示了 TN 液晶分子指向矢在不同电压下沿着厚度方向的倾角变化。从图中可以看出，随着施加的电压逐渐达到饱和值，液晶分子指向矢的倾角都

逐渐提高，并且靠近液晶层中间区域的液晶分子指向矢几乎垂直了，即与 z 轴平行。

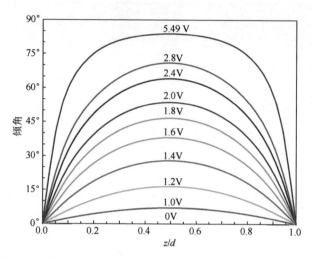

图 3.7　TN 液晶分子指向矢在不同电压下沿着厚度方向的倾角变化

从图 3.6 与图 3.7 中可以知道，在 0°～360°方位角范围内不同的立体角，液晶分子指向矢是有很大差别的。在施加电压下，液晶分子指向矢扭曲角与倾角的差异，导致了出射光在不同方向的差异。图 3.8 和图 3.9 分别显示了 TN 显示器在不同电压下，垂直方向的上下视角和水平方向的左右视角的光透过率变化曲线。从图 3.8 中可以看出，在方位角 90°的上视角，立体角从 0°（z 轴垂直于 x-y 平面）向 60°逐渐增加过程中，各电压下的暗态透过率都比较低，但是在约大于 20°时，低灰阶曲线（对应的电压值大）的透过率比高灰阶曲线（对应的电压值小）的透过率更大了，即发生了灰阶翻转；而在方位角-90°的下视角，0°向-60°逐渐增加过程中，相比 0°正视角，各电压（除了 0V）的透过率都提高了，说明这个方向偏离正视角越大，各灰阶漏光越严重，对比度也下降了，但是在约-40°之前，各曲线的斜率关系几乎保持不变，说明显示图像还是正常的，只是对比度越来越低，随着角度进一步增大，也出现了灰阶翻转的现象。从图 3.9 中可以看出，水平方向（方位角 0°与 180°）左右视角的透过率曲线虽然非常对称，但是在较高电压（>3.4V）时，左右视角大于 30°后出现了灰阶翻转。由图 3.8 与图 3.9 显示的不同视角下的透过率曲线特点，通常定义图 3.8 所示的下视角为主视角，其可视角度一般为 30°，即最佳视角范围为 0°～30°，上视角为灰阶翻转严重的方向，定义为副视角，其可视角度最佳范围为 15°。

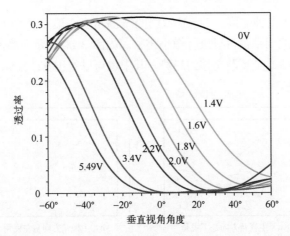

图 3.8　TN 显示器在不同电压下光透过率随着垂直方向的上下视角的变化曲线
（$\varphi=\pm90°$，$\theta=0°$ 表示 z 轴）

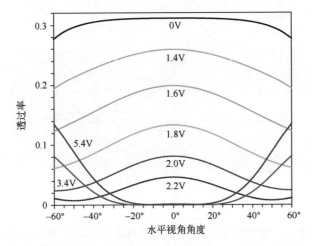

图 3.9　TN 显示器在不同电压下光透过率随着水平方向的左右视角的变化曲线
（$\varphi=0°/180°$，$\theta=0°$ 表示 z 轴）

　　通过 TFT 基板与 CF 基板上取向膜的摩擦方向，可以决定显示器的主视角。摩擦方向用箭头表示，箭头方向定义为摩擦布绒毛在基板上的位移方向，即绒毛接触基板的点表示箭尾，离开点表示箭头。液晶盒的 TFT 基板一般是显示器的下基板，用虚线箭头表示，CF 基板是上基板，用实线箭头表示，则定义 TFT 基板的箭头指向 CF 基板箭尾的方向为主视角方向。因为摩擦方向一般是倾斜 45°，所以上下左右 4 个主视角方向通常又分别用 3、6、9 与 12 点钟方向来表示。如图 3.10 所示，图（a）下视角是主视角方向，即 6 点钟方向，图（b）左视角是主视角方向，即 9 点钟方向。TN 显示器的摩擦角度一般设计为上下基板夹角为 90°，但是实际应用中也可以进行微小调整。如图 3.11 所示，摩擦角度从 88°增加到 94°，*V-T* 曲线是逐渐左移的趋势，其中也可以看出 92°与 94°曲线在低灰阶发生了透过率逆转。

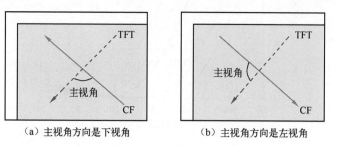

（a）主视角方向是下视角　　　　　（b）主视角方向是左视角

图 3.10　TFT 基板与 CF 基板上的摩擦方向及主视角方向

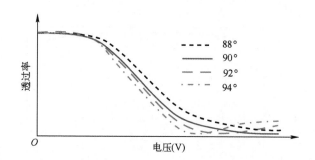

图 3.11　TFT 基板与 CF 基板的不同摩擦角度的 *V-T* 曲线

3.2.3　视角改善

在液晶盒里面的液晶分子层厚度大约 4.0μm，理论上可以在液晶层厚度方向细分成若干层（模拟设置一般为 30 层），每一层作为特性一致的光学介质，然后采用琼斯矩阵就可以计算出 TN 常白模式液晶盒的透过率，表示为

$$I = 1 - \frac{\sin^2\left(\varphi\sqrt{1+\left(\dfrac{\Delta nd\pi}{\lambda\varphi}\right)^2}\right)}{1+\left(\dfrac{\Delta nd\pi}{\lambda\varphi}\right)^2} \tag{3.1}$$

式中，φ 为上下层液晶分子扭曲角；Δn 为液晶分子长轴与短轴方向折射率差；d 为液晶盒厚。从公式中可以看出，光程差 Δnd 影响着不同视角下的光学透过率，也影响了视角。TN 显示器视角定义一般是对比度大于 10 的角度。从图 3.12

中可以看出，相对的 Δnd 小一些，虽然正视角对比度偏低，但是左右大视角下依然保持较高的对比度，即具有较大的视角；相反，Δnd 大时，正视角对比度高，但是左右视角稍微增大，则对比度急剧下降，即视角范围小。图 3.13 为不同光程差下的对比度等势图（Iso-contrast）。液晶盒设计的 Δnd，需要综合考虑液晶材料的 Δn，还需要考虑盒厚 d 值。盒厚 d 值增大，则驱动液晶分子的电压 V_{op} 也增加。

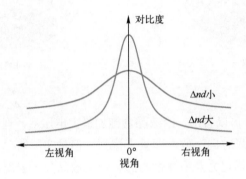

图 3.12　不同光程差下左右视角的对比度变化曲线

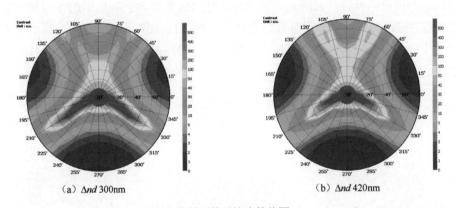

（a）Δnd 300nm　　　　　　　　（b）Δnd 420nm

图 3.13　不同光程差下的对比度等势图（Iso-contrast）

　　TN 显示器 O 模式与 E 模式对视角的影响有很大差异。从图 3.14 的对比度等势图中可以看出，O 模式比 E 模式有更大的可视角，对比度均一性的范围也更广。

　　为了改善 TN 显示器的视角特性，早期就开发了集成于偏光片的采用碟状液晶的补偿膜，如常见的单轴 A 相位差片（A-plate）和 C 相位差片（C-plate），后来为了进一步改善视角和对比度，又开发了双轴的 B 相位差片（B-plate）。

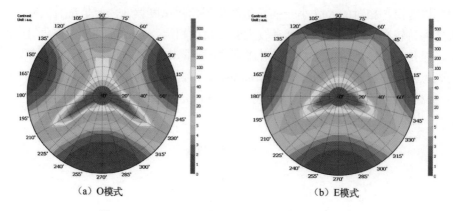

（a）O 模式 　　　　　　　　　　　　（b）E 模式

图 3.14　TN 显示器 O 模式与 E 模式的对比度等势图

从图 3.15（a）可以看出，给液晶盒施加最大电压后，理想状态是所有液晶分子指向矢均与电场方向一致，即垂直排列，但是实际情况是在靠近玻璃基板附近的液晶分子受锚定力及手性剂力的影响，液晶分子表现出了不同的扭曲角与倾角，如图 3.15（b）所示。而液晶分子的排列方向差异，就造成了有方向性的入射光折射率差异，表现为不同角度下的透过率差异。补偿膜的作用就是要抵消这种液晶分子排列差异导致的变化。如图 3.15（c）所示，在液晶层的上下偏光片中集成了倾斜角度与基板附件液晶分子指向矢相补偿的碟状液晶分子补偿层。

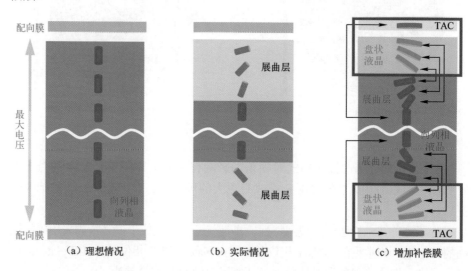

（a）理想情况 　　　　（b）实际情况 　　　　（c）增加补偿膜

图 3.15　TN 液晶分子指向矢在电场下的旋转状态

图 3.16 是 TN 显示器常规偏光片与补偿偏光片的对比度等势图。通过这种补偿，克服了透过率和波长的视角依存性，改善了对比度和色彩还原性，使 TN 型液晶显示器也获得了广视角特点，并被市场广泛应用。

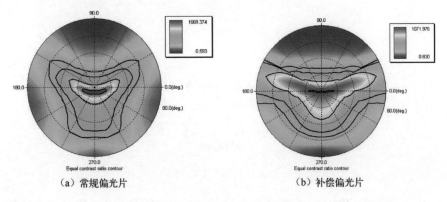

（a）常规偏光片　　　　　　　　　　　　　（b）补偿偏光片

图 3.16　TN 显示器常规偏光片与补偿偏光片的对比度等势图

3.2.4　响应时间影响因素与改善

外加电压后的液晶分子，同时受到液晶本身的弹性力和外加电场作用力的共同作用，求解描述液晶分子各种作用力之间的平衡关系的 Torque Balance 方程：

$$\gamma\theta = \frac{K\partial^2\theta}{\partial z^2} + \Delta\varepsilon E^2 \sin\theta\cos\theta \tag{3.2}$$

式中，γ 为旋转黏度系数；K 为弹性常数；$\Delta\varepsilon$ 为介电常数差；E 为外加的电场；θ 为液晶分子指向矢的旋转角度。不同显示模式的 K 值不一样，对于 TN 模式，$K = K_{11} + (K_{33} - 2K_{22})/4$。在不考虑液晶分子预倾角的前提下，考虑到 t_{on}（开启时间：从 L255 到 L0 的液晶响应时间）和 t_{off}（关闭时间：从 L0 到 L255 的液晶响应时间）时液晶所受的电场作用力不同，液晶响应时间公式可以简化为

$$t_{on} = \frac{\gamma d^2}{\varepsilon_0 \Delta\varepsilon(V^2 - V_{TH}^2)} = \frac{\gamma d^2}{K\pi^2\left(\dfrac{V^2}{V_{TH}^2} - 1\right)} \tag{3.3}$$

$$t_{off} = \frac{\gamma d^2}{K\pi^2} \tag{3.4}$$

式（3.3）中 V_{TH} 为阈值电压。从式（3.3）与式（3.4）可以看出 TN 模式响应时间的改善措施。图 3.17 显示了不同液晶盒厚下的液晶响应时间的变化关系。随着盒

厚的增加，作用在液晶分子上的电场力作用下降，因此响应时间均增加，而且关闭时间不受施加电压的影响，因此比开启时间更长。

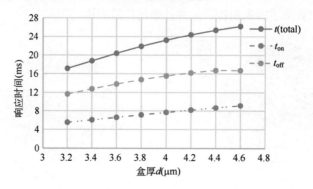

图 3.17　液晶盒厚对液晶响应时间的影响

　　为了降低响应时间，液晶盒厚下降是个很好的解决方案。但是，液晶盒厚的下降，又会导致面板的有效相位差 Δnd 下降，影响面板的透过率。图 3.18 显示了不同盒厚的透过率模拟结果。因此，液晶盒的设计，需要综合考虑各个要素。

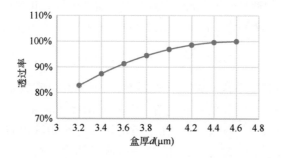

图 3.18　液晶盒厚对透过率的影响

　　从上述公式也可以看出，改变液晶材料参数，也可以改善液晶的响应时间，比如增加 K 值和降低旋转黏度系数 γ，但是这些参数与液晶材料的介电常数差 $\Delta\varepsilon$、折射率 Δn 和液晶的清亮点 T_{ni} 相互制约，它们又会影响液晶面板的透过率、液晶的工作电压和视角特性等。

　　在上面公式中没有考虑液晶分子预倾角的影响，但实际上液晶面板的响应时间受预倾角影响较大。如图 3.19 所示，随着预倾角增大，液晶分子的开启时间逐渐降低，主要原因是预倾角增大后，阈值电压 V_{TH} 降低了，但是 t_{off} 会增大，主要原因是预倾角增大后，上下基板表面被锚定的液晶分子对中间区域液晶分子的作用力变小了，导致液晶分子无法快速恢复到初始状态。一般来说，TN 模式的预倾角为 5° 左右。预倾角除了影响液晶分子的响应时间,也会影响液晶面板的视角特性和透过率。图 3.20 所示为不同预倾角下液晶面板的透过率影响,预倾角越大,面板的透过率越低。

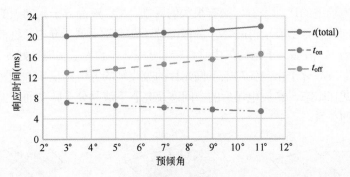

图 3.19　预倾角对液晶响应时间的影响

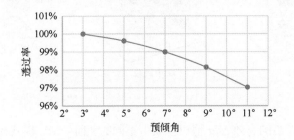

图 3.20　预倾角对透过率的影响

3.3　VA 模式

　　TN 模式存在的明显劣势是视角不够宽,并且容易出现灰阶反转的不良。为了改善 TN 模式的视角特性,可以采用多畴模式,但是 TN 模式很难在工艺上实现多畴显示的效果。

　　相比于 TN 模式视角窄、容易出现灰阶反转的不足,垂直取向(Vertical Alignment,VA)模式的显示性能和画质就更优异了。随着设计、工艺和材料技术的不断改进,VA 模式的产品技术路线由早期的 MVA(Multi-domain VA)和 PVA(Patterned VA)逐渐向 PSVA(Polymer Sustained VA)和 UV^2A(Ultra-violet VA)技术路线发展,产品性能也越来越好。

3.3.1 显示原理

　　VA 模式与 TN 模式相似，都属于垂直电场显示技术，但从液晶分子指向矢排列方向及电场下的运动来看，又有很大的区别。VA 液晶分子指向矢的初始排列为垂直方向（沿着 z 轴），由于 VA 的液晶分子在电学上属于介电负性的，因此在施加大电场下，液晶分子指向矢由垂直转向水平，并且为了实现良好的光透过率，水平状态的液晶分子指向矢与上下偏光片的吸收轴的方位角呈 45°。图 3.21 显示了 VA 模式在暗态、施加电场后的中间态及亮态下液晶分子转动面与偏光片的吸收轴之间的关系。

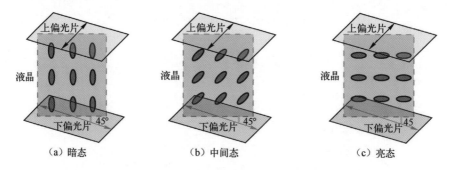

图 3.21　VA 模式液晶分子转动面与偏光片吸收轴之间的关系

　　通过控制液晶的有效 Δnd 值可以获得不同的灰阶。VA 模式光透过率的表达式为

$$T = \frac{1}{2}\sin^2 2\varphi \sin^2 \frac{\Delta nd\pi}{\lambda} \tag{3.5}$$

因为液晶分子指向矢在施加电场前后所在的平面始终与偏光片的吸收轴成 45°，即方位角 φ 始终为 45°，因此透过率可以简化为

$$T = \frac{1}{2}\sin^2 \frac{\Delta nd\pi}{\lambda} \tag{3.6}$$

　　如图 3.22（a）所示，整个液晶显示器的液晶分子指向矢朝向均一致，这种排列称为单畴；图 3.22（b）所示为两畴。从不同视角观察，观察到的单畴液晶分子指向矢排列是不对称的。而这种不对称关系到液晶的光学各向异性，即不同视角下的透过率不一样，这就造成显示画面的不均一，而且容易产生灰阶反转现象（Gray Level Inversion）。从图 3.22（a）左侧观察到的是倾斜液晶分子的长轴，而在右侧观察到的则是液晶分子的短轴，结果是左侧观察到的亮度高于右侧；从图 3.22（b）中的左右两侧，均可以观察到长抽和短轴，因此亮度就均一了。

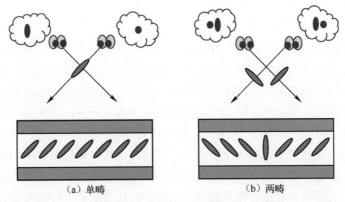

（a）单畴　　　　　　　　　　　　（b）两畴

图 3.22　VA 模式不同视角下单畴与两畴观察到的液晶分子状态

　　单畴的 VA 液晶盒的视角特别窄，并且存在明显的灰阶反转现象。为了获得广视角特性，常采用多畴（Multi-domain）像素结构和集成补偿膜的偏光片。如图 3.23（a）所示，富士通（Fujitsu）通过在两层玻璃衬底上引入凸起（Protrusion），开发了第一种多畴垂直取向技术 MVA。在凸起表面液晶分子具有小的预倾角（Pre-tilt Angle），在电压驱动下液晶分子可以朝着两个相反的方向倾斜，形成两畴。采用折线（Zigzag）凸起结构，可以实现四畴结构。这种早期的两块玻璃衬底上的凸起结构，制造工艺比较复杂，并且在凸起附近液晶分子的预倾角排列也降低了对比度。为了改善对比度，富士通后来提出了改善型的 MVA 结构，如图 3.23（b）所示，在阵列基板上的"凸起"是采用电极狭缝形成的。这种结构可以实现液晶分子的取向排列形成多畴，通过上基板上的凸起和下基板上的电极狭缝边缘场引起预倾角，进一步改善 VA 的对比度，可以在上下基板上都采用狭缝电极。这个想法开始是 Alan Lien 及其同事提出的，后来被韩国三星开发成功，命名为 PVA，如图 3.23（c）所示。相比采用凸起的 MVA，由于没有凸起引起的小预倾角，PVA 的动态响应特性要更慢一些。为了降低响应时间，并且简化工艺，减少曝光与刻蚀工艺，上基板的 ITO 保留面电极，不采用狭缝结构，在液晶取向工艺中，液晶中增加 RM（Reactive Monomer）反应单体，阵列和彩膜基板对盒后，通过施加一个小偏压使液晶分子轻微旋转，然后同时进行 UV 照射，RM 与 PI 表面进行聚合反应形成侧链，实现液晶分子以一定的预倾角进行取向。这就是后来的 PSVA 技术。

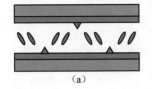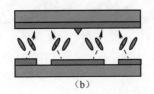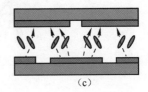

（a）　　　　　　　　　　　（b）　　　　　　　　　　　（c）

图 3.23　MVA 到 PVA 模式的演变

1. MVA 与 PVA 模式

MVA 技术由富士通在 1997 年提出，是最早的实用性 VA 显示技术之一，通过在电极表面增加凸起物来使液晶分子形成预倾角。在未加电的 L0 状态下，液晶分子沿着凸起物的斜坡面排布，当施加电压后，斜坡处的液晶分子在预倾角的影响下，继续增大倾斜度，并逐渐影响其周围的液晶分子，最终使附近的液晶分子都转向水平排列，如图 3.24 所示。通过控制突起物的排列方向（±45°），施加电场后可以使液晶分子朝着 4 个不同的方向转动，从而实现四畴（4-Domain）的显示效果。如图 3.25 所示，MVA 模式的凸起物在 TFT 与 CF 基板上依次交替排列。如果凸起物仅设置在一侧基板上，也可以实现液晶分子的四畴取向，只是将影响液晶面板的对比度和响应时间等特性。

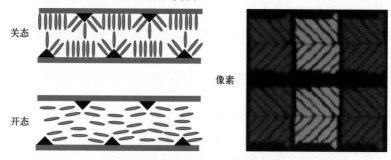

图 3.24　MVA 结构液晶分子排列及像素透光（4D）示意图

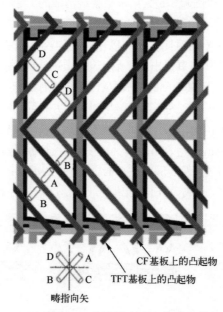

图 3.25　TFT 基板与 CF 基板上的凸起物设计实现了四畴

　　MVA 技术作为前期主流的 VA 显示技术，解决了 VA 模式的预倾角问题，但该显示模式的对比度偏低。VA 模式本身的灰阶控制由 Δnd 决定，MVA 模式的凸起物通过光刻工艺由比较厚的有机材料，一般是 OC 材料构成，其周围液晶分子在 L0 状态下非垂直排列，该部分液晶的 Δnd 较大引起漏光，导致 MVA 模式对比度偏低。虽然后续推出了其他的改进型，但改善效果不明显，逐渐退出了产品应用领域。

　　PVA 技术最早由三星公司在 1998 年提出，相比于 MVA 技术，PVA 技术取消了额外曝光工艺制备的凸起物，采用上下基板的 ITO 制成的图案来实现预倾角。如图 3.26 所示，上下基板的 ITO 图形缝隙（Slit）非正对齐方式，缝隙处电场方向的轻微差异起到了"凸起"分畴的作用，缝隙两侧的液晶分子在电场作用下向相反方向倾斜，实现了多畴。相比 MVA 的凸起物，PVA 的 ITO 图形更平坦，在缝隙处液晶分子取向也接近于垂直方向，因此 L0 暗态漏光低，对比度高。但是不足是液晶分子预倾角低，响应时间比 MVA 的更慢，而且 ITO 缝隙处液晶分子的预倾作用力弱，施加电压下容易出现取向紊乱。

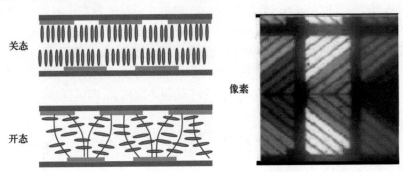

关态

像素

开态

图 3.26　PVA 结构液晶分子排列及像素透光（8D）示意图

2. PSVA 模式

　　PSVA 技术由三星公司在 2004 年提出，它是在 PVA 技术原理基础上，在液晶盒对盒以后给上下基板的 ITO 电极施加一个使液晶分子形成预倾角的低电压，并同时用一定波长的紫外光照射，使液晶里面添加的反应性单体（Reactive Monomer，RM）与取向膜（PI）表面分子链发生光致交联反应（见第 5 章），反应形成的侧链与液晶分子预倾方向基本一致，起到稳定液晶分子取向的能力。ITO 缝隙起着如同 MVA 的凸起结构的作用，使液晶分子形成两个方向相反的预倾角。图 3.27 显示了 PSVA 液晶分子的取向过程。相比于传统的摩擦取向工艺的预倾角达 1°～3°，PSVA 光取向预倾角通常小于 1°，因此光取向的均一性更好，对比度也显著提高。

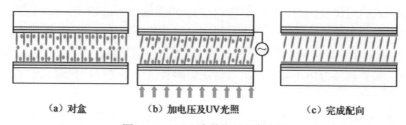

（a）对盒　　　　（b）加电压及UV光照　　　　（c）完成配向

图 3.27　PSVA 液晶分子取向流程

　　PSVA 技术只在 TFT 基板上的 ITO 像素电极有缝隙结构，CF 基板上是整面 ITO，这样简化了工艺。一种八畴的 PSVA 像素设计如图 3.28 所示，像素 ITO 缝隙结构呈±45°倾斜排列，而且在一个亚像素区 ITO 又分成面积不等的上下两个区域，由不同的 TFT 驱动使得上下区域的充电电压不一致，这样 ITO 缝隙结构结合上下区域像素电极电压差异，液晶分子就有八种偏转状态，因此称为八畴。这种八畴的结果，能极大改善 VA 显示的画质问题。为了提高光效，ITO 缝隙结构的线宽（Width）与线槽（Space）节距（Pitch）一般是 5～6μm，线槽一般是 2～2.5μm；四畴的"田字形"中间的 ITO 电极连通在一起，上面的液晶分子受附近不同畴取向电场的影响取向混乱，因此是暗区。为了进一步提高 PSVA 像素的光效，改善暗区，在液晶里面添加了手性剂的 CPSVA（Chiral PSVA）技术被开发出来了。通过手性剂的添加，CPSVA 暗纹区液晶分子倾斜角度增大，暗区区域进一步缩小，相比 PSVA 透过率可提升 10% 左右。

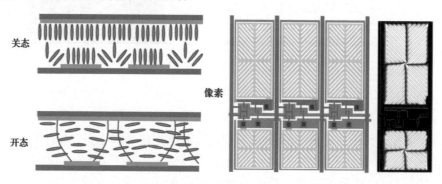

图 3.28　PSVA 结构液晶分子排列及像素透光（8D）示意图

3．UV^{2}A 模式

　　UV^{2}A 技术最早是由 SHARP 提出并且导入量产的。相比于 PSVA 技术，UV^{2}A 技术是在液晶成盒后进行紫外光照射的，对涂覆了 PI 的 TFT 与 CF 基板分别用线偏振的紫外光照射，使 PI 表面的分子链发生光致异构反应，并形成与入射的光线方向及光线线偏振矢量方向相关联的取向方向（预倾方向）。图 3.29 是 UV^{2}A 技术取向的曝光光路示意图，从图中可以看出，玻璃基板朝一个方向移动，前后倾斜 45°的两路光源同时通过掩模版照射到玻璃基板上。图 3.29（b）的 A 列曝光光路图中，入射光线与水平面夹角为 40°～50°，入射光线的偏振矢量在水平面的投影为 x 方向，A 列液晶分子的预倾方向为 x 轴正方向，相反，A'列液晶分子的预倾方向为 x 轴负方向，即 UV^{2}A 液晶分子预倾方向是入射光线方向与偏振光矢量方向共同决定的。

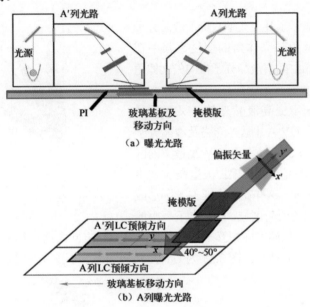

图 3.29　UV^{2}A 技术取向的曝光光路示意图

　　图 3.30 显示了 UV^{2}A 曝光掩模版图形及液晶分子预倾方向，图（a）显示亚像素（Sub Pixel）四畴的 A 列与 A'列的掩模版图形，分别对应前后倾斜 45°的入射光源，图中的黑区表示对应的玻璃基板区域不被该光源照射到；图（b）和（c）分别显示在 TFT 与 CF 玻璃基板上（PI 膜面朝上）的液晶分子预倾方向，因为液晶分子是垂直排列的，因此预倾角是指垂直于基板并向着"箭头"方向倾斜的角度，通常是 88°～89°；图（d）显示对盒后，受上下玻璃基板液晶分子取向方向的影响，在一个亚像素内取向方向的 4 种组合形成了一个"田字形"的图案，即形成了四畴区域，受上下液晶分子预倾锚定力的影响，在施加电场后，液晶分子除了立体角发生改变（0°～90°），方位角也发生了类似 TN 模式的液晶分子旋转（0°～45°），在液晶层中间区域，液晶分子指向矢（用"锥形"表示，锥形头表示靠近观察者）如图所示方向排列取向。

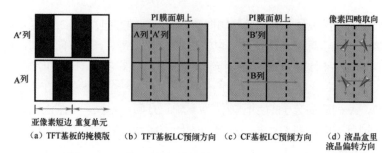

图 3.30　UV²A 曝光掩模版图形及液晶分子预倾方向

图 3.31 显示了几个典型灰阶下液晶分子指向矢的方位角与立体角的变化，其中在 L255 灰阶液晶中间层液晶分子指向矢立体角为 90°（液晶分子水平状态），方位角为 45°。

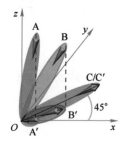

为了进一步提高液晶光效，又开发了 UV²AⅡ技术。UV²AⅡ曝光光路及液晶分子预倾方向如图 3.32 所示。与 UV²A 最大的区别是 UV²AⅡ曝光光源的偏振矢量在 x'-y' 坐标系是±45°方向，这样在一个亚像素区形成"目字形"图案的四畴区域，而且上下基板的

图 3.31　UV²A TFT 与 CF 基板液晶分子预倾方向分别为 x 轴与 y 轴方向，x 轴方向液晶分子指向矢在灰阶 L0（A）、L127（B）与 L255（C）在 x-y 平面的投影

液晶分子指向矢预倾方向相互平行，并且沿着±45°方向，意味着在施加电场后，液晶分子仅改变立体角。图 3.33 为 UV²A 结构液晶分子排列及像素透光示意图。

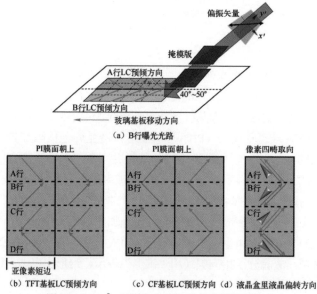

图 3.32　UV²AⅡ曝光光路及液晶分子预倾方向

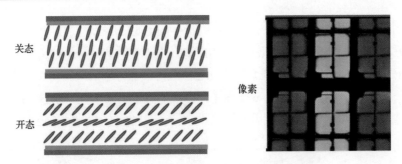

图 3.33　UV²A 结构液晶分子排列及像素透光示意图

3.3.2　视角特性

UV²A 液晶盒的结构如图 3.34 所示，上下偏光片的吸收轴相互垂直，图（a）液晶分子沿着 z 轴排列，并受取向过程的影响，上下基板附近的液晶分子分别沿着 x 轴和 $-y$ 轴略微倾斜排列，倾斜角一般是 88°～89°；图（b）是在上下基板上施加了远远大于阈值电压（V_{TH}）的驱动电压，因为 VA 的液晶分子在电学上是介电负性的，因此在短轴上聚集电子云，液晶分子的方位角和立体角都发生了改变，其中立体角由几乎垂直的 89°变为水平的 0°，方位角旋转了 45°，如图中显示的中间层液晶分子排列状态，参考式（3.5），液晶盒透过率可以达到最大值。

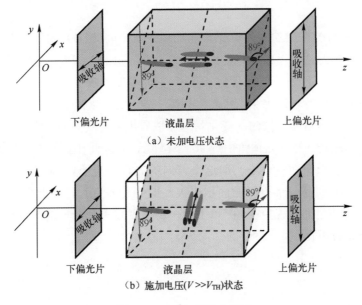

图 3.34　UV²A 液晶盒结构

图 3.35 显示了不同电压下，UV^{2}A 液晶分子指向矢沿着厚度方向的倾角变化：在靠近玻璃基板附近区域，液晶分子指向矢几乎与 z 轴平行，此时 $n_z > n_x = n_y$，相当于正 C 相位差片；在液晶盒厚中间层区域，液晶分子的倾斜角（立体角）接近零，液晶分子几乎平行于 x-y 平面了，即液晶分子指向矢几乎垂直于 z 轴，此时 $n_x > n_y = n_z$，相当于正 A 相位差片。

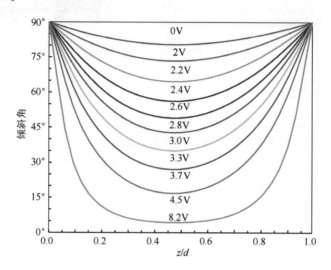

图 3.35　UV^{2}A 液晶分子指向矢在不同电压下沿着厚度方向的倾角变化

图 3.36 与图 3.37 分别为在不同驱动电压下一畴（1D）的水平方向视角和垂直方向视角的透过率曲线：左右视角和上下视角的曲线变化趋势相当，即正的右视角方向，随着电压的下降，透过率下降幅度均较快，而在负的左视角方向透过率依然保持较高水平，说明难以暗下来。这个特点从图 3.31 液晶分子在电压下的立体角与方位角的变化状态可以看出来：液晶分子指向矢朝着 45°方位角方向旋转，并且立体角由近 90°下降到 0°，因此在正的右视角方向看见的液晶分子投影面面积更小，即这个方向的光程差更小，因此偏暗；而相反方向，看见的液晶分子投影面面积更大，即光程差更大，因此偏亮；还有一个特点，就是正的右视角在 40°以上时，将出现越来越严重的灰阶反转现象，这将引起画质不良。

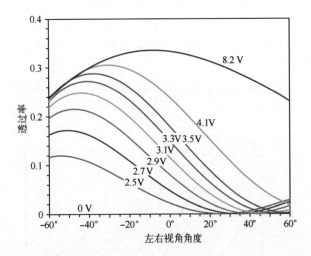

图 3.36 UV^{2}A 一畴（1D）LCD 在不同驱动电压下水平方向视角的透过率曲线

（φ=0°/180°，θ=0°表示 z 轴）

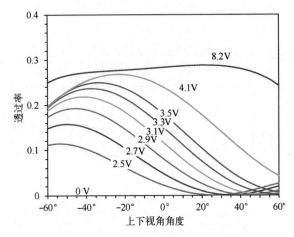

图 3.37 UV^{2}A 一畴（1D）LCD 在不同驱动电压下垂直方向视角的透过率曲线

（φ=±90°，θ=0°表示 z 轴）

图 3.38 与图 3.39 分别为在不同驱动电压下一畴的方位角 45°/225° 与 135°/ −45°视角的透过率曲线。图 3.38 中的透过率变化趋势与水平和垂直方向的相似，尤其在方位角 45°方向，随着电压的下降，透过率下降也比较快，并且即使在大的斜视角，也几乎没有灰阶反转现象。图 3.39 中的透过率变化趋势在 0° 两侧呈现出对称性，这是因为正负角度观察方向相对于液晶分子的倾斜方向几乎是对称的。图 3.38 与图 3.39 的透过率曲线都有一个共同点，就是 0V 暗态透过率

曲线在大斜视角下均出现了灰阶反转，这主要是因为观察方向在方位角45°/225°
与135°/-45°，从透过率公式（3.5）可以看出该方位角液晶分子投影面的光程
差造成了漏光。

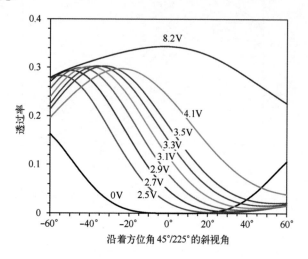

图3.38　UV²A一畴LCD在不同驱动电压下沿着方位角45°/225°的斜视角的透过率曲线
（φ=45°/225°，θ=0°表示 z 轴）

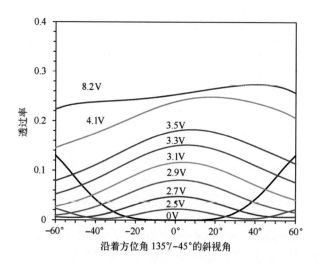

图3.39　UV²A一畴LCD在不同驱动电压下沿着方位角135°/-45°的斜视角的透过率曲线
（φ=135°/-45°，θ=0°表示 z 轴）

3.3.3　视角改善

从前面的分析可以得知，以 PSVA 及 UV²A 为代表的 VA 一畴像素设计存在较严重的视角不对称的画质问题，因此在实际应用中，VA 显示都普遍采用多畴（四畴或八畴）的像素结构设计技术、四畴的像素渲染技术（Dual Gamma 技术）和偏光片视角补偿技术（后面章节介绍）。

1. 多畴像素设计

从前面 UV²A 四畴取向原理可以看出，一个像素内通过紫外曝光取向，可以实现液晶分子的四畴排列方式，在施加电压后，四畴区域的液晶分子指向矢分别向着方位角 45°、135°、225°和−45°方向倾斜。图 3.40 是典型的 VA 四畴 LCD 在水平方向和垂直方向的透过率曲线：采用四畴后，电压作用下，液晶分子指向矢分别向着方位角 45°、135°、225°和−45°方向倾斜，因此水平方向左右视角和垂直方向上下视角观察到的液晶分子状态是一致的，所以表现出变化趋势一致的透过率曲线，而且在大视角下，也没有出现灰阶反转现象。

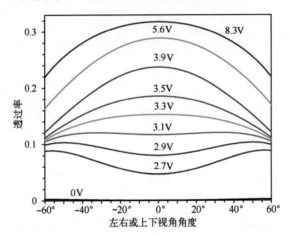

图 3.40　典型的 VA 四畴 LCD 水平方向及垂直方向的透过率曲线

一个像素内要实现八畴，仅靠紫外曝光取向，顶多对再增加的四畴改变一点预倾角，这样对显示效果不会有明显改善。实用型的八畴实现方式之一是通过像素内电压分压技术，将一个亚像素内划分出两个区域，一个称为高亮区域（High Area，或 Main-area），另外一个称为低亮区域（Low Area，或 Sub-area）。在紫外曝光取向工艺过程中，高亮区域与低亮区域依然是四畴，只是低亮区域通过 TFT

特殊连接关系的电压分压技术,在完成了与高亮区域一样正常的像素电压充电后,再释放掉一定比例的电荷,使电压下降一些,实现低亮区域四畴的液晶分子指向矢与高亮的有较大的角度差异,通过这种方式让不同视角下的透过率变化更均一,画质更优。图 3.41 是一个典型的 VA 八畴 LCD 的 GAMMA 曲线:正视角的 GAMMA 曲线可以很好地吻合 GAMMA 系数 2.2 的规格要求（规格为 2.0～2.4）;在侧视角下,L/H（低亮与高亮区像素电压比值）数值不一样,GAMMA 曲线在不同的灰阶区间表现出比较大的差异,意味着观察到的显示画质有较大差异。

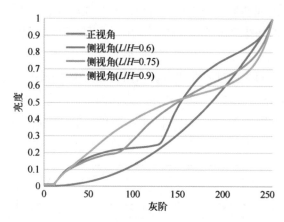

图 3.41　典型的 VA 八畴 LCD 在不同 L/H 数值下的 GAMMA 曲线

　　实现像素内八畴的电压分压技术,有多种技术方案。图 3.42 所示是电容耦合型（Coupling Capacitance Type）电压分压的像素电路结构,通过 C_low 与 C_share 构成的电容分压器,可以实现施加在液晶分子上的电压比通过 C_high 施加的更低些。图 3.43 所示是 TFT 与 TFT 型（TT Type）像素电路结构,也就是常说的 2G1D 或 1G2D 像素电路结构,它们是通过增加扫描线或数据线的方式,分别对高亮区域和低亮区域进行充电的。图 3.44 所示是电荷分享型（Charge Sharing Type）像素电路结构,高亮区域与低亮区域在开始都是充入相同的电位,但是低亮区域被后来的扫描线通过 TFT 再次开启,像素电荷与 C_share 分享,降低了施加在液晶分子上的电压。图 3.45 所示是放电型（Discharge Type）像素电路结构,与电荷分享型的相比,其是在扫描线开启充电过程中,低亮区域又同时通过 TFT M3 进行电荷释放,实现最终施加在液晶分子上的电压更低。以上各种方式,各有优缺点,其中电荷分享与放电型结构更简单,低亮区域电压容易调节,GAMMA 更精准而被广泛应用。

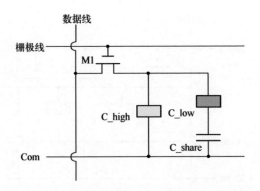

图 3.42　电容耦合型电压分压的像素电路结构

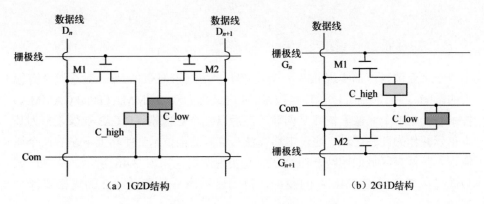

（a）1G2D结构　　　　　　　　（b）2G1D结构

图 3.43　TFT 与 TFT 型像素电路结构

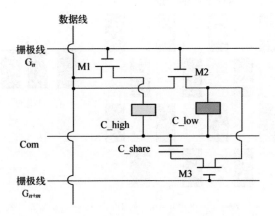

图 3.44　电荷分享型像素电路结构

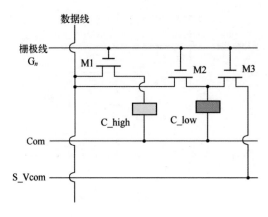

图 3.45　放电型像素电路结构

2．四畴的临近像素补偿技术

一个亚像素内部实现八畴，考虑到畴与畴之间暗区的存在，对透过率有很大的影响。四畴的临近像素补偿技术，业内又称为双 GAMMA（Dual GAMMA）技术，就是单个亚像素依然是四畴，然后以一个亚像素（R/G/B 亚像素）为基本单元并作为高亮区域，通过电路算法（像素渲染技术）使其上下左右四个亚像素为其低亮区域的四畴，组合在一起实现八畴，如图 3.46 所示。高亮区域与低亮区域各自 GAMMA 的叠加，得到显示器 GAMMA 2.2 的规格要求，如图 3.47 所示。

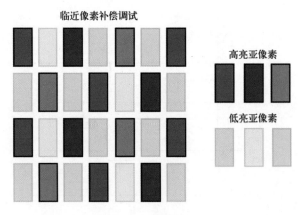

图 3.46　四畴的临近像素补偿调试示意图

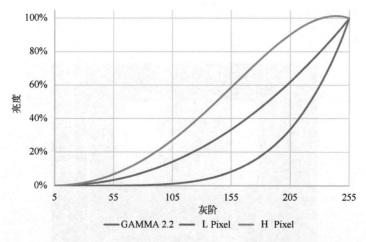

图 3.47　临近像素补偿技术的双 GAMMA 曲线

从本质上说，双 GAMMA 技术其实就是一种基于像素分割法进行空间混色的像素渲染技术，混色的效果取决于每部分亮度的协调，其优点在于不需要改变现有的四畴像素结构，仅通过外围电路算法调试，就可以既实现高透过率，又可以改善色偏（Color Shift）与褪色（Color Washout）的画质问题。这种技术的不足点是通过这种空间像素的调制，降低了分辨率，损失了显示图像的细节。

3.4　IPS 与 FFS 模式

相比 VA 显示技术，IPS（In Plane Switching，面内转换）和 FFS（Fringe Field Switching，边沿场转换）显示技术具有优异的视角特性和高透过率的特点而广泛应用于 IT 显示器及高端电视领域，在业内称为"硬屏"技术（VA 技术在触碰时有水波纹，业内称为"软屏"技术）。相比 IPS 的像素电极与公共电极组成的梳状电极（Interdigitated Electrode）结构，FFS 公共电极及像素电极上下层的排布结构，电极的边沿电场使面内几乎均匀排列的液晶分子在整个电极面上旋转，进而产生了比 IPS 更高的液晶光效。京东方科技集团股份有限公司在 FFS 技术基础上进一步改进，提出了 ADSDS（Advanced Super Dimension Switching，先进超维场转换，简称 ADS）技术，广泛应用于中小尺寸 IT 产品，以及超大、超高清电视产品中，开发的 110 英寸 8K 120Hz 显示器代表了业内最高的技术水平。2021 年 12 月 21 日，京东方发布了中国半导体显示领域首个技术品牌"ADS Pro"，现场展示了最新技术创新成果开发的 75 英寸 8K 288Hz（a-Si:H 1G1D）显示器，展示照片如图 3.48 所示。

图 3.48   ADS Pro 技术开发的 75 英寸 8K 288Hz（a-Si:H 1G1D）显示器

3.4.1   显示原理

IPS 模式与 FFS 模式都是属于水平场显示技术，液晶分子初始排列状态是水平方向（x 轴）或垂直方向（y 轴）排列的。如果下基板液晶分子指向矢方向（初始状态）与下偏光片的透光轴方向是平行的，称为 E 模式；如果它们互相垂直，称为 O 模式。采用 E 模式或 O 模式，在大斜视角下观察到的暗态漏光现象是有差异的。图 3.49 所示为 IPS 的 O 模式液晶分子指向矢在暗态、中间态及亮态的状态，其中液晶分子在电学上是正性的。

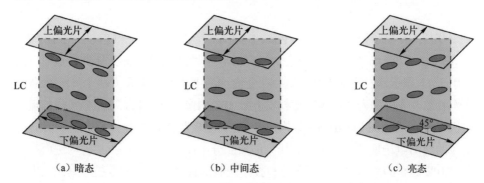

图 3.49   IPS 的 O 模式液晶分子转动面与偏光片吸收轴之间的关系

当电场施加在液晶分子上，在厚度方向的液晶分子指向矢在水平方向的方位角、垂直方向的立体角都将发生改变。IPS 液晶显示器的透过率为

$$T = \frac{1}{2}\sin^2 2\varphi(V)\sin^2 \frac{\pi d \times \Delta n(\theta, \varphi, V)}{\lambda} \tag{3.7}$$

式中，$\varphi(V)$ 为液晶分子指向矢的方位角，与施加的电压相关；θ 为立体角，Δn 为 O 光与 E 光的折射率差，并且与方位角及立体角有关。当 $\varphi = 45°$，$\theta = 0°$ 时，合适的电压 V 作用下透过率 T 达到最大值。

　　IPS 模式与 FFS 模式的液晶分子取向方法，可以采用摩擦取向或光取向的技术。摩擦取向技术的液晶分子预倾角一般为 1.5°～2.5°，光取向技术的为 0.5° 以下。光取向技术具有低预倾角、无摩擦阴影区（Rubbing Shadow）以及过程中不容易产生静电等优点。

3.4.2　视角特性

　　IPS 液晶盒的结构如图 3.50 所示，下偏光片的吸收轴与液晶分子指向矢平行，因此是 O 模式（透光轴与液晶分子指向矢垂直）。在基板表面的液晶分子受摩擦取向的影响，预倾角大约为 2°。当施加远大于阈值电压的电压后，液晶分子在电场作用下旋转，方位角由 45° 旋转到 90°，由式（3.7）可以看出此时透过率最大化。在未施加电压的状态，液晶分子相当于正 A 相位差片，即 $n_x > n_y = n_z$。

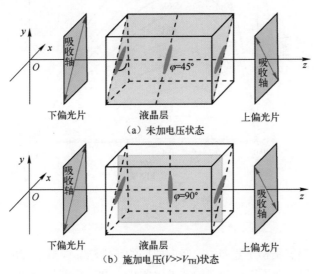

图 3.50　IPS 液晶盒结构

　　IPS 模式与 FFS 模式在施加不同电压下液晶分子指向矢在液晶层厚度方向

的扭曲角（方位角，初始设定为 45°）变化如图 3.51 所示。从图中对比可以看出，FFS 模式的曲线在厚度方向不是中心对称，是向左侧偏移了，这主要是 FFS 模式的像素电极与公共电极上下层结构引起的边沿场在靠近阵列基板附近更强导致的。

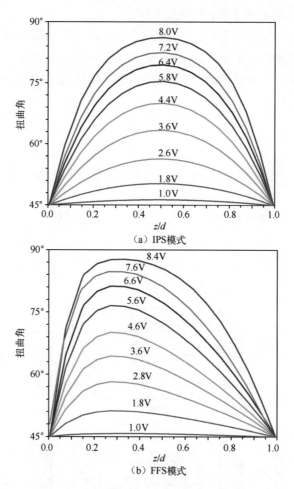

图 3.51　IPS 模式与 FFS 模式在施加不同电压下液晶分子指向矢在液晶层厚度方向的扭曲角变化（方位角，起始点位 45°）

　　基于像素狭缝结构是竖向的，竖向取向的正性液晶模拟了 IPS 模式（FFS 模式的性能也相似）在不同视角下的透过率曲线。IPS 模式在不同驱动电压下水平视角和垂直视角的透过率曲线如图 3.52 所示。图中可以看出，相比前面介绍的 VA 的透过率曲线，IPS 模式水平视角与垂直视角的透过率曲线对称性非常好，而且没有灰阶反转的现象，这与实际的 IPS 显示器无色偏、广视角特性更优是相匹配的；而且 0V 电压（暗态）曲线在水平及垂直方向上均没有出现漏光，因为这两个方向与偏光片吸收轴平行或垂直，垂直取向的液晶分子指向矢要么垂直要么平行于吸收轴，因此没有漏光。IPS 模式与 FFS 模式液晶分子在不同驱动电压下斜视角的透过率曲线如图 3.53 所示。从图中可以看出曲线依然对称性非常好，其中 0V 电压曲线（L0）随着角度增大透过率略有提升，即出现了斜视角度的漏光，原因是互相垂直的偏光片的有效夹角改变造成的。

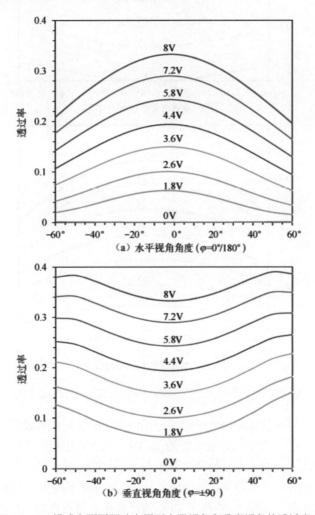

图 3.52 IPS 模式在不同驱动电压下水平视角和垂直视角的透过率曲线
（$\theta=0°$表示 z 轴）

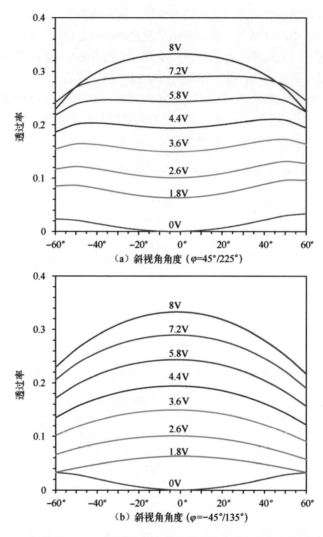

图 3.53　IPS 模式与 FFS 模式液晶分子在不同驱动电压下斜视角的透过率曲线

　　IPS 模式与 FFS 模式液晶分子指向矢在电场下的旋转状态及透过率分布曲线分别如图 3.54 与图 3.55 所示。在 IPS 液晶盒中，在像素电极和公共电极之间的间隙形成了强的水平电场（E_y）使液晶分子在水平方向旋转，然而在条形电极上面的液晶分子主要是向上倾斜（立体角增大，方位角几乎不改变），因此在电极线上的透过率曲线明显"下凹"。然而在 FFS 液晶盒中，具有更强水平电场的边沿场只在靠近像素电极边，在接近电极中间或间隙中间则下降；在电极边，强的水平电场使液晶分子在面内旋转，由于间距非常小以及很强的电场，电极边缘的液晶分子的旋转反过来又在水平方向上带动靠近电极中心和间隙中间区域液晶分子的旋转，虽然在这两个区域电场线几乎（E_y 分量小）是垂直的，这样使电极上面的液晶分子也改变了方位角，因此 FFS 的液晶光效比 IPS 的更高。

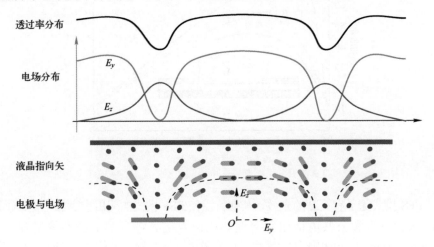

图 3.54　IPS 模式液晶分子指向矢在电场下的旋转状态及透过率分布曲线

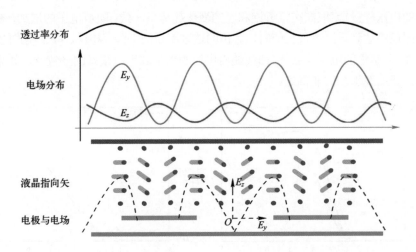

图 3.55　FFS 模式液晶分子指向矢在电场下的旋转状态及透过率分布曲线

为了更好地表示 FFS 的高光效，图 3.56 给出了液晶分子指向矢在电极间隙不同位置的扭曲角分布曲线：在电极边沿的位置 C，液晶分子的扭曲角最大，因为这个区域水平电场也最强；越向电极间隙中间靠近，扭曲角越来越低。最大扭曲角的液晶分子对出射光的光效起到了至关重要的作用。

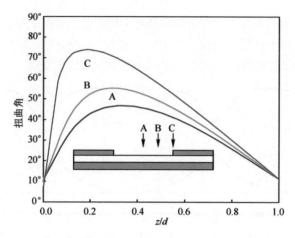

图 3.56　FFS 模式液晶分子指向矢在电极间隙不同位置的扭曲角分布曲线

FFS 模式除了有更高的光效，其他特点使 FFS 模式的应用也更加广泛：①透明的像素电极和公共电极相互交叠形成像素电容，有利于提高像素开口率（Aperture Ratio）；②相比 TN 模式和 VA 模式，FFS 模式的液晶分子在水平方向或垂直方向取向排列，因此色偏更低。如图 3.57 所示，VA 模式的 R、G 与 B 三基色的电压-透过率取向在接近饱和区的变化趋势不一致，随着电压的增加，在红色和绿色将达到透过率最大值时，蓝色的透过率反而下降；相反，FFS 模式的 R、G 与 B 三基色的电压-透过率曲线随着电压的增加表现出很好的一致性，如果归一化，三曲线重合性非常好。

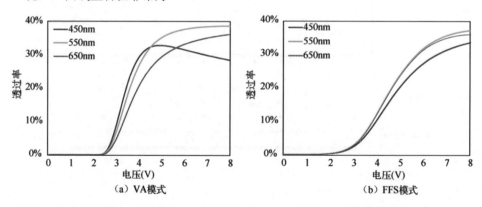

图 3.57　VA 模式及 FFS 模式的 R、G 与 B 的电压-透过率曲线

3.5　偏光片视角补偿技术

3.5.1　偏振矢量的庞加莱球表示方法

由前面的分析可知，VA、IPS 及 FFS LCD 显示器在大斜视角下都会出现暗态漏光，其根本原因是大斜视角方向观察原本相互垂直的上下偏光片吸收轴发生了倾斜，导致夹角不再垂直，出射偏振光的偏振矢量在上偏光片的透光轴方向有分量引起漏光。

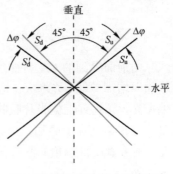

如图 3.58 所示，对于一对互相垂直的偏光片，正视角上下偏光片的吸收轴分别表示为 S_u 和 S_d，在图示垂直方向（方位角 90°）大立体角下观察，则上下吸收轴位置将变为 S_u' 和 S_d'，即这个方向的吸收轴夹角由原来的 90°变更为 $90° + 2\Delta\varphi(\theta)$，偏离角度 $\Delta\varphi(\theta)$ 随着立体角 θ 的增加而增大。$\Delta\varphi$ 的存在，是引起漏光的根本原因之一。

图 3.58　斜视角下的上下偏光片
吸收轴夹角的变化

把图 3.58 表示的量在庞加莱球上进行描述，并且对偏振态进行矢量化。如图 3.59 所示，庞加莱球上的 C_1 表示下偏光片 S_d 吸收轴方向，同时表示上偏光片的透光轴方向，同理，C_2 表示上偏光片 S_u 吸收轴方向及下偏光片的透光轴方向；当斜视角观察出现 $2\Delta\varphi$ 角度偏差时，下偏光片的透光轴将由 C_2 转移到 O_1，上偏光片的透光轴由 C_1 转移到 O_2，其中 $\angle C_2OO_1 = 2\Delta\varphi(\theta)$，$\angle C_1OO_2 = 2\Delta\varphi(\theta)$，$O_1$ 和 O_2 分别对应的下偏光片与上偏光片吸收轴分别是 E_1 和 E_2。如图 3.60 所示，大斜视角引起的偏振态改变，下偏光片的透光轴 O_1 与上偏光片的吸收轴 E_2 不重合，E_2 偏振矢量在 O_1 矢量上的投影的分量 $2\Delta O$ 表示漏光的大小。

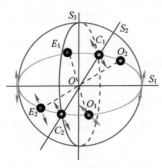

图 3.59　斜视角下的上下偏光片
光轴在庞加莱球上的位置

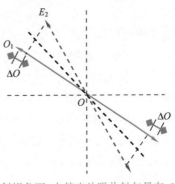

图 3.60　斜视角下，上偏光片吸收轴矢量在 O_1 透光轴
偏振矢量上的投影，分量 $2\Delta O$ 表示漏光的大小

3.5.2 VA 模式的漏光补偿方法

前面提到，VA 模式液晶盒在没有施加电压时（0V），液晶分子指向矢几乎与 z 轴平行，此时 $n_z > n_x = n_y$，相当于正 C 相位差片，在斜视角下，液晶分子对入射的线偏振光产生光程差，使线偏振光变成椭圆偏振态，最终发生漏光；另外，就是斜视角下上下偏光片垂直角度的改变，即有效线偏振矢量不正交引起的漏光。对于这两种情况引起的漏光，可以在偏光片中集成补偿膜（相位差片）来改善。

1. 负 C 相位差片补偿

由前面提到的 VA 斜视角透过率曲线可知 0V 的暗态透过率随着斜视角度增加而增加，即漏光增大。这相当于在这个视角方向透射出液晶层的光是椭圆偏振光，在垂直上偏光片吸收轴方向有偏振矢量分量，因此出现漏光。如果此时通过在偏光片上叠加一个补偿膜（相位差片），抵消液晶双折射造成的光程差，则可以使斜视角的漏光得到抑制，则液晶层光程差与补偿膜光程差之间的关系为

$$(n_E - n_O)_C d_C + (n_E - n_O)_{LC} d_{LC} = 0 \tag{3.8}$$

式中，$(n_E - n_O)_C d_C$ 为补偿膜的光程差，$(n_E - n_O)_{LC} d_{LC}$ 为液晶层的光程差，它们数值相等，极性相反，双折射效应作用相互抵消。基于同样的原理，对于不同电压下液晶分子指向矢差异引起的视角透过率差异，都可以选择合适光程差补偿值的补偿膜进行补偿。

无补偿层及有负 C 补偿层的液晶盒结构如图 3.61 所示，还标示出了各界面处对应庞加莱球上的光轴位置。基于图 3.59 对斜视角下观察暗态漏光各位置光轴的定义，在图 3.62 中，通过下偏光片的透光轴位置为 O_1，经过液晶层（相当于正 C 相位差片，光程差 $\lambda/2$ 后），以 S_1 为轴，由 O_1 旋转至 O_2 位置（O_2 是理想的位置，实际位置可能是以 O_2 为中心点的一个球面区域的任何一点），即与上偏光片透光轴位置重合，相当于斜视角引起的漏光全部漏了出去，漏光最严重。如果出射液晶层的偏振光再经过负 C 相位差片，在设计的负 C 相位差片参数具有与液晶层相同光程差的基础上，则出射于负 C 相位差片后的光的偏振态又以 S_1 为轴由 O_2 旋转回了 O_1（同理，也是以 O_1 为中心点的球面一定区域的任何一点），则此时的漏光就是仅由斜视角上下偏光片偏振矢量非正交引起的漏光，把液晶层的影响抑制了。漏光大小可以参考图 3.60。

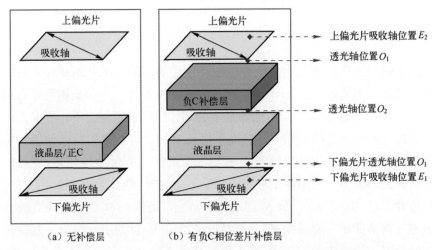

（a）无补偿层　　　　　（b）有负C相位差片补偿层

图 3.61　VA 模式斜视角下无补偿层及有负 C 补偿层的液晶盒结构与各光轴位置

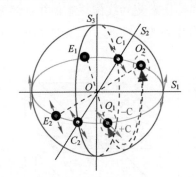

图 3.62　斜视角观察有负 C 补偿层的液晶盒偏振光在庞加莱球上的变化轨迹

图 3.63 为 VA 显示器采用负 C 补偿膜前后的对比度等势图，可以看出有补偿膜后，对比度视角特性明显改善。

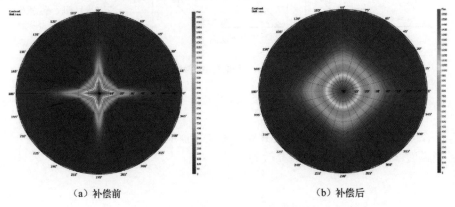

（a）补偿前　　　　　　　　　（b）补偿后

图 3.63　VA 显示器采用负 C 补偿膜前后的对比度等势图

2. 上下偏光片集成负 B 相位差片补偿

图 3.64 是上下偏光片集成负 B 相位补偿层的液晶盒示意图及各界面处对应庞加莱球上的光轴位置，其中上下层负 B 相位差片的光轴是相互垂直的，补偿膜的光程差是 $\lambda/6$。基于前面的基本介绍，在斜视角观察下，下偏光片透光轴的位置在 O_1，是线偏振态，经过下层负 B 相位补偿层以后，偏振矢量绕其光轴（同上偏光片的吸收轴 E_2）右旋 $\pi/3$ 角度，由 O_1 旋转到 Q_1 位置，变为左旋椭圆偏振态（北半球是左旋偏振态）；接着再经过光程差为 $\lambda/2$ 的液晶层（相当于 C 相位差片），绕 S_1 轴旋转 π 角度，旋转到 Q_2 位置，是右旋椭圆偏振态（南半球是右旋偏振态），再经过上层负 B 补偿层，偏振矢量绕其光轴（同下偏光片吸收轴方向 E_1 或下偏光片透光轴 O_1）左旋 $\pi/3$ 角度，由 Q_2 到达 E_2 位置，右旋椭圆偏振态变为线偏振态，并且偏振矢量与上偏光片吸收轴 E_2 重合，结果是没有出射光，实现了漏光的补偿，如图 3.65 所示。

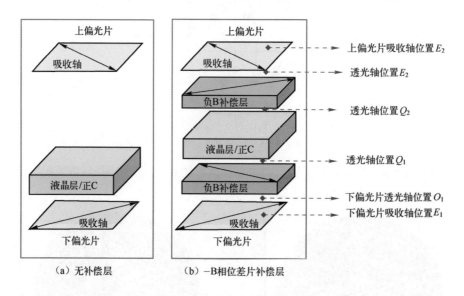

图 3.64 VA 斜视角下的上下偏光片集成负 B 相位补偿层的液晶盒结构与各光轴位置

图 3.66 为 VA 显示器采用负 B 相位补偿膜前后的对比度等势图，可以看出有补偿膜后，对比度视角特性明显改善。

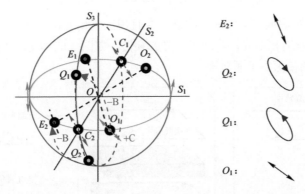

图 3.65　斜视角观察有负 B 相位补偿层的液晶盒偏振光在庞加莱球上的变化轨迹

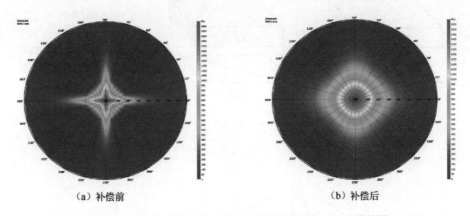

图 3.66　VA 显示器采用负 B 相位补偿膜前后的对比度等势图

3.5.3　IPS 模式的漏光补偿方法

1. 正 A 与正 C 相位差片补偿

IPS 模式斜视角下正 A 和正 C 相位补偿层的液晶盒结构与各光轴位置如图 3.67 所示，其中正 A 相位差片的光轴是与上偏光片吸收轴方向一致的，补偿膜的光程差是λ/4。基于前面的介绍，在斜视角观察下，下偏光片透光轴的位置在 O_1，是线偏振态，因为 IPS 液晶层相当于 A 相位差片，其光轴（长轴）与下偏光片吸收轴方向一致（或垂直，取决于 O 模式或 E 模式），出射于液晶层的偏振态不变，维持在 O_1 位置，接着再经过正 A 补偿层，偏振矢量绕其光轴（同上偏光片的吸收轴 E_2）右旋 π/2 角度，由 O_1 旋转到 Q_1 位置，变为左旋椭圆偏振态（北半球是左旋偏振态）；再经过光程差约为 $\dfrac{\lambda}{2\pi}$ 的正 C 补偿，绕 S_1 轴旋转由 Q_1 到达 E_2

位置，左旋椭圆偏振态变回线偏振态，并且偏振矢量方向与上偏光片吸收轴 E_2 重合，结果是没有出射光，实现了漏光的补偿，如图 3.68 所示。图 3.69 显示了 O_1 旋转到 E_2 的偏振态平面轨迹。

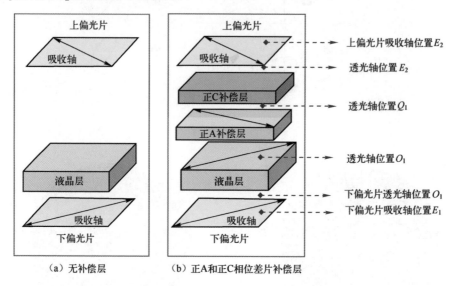

图 3.67　IPS 模式斜视角下正 A 和正 C 相位补偿层的液晶盒结构与各光轴位置

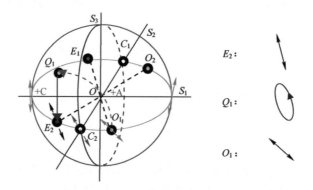

图 3.68　斜视角观察有正 A 和正 C 相位补偿层的液晶盒偏振光在庞加莱球上的变化轨迹

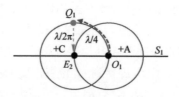

图 3.69　O_1 旋转到 E_2 的偏振态平面轨迹

图 3.70 是 IPS 显示器采用集成正 A 和正 C 相位补偿膜偏光片前后的对比度等势图，可以看出有补偿膜后，对比度视角特性明显改善。

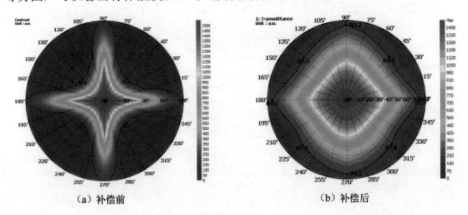

（a）补偿前　　　　　　　　　　（b）补偿后

图 3.70　IPS 显示器采用集成正 A 和正 C 相位补偿膜偏光片前后的对比度等势图

2. 负 C 与正 B 相位差片补偿

IPS 模式斜视角下负 C 和正 B 相位补偿层的液晶盒结构与各光轴位置如图 3.71 所示，其中正 B 相位差片的光轴是平行于下偏光片的吸收轴方向，补偿膜的光程差是 $\lambda/4$。基于前面的介绍，在斜视角观察下，下偏光片透光轴的位置在 O_1，是线偏振态，经过 IPS 液晶层（液晶光轴方向同下偏光片吸收轴方向）偏振态不变，维持在 O_1 位置；接着再经过光程差为 $\dfrac{\lambda}{2\pi}$ 的负 C 相位差片，绕 S_1 轴旋转到 Q_1 位置，是左旋椭圆偏振态（北半球是左旋偏振态），再经过正 B 补偿层，偏振矢量绕其光轴（同下偏光片吸收轴方向 E_1 或下偏光片透光轴 O_1）右旋 $\pi/2$ 角度（由平面轨迹可以计算出光程差约为 $\lambda/4$），由 Q_1 到达 E_2 位置，左旋椭圆偏振态变为线偏振态，并且偏振矢量方向与上偏光片吸收轴 E_2 重合，结果是没有出射光，实现了漏光的补偿，如图 3.72 所示。

图 3.73 是 IPS 显示器采用负 C 和正 B 相位补偿膜前后的对比度等势图，可以看出有补偿膜后，对比度视角特性明显改善。

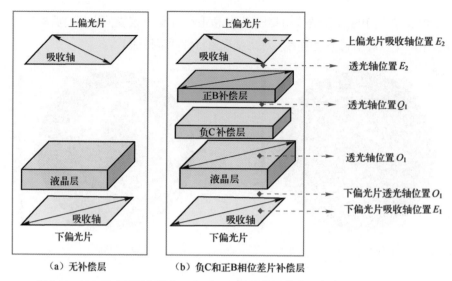

图 3.71　IPS 模式斜视角下负 C 和正 B 相位补偿层的液晶盒结构与各光轴位置

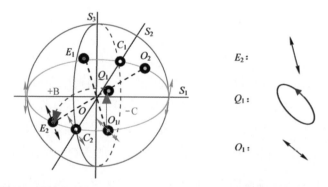

图 3.72　斜视角观察有负 C 和正 B 相位补偿层的液晶盒偏振光在庞加莱球上的变化轨迹

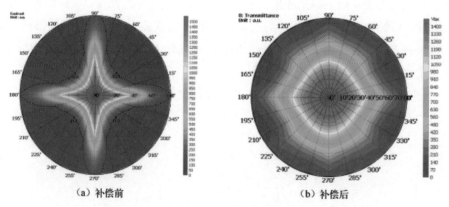

图 3.73　IPS 显示器采用负 C 和正 B 相位补偿膜前后的对比度等势图

3. 负 B 相位差片

IPS 模式斜视角下负 B 相位补偿层的液晶盒结构与各光轴位置如图 3.74 所示，其中负 B 相位差片的光轴是 C_2 位置，补偿膜的光程差是 $\lambda/2$。在斜视角观察下，下偏光片透光轴的位置在 O_1，是线偏振态，经过 IPS 液晶偏振态不变，维持在 O_1 位置。接着经过负 B 补偿层以后，偏振矢量绕其光轴 C_2 右旋 π 角度，由 O_1 到达 E_2 位置，偏振矢量方向与上偏光片吸收轴 E_2 重合，结果是没有出射光，实现了漏光的补偿，如图 3.75 所示。

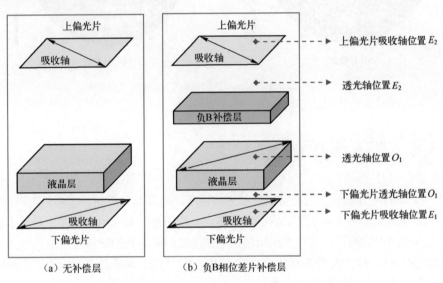

图 3.74　IPS 模式斜视角下负 B 相位补偿层的液晶盒结构与各光轴位置

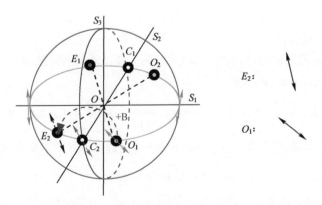

图 3.75　斜视角观察有负 B 补偿层的液晶盒偏振光在庞加莱球上的变化轨迹

图 3.76 是 IPS 显示器采用负 B 补偿膜前后的对比度等势图，可以看出采用负 B 补偿膜后，对比度视角特性明显改善。

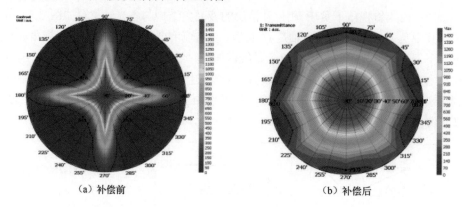

（a）补偿前　　　　　　　　　　　　（b）补偿后

图 3.76　IPS 显示器采用负 B 补偿膜前后的对比度等势图

3.6　响应时间

　　LCD 利用液晶分子的旋转来控制光的通断，而液晶分子扭转需要一定时间，这个时间的长短对显示性能影响非常关键。早期的办公室应用显示器主要用于显示文本和简单的图形，在这种应用场景下使用黑白状态间的响应时间便足以描述 LCD 的特性。然而随着多媒体信息技术的发展，LCD 越来越多地用于显示视频等动态图像，这种情况下每个像素点不同灰阶之间（即亮度之间）的转换过程时间长短不一，也是非常复杂的，单纯的黑白响应时间就无法准确衡量显示性能，不同灰阶之间的响应时间变得更加重要。为此，引入了灰阶到灰级（Gray to Gray，简称 GTG）响应时间。

　　忽略液晶的流动特性，液晶的响应时间主要由液晶的弹性特性和电场特性导致，可以采用 Torque Balance 公式来表示。

$$K_{22}\frac{\partial^2\theta}{\partial z^2}+\varepsilon_0\Delta\varepsilon E^2\sin\theta\cos\theta=\gamma\frac{\partial\theta}{\partial t}\approx K_{22}\frac{\partial^2\theta}{\partial z^2}+\varepsilon_0\Delta\varepsilon E^2\theta \tag{3.9}$$

式中，γ 为旋转黏度系数。以 $\varphi(0)=\varphi(\mathrm{d})=0$ 为边界条件，可得上述方程的解为

$$\varphi(z,t)=\varphi_m\sin(\pi z/d)\mathrm{e}^{(-t/\tau)} \tag{3.10}$$

式中，τ 为松弛时间常数。当电场从 E 变为 0 时，液晶面板的关态时间（或下降时间）常数 t_{off} 为

$$t_{\text{off}} = \frac{\gamma d^2}{\pi^2 K_{22}} = \frac{\gamma}{\varepsilon_0 |\Delta\varepsilon| E_c^2} \tag{3.11}$$

由式（3.11）可知，下降时间由黏度系数、液晶盒厚和弹性常数决定，而不是由初始液晶状态或初始电场决定。另一方面，当电场从 0 变为 E 时，开态时间（或上升时间）t_{on} 常数为

$$t_{\text{on}} = \frac{\gamma}{\varepsilon_0 |\Delta\varepsilon| (V/l)^2 - (\pi K_{22}/d)^2} = \frac{\gamma}{\varepsilon_0 |\Delta\varepsilon| (E^2 - E_c^2)} \tag{3.12}$$

3.6.1 开态与关态响应时间特性

对于 VA 模式而言，简化后的 t_{on}、t_{off} 为

$$t_{\text{on}} = \frac{\gamma d^2}{\varepsilon_0 \Delta\varepsilon (V^2 - V_{\text{TH}}^2)} = \frac{\gamma d^2}{K\pi^2} \times \frac{1}{\left(\dfrac{V^2}{V_{\text{TH}}^2} - 1\right)} \tag{3.13}$$

$$t_{\text{off}} = \frac{\gamma d^2}{K\pi^2} \tag{3.14}$$

大部分液晶的主要弹性常数关系是 $K_{33} > K_{11} > K_{22}$，VA 模式一般采用负性液晶，其液晶旋转黏度系数 γ 相比正性液晶较大，$K \approx K_{33}$，因此 VA 模式具有较小的 t_{off} 响应时间；但是 VA 模式的阈值电压一般较高，导致 VA 模式 t_{on} 时间偏大。

VA 模式的阈值电压又受面板的预倾角影响。预倾角越大，V_{TH} 越小，t_{on} 时间越短。但是预倾角越大，暗态漏光越严重，液晶面板的对比度就越低。

对于 IPS 模式，简化后的 t_{on}、t_{off} 表达式为

$$t_{\text{on}} = \frac{\gamma d^2}{\varepsilon_0 \Delta\varepsilon (V^2 - V_{\text{TH}}^2)} = \frac{\gamma d^2}{K_{22}\pi^2} \times \frac{1}{\left(\dfrac{V^2}{V_{\text{TH}}^2} - 1\right)} \tag{3.15}$$

$$t_{\text{off}} = \frac{\gamma d^2}{K_{22}\pi^2} \tag{3.16}$$

可以看出响应时间与液晶的黏度、盒厚和 K 值相关。IPS 模式的响应时间改善主要依靠盒厚降低和液晶参数优化来实现。一般来说盒厚的降低又会导致面板的透过率下降。液晶参数的优化主要是开发高 K 值和低旋转黏度的液晶，但这些参数的变化又会影响面板的对比度等参数。除以上方法外，IPS 模式还可以

通过降低阈值电压 V_{TH} 的方法改善响应时间，比如改善 IPS 像素梳状电极倾斜角度。

3.6.2　灰阶之间的响应时间特性

图 3.77 对比了 VA 模式和 IPS 模式典型的 G2G 响应时间（模拟值）。为简化问题选取 256 个灰阶中的 6 个典型灰阶之间的相互转换来说明。图 3.77 纵向的值表示初始灰阶，横向表示最终灰阶。从图 3.77 中可以看出，在 VA 模式中，虽然黑到白（L0→L255）和白到黑（L255→L0）的响应时间较小，但是中间灰阶之间切换的响应时间较大，尤其是在较低的 0～63 灰阶。决定响应时间的因素除液晶的 K 值之外，液晶所受到的电场状态也会产生一定影响。在低灰阶下，电场方向与具有一定预倾角的液晶排列方向接近平行，导致 VA 模式在这些灰阶响应时间偏长，而且整体响应时间均一性较差。相比，IPS 模式的 G2G 数值偏大，但是均一性好。

GL	0	31	63	127	191	255
0		31.4	35.6	16	9.7	7.5
31	5.6		25.2	13.9	9.2	6.5
63	5.2	11.1		10.7	8.8	5.6
127	5.8	12	12.6		7.3	4
191	6	9.2	12	9.7		3.4
255	6.1	8.4	10.1	8.7	7.7	

（a）VA

GL	0	31	63	127	191	255
0		7.6	10.2	13.3	9.8	9.5
31	9.4		7.5	12.2	9.4	8.9
63	9.4	8.5		10.2	8.7	8.7
127	9.6	10.4	10.3		6.7	7.8
191	10.1	10.8	11.5	9.9		7
255	11.3	11.9	12.7	13.3	10.1	

（b）IPS

图 3.77　VA 模式和 IPS 模式典型的 G2G 响应时间（模拟值）

3.7　对比度

对比度是影响显示器画质的重要参数。面板的对比度受面板内部材料散射、偏光片的偏振度和像素开口率等影响，其中液晶的散射在整体材料散射中比重最大。液晶盒的散射系数可以表达为

$$S_{液晶盒} = \frac{[\Delta n \times (n_E + n_O)]^2 \times d}{K} \tag{3.17}$$

式中，d 为液晶盒厚。从式（3.17）中可以看出，降低液晶双折射 Δn 和盒厚 d，提高弹性常数 K，有利于提高对比度。

VA 模式液晶分子初始状态指向矢朝向 z 轴，是直立状态，理论上 $\Delta n \approx 0$，

无双折射现象，VA 模式 K_{33} 数值较大，因此散射系数小，在正视角时对比度较高，一般达 4000:1 以上。

相比，IPS 模式的取向方式，Δn 偏大，以及 K_{22} 数值较小等原因，散射系数较大，正视角对比度偏低，一般是 1500:1。IPS 模式与 FFS 模式的正视角虽然偏低，但是从前面视角特性曲线可以看出，在水平与垂直方向斜视角下 L0 暗态漏光几乎不增加，因此斜视角下的画质保持特性比 VA 模式更优。采用新型低散射液晶等技术，IPS/FFS 模式的对比度可以达到 3000:1 以上。

参 考 文 献

[1]　Pochi Yeh, Claire Gu. Optics of Liquid Crystal Displays[M]. John Wiley and Sons, 2010.

[2]　Ernst Lueder. Liquid Crystal Displays[M]. John Wiley and Sons, 2010.

[3]　Robert H. Chen. Liquid Crystal Displays Fundamental Physics and Technology[M]. John Wiley and Sons, 2011.

[4]　Deng-Ke Yang, Shin-Tson Wu. 液晶器件基础[M]. 郭太良等 译. 北京：科学出版社，2016.

第 4 章 薄膜晶体管器件 SPICE 模型

4.1 MOSFET 器件模型

SPICE（Simulation Program with Integrated Circuit Emphasis）始于伯克利大学，主要是将电路元器件（晶体管与电阻等）抽象成数学模型，结合我们输入的网表（定义了单元的连接关系）求解非线性微分方程，得到各个节点的电压与电流。解非线性方程的一个有效方法就是牛顿迭代法，把非线性方程在某个点给它线性化，然后逐次逼近最终解。但这里面有个要求，就是非线性曲线的一阶导数要连续。很多早期的 MOSFET（Metal Oxide Semiconductor Field Effect Transistor）模型（Level 1，2，3）都有这个问题，即模型电流曲线的一阶导数在工作区域内不连续。这是因为人为地把器件分成了不同的工作区域（截止区、线性区和饱和区）。不同区之间能保证电流连续，但是对于电流的导数并没有特别注意和处理，最后导致 SPICE 不收敛，或时间步长太小（Time Step Too Small，这有很大可能也是不收敛造成的）。早期的 BSIM（Berkeley Short-channel IGFET Model）模型沿用了工作区域分区的概念，为了改善模型连续性提供仿真收敛，在不同的区域之间加入了平滑过渡曲线，以保证电流曲线及其一阶导数的连续性。在后来的版本中，就彻底丢掉工作区域的观念，直接采用单一连续且可导的曲线来代表整个工作区域里的电气特性。这样就从根本上解决了不连续的问题。BSIM 模型中最成功的代表是 BSIM3v3 和 BSIM4v5 模型。因为改善了电流方程本身和一阶导数连续性的问题，这两个模型也成了业界的 MOSFET 器件模型标准。

目前 SPICE 支持无源元件（电阻、电容、电感）和有源器件（二极管、双极管等）多种元器件模型。但其中复杂度最高的是 MOSFET 模型，并随着 TFT（薄膜晶体管）器件的发展，又在 MOSFET 模型基础上衍生出了相应的模型。

4.1.1　器件结构

MOSFET（Metal Oxide Semiconductor Field Effect Transistors）即金属-氧化物-半导体场效应晶体管，作为集成电路最基本的构成单元，是超大规模集成电路的基础，也是 a-Si:H TFT 器件的基础。为建立适合于实际应用的 a-Si:H TFT 模型，首先要研究 SPICE（Simulation Program with Integrated Circuit Emphasis）中使用的 MOSFET 模型。

p 型衬底生长的 n 沟道 MOSFET 器件截面图如图 4.1 所示。MOSFET 是一种四端子器件。四个端子分别是栅极（Gate，G）、衬底极（Base，B）、源极（Source，S）和漏极（Drain，D）。MOSFET 是一种压控型器件，基于电场效应，在栅绝缘层表面感生出电荷，进而形成导电沟道。正常工作条件下，源极 pn 结及漏极 pn 结为零偏或反偏，在源极到漏极之间加电压，而沟道未形成时，将只有近似于反偏 pn 结漏电流大小的极小电流在源极到漏极之间流动。但是若在正极性栅极电压控制下，表面形成了电子 n 沟道，它将使漏极区与源极区导通，在漏-源电压 V_{DS} 作用下就出现明显的漏极电流，且漏极电流的大小取决于栅极电压的大小。源-漏极制作重掺杂的 n^+ 单晶硅，目的是形成欧姆接触，减小源-漏导电电阻。耗尽区代表在这个区域，电子和空穴完全复合，这个区可移动载流子非常少，相当于不导电区。

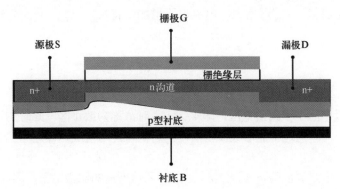

图 4.1　p 型衬底生长的 n 沟道 MOSFET 器件截面图

在不同的漏-源电压 V_{DS} 时，漏极电流 I_{DS} 和栅-源电压 V_{GS} 的关系曲线称为 I-V 转移特性曲线，如图 4.2 所示。在不同的 V_{GS} 时，I_{DS} 和 V_{DS} 的关系曲线称为 I-V 输出特性曲线，如图 4.3 所示。按照 I_{DS} 随 V_{DS} 的变化规律，可将转移特性曲线分为截止区、线性区和饱和区。

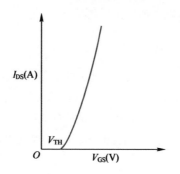

图 4.2　MOSFET 的 I-V 转移特性曲线

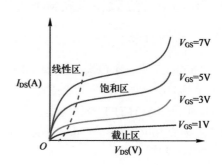

图 4.3　MOSFET 的 I-V 输出特性曲线

4.1.2　MOSFET 器件电流特性

用沟道的工作原理来导出 MOSFET 器件电流方程式：

$$I_{DS} = \frac{W}{L} \mu_n C_{ox} \left[(V_{GS} - V_{TH})V_{DS} - \frac{V_{DS}^2}{2} \right] \tag{4.1}$$

式中，μ_n 为电子的迁移率；C_{ox} 为 MOSFET 单位面积的栅绝缘层电容；W 为沟道宽度；L 为沟道长度；V_{TH} 为阈值电压。

式（4.1）的有效工作区：$V_{GS} \geqslant V_{TH}$，$0 \leqslant V_{DS} \leqslant V_{GS} - V_{TH}$，称为线性区，又称为欧姆区。当 $V_{DS} = V_{GS} - V_{TH}$ 沟道被夹断，电流保持常数，且等于刚好被夹断时对应的电流值，V_{DS} 再增大，电流也不增加。将 $V_{DS} = V_{GS} - V_{TH}$ 代入式（4.1）得到

$$I_{DS} = \frac{1}{2} \frac{W}{L} \mu_n C_{ox} (V_{GS} - V_{TH})^2 \tag{4.2}$$

式（4.2）的有效工作区是 $V_{DS} > V_{GS} - V_{TH}$，称为饱和区。

当栅极电压小于阈值电压，即 $V_{GS} < V_{TH}$ 时，称为截止区，此时沟道未积累足够多的电子，即沟道不能形成反型层，沟道区特性与衬底一样是 p 型，因此 I_{DS} 几乎为零。

阈值电压是表面势 φ_s 变化为衬底势 φ_b 两倍所需的栅极电压，因此

$$V_{TH} = V_{FB} + 2\varphi_B + \frac{\sqrt{2\varepsilon_{Si}qN_a(2\varphi_B - V_{BS})}}{\varepsilon_{ox}} T_{ox} \tag{4.3}$$

式中，ε_{ox} 为氧化物绝缘膜的介电常数；T_{ox} 为氧化物绝缘膜的厚度；V_{FB} 为平带电压；φ_b 为衬底势；ε_{Si} 为硅的介电常数；N_a 为衬底的掺杂浓度；V_{BS} 为衬底对源极电压。

4.1.3　MOSFET 器件 SPICE 模型

Level1 模型又称为 MOS1，是 MOSFET 的一阶模型，描述了 MOS 晶体管的 *I-V* 特性，考虑了衬底电流体效应及沟道长度调制效应，适用于精度要求不高的长沟道 MOS 晶体管。MOSFET 器件的 SPICE 模型 Level 1 的各参数见附录 A。

在 SPICE 程序中的 MOSFET 模型，引入了 LAMBDA 来描述沟道长度调制效应，线性区域的漏极电流方程为

$$I_{DS} = KP \frac{W}{L-2LD}\left[(V_{GS} - V_{TH})V_{DS} - \frac{V_{DS}^2}{2} \right](1 + LAMBDA \times V_{DS}) \tag{4.4}$$

$$LAMBDA \equiv \frac{\Delta L}{L} \times \frac{1}{V_{DS}} \tag{4.5}$$

式中，$KP = \mu_n \cdot C_{ox}$ 为跨导；LD 为横向扩散参数，这里没有考虑沟道的宽度方向的扩散 WD；LAMBDA 为沟道长度调制参数；ΔL 为夹断区长度。

饱和区域的漏极电流为

$$I_{DS} = \frac{KP}{2} \times \frac{W}{L-2LD}(V_{GS} - V_{TH})^2(1 + LAMBDA \times V_{DS}) \tag{4.6}$$

定义 VTO 为衬底偏压为零时的阈值电压，并用 φ 表示表面反型电位 $\varphi = 2\varphi_b$，令 $GAMMA = T_{ox} \times \sqrt{2\varepsilon_{Si}qN_a} / \varepsilon_{ox}$，则阈值电压 V_{TH} 为

$$V_{TH} = VTO + GAMMA(\sqrt{PHI - V_{BS}} - \sqrt{PHI}) \tag{4.7}$$

式中，GAMMA 为体效应参数。VTO 在没有输入值时，可根据工艺参数计算。MOSFET 使用的模型方程式是根据能带图推导出来的，为

$$VTO = t_p T_{PG} \frac{E_g}{2} - \frac{kT}{2}\ln\left(\frac{N_a}{n_i}\right) - qN_{ss}\frac{T_{ox}}{\varepsilon_{ox}} + \varphi + GAMMA\sqrt{\varphi} \tag{4.8}$$

式中，t_p 为一个符号标志，当 n 沟道时设定为+1，当 p 沟道时设定为-1；T_{PG} 为栅材料的类型，金属栅时值为零，对于多晶硅栅，如果掺杂与衬底相同时值为-1，相反时为+1；n_i 为本征载流子浓度；N_{ss} 为表面态密度；E_g 为禁带宽度。

接下来描述 Level 1 中几个关键参数对 *I-V* 特性的影响。从式（4.7）中可以看出，VTO、GAMMA、PHI 均为阈值电压相关的参数。其中，VTO 为衬底零偏时的阈值电压（$V_{BS} = 0$）。当 VTO 增大时，*I-V* 特性曲线右移，如图 4.4 所示。

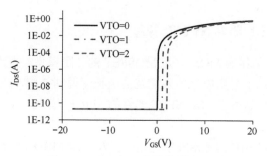

图 4.4　VTO 对 *I-V* 特性曲线的影响

$\text{GAMMA} = \sqrt{2\varepsilon_s q N_a} / C_i$ 为体效应参数，当 GAMMA 增大时，阈值电压增大，*I-V* 特性曲线右移，如图 4.5 所示。

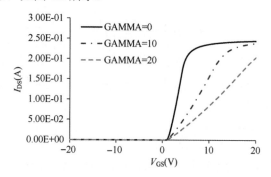

图 4.5　GAMMA 对 *I-V* 特性曲线的影响

$\text{PHI} = 2\varphi_b = 2V_{\text{TH}} \ln\left(\dfrac{N_a}{n_i}\right)$ 表示为 $V_{\text{BS}} = 0\text{V}$，而且栅极电压为阈值电压时的半导体表面势。PHI 增大时，阈值电压减小，*I-V* 特性曲线左移，如图 4.6 所示。

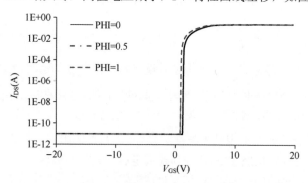

图 4.6　PHI 对 *I-V* 特性曲线的影响

W、*L*、KP、LD 和 LAMBDA 为沟道电流相关的参数。其中，*W* 和 *L* 分别为

MOSFET 的沟道宽度和沟道长度，W/L 增大时，I_{DS} 增大。KP $= \mu_n C_i$ 为传输电导，KP 越大，沟道电流越大，如图 4.7 所示。

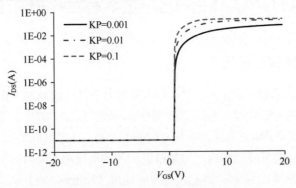

图 4.7　KP 对 $I\text{-}V$ 特性曲线的影响

LD 为考虑漏–源掺杂横向的扩散长度，LD 增大，有效沟道长度减小，因此 LD 增大，I_{DS} 电流增大，如图 4.8 所示。

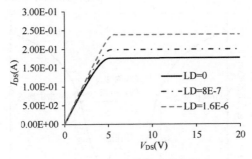

图 4.8　LD 对 $I\text{-}V$ 特性曲线的影响

LAMBDA 为考虑饱和夹断的沟道长度调制参数，LAMBDA 增大，表面沟道夹断点向源极移动越多，有效沟道长度越小。故 LAMBDA 增大，I_{DS} 电流增加，如图 4.9 所示。

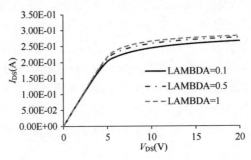

图 4.9　LAMBDA 对 $I\text{-}V$ 特性曲线的影响

4.2　氢化非晶硅薄膜晶体管器件模型

4.2.1　a-Si:H 理论基础

在对氢化非晶硅（a-Si:H，行业内常简称为非晶硅或 a-Si）薄膜晶体管的性能和物理特性进行研究时，必须注意其与单晶硅的区别。首先，非晶硅中的电子迁移率约 $1cm^2/(V\cdot s)$ 和空穴迁移率约 $0.02cm^2/(V\cdot s)$，比单晶硅的相差几个数量级；其次，在非晶硅的带隙范围内，与悬挂键相关的局域态或陷阱态呈现一个连续的分布状态，如图 4.10 所示。因此，当费米能级（Fermi-level）从其平衡位置穿过这些状态时，非晶硅中存在相对较大的空间电荷密度在带隙范围内，掺杂增加了悬挂键缺陷的密度，导致少数载流子寿命非常短。因此，不可能用非晶硅制造出非常高效的双极性晶体管。

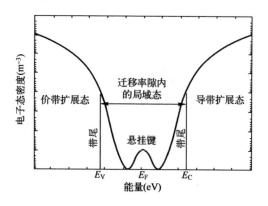

图 4.10　a-Si 的能带图

非晶硅薄膜晶体管特性可以从能带和态密度的概念来进行分析，通过驱动电压的变化反映出费米能级的移动来分析器件的电气特性。低于阈值电压时，电子费米能级处于深能级状态，在器件沟道中几乎所有的感应电荷都进入非晶硅的深能级状态以及非晶硅和绝缘层界面的表面态中。随着栅极电压的增加，能隙上半部分的深能级局域态被填补，而原本处于非晶硅和绝缘层界面的费米能级会移动到更接近导带的位置，同时导带本身也随着栅极电压的上升而增加，导致导带中移动电子的浓度增加。此时，决定低于阈值电压的非晶硅薄膜晶体管的电气特性为深能级状态。

随着栅极电压到达阈值电压，费米能级进入带尾态，非晶硅薄膜晶体管的电气特性主要由带尾态决定。一旦费米能级处于带尾态，诱导到沟道的大部分电荷都位于费米能级以上的状态，即进入带尾态，只有小部分进入导带。因此，场效应迁移率处于比较小的状态。

随着栅极电压继续增大，器件进入高密度的诱导电荷环境，所有带尾态几乎全部填充，且大多数诱导电荷都进入导带。在这种操作区间下，场效应迁移率接近导带迁移率，器件完全导通。

4.2.2　a-Si:H TFT 器件电流特性

非晶硅薄膜晶体管栅极电压高过阈值电压时，电流特性方程为

$$I_{DS} = \mu_{FET} C_{ox} \frac{W}{L} (V_{GS} - VTO - ALPHASAT \times V_{DSE}) V_{DSE} \tag{4.9}$$

式中，C_{ox} 为单位面积的栅绝缘层电容；W 和 L 分别为非晶硅薄膜晶体管沟道的宽度和长度；ALPHASAT（简写 α_{SAT}）是模型常数，目的是用来描述当电流进入饱和区时漏极和栅极电压的关系；VTO 为阈值电压；V_{DSE} 是等效 V_{DS}，目的是让电流计算由线性区过渡到饱和区呈现一个连续的方程。

$$V_{DSE} = \frac{V_{DS}}{\left[1 + \left(\dfrac{V_{DS}}{V_{DSsat}}\right)^{m_{sat}}\right]^{\frac{1}{m_{sat}}}} \tag{4.10}$$

式中，$V_{DSsat} = ALPHASAT \times (V_{GS} - VTO)$；$m_{sat}$ 为用来调整等效 V_{DS} 大小的参数。

$$\mu_{FET} = \mu_n \left(\frac{V_{GS} - VTO}{VAA}\right)^{GAMMA} \tag{4.11}$$

式中，μ_n 为栅极电压等于 VTO 时的迁移率；VAA 为亚阈值摆幅 S 的特征电压；GAMMA 为一个小于 1.0 的参数。

低于阈值电压时，沟道电流是由栅极电压抵消平带电压 VFB 后的有效电压感应形成的载流子电流，其表示为

$$I_{sub} = q \mu_n \frac{W}{L} V_{DSE} n_{so} \left[\left(\frac{t_m}{d_i}\right)\left(\frac{V_{GS} - VFB}{V_0}\right)\left(\frac{\varepsilon_i}{\varepsilon_s}\right)\right]^{\frac{2V_0}{V_e}} \tag{4.12}$$

$$V_e = \frac{2V_0 \cdot V_{T0}}{2V_0 - V_T}$$

$$V_{T0} = \frac{K_b \cdot T_{nom}}{q}$$

$$V_T = \frac{K_b \cdot T_{\text{temp}}}{q}$$

式中，n_{so} 为沟道中的载流子密度，主要来自导带的态密度；t_m 为沟道中的等效薄层厚度；V_e 为和温度有依赖关系的系数；V_0 为深能级特征电压；V_{T0} 为参考温度时的热电压；V_T 为实际器件工作温度时的热电压；K_b 为玻尔兹曼常数；q 为电荷常数；T_{nom} 为归一化温度；T_{temp} 为实际温度。

较大的负向栅极电压会感应产生额外的空穴，形成漏电流：

$$I_{\text{leak}} = \text{IOL}\left[\exp\left(\frac{V_{DS}}{V_{DSL}}\right) - 1\right]\exp\left(\frac{V_{GS}}{V_{GSL}}\right) + \text{SIGMA0} \times V_{DS} \tag{4.13}$$

式中，IOL、V_{DSL}、V_{GSL} 为可调整的模型参数。

自热效应是由沟道温度上升引起的，因为沟道温度升高，导致电流的额外增加。为了处理自热效应，模型中需要纳入温度的影响。考虑自热效应后沟道电流表示为

$$I_D = \frac{I_{D0}}{1 - \dfrac{t_{D0}V_{DS}}{R_{th}T_{th}}} \tag{4.14}$$

式中，I_{D0} 为无自热效应的电流；R_{th} 为器件的热阻，可根据效应结果计算；T_{th} 为器件的晶格温度。

4.2.3 a-Si:H TFT 器件 SPICE 模型

在没有开发专属于非晶硅 TFT 模型之前，电路模拟程序中唯一可用于模拟非晶硅 TFT 的模型是 MOSFET Level 1 模型。但是，MOSFET Level 1 是一个描述四端器件的模型，没有考虑正确的沟道电容，且栅极电压或温度对场效应迁移率的影响也没有考虑。此外，非晶硅 TFT 的电气特性与 MOSFET 的电气特性有很大不同，特别是在亚阈值区，非晶硅 TFT 的源漏电流是栅极电压的幂函数，而在 MOSFET 中，源漏电流则是栅极电压的指数函数。因此，MOSFET Level 1 不适合作为非晶硅 TFT 模型。

目前使用最广泛且被普遍接受的非晶硅 TFT 模型是 1989 年由 Rensselaer Polytechnic Institute 开发的 RPI 模型。基于 TFT 的物理特性，既考虑了非晶硅 TFT 的独特电气特性，又考虑了 TFT 的器件结构，同时在求解泊松（Poisson）方程时加入合理假设并且将电流与沟道源极的电子浓度联系起来。这样仅使用一个方程即可描述非晶硅 TFT 的各种工作区间。该模型已成功安装于 SPICE 电路模拟程序中。a-Si:H TFT 器件的 SPICE 模型 Level 35 的各参数见附录 B。接下来描

述 Level 35 中几个关键参数对 *I-V* 特性曲线的影响。

模型参数表中 EPS、EPSI、GMIN 和 DELTA 为描述亚阈值区相关参数。EPS 为有源层介电常数，设定值 12。EPS 增大时，阈值电压增大，*I-V* 曲线右移动。EPSI 为栅绝缘层介电常数，设定值 6.5。ESPI 增大，阈值电压减小。EPS 和 EPSI 对 *I-V* 特性曲线的影响分别如图 4.11 和 4.12 所示。

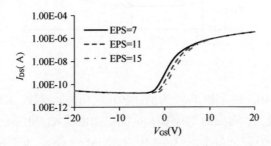

图 4.11　EPS 对 *I-V* 特性曲线的影响

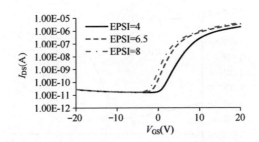

图 4.12　EPSI 对 *I-V* 特性曲线的影响

GMIN 为深能隙最小态密度。GMIN 增大，亚阈值摆幅变小。DELTA 为对 *I-V* 曲线分段函数平滑处理的参数，DELTA 越大，亚阈值摆幅越大。GMIN 和 DELTA 对 *I-V* 特性曲线的影响分别如图 4.13 和 4.14 所示。

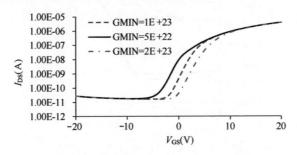

图 4.13　GMIN 对 *I-V* 特性曲线的影响

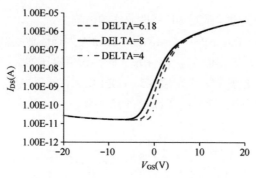

图 4.14　DELTA 对 *I-V* 特性曲线的影响

　　IOL、SIGMA0、V_{GSL} 和 V_{DSL} 为描述截止区相关的参数。IOL 为零偏时的空穴漏电流，IOL 越大，对应的 TFT 截止区漏电流也越大。SIGMA0 为最小空穴漏电流，表示当 $V_{GS}=0$ 时的最小漏电流，所以 SIGMA0 越大，0V 附近漏电流越大。IOL 和 SIGMA0 对 *I-V* 特性曲线的影响分别如图 4.15 和 4.16 所示。

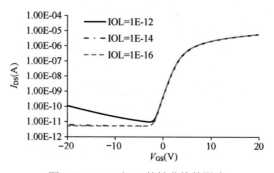

图 4.15　IOL 对 *I-V* 特性曲线的影响

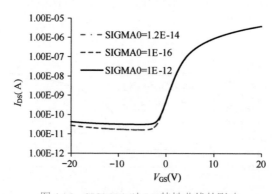

图 4.16　SIGMA0 对 *I-V* 特性曲线的影响

　　V_{GSL} 为栅压对空穴漏电流的影响因子，V_{GSL} 越大，表面栅压引起的空穴漏电流越小。V_{DSL} 为 V_{DS} 对空穴漏电流的影响因子，V_{DSL} 越大，漏电流越小。V_{GSL} 和

V_{DSL} 对 $I\text{-}V$ 特性曲线的影响分别如图 4.17 和 4.18 所示。

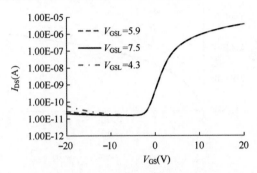

图 4.17　V_{GSL} 对 $I\text{-}V$ 特性曲线的影响

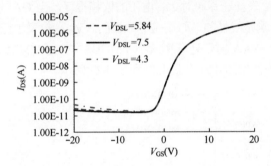

图 4.18　V_{DSL} 对 $I\text{-}V$ 特性曲线的影响

ALPHASAT、M、MUBAND、GAMMA 和 VAA 为描述饱和区相关的参数。ALPHASAT 为饱和区调制参数，当 ALPHASAT 增大时，饱和区沟道电流增大。M 为 Knee shape 参数，是对 V_{DS} 分段函数进行平滑处理引入的一个参数，本身没有物理意义。M 越大，饱和区电流越大。ALPHASAT 和 M 对 $I\text{-}V$ 特性曲线的影响分别如图 4.19 和 4.20 所示。

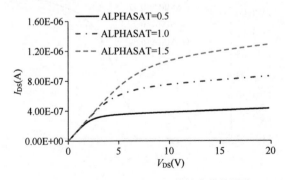

图 4.19　ALPHASAT 对 $I\text{-}V$ 特性曲线的影响

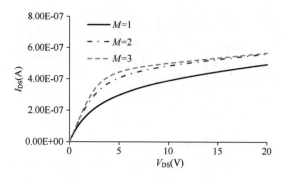

图 4.20　*M* 对 *I-V* 特性曲线的影响

　　MUBAND 为载流子迁移率参数，MUBAND 越大，沟道电导越大，沟道电流越大。GAMMA 表征迁移率对 V_{GS} 电压的依赖程度，当 GAMMA=1 时，表面 V_{GS} 对迁移率的影响是线性的，否则是非线性的。VAA 也表示迁移率对 V_{GS} 电压的依赖关系，增大 VAA 时，迁移率减小。MUBAND、GAMMA 和 VAA 对 *I-V* 特性曲线的影响分别如图 4.21、图 4.22 和图 4.23 所示。

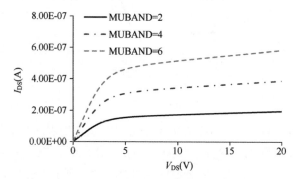

图 4.21　MUBAND 对 *I-V* 特性曲线的影响

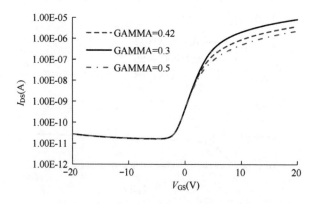

图 4.22　GAMMA 对 *I-V* 特性曲线的影响

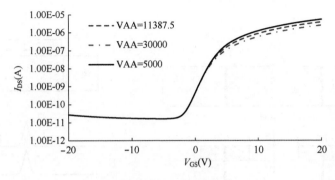

图 4.23　VAA 对 *I-V* 特性曲线的影响

4.3　LTPS TFT 器件模型

4.3.1　LTPS 理论基础

应用于 TFT 的多晶硅成熟制备工艺是采用准分子激光退火晶化制备的，相比制程温度达千摄氏度的高温工艺，激光晶化工艺制备的称为低温多晶硅（Low Temperature Poly-Silicon，LTPS）。多晶硅，即晶体短程有序，长程无序，其结构可以看成由颗粒边界连接在一起的小晶体，每个晶体内部的原子都以周期性的方式排列，可以视为一个个小单晶。基于此结构特征，可以用颗粒边界诱捕理论来解释其电流传导特性。颗粒边界诱捕理论假定在颗粒边界存在大量的不可移动的陷阱，能够捕获自由载流子。因此，颗粒边界诱捕理论考虑了颗粒边界的阻力，只有那些拥有足够高能量的载流子，才能克服颗粒边界的势垒形成电流。低温多晶硅的结构、电荷分布和能带结构如图 4.24 所示：图（b）中 L 为晶粒尺寸，"粉色区"表示耗尽区，Q 为电量，q 为电荷常数，N 为载流子浓度；图（c）中 E_f 为费米能级，E_{fi} 为本征费米能级，E_C 为导带底，E_V 为价带顶，E_b 为晶界势垒。

低温多晶硅薄膜晶体管（LTPS TFT）中，大多数载流子的势垒来自具有颗粒边界的柱粒结构。图 4.25 显示了低温多晶硅薄膜晶体管横截面图、柱形颗粒结构和围绕颗粒边界的势垒分布。图中，L 为晶粒尺寸，V 为源-漏电压，$\varphi_{B0}(V)$ 为未施加源-漏电压的晶界处势垒，$\varphi_B(V)$ 为晶界处势垒，E_L 为由漏极指向源极的电场，V_{DG} 为漏-栅电压。漏极电压增加，会导致漏极价带顶和导带底向下弯曲，从而使晶界势降低。

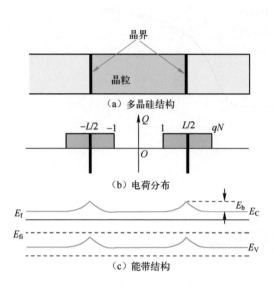

图 4.24　低温多晶硅示意图

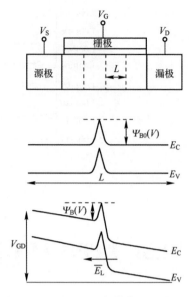

图 4.25　LTPS TFT 的横截面图、柱形
颗粒结构和围绕颗粒边界势垒分布图

低温多晶硅薄膜晶体管随着栅极电压的增加，颗粒边界势垒会降低，从而引起多晶硅电导增加。随着漏极电压的增加，颗粒边界势垒又降低了，这种效应称为漏极诱发的颗粒势垒降低（Drain Induced Grain Barrier Lowering）。在陷阱密度较大，温度较低的情形下，颗粒边界势垒较高。因此，随着温度的升高，颗粒边界势垒降低，低温多晶硅薄膜晶体管的电流增加。除了颗粒边界势垒外，影响低温多晶硅薄膜晶体管电气特性的还包括缺陷态和钝化的悬挂硅键。颗粒边界具有大量缺陷，与 MOSFET 相比，这些缺陷会降低低温多晶硅薄膜晶体管的性能。在模型的推导中，常假设陷阱在薄膜层中均匀分布。此假设适用于小颗粒多晶材料。但是，它不适用于小栅极长度或大颗粒多晶硅，因为必须考虑颗粒边界的离散性。

在颗粒边界上钝化的悬挂键会降低颗粒边界状态的密度。通过激光退火技术可以扩大颗粒尺寸，同时降低颗粒边界和颗粒内部缺陷密度。随着颗粒边界陷阱密度的增加，开启电压增加。

在单晶硅器件（c–Si）中，通常使用 I_{DS}-V_{GS} 曲线外插的方法定义阈值电压。这种方式计算出的电压通常出现在 I_{DS}-V_{GS} 对数曲线的膝区，对其更恰当的一种表述应是器件的开启电压（V_{ON}）。由于单晶硅器件中低 V_{DS} 偏置下的 I_{DS}-V_{GS} 对数曲线膝区是非常陡峭的，因而开启电压和阈值电压总是能几乎保持一致。但在多晶硅薄膜晶体管中，电流指数变化区间到线性变化区间的过渡非常缓慢，因而需要将阈值电压定义为当电流对栅极电压的依赖停止呈现指数变化时的栅极电压，而不能用外插法定义。如图 4.26 所示，在多晶硅薄膜晶体管中，阈值电压和开启电压之间存在显著差异（通常大于 1V）。

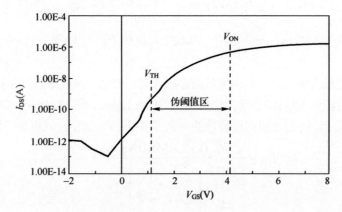

图 4.26　低温多晶硅薄膜晶体管的 I-V 特性曲线

4.3.2　LTPS TFT 器件电流特性

低温多晶硅薄膜晶体管中电子输运机制比单晶 MOSFET 更复杂。在 MOSFET，漂移和扩散是电流产生的主要机制。其中，扩散在亚阈值区占主导地位，在高于阈值区则以漂移为主。低温多晶硅薄膜晶体管除了类似 MOSFET 的漂移和扩散机制外，载流子必须通过热场（thermionic field）和热电发射（thermionic emission）越过颗粒边界势垒。因此，低温多晶硅薄膜晶体管中电流的建模可以使用与 MOSFET 在亚阈值区和高于阈值区类似的模型，但必须考虑颗粒边界势垒和陷阱密度的影响。高于阈值时，颗粒边界势垒降低会导致场效应迁移率增加，直到其饱和达到一定值。在亚阈值区，与 MOSFET 相比，亚阈值摆幅的退化是由于高密度的界面状态。

1. 沟道电流

低温多晶硅薄膜晶体管高过阈值电压时，沟道包含大量自由载流子，非饱和系统中的电流由类似于用于长沟道 MOSFET 的表达式提供。

$$I_{DS} = \mu_{FET} C_{ox} \frac{W}{L} \left(V_{GT} - \frac{V_{DSE}}{2ASAT} \right) V_{DSE} \tag{4.15}$$

式中，μ_{FET} 为包含陷阱密度影响的迁移率；C_{ox} 为单位面积的栅绝缘层电容；W 和 L 分别为多晶硅 TFT 沟道宽度和长度；ASAT 为常数；$V_{GT} = V_{GS} - V_{TH}$ 为有效栅极电压，V_{GS} 和 V_{TH} 分别为栅极电压和阈值电压，V_{DSE} 为有效外部 V_{DS} 电压。

低于阈值时，电流以扩散为主，扩散电流表达式为

$$I_{sub} = MUS \times C_{ox} \frac{W}{L} (\eta V_T)^2 \exp\left(\frac{V_{GS} - V_{TH}}{\eta V_{TH}}\right)\left[1 - \exp\left(\frac{-V_{DS}}{\eta V_T}\right)\right] \tag{4.16}$$

式中，η 为亚阈值区的理想因子；MUS 为亚阈值区迁移率；$V_T = k_B T / q$ 为热电压。

当沟道长度缩短时，短沟道效应必须考虑。低温多晶硅薄膜晶体管的短沟道电流模型是基于 MOSFET 模型优化而获得的，Iéiguez 等人根据统一的 FET 建模概念，开发了一种适合短沟道器件的全新多晶硅 TFT 模型，其电流特性为

$$I_{DS} = \frac{g_{ch} V_{DS} (1 + LAMBDA \times V_{DS})}{\left[1 + \left(\frac{V_{DS} g_{ch}}{I_{sat}}\right)^{ME}\right]^{\frac{1}{ME}}} \tag{4.17}$$

式中，V_{DS} 为外加漏极电压；I_{sat} 为饱和电流；ME 为 knee-shape 参数；LAMBDA 为沟道长度调制参数；g_{ch} 为沟道电导，包括源极和漏极的电阻 R_S 和 R_D，其表达式为

$$g_{ch} = \frac{g_{chi}}{1 + g_{chi}(R_S + R_D)} \tag{4.18}$$

式中，g_{chi} 为不考虑源-漏电阻效应的沟道电导；R_S 和 R_D 分别为沟道源极电阻和漏极电阻。

2．迁移率

在低温多晶硅薄膜晶体管中，并非所有由栅极电压诱导的载流子都可以贡献给电流，会有一部分载流子被颗粒边界的陷阱捕获，尤其是在阈值电压附近及以下，所以场效应迁移率表达式为

$$\frac{1}{\mu_{FET}} = \frac{1}{MU1 \left|\frac{2V_{gte}}{\eta V_T}\right|^{MMU}} + \frac{1}{MU0} \tag{4.19}$$

式中，MMU 和 MU1 分别为迁移率相关参数；V_{gte} 为经处理后的等效 V_{gt}，$V_{gt} = V_{GS} - V_{TH}$，确保 V_{gte} 在任何栅极偏置情形下都会大于 0，主要是为了计算器件开启之后的迁移率。

在高栅极偏压时，必须考虑随着载流子靠近栅绝缘层界面，粗糙度散射导致的迁移率退化。因此，可以定义有效迁移率：

$$\mu_{\text{eff=}} \frac{\mu_{\text{FET}}}{1 + \text{THETA} \times V_{\text{gte}}} \tag{4.20}$$

式中，THETA 为退化参数。

3. Kink 效应

在饱和区，漏极电压较高时，漏极附近的强电场会产生额外的电子-空穴对。空穴会被注入源极，导致阈值电压降低和电流突然增加，这个现象称为 Kink 效应。Kind 效应引起的电流增加表示为

$$I_{\text{Kink}} = \left(\frac{L_{\text{Kink}}}{L} \right)^{\text{MK}} \left(\frac{V_{\text{DS}} - V_{\text{DSE}}}{V_{\text{Kink}}} \right) \exp \left(\frac{V_{\text{Kink}}}{V_{\text{DS}} - V_{\text{DSE}}} \right) I_{\text{DS}} \tag{4.21}$$

式中，V_{Kink}、L_{Kink} 和 MK 为 Kink 相关模型参数；I_{DS} 为沟道电流。

4. DIBL 效应

DIBL 效应（Drain Induced Barrier Lowering）在低温多晶硅薄膜晶体管中比在 MOSFET 中更为明显，这种效应会导致阈值电压随着漏极电压升高而变小，这种行为可建模为

$$V_{\text{TH}} = \text{VTO} - \frac{\text{AT} \times V_{\text{DS}}^2 + \text{BT}}{L} \tag{4.22}$$

式中，AT 和 BT 为可调参数。这种效应可以用多晶硅存在的颗粒边界陷阱来解释。在单晶 MOSFET 中，DIBL 效应主要是因为栅极、漏极和源极共享半导体中空间电荷区的电荷，导致源极和沟道之间的势垒降低。而在多晶硅薄膜晶体管中，DIBL 是由于横向电场造成颗粒势垒高度降低所导致的。

4.3.3　LTPS TFT 器件 SPICE 模型

在 RPI（Rensselaer Polytechnic Institute）低温多晶硅薄膜晶体管模型普遍使用之前，一般通过数学近似和假设求解泊松方程，从而得出低温多晶硅薄膜晶体管电流的可解析表达式。这种模型需要迭代才能获得电流，不适合电路模拟器。此外，由于求解泊松方程需要进行适当的假设，所以这一类模型往往成为半经验方程。不同于半经验方程，RPI 低温多晶硅薄膜晶体管模型采用了通用电荷控制概念，即将电流、大信号及小信号参数写成端点电压、端点电流的连续函数，同时在不同的操作区间进行平稳过渡，保证了电路模拟的稳定性和收敛性。

低温多晶硅薄膜晶体管模型的主要特点：

① 利用 MOSFET 的理论，构建 LTPS TFT 开启区电流模型；

② 漏电区模型考虑多晶硅晶界陷阱态的热离子场发射机制。

③ 场效应迁移率模型考虑晶界陷阱态的影响，在低电场下与 V_{GS} 为指数关系，在高电场下为常数；

④ 对翘曲效应的计算采用了与沟道长度相关的半经验方程。

LTPS TFT 器件的 SPICE 模型 Level 36 的各参数见附录 C。接下来描述 Level 36 中几个关键参数对 I-V 特性曲线的影响。VTO、AT、BT、VST 和 VSI 是阈值电压相关的影响参数。VTO 为零偏压时的阈值电压，VTO 增大，阈值电压增大。AT 为 DIBL 效应 V_{DS} 相关参数，用来描述 DIBL 效应对阈值电压的影响，AT 增加，阈值电压会减小。VTO 和 AT 对 I-V 特性曲线的影响分别如图 4.27、图 4.28 所示。

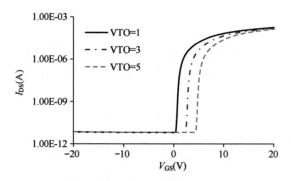

图 4.27　VTO 对 I-V 特性曲线的影响

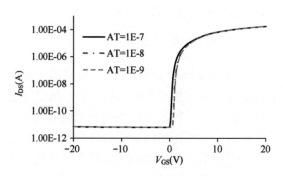

图 4.28　AT 对 I-V 特性曲线的影响

BT 为 DIBL 效应常数，用来描述 DIBL 效应对阈值电压的影响，BT 也可以描述 V_{DS} 等效电压偏移量的常数，随着 BT 增加，阈值电压减小。VSI 为计算等

效阈值电压时 V_{GS} 相关的常数，VSI 变小会导致阈值电压减小，沟道电流变大。VST 也为计算等效阈值电压时 V_{GS} 相关的常数，VST 变大会导致阈值电压减小，沟道电流变大。BT、VSI 和 VST 对 I-V 特性曲线的影响分别如图 4.29、图 4.30 和图 4.31 所示。

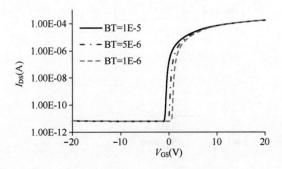

图 4.29　BT 对 I-V 特性曲线的影响

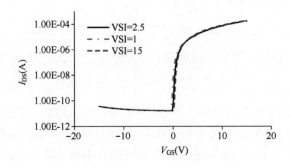

图 4.30　VSI 对 I-V 特性曲线的影响

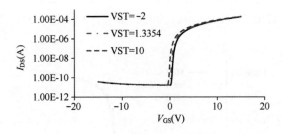

图 4.31　VST 对 I-V 特性曲线的影响

MUS、MU0、MU1、MMU、THETA 为迁移率相关参数。MUS 为亚阈值区载流子迁移率，增大 MUS 会造成亚阈值电流增大。MU0 为载流子在高电场的迁移率，增大 MU0 会导致 I-V 曲线开态电流增大。MUS 和 MU0 对 I-V 特性曲线的影响分别如图 4.32 和图 4.33 所示。

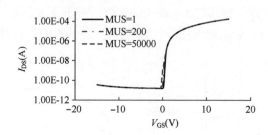

图 4.32　MUS 对 *I-V* 特性曲线的影响

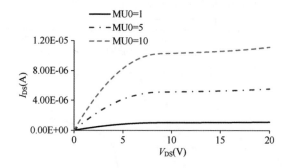

图 4.33　MU0 对 *I-V* 特性曲线的影响

　　MU1 是载流子在低电场的迁移率，增大 MU1 会导致 *I-V* 在低电场区的开态电流增大。MMU 是载流子低电场迁移率计算时的指数参数，主要说明 V_{GS} 对迁移率的影响，增大 MMU 会导致在低电场区的开态电流增大。THETA 是迁移率老化常数，当 V_{GS} 增大到足够大时，沟道载流子被吸引到 LTPS 薄膜表面导致散射，表现为载流子迁移率衰减。增大 THETA 会造成迁移率变差，沟道电流变小。MU1、MMU 和 THETA 对 *I-V* 特性曲线的影响分别如图 4.34、图 4.35 和图 4.36 所示。

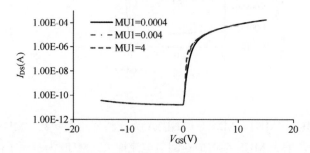

图 4.34　MU1 对 *I-V* 特性曲线的影响

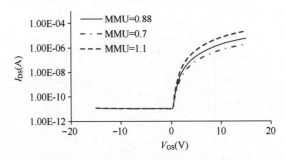

图 4.35 MMU 对 I-V 特性曲线的影响

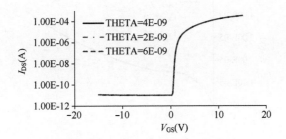

图 4.36 THETA 对 I-V 特性曲线的影响

Kink 效应相关的参数是 L_{Kink}、MK 和 V_{Kink}。L_{Kink} 为描述饱和区电流突增效应的常数，当 L_{Kink} 增大时，电流会快速增大。MK 为饱和区的电流突增效应的指数常数，当 MK 增大时，电流会以指数形式快速增大。V_{Kink} 为饱和区的电流突增效应的电压，用来表示发生 Kink 效应的电压，V_{Kink} 越小，表示 Kink 效应越早发生，也会越严重。L_{Kink}、MK 和 V_{Kink} 对 I-V 特性曲线的影响分别如图 4.37、图 4.38 和图 4.39 所示。

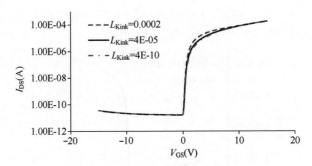

图 4.37 L_{Kink} 对 I-V 特性曲线的影响

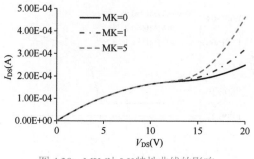

图 4.38　MK 对 *I-V* 特性曲线的影响

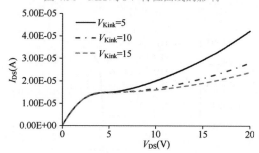

图 4.39　V_{Kink} 对 *I-V* 特性曲线的影响

　　影响亚阈值区相关参数主要有 VFB、DD、DG、BLK、I0、EB 和 I00。VFB 为平带电压，增大 VFB，会造成漏电流减小。DD 是描述漏电流对 V_{DS} 依赖关系的参数。DD 减小，*I-V* 特性曲线不仅会上移，且不同 V_{DS} 曲线之间的间距也会变大。DG 是描述漏电流对 VGS 依赖关系的参数。DG 减小，曲线在截止区会上翘。BLK 为评估漏电势垒降低的常数，BLK 增大，漏电流变大。I0 为零偏时漏电流放大常数，增大 I0，漏电流变大。EB 描述漏电势垒高度。EB 变小，漏电流变大，当 EB 小到一定程度时，漏电流会出现饱和。I00 为反向饱和漏电常数。I00 变大，漏电流变大。DD、DG、BLK、EB 和 I00 对 *I-V* 特性曲线的影响分别如图 4.40、图 4.41、图 4.42、图 4.43 和图 4.44 所示。

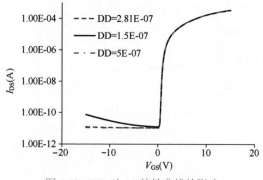

图 4.40　DD 对 *I-V* 特性曲线的影响

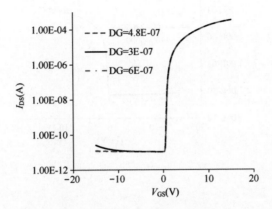

图 4.41 DG 对 I-V 特性曲线的影响

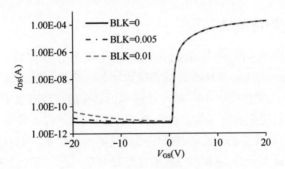

图 4.42 BLK 对 I-V 特性曲线的影响

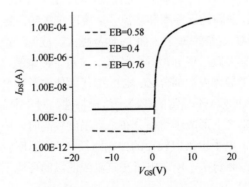

图 4.43 EB 对 I-V 特性曲线的影响

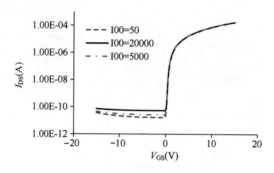

图 4.44　I00 对 *I-V* 特性曲线的影响

4.4　IGZO TFT 器件模型

4.4.1　IGZO 理论基础

IGZO，即在氧化锌中掺杂铟和镓的氧化物半导体材料，为其组成元素（Indium、Gallium、Zinc、Oxide）的首字母缩写。IGZO 属于四元氧化物半导体材料，其载流子浓度在低于 10^{17} 时，迁移率仍然保持在较高水平。IGZO 的导带是由 In 离子 5s 轨道重叠形成的，由于 5s 轨道的球对称性，使得 IGZO 材料对结构的变形不敏感，以及在非晶态时仍然保持较高的迁移率。IGZO 载流子浓度低归因于 Ga^{3+} 的高离子势，Ga^{3+} 与氧紧紧地结合在一起，有利于抑制氧空位的生成，从而减小自由电子浓度，达到可控 IGZO 载流子浓度的目的，从而可以制备具有高迁移率、高均匀性、低温制程、低成本的 IGZO 薄膜。In 主要起到有利于载流子传输的作用，Zn 有利于抑制薄膜结晶，Ga 有利于减少氧空位。In/Ga/Zn 的含量比会对 IGZO 薄膜的迁移率和载流子浓度产生影响，随着 Ga 含量的增加，IGZO 中氧空位减少，迁移率减小。而 In 含量越大，载流子浓度越大，迁移率越高。氧化物半导体大多数呈现 n 型导电特征，这对于掺杂氧化物半导体 IGZO 来说不难理解，因为半导体内的部分 Zn 被 In 取代而使电子富余。

图 4.45 显示了 IGZO 不寻常的载流子传输特性，对于非晶的 IGZO，由于结构紊乱，在最小导带之上形成了势垒分布。当温度较高时，即使在这些电子传输路径上具有高势垒，电子也采取较短的传输路径（i）；温度较低时，电子因为没有足够的能量来越过高势垒，所以电子在室温或低温的环境下只能选择较长但是势垒较低的路径（ii）。

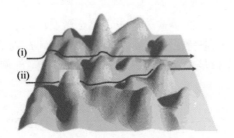

图 4.45　IGZO 电子传输路径示意图

4.4.2　IGZO TFT 器件电流特性

　　IGZO TFT 的电荷传输特性可以用多重捕获和释放（Multiple Trapping and Release，MTR）理论来解释，如图 4.46 所示。MTR 理论假定电荷传输发生在扩展态，且大多数电荷被困在局域态。局域态的能量与移动边缘能量分离。当局域态的能量稍低于迁移率边界（Mobility Edge）的能量时，扩展态的特性就像浅陷阱，这时电荷载流子可以通过热激发释放。但是，如果能量远远低于迁移率边界能量，则电荷载流子不能被热释放。可供传输的载流子数量取决于陷阱级别和扩展态之间的能量差。

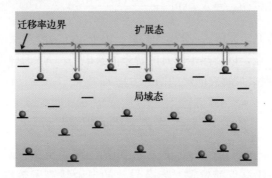

图 4.46　MTR 理论电荷传输示意图

　　对于 IGZO TFT 而言，薄膜层沟道中的表面势主要是受到可移动自由载流子和掺杂的态密度影响。态密度分布由受主状态 $g_A(E)$ 和施主状态 $g_D(E)$ 组成。受主状态 $g_A(E)$ 的能量分布是由表示成指数形式的深能级受主状态 $g_{DA}(E)$ 和尾部受主状态 $g_{TA}(E)$ 组成，可以写成

$$g_A(E) = g_{DA}(E) + g_{TA}(E) = N_{DA}\exp\left(\frac{E - E_C}{KT_{DA}}\right) + N_{TA}\exp\left(\frac{E - E_C}{KT_{TA}}\right) \tag{4.23}$$

式中，N_{DA} 为深受主态密度；N_{TA} 为受主带尾态密度；KT_{DA} 为深受主态特征温度参数；KT_{TA} 为受主带尾态特征温度参数；E_C 为导带；E 为能级能量。

施主态的能量分布是由深能级施主态 $g_{DD}(E)$ 和尾部施主态 $g_{TD}(E)$ 迭加组成，可以写成

$$g_D(E) = g_{DD}(E) + g_{TD}(E) = N_{DD}\exp\left(\frac{E_V - E}{KT_{DD}}\right) + N_{TD}\exp\left(\frac{E_V - E}{KT_{TD}}\right) \tag{4.24}$$

式中，N_{DD} 为深施主态密度；N_{TD} 为施主带尾态密度；E_V 为价带；KT_{DD} 为深施主态特征温度参数；KT_{TD} 为施主带尾态特征温度参数。

根据半导体器件理论，对于一个态密度而言，其能量分布乘上麦克斯韦-玻尔兹曼（Maxwell-Boltzmann）分布函数 $f(E)$，然后进行整个能带范围（$E_V < E < E_C$）的积分，就可以算出载流子的数量。利用这个理论可算出 IGZO 中的局部载流子数目为

$$n_{loc} = n_{deep} + n_{tail} = \int_{E_V}^{E_C} g_{DA}(E)f(E)\mathrm{d}E + \int_{E_V}^{E_C} g_{TA}(E)f(E)\mathrm{d}E \tag{4.25}$$

式中，n_{deep} 为深能态载流子浓度；n_{tail} 为带尾态载流子浓度。

IGZO TFT 沟道中可自由移动的载流子数量可以表示为

$$n_{free} = N_C\exp\left[\frac{q(\varphi - V_{CH} - \varphi_{FO})}{KT}\right] \tag{4.26}$$

式中，KT、φ、V_{CH} 和 φ_{FO} 分别为热能、沿 IGZO 薄膜层深度的电势、沟道表面因 V_{DS} 造成的电压，以及热平衡时的费米能级电势；N_C 为导带有效态密度。因此，利用泊松方程来求解表面势的微分方程为

$$\frac{\partial^2 \varphi(x)}{\partial x^2} = \frac{q}{\varepsilon_{IGZO}}(n_{free} + n_{loc}) \tag{4.27}$$

式中，$\varphi(x)$、x、q、n_{free}、n_{loc} 和 ε_{IGZO} 分别为薄膜层中任意位置的电势、薄膜层表面到底部任意点的位置、参杂导致的自由载流子数目、掺杂的状态分布的数目、局部载流子数目和 IGZO 介电常数。可求得 IGZO 薄膜层表面势的表达式为

$$\varphi_s = \varphi_0 + \frac{KT_{EFF}}{q}\ln\left\{\sec^2\left[\frac{qN_{EFF}}{2KT_{EFF}\varepsilon_{IGZO}}\exp\left(\frac{q(\varphi_0 - \varphi_{F0} - V_{CH})}{KT_{EFF}}\right)\right]^{0.5}T_{IGZO}\right\} \tag{4.28}$$

式中，φ_0、N_{EFF}、KT_{EFF} 和 T_{IGZO} 分别为 IGZO 薄膜层沟道底部的电势、掺杂的态密度、掺杂的活化能和 IGZO 薄膜层厚度。

利用 Pao-Sah 模型及渐进沟道近似（Gradual Channel Approximation），IGZO

薄膜晶体管电流可以表示为

$$I_{DS} = \mu_{IGZO} \frac{W}{L} \int_{\varphi_{sS}}^{\varphi_{sD}} Q_{free} d\varphi \tag{4.29}$$

式中，μ_{IGZO}、φ_{sD}、φ_{sS} 和 Q_{free} 分别为 IGZO 迁移率、漏极薄膜层表面势、源极薄膜层表面势以及薄膜层中可自由移动的载流子电荷量。薄膜层的表面势大小与薄膜层厚度、掺杂材料费米能级、掺杂态密度和器件的外加电压有关。最终可计算得到 IGZO 薄膜晶体管的电流为

$$I_{DS} = \mu_{IGZO} C_{ox} \frac{W}{L} \alpha \left[(V_{GS} - V_{FB} - \varphi_{sS})^{\beta} - (V_{GS} - V_{FB} - \varphi_{sD})^{\beta} \right] \tag{4.30}$$

式中，α 为描述 IGZO 薄膜层掺杂工艺的模型参数；β 为电流积分常数。根据标准 TFT 电流模型，阈值电压是表征 TFT 是否开启的重要参考因子。因此，参考器件物理中对阈值电压的定义 $V_{TH} = V_{FB} + \varphi_{sTH}$，电流表达式也可写为

$$I_{DS} = \mu_{IGZO} C_{ox} \frac{W}{L} \alpha \left[(V_{GS} - V_{TH})^{\beta} - (V_{GS} - V_{TH} - V_{DS})^{\beta} \right] \tag{4.31}$$

式中，φ_{sTH} 是当栅极电压为 V_{TH} 时的 IGZO 薄膜层表面电势。

4.4.3 IGZO TFT 器件 SPICE 模型

在 IGZO 薄膜晶体管（尤其是非晶 IGZO）被用来设计电路初期，采用 a-Si:H 薄膜晶体管模型作为氧化物薄膜晶体管模型使用，主要是因为非晶 IGZO 的薄膜层和 a-Si:H 薄膜晶体管的薄膜层有类似的非晶特性。随着 IGZO 薄膜晶体管的工艺技术持续进步，对这类器件的研究逐渐被重视。众多文献指出，IGZO 薄膜晶体管的电流传导机制与 a-Si:H 薄膜晶体管不完全相同。因此，利用 a-Si:H 薄膜晶体管的模型来描述 IGZO 薄膜晶体管并不合适。基于 IGZO 传输机制的模型能够准确地预测 IGZO TFT 的电气特性，适合计算机辅助设计。华大九天开发的 Level 301 作为 IGZO TFT 的仿真 SPICE Model，经实测数据验证，具有较好的匹配性。IGZO TFT 的 Level 301 模型参数见附录 D。接下来描述 Level 301 中几个关键参数对 I-V 特性曲线的影响。

VFB 是平带电压，用来计算 IGZO TFT 的阈值电压（VTH），增大 VFB，阈值电压变大，电流变小，I-V 特性曲线右移。V0 是深能级状态特征电压，GMIN 是态密度最小值，DEF0 是暗态费米能级。这三个参数主要对亚阈值区电流的斜率变化及大小有影响。其中，V0 增大、GMIN 增大、DEF0 增大将造成沟道电流减小和亚阈值摆幅减小。VFB、V0、GMIN 和 DEF0 对 I-V 特性曲线的影响分别如图 4.47、图 4.48、图 4.49 和图 4.50 所示。

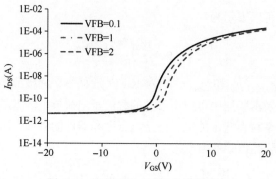

图 4.47　VFB 对 *I-V* 特性曲线的影响

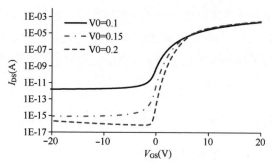

图 4.48　V0 对 *I-V* 特性曲线的影响

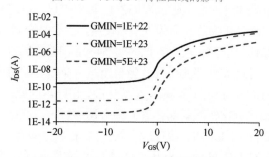

图 4.49　GMIN 对 *I-V* 特性曲线的影响

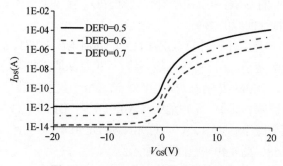

图 4.50　DEF0 对 *I-V* 特性曲线的影响

　　NEFFD 是深能级状态在导带的等效密度，KTD 是深能级状态特征常数。这两个参数的值越大，表示载流子的密度越高，沟道电流会越大，影响 *I-V* 曲线在亚阈值区较明显。NEFFD 和 KTD 对 *I-V* 特性曲线的影响分别如图 4.51 和图 4.52 所示。

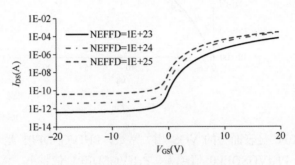

图 4.51　NEFFD 对 *I-V* 特性曲线的影响

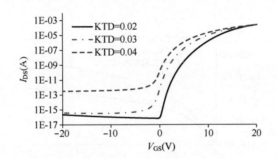

图 4.52　KTD 对 *I-V* 特性曲线的影响

　　PHIF0 是热平衡状态下费米势，PHITRAP 是陷阱状态对表面势造成的电压修正。两个参数值越大，表示阈值电压越大，沟道电流减小。PHIF0 和 PHITRAP 对 *I-V* 特性曲线的影响分别如图 4.53 和图 4.54 所示。

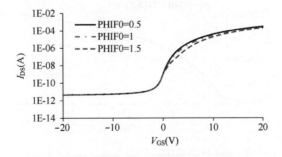

图 4.53　PHIF0 对 *I-V* 特性曲线的影响

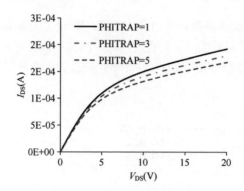

图 4.54　PHITRAP 对 *I-V* 特性曲线的影响

　　PHIVGSDEP0 是表面势的 VGS 相关常数，PHIVGSDEP1 是表面势的 VGS 相关一阶常数。PHIVGSDEP0 值越大，PHIVGSDEP1 值越小，沟道电流越大。PHIVGSDEP0 和 PHIVGSDEP1 对 *I-V* 特性曲线的影响分别如图 4.55 和图 4.56 所示。

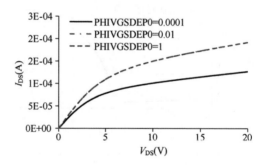

图 4.55　PHIVGSDEP0 对 *I-V* 特性曲线的影响

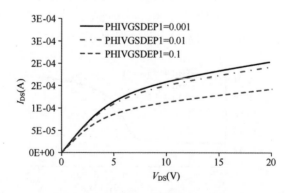

图 4.56　PHIVGSDEP1 对 *I-V* 特性曲线的影响

4.5　薄膜晶体管的应力老化效应

对于 TFT 而言，当栅极施加一个直流电压一段时间（几小时）后，阈值电压会增大（几伏特），这种电压老化是所有 TFT 都常见的情况。阈值电压漂移主要来源于两种机制：一种是电荷注入栅极绝缘层，被薄膜层界面产生的电荷捕获；另一种是在 TFT 薄膜层的沟道中产生缺陷态。在中低 V_{GS} 正压下，缺陷态导致的老化效应占主导；而对于大的 V_{GS} 正电压，电荷捕获则是主要原因。栅极电荷产生隧穿现象进入绝缘层中的空陷阱状态而形成绝缘体固定电荷，导致阈值电压呈对数形式漂移。这种绝缘层电荷注入是可逆的，其对数形式可表示为

$$\Delta V_{TH} = (V_{GS} - V_{TH0}) \log \left(1 + \frac{\text{time}}{\tau_0 \exp \left(\dfrac{E_A}{kT} \right)} \right) \tag{4.32}$$

式中，V_{TH0} 为初始阈值电压；E_A 为激活能量；τ_0 为时间常数；time 为持续的时间。

TFT 沟道中可移动载流子因为外加电压而获得能量，进而打破弱的 Si—H 或 Si—Si 键，产生缺陷态（悬挂键）和带电游离载流子，这个过程导致阈值电压的幂律漂移。缺陷态的密度与可移动载流子的数量成正比，与绝缘层电荷注入相比，缺陷态导致的阈值电压漂移可逆性降低。缺陷态造成的阈值电压漂移表示为

$$\Delta V_{TH} = (V_{GS} - V_{TH0}) \left[1 - \exp \left(-\frac{\text{time}}{\tau_0 \exp \left(\dfrac{E_A}{kT} \right)} \right)^{\beta} \right] \tag{4.33}$$

式中，V_{TH0}、E_A 和 τ_0 的定义与式（4.32）相同；β 为拉伸指数因子。

阈值电压漂移与 TFT 沟道中的电场成正比，在施加栅极电压期间增加漏极到源极电压可以减少阈值电压漂移。

图 4.57 为 V_{TH} 漂移量随应力时间（Stress Time）的变化关系，当 V_{GS} 电压越大时，阈值电压漂移越快，适当选择较低的 V_{GS} 电压有利于减缓 V_{TH} 的漂移。

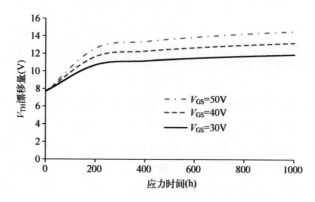

图 4.57　V_{TH} 漂移量随应力时间的变化关系

除阈值电压漂移外，TFT 退化中还有一个比较特殊现象为迟滞（Hysteresis）。TFT 转移特性 I-V 曲线中，由于初始薄膜层和沟道界面被捕获电荷状态不同，进而造成不同栅极电压扫描方向下 I-V 特性曲线不同。以 a-Si:H TFT 为例，当栅极电压施加正向高电压开启 TFT 时，V_{GS} 电压增加，应力效应将发生。当施加负向低电压关闭 TFT 时，V_{GS} 电压让 TFT 器件从开态变为关态，薄膜层和沟道界面处的电荷逐渐释放。由于电荷释放速度远低于捕获速度，造成 TFT 在栅极正向电压和负向电压下 I-V 的电流迟滞效应。

参 考 文 献

[1]　王丽娟. a-Si:H TFT SPICE 模型的研究[D]. 吉林：长春理工大学，2004.

[2]　C. R. Wronski, B. Abeles, T. Tiedje, C. D. Cody. Recombination centers in phosphorous doped hydrogenated amorphous silicon[J]. Solid State Commun., 1982, 44(10): 1423-1426.

[3]　R. A. Street, J. Zesch, M. J. Thompson. Effects of doping on transport and deep trapping in hydrogenated amorphous silicon[J]. Appl. Phys. Lett., 1998, 43(7): 672.

[4]　G. Baccarani, B. Ricco. Transport Properties of Polycrystalline Silicon Films[J]. J. Appl. Phys., 1978, 49(11): 5565-5570.

[5]　M. D. Jacunski, M. S. Shur, M. Hack. Threshold Voltage, Field Effect Mobility, and Gate-to-Channel Capacitance in Polysilicon TFT's[J]. IEEE Trans. Electron Devices, 1996, 43(9): 1433-1440.

[6]　A. Miller, E. Abrahams. Impurity Conduction at Low Concentrations[J]. Phys. Rev., 1960, 120(3): 745.

[7]　F. Qian, D. M. Kim, and G. H. Kawamoto. Inversion/Accumulation-Mode Polysilicon Thin-Film Transistor: Characterization and Unified Modeling[J]. IEEE Trans. Electron Devices, 1988, 35(9): 1501-1509.

[8]　K. Nomura, H. Ohta, A. Takagi, T. Kamiya, M. Hirano, H. Hosono. Room-Temperature Fabrication of Transparent Flexible Thin-Film Transistor Using Amorphous Oxide Semiconductors[J]. Nature, 2004, 432(7016): 488-92.

[9]　Podzorov, V. Charge Carrier Transport in Single-crystal Organic Field-Effect Transistors. In Organic Field Effect Transistor; CRC Press: Boca Raton, 2007

[10]　S.M. Sze, K.K. Ng. Physics of Semiconductor Devices[M]. John Wiley & Sons, Inc., 2006.

[11]　L. Jung, J. Damiano, J. R. Zaman, S. Batra, M. Manning, S.K. Banerjee. A Leakage Current Model for Sub-Micron Lightly-Doped Drain-Offset Polysilicon TFTs[J]. Solid-State Electron, 1995, 38(12): 2069-2073.

[12]　H Yabuta, N. Kaji, R. Hayashi, H. Kumoni, K. Nomura, T. Kamiya, H. Hosono. Sputtering formation of p-type SnO thin-film transistors on glass toward oxide complimentary circuits[J]. Appl. Phys. Lett., 2010, 97(7): 072111.

[13]　J. Y. Kwon, K. S. Son, J. S. Jung, T. S. Kim, M. K. Ryu, K. B. Park, and S. Y. Lee. Bottom-Gate Gallium Indium Zinc Oxide Thin-Film Transistor Array for High-Resolution AMOLED Display[J]. IEEE Electron Device Lett., 2008, 29(12): 1309-1311.

[14]　H. C. Pao, and C. T. Sah. Effects of Diffusion Current on Characteristics of Metal-Oxide (Insulator)-Semiconductor Transistors[J]. Solid State Electron, 1966, 9(10): 927-937.

[15]　R. B. Wehrspohn, M. J. Powell, and S. C. Deane. Kinetics of Defect Creation in Amorphous Silicon Thin-Film Transistors[J]. J. Appl. Phys., 2003, 93(9): 5780-5788.

第5章　液晶取向技术原理与应用

　　液晶是一种液态晶体。自然滴注到液晶盒里面的液晶分子取向是杂乱的，不符合液晶盒设计的液晶分子排列要求。因此，需要在两片玻璃基板上，涂布一层液晶分子的取向层，再通过摩擦或光照射工艺，使取向层表面出现极性，实现对液晶分子的方向性排列取向。在早期的液晶取向研究中，聚乙烯醇（PVA）、亚克力和乙烯基等聚合物都曾作为取向材料。最后，由于聚酰亚胺（Polyimide，PI）具有优异的热稳定性和电学特性，以及工艺匹配性，成为了半导体显示产业中广泛应用的液晶取向材料。

5.1　聚酰亚胺

5.1.1　分子特点

　　聚酰亚胺是主链由酰亚胺环，尤其以酞酰亚胺环（苯并酰亚胺）与苯环交替排列构成的长链高分子，如图 5.1 所示。酞酰亚胺环是平面对称的环状结构，键长和键角均处于正常舒展的状态，热力学高度稳定。刚性、直链和共轭的分子结构特点强化了分子链的有序排列及分子链间的相互作用，所以聚酰亚胺表现出高力学强度、高模量及强耐热的特点，即使在 500℃下也可短期保持物理性能稳定，在-200～300℃性能长期稳定。

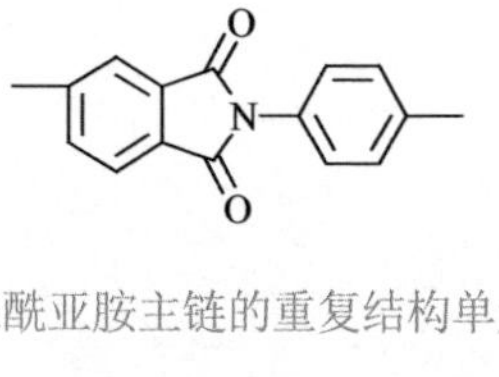

图 5.1　聚酰亚胺主链的重复结构单元示意图

　　图 5.2 是一种典型的由电子给体的芳香二胺和电子受体的芳香二酐通过缩聚

反应制备的聚酰亚胺分子结构式,其主链由二酐和二胺通过化学键连接交替组成。聚酰亚胺分子还有大量的六元环、五元环和共轭结构的分子结构特点,一方面造成其分子链具有很强的刚性,另外一方面使得其分子链间具有很强的相互作用,包括范德华力、电荷转移络合物(Charge Transfer Complex,CTC)的形成、优势层间堆砌及混合层堆砌等多种形式。为了改善聚酰亚胺的柔韧性,分子链中需要存在一定的桥连结构,使得苯环能够绕中间桥连基团旋转,形成柔性的基础。分子内或分子间的 CTC 对聚酰亚胺的颜色、光致分解性、绝缘性、玻璃化转变温度(T_g)和熔点等都有直接的影响。

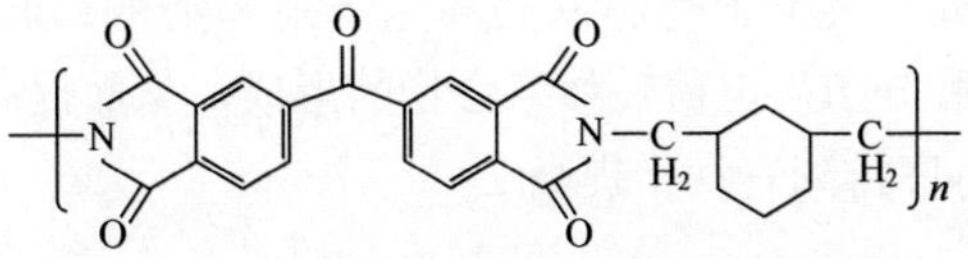

图 5.2　一种典型的聚酰亚胺分子结构式

5.1.2　聚酰亚胺的性能

1. 耐热性

耐热性是指材料抗热的能力,通常以在保持物理性能不发生变化时材料所能耐受的最高温度作为衡量指标,该最高温度是高分子材料作为结构材料的实际使用极限温度,一般采用玻璃化转变温度(T_g)进行衡量。

聚合物的 T_g 是指非晶态或结晶聚合物的非晶区在热作用下因链段运动使得材料由玻璃态转变为橡胶态的温度。它不仅与聚合物分子链的化学结构、分子间作用力等因素有关,还与样品的制作条件有关。随着温度升高,聚合物获得的热能逐渐增加,当能量足够引起局部分子链段的运动时,在外力作用下聚合物将发生可逆变形,发生尺寸突变时所对应的温度点即为 T_g。

分子链段运动的难易程度直接决定了聚合物的玻璃化转变温度的高低,即聚酰亚胺分子结构的变化对 T_g 有关键影响。

① 具有柔性结构的聚酰亚胺的 T_g 低于刚性分子结构的。比如聚酰亚胺分子中含有桥连键,特别是醚键(—O—),其 T_g 较低。

② 相比二胺中的桥连基团只是降低链接优势堆砌的密度,如果桥连基团存在于二酐中,则桥连基团会对链间优势堆砌排列产生较大的破坏性,因此这种情况 T_g 更低。

③ 因为分子链旋转困难,因此含有大侧链或侧基的聚酰亚胺具有较高的 T_g。

④ 二胺单体无论是氨基的邻位还是间位引入甲基取代基，都可以有效阻止亚胺环与苯环之间或苯环与苯环之间的自由旋转，从而提高 T_g。这也是聚合物的空间位阻效应。

⑤ 聚酰亚胺分子中的乙基或长的烷烃基链由于增塑作用会降低 T_g。

除了上述影响，强化分子链之间的相互作用也是提高 T_g 的一条重要途径。

① 分子链之间形成氢键有助于提高 T_g，而且氢键密度越大，T_g 越高。

② 形成电荷转移络合物，有利于 T_g 提高。如具有稠环结构的聚酰亚胺的 T_g 较高。

③ 二酐单体引入吸电子基团以提高电子亲和势或二胺单体引入给电子基团，有利于分子间和分子内电荷转移络合物的形成，从而提高 T_g。

④ 分子链的有序排列有利于提高 T_g。

2. 热稳定性

聚酰亚胺的热稳定性是指化学结构上对温度的耐受能力，衡量指标是材料的热分解温度（T_d）。发生热分解，主要是指聚合物的分子链中化学键发生了断裂。聚酰亚胺由酰亚胺、苯环和单键组成，主链中含有大量的共轭双键或双主链成分，因此 T_d 较高。如果主链中含有单键，比如—CH_2—、—O—等，这些键将成为分子链中的薄弱点，造成 T_d 下降。芳香族聚酰亚胺的 T_d 比脂环族的更高。此外，分子链堆积密度提高，能促进分子内及分子间的能量传递和扩散，增强化学键的热承载能力，从而提高 T_d，比如聚合物中形成共轭体系、存在链间氢键或产生交联结构。

3. 溶解性

多数芳香族的聚酰亚胺的分子链呈现刚性结构，T_g 较高，不溶不熔，难以加工。因此需要对聚酰胺酸预聚体进行分子修饰，既获得性能优异的聚酰亚胺，又同时改善了其溶解性，方便了溶液型聚酰亚胺的应用。

改善聚酰亚胺的溶解性通常有 3 个途径：①在侧链中引入空间体积大的取代基团；②在分子结构中引入扭曲或者非平面结构基团；③在主链中引入柔性结构或脂环族结构。

4. 其他性能

光学透明性、介电性能和尺寸稳定性也是应用于微电子领域的聚酰亚胺性能的重要衡量指标。

一般的聚酰亚胺是黄-棕色的透明材料。其这种颜色特征一般认为是由分子内和分子间的电荷转移络合物所引起的。对于给定的二胺和二酐的电子亲和势越高，所得到的聚酰亚胺薄膜的颜色就越深。制备无色透明的聚酰亚胺的主要方法有：①引入含氟基团；②引入体积较大的取代基；③引入脂环结构单元；④采用能使主链弯曲的单体；⑤引入不对称结构；⑥减少共轭双键结构。目前常见的透明、无色聚酰亚胺主要有 3 大类：含氟芳香类、脂环族和含扭曲平面结构的聚酰亚胺。

聚酰亚胺的相对介电常数通常为 3.0～3.5（其室温体积电阻率为 10^{13}～$10^{17}\Omega\cdot m$），难以满足半导体器件的要求（2.0～2.5）。聚酰亚胺分子链中存在的极性基团，比如 C=O，在电场作用下发生极化和电荷储运行为，是介电常数偏高的原因。为了降低其介电常数，通常在其化学结构中引入低极化能力的取代基，如—CF3、环状取代基等，以减少分子中偶极子的极化能力。另外一种方法是在材料内部引入大体积的化学基团甚至空洞结构，以提高聚合物的自由体积并减少单位体积内的偶极子的数目。

聚酰亚胺的尺寸稳定性受加工制程的影响，在柔性半导体器件中的要求非常高。通常用热膨胀系数（CTE）作为衡量材料尺寸稳定性的一个重要参数。高分子薄膜的热膨胀系数通常是指薄膜在沿平面内方向的线性膨胀系数，反映薄膜的膨胀或收缩程度，其数值大小反映了薄膜尺寸的稳定性。在柔性显示器件中的聚酰亚胺薄膜，其 CTE 值一般为（20～60）×10^{-6}/K。一般直线型棒状单体得到的聚酰亚胺薄膜的 CTE 值较低，而结构中含有柔性链段（如醚键、硫醚键）且构象弯曲的聚酰亚胺薄膜的 CTE 值较高。除了化学结构外，聚酰亚胺的 CTE 值与薄膜的加工工艺过程也有关，如干燥程序、亚胺化过程等。

5.1.3　聚酰亚胺的合成

利用二酐和二胺的缩聚反应是制备聚酰亚胺的最普遍方法。聚酰亚胺一般是由聚酰胺酸先驱体通过热或化学亚胺化形成的。用于液晶取向的聚酰亚胺薄膜，一般是由液态的、含一些功能性溶剂的聚酰胺酸（有时溶液里面还有一定比例的聚酰亚胺），经过涂布工艺、热固化工艺后，聚酰胺酸发生热亚胺化，脱水生成聚酰亚胺。

下面介绍两步法制备聚酰亚胺的过程。首先将二胺单体溶解在 N,N-二甲基甲酰胺（DMF）、N,N-二甲基乙酰胺（DMAc）或 N-甲基吡咯烷酮（NMP）等溶剂中，在低温环境下发生缩聚反应，获得了聚酰亚胺的先聚体聚酰胺酸（Polyamide Acid，PAA）溶液，然后再将其加热脱水亚胺化，形成聚酰亚胺成品。反应过程如图 5.3 所示。

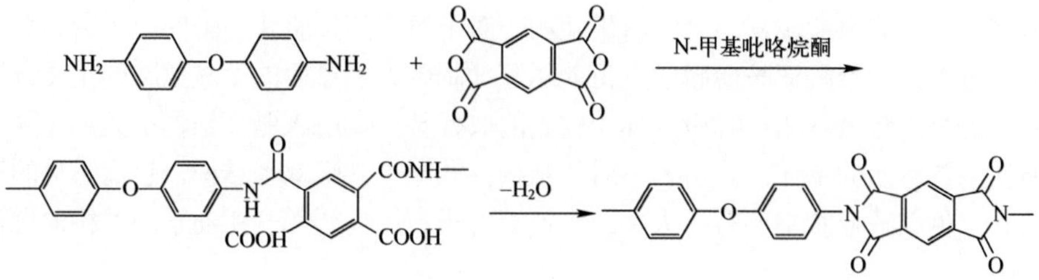

图 5.3　两步法制备聚酰亚胺的过程

热亚胺化的作用一方面是在较低温度下去除聚酰胺酸溶液中的溶剂，然后在更高温度下使羧酸基团与酰胺基团脱水，发生亚胺化过程，同时也发生分子链的紧密堆积过程。聚酰胺酸中的溶剂包含自由溶剂和与聚合物分子链形成氢键的溶剂，后者需要在200℃以上的温度才能被彻底去除。亚胺化过程需要的温度较高，既受最高温度的影响，又与维持的时间相关。为了得到性能优异的聚酰亚胺，掌握合适的高温与维持时间条件非常关键，才能使聚酰亚胺分子链发生充分的自组织排列和紧密堆积。亚胺化过程产生的水分子对聚酰胺酸的分子链具有一定的水解能力，造成聚酰亚胺分子量下降。分子量下降将使聚酰亚胺的性能降低。在液晶取向工艺中，涂布的聚酰亚胺液依次经过预烘（或称为前烘，温度约为 90℃）与主烘（或称为后烘，温度约为230℃）工艺。这些环节关系到溶液中溶剂的去除及去除的均一性，也关系到亚胺化比例与均一性，是引起一些显示姆拉的关键所在。

5.1.4　聚酰亚胺的分类

由于聚酰亚胺具有多样的分子结构，其性能也各有特点。根据合成聚酰亚胺的单体结构的不同，聚酰亚胺可以分为以下 3 种类型：全芳香族（Full Aromatic）聚酰亚胺（均由芳香族单体合成）、全脂环族（Full Alicyclic）聚酰亚胺（均由脂环族单体合成）和半脂环族聚酰亚胺（二酐或二胺之一为脂环族单体），如图 5.4 所示。图中，Ar/Ar′ 与 AL/AL′ 分别表示位于二酐或二胺的芳香族与脂环族基团。

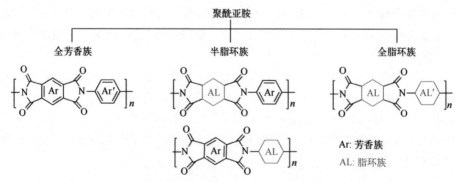

图 5.4　聚酰亚胺的分类及其代表性的通用分子结构式

在实际应用中，为了满足各方面的需求，可以分别设计二酐部分的 Ar（或 AL）基团与二胺部分的 Ar′（或 AL′）基团，然后聚合形成聚酰亚胺高分子，并根据需求控制分子量，以及是否交联及交联密度，就能得到性能上甚至截然"相反"的材料。例如，可以控制聚酰亚胺中孔隙率在 1%以下或达到 100%，可以控制可见光透过率小于 5%（Kapton 薄膜）或大于 95%的薄膜（Neoprim 薄膜）。

1. 芳香族聚酰亚胺特点

有"黄金薄膜"之称的芳香族聚酰亚胺薄膜在热力学、电学和耐化学方面性能卓越，在电子和电气绝缘领域应用广泛。例如，日本宇部公司的 Upilex-S 薄膜，耐热性能上，其玻璃化转变温度（T_g）在 500℃以上，起始分解温度（T_d）大于 600℃；力学性能上，23℃下拉伸模量为 9.1GPa，拉伸强度为 520MPa，耐撕裂强度为 230N，断裂伸长率为 42%，耐弯折次数超过 10 万次；具有 UL94-V0 级的阻燃级别，极限氧指数在 66%以上；电学性能上，介电常数为 3.5，表面电阻率超过 $10^{17}\Omega\cdot m$，体积电阻率在 $10^{15}\Omega\cdot m$ 之上，击穿电压达到 6.8kV/mm，同时在温度达到 200℃的苛刻条件下，上述各项指标都能保持；热膨胀系数（50～200℃）小于等于 12×10^{-6}/℃，与 Cu（17×10^{-6}/℃）的近似。

如图 5.5 所示为芳香族聚酰亚胺中的电子受体单元与给体单元，以及它们之间共轭作用下的堆砌状态。在这个分子结构中，分子链内的电荷转移络合物形成了大的共轭结构，使得高分子链自身更加刚硬；与此同时，分子链间的堆砌也很有规律，相邻分子链的电子受体单元和电子给体单元交叉排列，使 C=O 羰基和 N 原子之间发生相互作用，形成链间的"远程"共轭作用，使得聚酰亚胺高分子链

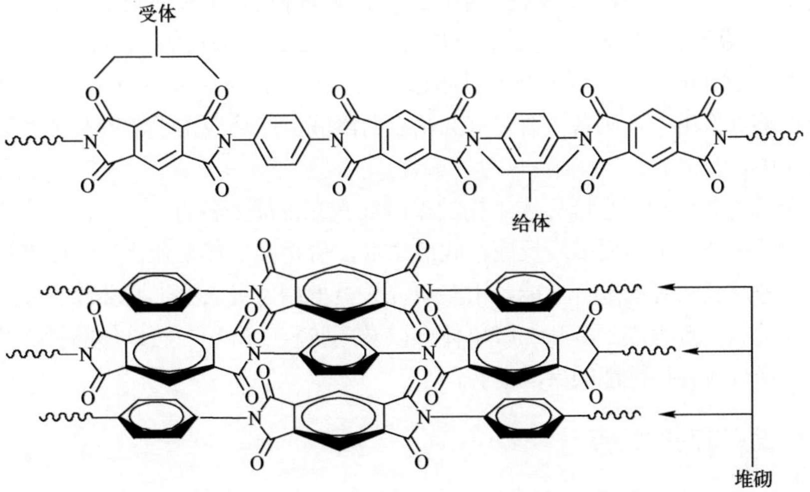

图 5.5　芳香族聚酰亚胺中的电子受体单元、电子给体单元及链堆砌示意图

难以运动，即表现为刚性。这种刚性分子链再加上分子链堆砌的有序结构使得聚酰亚胺材料在微观结构上不同于一般高分子的卷曲构型，而且也尽量避免了应力松弛和蠕变的特性，具有优异的材料耐热稳定性、力学性能和良好的环境稳定性。

分子内电荷转移络合作用和分子间的高度共轭结构也给聚酰亚胺带来了一些"负面"影响，其中之一就是聚酰亚胺材料的颜色。以上作用使得聚酰亚胺的光吸收波长红移，降低了紫外可见光区的透过率，微米级的聚酰亚胺薄膜通常呈现浅黄色或者黄棕色。近期光电显示领域中兴起的透明聚酰亚胺薄膜就需要研究人员在分子设计上做创新，例如引入大侧基、含氟基团，主链增加柔性基团，破坏这种分子内电荷转移络合作用和分子间的高度共轭结构，从而实现无色、透明。

2. 脂环族聚酰亚胺特点

分子内电荷转移络合作用和分子间的高度共轭结构带来的聚酰亚胺的刚硬性，导致其加工成型特性差，需要在分子设计上引入大侧基、含氟基团或主链增加柔性基团等措施，破坏这种分子内的这种结构，提高聚酰亚胺材料的加工成型特性。

随着近年来光电显示技术的日新月异，光电领域急需要透明性良好、加工成型性良好、有机溶剂溶解性良好的聚酰亚胺材料。以 TFT LCD 的半导体显示领域为例，使用的聚酰亚薄膜厚度约100nm，通常的终端客户使用环境为$-20\sim80℃$，这就要求聚酰亚胺材料的耐热稳定性和力学特性性能优异。为此，研究人员在聚酰亚胺分子设计时引入了脂环结构，破坏了聚酰亚胺分子内电荷转移络合作用和分子间的高度共轭结构，在保持其化学稳定性和环境稳定性的基础上，实现了良好的透明性和溶剂溶解性。例如，日本日产（Nissan）公司的 SUNEVER® 系列产品，在膜厚 100nm 时，可见光透过率达到 95%以上；在 N 甲基吡咯烷酮（NMP）等有机溶剂作用下，制备固含量 6%左右的溶液，广泛应用于薄膜晶体管液晶显示行业中。

全芳香族结构和全脂环族结构的聚酰亚胺在性能上各有千秋，但是全脂环族的其单体在合成上需要多步反应，收成率低，价格高，在工业化生产中使用的比较少。考虑到两者的综合性能，很多研究人员把精力投入到半脂环族聚酰亚胺材料的开发中。芳香族二酐和二胺单体，以及脂肪族二酐和二胺单体的种类繁多，方便选择合成各种性能的聚酰亚胺。

5.1.5   取向剂的特点

应用于液晶取向的聚酰亚胺薄膜是由聚酰亚胺溶液（也可能是聚酰胺酸溶液

或两者的混合物）经过涂布和烘烤后形成的。这种溶液业内简称为取向剂、取向液或聚酰亚胺液（简称 PI 液）。

表 5.1 列出了某型号取向剂的主要参数。取向剂中通常含有数种溶剂，分别起着溶解聚酰亚胺、辅助溶解聚酰亚胺和帮助流平的作用。取向剂对温度很敏感，运输和储藏一般都需要在-15℃冷冻保存，有效期一般是制造日起 6 个月内。

表 5.1　某型号取向剂的主要参数

参　　数	数　　值
固含量（Solid Content）	(6±0.3)wt%
黏度（Viscosity）	(24±5)mPa·s
γ-丁内酯（γ-Butyrolactone）	70wt%
Butyl Cellosolve	12wt%
N-Methyl-2-pyrrolidone	18wt%
薄膜硬度（Film Hardness）	3H
杂质含量（Impurity）	$< 0.5 \times 10^6$
电压保持率（Voltage Holding Radio）	98%@ 23℃
残留直流电压（Residual DC Voltage）	0.3V@ 23℃
工艺条件：预烘/主烘（Pre-cure/Main-cure）	(70～90℃)/(180～230℃)

高性能的取向剂需要具备以下几个方面的特性。

① 能对液晶分子形成一个稳定的预倾角（Pre-tilt Angle）。聚酰亚胺聚合物分子主链上，分布着一些疏水性的侧链，使液晶分子的排列出现了预倾角。影响预倾角的因素是聚酰亚胺分子结构、液晶的分子结构、摩擦取向与光控取向工艺条件等。图 5.6 所示为 TN 模式液晶显示屏在不同预倾角下的 $V\text{-}T$ 曲线（电压-透过率曲线）。从图中可以看出，不同的预倾角，液晶盒的透过率存在一定的差异。因此，实际应用中，需要有稳定的、均一的预倾角，否则就会出现面板显示特性异常。在 TN 模式的液晶显示器中，电场作用下液晶分子会直立起来，为了避免相错，同时提供快速的响应时间，所以预倾角通常需要大一些。但是预倾角越大，再加上液晶分子的热运动，会引起液晶分子初始排列状态下出现漏光。实际应用中，由于 TN 模式液晶显示器采用的是常白显示模式，因此预倾角取向引起的漏光对应的是亮态显示，是看不出来的。IPS 和 FFS 模式的液晶分子在电场下在面内旋转，因此希望预倾角越小越好。同时，小的预倾角还能扩大视角，减少色偏的发生。表 5.2 列出了不同液晶显示模式对预倾角和摩擦方向夹角的要求。

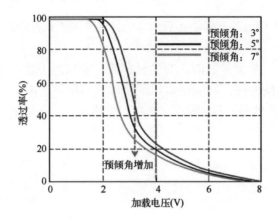

图 5.6   TN 模式液晶显示屏在不同预倾角下的 *V-T* 曲线（电压-透过率曲线）

表 5.2   不同液晶显示模式对预倾角和摩擦方向夹角的要求

液晶显示模式	液晶分子的取向	
	预倾角	上下基板的摩擦方向夹角
扭曲向列相模式（TN）	3°～5°	90°
超扭曲向列相模式（STN）	4°～7°	180°～240°
垂直取向模式（VA）	90°	-
面内开关或边缘场开关模式（IPS 或 FFS）	1°～2°	0°（或 180°）
光学补偿双折射模式（OCB）	5°～10°	0°

② 具有低的直流电压残留。聚酰亚胺的直流电压残留是指液晶的交流驱动中，交流信号的微小直流分量引起的聚酰亚胺分子或内部离子移动形成的直流电压分量。聚酰亚胺的直流电压残留越来越被视为是取向层影响残像的可量化指标之一，不但引起液晶分子的极化，同时也会极化聚酰亚胺分子，进而造成显示残像不良。通常，直流电压残留除了与聚酰亚胺分子结构有关外，还与聚酰亚胺膜厚和烘烤工艺有关。

③ 具有高的电压保持率（Voltage Holding Ratio，VHR），通常需要达到 98% 以上。在 AMLCD 的驱动中，逐行依次扫描，以 60Hz 计算，每行的输入数据信号电压需要维持约 16.7ms 的时间。如果在这期间，聚酰亚胺的电压保持率低，导致电荷大量泄漏，造成数据信号电压下降，会引起画面闪烁和残像等不良。

④ 具有良好的印刷性。这点是聚酰亚胺应用于规模化量产的工艺要求，无论是取向液的凸版印刷方式（Asahikasei Photosensitive Resin Printer，APR Printer，APR）还是喷墨印刷方式（Inkjet Printer，Inkjet），都要求聚酰亚胺液能够在基板上流平，在加热后能形成厚度均一的薄膜。这些要求与聚酰亚胺液的黏度、固含

量、溶剂组成和配比相关。聚酰亚胺由长链的高分子组成，溶解性很差，通常凸版印刷工艺要求的聚酰亚胺液的固含量在 6%左右，形成的聚酰亚胺膜厚度一般在 100nm 左右。考虑凸版印刷时的制版性和分散的均匀性，聚酰亚胺液的黏度通常不要超过 0.04Pa·s，否则很难形成均匀的湿膜，影响膜厚的均一性。喷墨打印工艺在膜厚的处理上显得比较自由，改变液滴大小、液滴点阵排布就能改变膜层厚度，工艺上控制起来相对容易。

⑤ 具有与基板上薄膜良好的黏合性。亲水性的聚酰亚胺液很少直接与玻璃基板接触，更多的是与基板上疏水性的透明氧化铟锡（ITO）和氮化硅膜层接触，因此在实际应用中就必须考虑两者的结合力，避免聚酰亚胺膜从基板上剥离脱落，造成显示异常。

在实际应用中，不同显示模式的聚酰亚胺溶液成分还是有差异的。TN 型聚酰亚胺取向液一般是以聚酰胺酸（PAA）材料或其与聚酰亚胺混合的材料组成。IPS 与 FFS 型聚酰亚胺取向液以 PAA 材料为主。PAA 具有良好的薄膜印刷性、黏合性和低电荷残留的特性。聚酰亚胺具有良好取向性和高 VHR 的特点。PAA 与基板上薄膜的亲和力比聚酰亚胺的更强，涂布后位于底层，实现良好的印刷性和黏合性，聚酰亚胺层位于表层，实现良好的取向性。混合型的取向液热固化后，PAA 脱水发生亚胺化反应，转变为类聚酰亚胺的结构。加热使 PAA 转化为聚酰亚胺的比率被称为亚胺化率。此外，实际量产应用中为了改善残像不良，还会添加一些微量的化合物，统称为添加剂。

5.2　取向层制作工艺

本节讨论聚酰亚胺取向层材料的工艺过程，其工艺目的是在 TFT 和 CF 基板上涂布制备厚度约 100nm 的聚酰亚胺薄膜，要求其厚度均一性在 ±15nm 以内，而且还要考虑其实际大规模生产的效率，因此，一般是由聚酰亚胺溶液经过涂布工艺和固化工艺，形成所需的聚酰亚胺薄膜，然后进行后续的取向工艺。无论TFT 还是 CF 基板，由于其上面排布着阵列图形，表面非常粗糙，而且随着显示器件分辨率的提高，表面粗糙度也在加剧，因此就要求液体形态的聚酰亚胺液对表面的每一个"沟沟坎坎"都进行均匀流平覆盖。

5.2.1　涂布工艺

涂布工艺就是把聚酰亚胺液均匀地涂布在 TFT 和 CF 基板表面，形成稳定的湿膜的过程。常用的涂布工艺有凸版印刷和喷墨印刷两种。聚酰亚胺层在玻璃基板上是图形化的，即考虑到聚酰亚胺层对液晶盒相关工艺的影响，在某些区域是禁止有聚酰亚胺层的，如与外围电路连接的邦定区。在实际生产中，APR 工艺多用于 8.5G 以下的产线，而 Inkjet 工艺更灵活，可以全世代线应用，尤其在 8.5G 及以上的高世代产线具有明显优势。

1. 凸版印刷

早期的 AMLCD 低世代线取向液的涂布都是采用凸版印刷方式或又称为滚筒印刷方式（Roller Printer，Roller），后来随着技术提升和大规模化生产的需求，开发并运用了喷墨印刷方式，如图 5.7 所示。其中，凸版印刷方式中，根据匀胶过程是采用辊还是刀片结构，分为刮刀辊（Doctor Roll）凸版印刷和刮刀片（Doctor Blade）凸版印刷两种方式。聚酰亚胺的凸版印刷方式和喷墨印刷方式的性能比较见表 5.3。

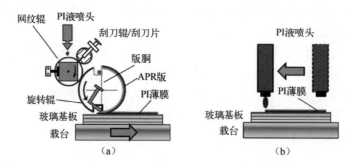

图 5.7　聚酰亚胺的凸版印刷方式和喷墨印刷方式示意图

表 5.3　聚酰亚胺的凸版印刷方式和喷墨印刷方式性能比较

项目	凸版印刷方式	喷墨印刷方式
辅助设备	辅助设备多	无辅助设备
聚酰亚胺厚度	厚度调整范围大	50～150nm
产品切换周期	长	短
聚酰亚胺利用率	约 60%	90%以上
产品种类	需要不同 APR 版	不受限制，随时调整
耗材	APR 版和刮刀	PI 液喷头
周边凹凸区（Halo）	约 1.5mm	约 2.5mm
小尺寸高 PPI 产品印刷性	优	差

凸版印刷方式是基于柔性版印刷技术实现取向液的转印的。凸版的印刷表面是由大量的微小凸起网点组成的，在这些凸起网点之间的"谷底"可以吸附存储

聚酰亚胺液并转印到玻璃基板上，而且，为了提高凸版的印刷均匀性，一般凸版在使用前，需要用γ-丁内酯（γ-Butyrolactone）溶液浸泡，以改善凸版与聚酰亚胺液的浸润性，实现良好的印刷均匀性。

凸版印刷方式的转印过程：存储在具有一定压力的容器中的聚酰亚胺液，通过喷嘴喷涂在网纹辊上；经过刮刀辊的转动把聚酰亚胺液均匀地涂布到网纹辊上；再经过网纹辊的转动把聚酰亚胺液又均匀地转印到凸版上；凸版固定在版胴上，转动的版胴与水平移动的玻璃基板接触，就把凸版上的聚酰亚胺液转印到基板上了。在转印过程中，刮刀辊和网纹辊之间是紧密接触的，而且存在一定的压入量。网纹辊使用陶瓷材料，其表面沿一定角度布满呈六角蜂窝状的小孔，孔密度30%左右，孔深度 15μm 左右。聚酰亚胺液通过喷嘴涂布到网纹辊上后，在刮刀辊的压力作用下，每个小孔中都能容纳一定的聚酰亚胺液，这个过程可以看成把聚酰亚胺液分散成小液滴的过程。网纹辊和凸版也紧密接触而且存在一定的压入量，凸版上密布着小孔，孔密度和孔深度与网纹辊基本一致。

凸版印刷方式需要注意以下几点：

① 聚酰亚胺膜厚度。由于受到网纹辊和凸版上开孔率和小孔深度的影响，能转印到基板上的聚酰亚胺液量是一定的，因此只要是网纹辊和凸版的设计已经定型，则聚酰亚胺膜厚度也就基本上确定了。如果需要调整厚度，只能通过调节APR 版和玻璃基板的压入量进行微调。

② 实际应用中是选用刮刀辊还是刮刀片方式，要根据两者优缺点和网纹辊来确定。

③ 凸版网点的设计。如果先把网纹辊确定了，在设计凸版时，就要确定凸版上小孔的排列方式。因为网纹辊和凸版上都是小孔结构，根据光学摩尔纹形成的原理，两者之间的转印很容易出现转印不均一的现象。所以，网纹辊确定后，凸版上网点结构的测试非常重要，基本上是设备调试完成后，不同的凸版，仅仅是其上图形的不同，图形内部小孔结构完全一致。

④ 凸版的尺寸精度要求。由于凸版在使用过程中受压将会产生变形，导致凸块图形的印刷尺寸大于凸块本身尺寸，因此要达到设计的目标值，就必须使凸版的实际设计尺寸有一定程度的收缩。这个收缩系数与聚酰亚胺图形在边界处的直线性，或者称之为边界精度误差有直接关系。在进行凸版设计时必须考虑这个因素。凸版的这个收缩系数与滚筒尺寸、印刷压力、版材特性和设备情况等因素都有关。

⑤ 凸版的表面是微孔结构，比表面积大，容易吸附尘粒（Particle），因此在实际使用时，经常要反复擦拭除尘。擦拭后，表面必须用聚酰亚胺液进行浸润，以保证整个聚酰亚胺液的涂布均一。随着高世代线基板尺寸越来越大，凸版尺寸

也需要增大，黏附尘粒的几率也增加了，在安装和清洗凸版方面，需要耗费大量人力物力。

⑥ 凸版和玻璃基板间有一定的压入量，即有一定的压力，使聚酰亚胺液能很好地融合到玻璃基板上，铺满整个高低不同的基板表面。但是，这种压力性接触的转印方式也带来了两个问题：一个是如果凸版上聚酰亚胺有缺失的地方（凸版和网纹辊的间隙没有调整好引起），凸版就会和基板发生粘连，导致基板破碎，凸版也会因为基板碎屑而受损报废；其次是如果基板上有异物（Array 或 CF 工程携带的固化的光刻胶小颗粒），在凸版转印后，就会发生基板被压碎的风险（被称为星形破损），造成凸版报废。

⑦ 凸版印刷方式中聚酰亚胺液要润湿整个网纹辊，聚酰亚胺液喷嘴就必须按照一定的周期喷涂，再加上凸版上也要用聚酰亚胺液来湿润，因此这种方式对聚酰亚胺液的利用率一般只能达到 30%，聚酰亚胺液浪费较大。

凸版印刷工艺遇到的不良通常有以下 3 类：

① 不良出现在每张玻璃基板上的同一位置上。从工艺过程中可以推测出是凸版有问题，例如针孔状不良。把位置记录下，在凸版的相应位置可以发现尘粒等异物。

② 不良出现在每张玻璃基板的不同位置，但在一条直线上。从工艺过程中可以推测出是网纹辊有问题。原因是网纹辊和凸版并不是线性等距的，所以具有出现在一条直线不同位置的特征。由于网纹辊和刮刀片都是硬性接触，在使用刮刀辊的结构工艺中很少会出现此类不良。

③ 不良在每张玻璃基板的不同位置，但在一条 S 形曲线上。从工艺过程中可以推测出是刮刀辊有问题。如果刮刀辊存在缺口，就会出现 S 形曲线，这个是由刮刀辊或刮刀片往复运动决定的。

在转印过程中，为了实现凸版上聚酰亚胺图形准确地印刷到玻璃基板上设计好的区域，需要通过设计对位标记（Mark）来进行对位。也就是，在玻璃基板上设计出对位标记，同时凸版上也设计特殊标记，再通过摄像机实现印刷过程中的精确对位。这种通过标记实现的对位，对位重叠精度一般在微米量级。

无论是凸版印刷方式还是后面谈到的喷墨印刷方式，印刷的聚酰亚胺液（固化后成聚酰亚胺层图形）在图形的边缘都会形成一段厚度不均一的区域，我们称为"Halo"区。印刷的聚酰亚胺液，刚开始时在基板上都是湿膜，在后续加热固化后，边界区域的聚酰亚胺液会发生收缩、移动，固化后形成边缘高、紧邻本体区域低的这种特殊形貌。在 Halo 区的地方，液晶不能正常取向，因此 Halo 区不能出现在显示区（Active Area）内。通常，聚酰亚胺膜图形的边缘冗余（Edge Margin）宽度需要考虑几个因素，分别是 Halo 区尺寸、印刷图形的对位精度、凸版的图形精度等。相比喷墨印刷方式，由于凸版印刷方式中的聚酰亚胺液黏度更高，因此得到的聚酰亚胺的边缘冗余区宽度要小一些。

2. 喷墨印刷

与凸版印刷方式相比，喷墨印刷方式是一种非接触的聚酰亚胺液印刷方式。储罐中的聚酰亚胺液在压力作用下到达喷头（Nozzle Head），在脉冲电压控制下，喷头上的一排细细喷口喷吐出皮升（pL）量级的小液滴。喷墨印刷方式的聚酰亚胺溶液的黏度一般在 12 厘泊以下，利用特殊的喷头构造，可以形成 70pL 大小的液滴。根据事先设定的液滴涂布点阵，小液滴喷布在整个玻璃基板上。由于液滴和基板间的流平作用，小液滴互相融合形成均匀的聚酰亚胺湿膜，再经过预固化和主固化热处理，最后形成聚酰亚胺膜。由于整个喷墨印刷方式中小液滴都依靠和基板间的浸润作用，小液滴间融合形成湿膜，没有任何外力作用，所以聚酰亚胺湿膜的均一性就和小液滴的点阵布局、基板表面的浸润性和聚酰亚胺液自身溶剂引起的浸润性相关。为了实现小液滴的体积和喷涂位置的精确控制，就需要对喷头分布、喷头数目、喷头间距以及喷头扫描方式等有关要素进行设计和控制。聚酰亚胺膜厚度取决于小液滴的体积、小液滴点阵的布局以及喷头扫描方式等。相对于凸版印刷方式，喷墨印刷方式更容易控制膜厚。

相比凸版印刷方式，喷墨印刷方式具有的优点：

① 无需与产品图形相匹配的专用凸版即可进行各种聚酰亚胺图形的印刷生产；

② 聚酰亚胺图形采用菜单化管理，可根据设计要求任意编制，可快速对应不同型号产品；

③ 聚酰亚胺液的利用率大幅度提高；

④ 设备占空间小，生产效率高。

实际应用中，要实现液滴状喷墨的特点，聚酰亚胺液的黏度比凸版印刷方式的要低，即其具有更高的流动性，以至于在固化前容易受到影响，最后出现显示 Mura，因此对聚酰亚胺膜的品质控制要求较高。喷墨印刷方式对聚酰亚胺液的要求是与其设备本身的构造相关的。由于喷头结构的特殊性，要求聚酰亚胺液的黏度远远低于凸版印刷的聚酰亚胺液的黏度，因此聚酰亚胺液中聚合物固含量比例远低于凸版印刷的聚酰亚胺液，溶剂组成和配比也都不一样。但是，其主要成分的高分子聚合物同凸版印刷的聚酰亚胺液相同，因此形成的聚酰亚胺膜在大多数性能上无明显差异。由于固含量的下降，在相同聚酰亚胺膜厚的要求下，使用的聚酰亚胺湿膜体积远远高于凸版印刷方式的。当聚酰亚胺液中含有两种不同聚合物时，两种不同的印刷方式可能引起两种不同聚合物在聚酰亚胺膜中的梯度分布不同。喷墨印刷方式中，相对亲水性聚合物，更容易在基板侧聚集；相对疏水性聚合物，更容易在远离基板侧聚集。凸版印刷方式中，相对亲水性聚合物和相对疏水性聚合物不容易分层聚集，虽然取向性可能没有喷墨印刷方式理想，但在残像的实际应用中表现更为出色。

喷墨印刷方式中滴下的聚酰亚胺液呈微滴状，仍具有很强的流动性，所以在未固化之前的形态对形成的聚酰亚胺膜影响很大。这里介绍喷墨印刷方式经常出现的几种主要不良。

① 喷头间 Mura。此不良主要表现为等间距的直线 Mura，而且其宽度正好与喷头（Nozzle Head）的宽度吻合，并且与聚酰亚胺液涂布方向一致。

② 线状 Mura。此不良主要表现为直线型的 Mura，宽度较窄，而且不一定等间距。这两种 Mura 大多是由于喷头自身吐出聚酰亚胺液的体积不同导致的，或者是喷头阻塞，聚酰亚胺液无法正常吐出引起的。

③ 形状不规则的云状 Mura。此不良形成原因较为复杂，可能的原因是由于聚酰亚胺液在热固化的过程中，玻璃基板周边的聚酰亚胺液固化的速度要大于中心部分，所以正常情况下，聚酰亚胺膜只会在基板边缘形成不均匀区，但是如果在固化过程中，加热设备中的热气流发生变化，使聚酰亚胺液的固化不均，局部固化速度不同而影响了固化的聚酰亚胺膜质。再加上 AMLCD 的液晶面板都是有像素结构的，AA 区表面不平坦性给聚酰亚胺液涂布后的扩散造成了影响。

除了上述几种不良外，还需要测试喷头的聚酰亚胺液吐出量是否正常。通过调整喷头的吐出量，可以消除某些 Mura。但是云状 Mura，仅通过调整喷头的参数是不够的。在上面提到的，云状 Mura 的产生原因主要是由于聚酰亚胺液的扩散与溶剂挥发速度不同导致的。由于设备本身的原因，喷墨印刷方式的聚酰亚胺液的黏度要远低于凸版印刷方式的聚酰亚胺液，因此喷墨印刷方式的聚酰亚胺液的流动性很强，对聚酰亚胺液的预固化（Pre-cure）设备温度的均一性要求很高。同时，使用混合型聚酰亚胺液，在预固化时会分层，上层作用主要是高取向性，下层作用主要是隔离不纯物并释放电荷。因此，预固化中的热气流对聚酰亚胺分层的影响将直接决定产品后期的显示品质。

5.2.2　热固化

由于聚酰亚胺液中含有 90%以上的溶剂，因此在形成聚酰亚胺膜时，需要进行热固化，利用高温使溶剂挥发。此外，由于使用的可溶性聚酰亚胺大多是低聚物，或者是聚酰胺酸，需要在 220℃以上的高温下这些低聚物才会发生化学反应，形成亚胺化的聚酰亚胺。因此，印刷的聚酰亚胺液在工艺上需要分两步完成固化工艺。

第一步是预固化工艺。加热方式分为热台和红外线两种。前者利用贴近式支柱（Proximity Pin）支撑玻璃基板形成非接触式加热，利用热空气浴来挥发一部分溶剂，使 TFT 和 CF 玻璃基板粗糙表面形成均匀的高黏度湿膜；红外线方式虽然也是非接触性加热，但是支撑的支柱位置容易产生热聚集点，使聚酰亚胺溶剂过快挥发，周围聚酰亚胺液流动补充，导致支柱位置处聚酰亚胺膜偏厚。为此，设备厂商设计了可移动的两套支柱，在固化过程中交替使用，避免热聚集而引起支柱 Mura。

影响预固化的主要工艺参数是预固化的温度、时间和腔室内部的气流。温度和时间是相互依赖的，在达到相同的预固化效果时，可以使用低温和延长时间的条件，也可以使用高温和缩短时间的条件。这里说的温度主要看玻璃基板的表面温度，从经验上看不要超过 80℃。温度太高，由于基板表面粗糙程度不同，引起局部聚酰亚胺溶剂挥发过快，导致表面均一性差；低的温度对聚酰亚胺液的平坦性和分层特性有帮助，但是受实际生产节拍的要求，温度太低，时间就需要更长，影响产能。此外，如果预固化中溶剂没有挥发到一定程度，从预固化设备中出来时，由于机械手臂和基板的接触，会造成局部温差不同，聚酰亚胺溶剂的再次挥发性不同，会引起 Mura 类不良。腔室内的气流对聚酰亚胺溶剂的均一挥发有着决定性的影响，气流不均不但引起溶剂挥发不均，还容易引起挥发的溶剂污染固化中的聚酰亚胺膜表面，造成污渍类不良。为了排除挥发的溶剂，腔室内必须合理安装排气装置。

第二步是主固化工艺。主固化的加热方式大多是红外线方式，内部使用水晶棒或者金属棒作为支柱，同时不停吹入热风，保持腔室内部温度偏差在 3℃以内，进而保证基板表面温度均匀，使亚胺化率几乎一致。由于溶剂已经几乎挥发殆尽，因此即使支柱引起局部过热，也不会出现局部 Mura 不良。主固化的主要工艺参数也是温度和时间，主要参考标准是亚胺化率。通常聚酰亚胺高分子发生反应需要 220℃以上的高温，时间越长，转化率越高，达到 80%左右时被认为达到了目标。时间延长或者温度更高，亚胺化率可以达到 100%，但是此时 PI 膜表面脆裂，在后续的摩擦工艺容易产生碎屑，形成 Zara 尘粒类不良。

通常在聚酰亚胺预固化后，会进行取样检查。检查设备具有宏观检查和微观检查多种功能。宏观检查主要是人工目视检查聚酰亚胺涂布不良，比如针孔（Pinhole）和星形破损等各种 Mura；微观检查除了量测聚酰亚胺厚度外，还要查看确定聚酰亚胺起始端涂布情况，即聚酰亚胺起始端位置是否合适，聚酰亚胺边缘冗余区是否在设定的规格范围之内。聚酰亚胺边缘冗余区的尺寸大小，反映了聚酰亚胺涂布起始端不均匀性的范围。在实际应用中，这个数值越小越好。经过检查首片确认后，后面的玻璃基板就可以按照设定的程序菜单（Recipe）大量进行了。

5.3　摩擦取向

摩擦取向是当前半导体显示产业广泛应用的液晶取向技术之一，虽然存在很多问题，但是经过材料的改良、工艺技术的提升和一些防范措施的推广应用，最终能稳定克服不良的发生，实现量产高良率。以下是摩擦取向存在的一些问题。

① 摩擦取向是机械接触性工艺，即摩擦布和聚酰亚胺膜相接触，并且存在一定的压力和压入量（0.2～0.5mm）。摩擦过程中会产生很多碎屑，包括聚酰亚胺膜碎屑和摩擦布绒毛脱落碎屑。这些碎屑有时还黏附在基板上，甚至在后续的清洗工艺中也难以去除，对显示器画质造成潜在影响。

② 摩擦过程产生静电，造成阵列基板线路损坏。为了降低摩擦过程产生的静电，需要精细管控摩擦环境中的温度和湿度，并同时用软 X 光发生器进行静电去除。

③ 由于 TFT 和 CF 阵列基板表面图形高度不一致，存在一定的粗糙度，会造成高度突变的区域摩擦不充分，即出现摩擦弱区。在该区域，液晶的取向力会出现异常，导致显示异常。

5.3.1　工艺特点

摩擦取向是指利用机械的方法，在聚酰亚胺取向膜上面，使用短纤维棉布或者尼龙布沿一定方向摩擦，形成微沟槽结构。具体而言，就是在碳纤维制作的摩擦辊上卷一层摩擦布，摩擦布经过了特殊处理，与水平传递来的玻璃基板表面进行机械接触和摩擦，摩擦辊以一定速度自转摩擦聚酰亚胺取向膜，同时带有聚酰亚胺取向膜的基板在载台的作用下沿一定方向运动，摩擦辊和基台一起作用，把基板上的聚酰亚胺膜表面划出一道道有方向性沟槽的过程，如图 5.8 所示。摩擦过后，再经过清洗过程，以去除聚酰亚胺取向膜表面的碎屑，然后进入下一个工艺环节。

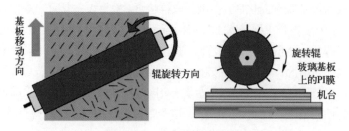

图 5.8　摩擦取向示意图

　　实际生产中，是利用真空吸附把玻璃基板固定住机台上，通过控制摩擦辊和基板间的相对角度来控制摩擦方向，机台以固定速度移动；摩擦辊以 100～800rpm 的速度在机台上向前或者向后转动；通过调节摩擦辊和基板间的缝隙可以调整摩擦压力；摩擦辊旋转，同时压到基板上，载着基板的机台以一定的速度向前运动。在基板全部通过后，摩擦辊抬起，机台回到初始位置。

　　衡量摩擦能力的指标被称为摩擦取向强度，这一强度与很多因素相关，包括聚酰亚胺取向膜的化学结构、亚胺化工艺条件、摩擦布的种类和布上纤维密度等等。理论上纤维密度越高，或者摩擦辊的转速越快，或者接触面上摩擦辊的压入量越大，或者载台移动速度越慢等措施，摩擦取向强度都将升高。在实际应用中，在强化取向强度的同时，聚酰亚胺碎屑或生产节拍也是需要考虑的因素。

　　摩擦取向工艺中最关键的材料是摩擦布。就材质而言，摩擦布可以分成三类，分别是棉布、尼龙布和混合布。

　　棉布通常是由天然材料经过起毛剂作用制作而成的。

　　棉布的特点：天然纤维，棉丝线粗大，表明不平整，弹性力弱，整个摩擦布厚度大，丝线容易脱落，工艺难管控。由于是天然棉纤维，微观上看纤维的规整程度很差，纤维强度也太弱，摩擦的均一性不好。棉布中通常还有一些棉籽残余，在实际应用中，要特别注意摩擦不良，尤其是 IPS 模式，应用棉布时，Nip（擦痕）痕迹界限模糊，管控难度增加。

　　尼龙布的特点：人造纤维，丝线较细且表面平整，弹性力强，整个摩擦布厚度小，工艺好管控。对于尼龙布，由于其采用人造纤维或者尼龙纤维制成，布上的绒毛较规整，摩擦沟槽均一性好。棉布和尼龙布这两种材料吸水性强，使用过程中需要采用起毛剂进行性能改善，经过长时间摩擦后，起毛剂材料容易脱落，粘在取向膜上，引起尘粒性 Zara 不良；同时，由于纤维直径和编织方式的局限，尼龙布材料的纤维密度有限，在取向膜上的摩擦规整程度有限，通常只适合于 TN 产品。

　　混合布是在天然棉纤维的内核基础上，利用化学键作用在天然纤维表面附着一层乙烯基二醚材料加强棉纤维的强度；同时，根据编织手法的不同，在基材使用铜氨纤维的基础上，制作密度超高的摩擦布。通常纤维的直径大概是十几微米。纤维直径越细，在取向膜上摩擦的沟槽就越细，取向作用也越精细。即使有些纤维的取向作用与理想值有偏差，但是由于纤维非常细，偏差也表现得并不明显。另外，在摩擦方向的纤维密度的增加，使得更多的纤维参与瞬时摩擦高温下的高分子链段取向作用，获得更佳的取向效果。因此，使用混合布，不仅仅可以改善摩擦不良，同时也能改善取向作用和改善残像。

表 5.4 比较了常用的尼龙布和棉布用于摩擦取向的优缺点。对摩擦布总的性能要求是：

① 细纤维，高密度；
② 纤维的直径和长度的均一性好；
③ 不易产生摩擦静电；
④ 耐磨性和机械性能好；
⑤ 摩擦后无脱落，无残留。

表 5.4 尼龙布和棉布用于摩擦取向的优缺点比较

项 目	尼龙布（Rayon）	棉布（Cotton）
扫描电子显微镜下摩擦布丝的照片		
纤维直径	细	粗
摩擦强度	高	低
密度	高	低
表面均一性	优	一般
弹性回复力	优	一般
使用率	高	低
材料	人造	天然
寿命	低	高
静电产生	容易	不容易

摩擦过程对摩擦布会造成损耗。摩擦布的寿命通常以摩擦了多少张基板来折算，目前一般是 2000～4000 张基板。摩擦布到寿命后就需要更换，因为摩擦布上的纤维变得更柔软了，提供不了足够的摩擦强度。摩擦设备的控制参数设定包括基板和摩擦辊间的间隙值、辊转速和机台移动速度。其中间隙值特别重要，它影响着摩擦布施加到基板上的压力，进而影响摩擦布的寿命、聚酰亚胺膜的表面形貌、液晶的锚定能和预倾角。

在摩擦过程中，玻璃基板利用真空吸附，被牢牢地固定在机台上，根据实际需要设定玻璃基板运行方向与摩擦辊轴向的夹角，然后进行机械接触式摩擦。由于是接触式的机械运动，难免会产生些碎屑，经过超声波简单处理后，在下一道工艺投入前要进行水清洗。随着 AMLCD 高世代线的发展，玻璃基板尺寸越来越大，越来越长的摩擦辊在自身重力作用下也引起翘曲，导致摩擦力度不均。为了克服摩擦辊自重带来的翘曲，新开发的摩擦辊由原来的圆柱状外形改为皇冠状外形，并且在材质上内部使用碳纤维，外表使用不锈钢的复合结构，实现高速旋转下辊变形量小、摩擦力度更均一，见表 5.5。

表 5.5　摩擦辊设计外形与旋转状态下的下垂量比较

旋转状态	圆柱状外形	皇冠状外形（Crown）
未旋转状态		
旋转状态		
	下垂量 40μm 以上	下垂量 6μm 以内

5.3.2　摩擦强度定义

除了摩擦布很关键外，摩擦的其他工艺参数也是影响液晶取向的重要因素，各个因素综合一起，可以用摩擦强度表示：

$$摩擦强度 = N \times L \times \{1 + 2\pi r (R/60)/V\} \tag{5.1}$$

式中，N 为聚酰亚胺膜的摩擦次数；L 为摩擦布压入量；r 为摩擦布丝半径；R 为摩擦辊转速；V 为载着玻璃的机台移动速度。

各个摩擦工艺参数对摩擦的影响如下：

① 摩擦布压入量。增加压入量直观上可以增加摩擦布和取向膜的摩擦力，产生更深的微沟槽，理论上能增加液晶分子的锚定能，增强液晶分子的取向，但是实际效果有限。可能是因为增加压入量，增大了绒毛与聚酰亚胺膜的摩擦力，摩擦瞬时温度能升高一些，但是对聚酰亚胺膜的高分子链段拉伸作用影响不大。同时，由于是接触性的机械运动，过大的压入量会产生更多的取向膜碎屑，形成难去除的尘粒，给器件性能造成不良影响。

② 摩擦辊转速。转速越高，意味着在相同时间内经过同一区域的摩擦次数增加，可以有效增加摩擦取向效果，增强取向能力。可能是因为转速越高，在瞬时高温摩擦中更多的摩擦次数让高分子链段得到更高频率的作用，实现更为规整的取向。但是，由于离心力的作用，过高的摩擦辊转数，会使摩擦布的纤维变得越来越刚性，对取向膜的损伤也会增加，生成更多的取向膜碎屑，影响器件性能。

③ 机台移动速度。机台速度变慢达到的效果等同于摩擦辊速度的增加，但是不会产生像摩擦辊转速增加引起的取向膜碎屑，只是在生产节拍上变慢了，影响产能。

④ 摩擦次数或者说摩擦辊的数量。一个摩擦辊依次摩擦两次和两个摩擦辊安装在一起，顺次进行摩擦一次，实际达到的效果大相径庭。可能的原因是两个

摩擦辊安装在一起，瞬时高温的作用紧密相连，对高分子链段的规整作用持续加强，同时一次性摩擦的轨迹也比较一致，即玻璃基板移动方向和辊轴向角度一致。如果用一个摩擦辊进行两次独立摩擦的话，瞬时高温作用不连续，对高分子链段的规整作用是两个独立的作用，而且机械移动偏差的影响，导致前后两次摩擦的沟槽出现方向性偏差，这对液晶的稳定取向是不利的。

对于 TN 液晶显示模式，根据显示面板设计的视角特性要得到理想的扭曲角（Twist Angle），必须计算合适的机台角度或者摩擦辊角度，再通过矢量叠加获得最终的摩擦角度。同时，需要注意的是，在更换取向膜时，原有的角度参数需要验证。因为不同的取向膜，在相同的摩擦作用下，取向规整程度不同，取向力也不同。对于 IPS 模式而言，为了避免阵列中薄膜厚度段差引起的摩擦不良，在摩擦过程中也需要机台和摩擦辊按照一定的角度进行，但两个基板上最终的摩擦方向是互相平行的。

5.3.3　摩擦取向机理

液晶作为一种液态晶体，液晶分子的有序排列及预倾角的大小与均一性，影响着入射线偏振光的双折射特性，即影响着液晶显示器的光电特性。使这种液态的、可流动的液晶分子较稳定地"锚定"在衬底上（TFT LCD 中是玻璃基阵列基板）就是取向。使液晶分子被锚定的核心材料是聚酰亚胺取向膜。通过对聚酰亚胺取向膜的表面进行处理，则聚酰亚胺取向膜与液晶分子相互作用而使液晶分子被锚定。

目前工业上常用的取向方法主要有两种：摩擦取向和光控取向。两种取向方法的制程都相对简单、工艺成熟，存在的不足就是摩擦取向工艺容易产生静电及尘粒，光控取向工艺的光照不稳定容易产生 Mura。对于摩擦聚酰亚胺取向液晶分子的作用机理得到了广泛研究，虽然摩擦取向的机理善不明确，依然没有定论，但一般认为的机理主要有如下两种：

第一种是微沟槽机理。它是指在经过摩擦后的聚酰亚胺取向膜表面会存在方向性的、微米级的沟槽，棒状的液晶分子会沿着这些沟槽方向排列，其体系热力学自由能最低，在宏观上形成液晶分子的取向。

第二种是聚酰亚胺的表面分子链取向机理。这种机理认为，聚酰亚胺表面经过摩擦后，其表面的分子链会形成与摩擦方向相关的定向排列，在范德华力的作用下，使液晶分子沿着聚酰亚胺分子链方向排列，在宏观上形成液晶分子的取向。因此，这个机理又被称为范德华力作用机理。

上述两种机理，各自解释也有一定说服力，因为研究又发现有些取向材料虽然未经摩擦，其表面并没有微沟槽的情况下依然有取向能力。现在比较让人接受的解释就是摩擦取向是这两种机理共同作用的结果。摩擦取向机理被认为是摩擦形成沟槽的过程和聚酰亚胺链与 LC 分子相互作用的范德华力综合影响的结果，属于物理方法。经过摩擦后，高分子材料取向层的长主链和侧链会裸露出来，液晶分子受这些裸露的主侧链的范德华力的作用，就进行了有方向性的排列取向。进一步的解释是，在摩擦布和取向膜的摩擦接触过程中，高分子链被摩擦引起的瞬间高温作用，沿摩擦方向分子链发生一定比例的断裂，出现了沿摩擦方向的高分子链结构比其他方向的更规整、极性也更强，因此液晶分子就沿着摩擦方向排列。

摩擦取向后，液晶分子被"锚定"的效果可以通过锚定能来进行评价。表面锚定能可以分为极向锚定能和方位锚定能。方位锚定能可以表示为

$$W_\varnothing = \frac{1}{4} K_{11} A_q^2 q \tag{5.2}$$

式中，K_{11} 为 LC 的展曲弹性常数；A_q 为压入量；q 为频率，$q = 2\pi / \lambda$，即单位时间摩擦的次数。如果基板表面的锚定能较弱，表面的液晶分子将偏离取向方向，其偏离角度的大小由液晶的扭曲弹性常数和方位锚定能的平衡来决定。这里我们假设沟槽深度是 1nm，那么实际测试得的方位锚定能大概是 10^{-3}J/m^2。如果液晶分子取向的主要机理是摩擦沟槽施加的弹性能，那么几 nm 跨度的沟槽应该存在。实际情况是几 nm 的跨度尺寸和聚合物分子尺寸差不多，利用 X 射线研究发现取向膜结构中有 3.1nm 跨度的周期规律，与重复单元构成的主链方向相垂直。用原子力显微镜观察到的细微结构是深度 2nm，跨度是 20nm。计算出来的锚定能是 2×10^{-5}J/m^2，比实际中的锚定能小两个数量级。因此认为摩擦取向机理是液晶分子由于聚合物分子取向导致的取向外延延伸。如图 5.9 所示，显示了沟槽跨度和方位锚定能的关系。

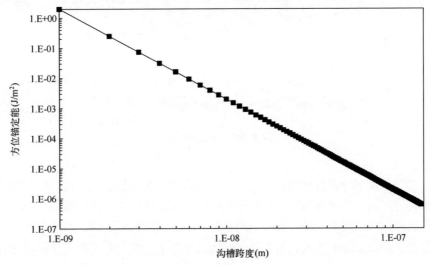

图 5.9　沟槽跨度和方位锚定能的关系

除了上述两种广泛应用于产业化的取向方式，还有一些其他的取向技术也被广泛研究。1973 年，Berremance 首次报道了液晶分子可以沿着聚酰亚胺膜的微结构进行取向。这种聚酰亚胺膜的微结构一般是经过掩模版曝光与刻蚀工艺形成，或激光诱导产生，或光反应型的聚酰亚胺经过紫外线照射发生异构反应，或转印方法形成。此外，还有倾斜蒸镀诱导取向技术及 LB（Langmuir-Blodgett，一种制备分子高度有序排列的超薄薄膜技术）膜法诱导取向技术也被大量研究。

5.3.4 预倾角机理

摩擦工艺不仅仅引起了液晶分子在取向膜平面 X、Y 方向的方位角取向，在垂直平面的 Z 方向也引起了液晶倾角取向，被称为预倾角。研究发现摩擦后取向膜主链沿摩擦方向取向，液晶预倾角是由取向膜主链倾角导致的。对于主链型取向膜，摩擦作用使主链结构发生 Zigzag 非对称构型；对于侧链型取向膜，主链倾角随着侧链长度增加而增加。

侧链型取向膜产生液晶预倾角的机理被认为有两种：一种是预倾角直接来自侧链，另一种是预倾角来自主链，如图 5.10 所示。随着侧链长度增加，主链倾角增大，如图 5.11 所示。从水的接触角数据看出，侧链沿一定角度和主链方向取向，因此侧链不会直接导致液晶预倾角的产生。无论有无侧链，以及侧链长度怎样，都可以直接看到液晶预倾角和主链倾角的关系，以及摩擦方向平行和反平行间的不对称分布也被认为是由于主链倾角不对称性导致的。因此，液晶预倾角特性的主要原因是取向膜主链的倾角，取向膜侧链的不对称性是次要因素。

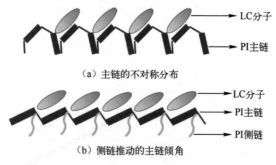

图 5.10　预倾角形成的两种机理

摩擦强度和液晶预倾角之间的关系主要取决于取向层材料。在一些案例中，摩擦强度增加，预倾角降低。在其他案例中，摩擦强度增加，预倾角增加，但是增加会出现一个峰值。Nishikawa 计算了分子构型，并用图 5.12 的模型对这一现象进行了解释。Paek 等人认为液晶预倾角和摩擦强度的关系是由液晶和取向层材料间的相互作用导致的。这种相互作用要么使摩擦后取向膜表面极性增加，要么使表面波浪结构改变导致取向膜倾角变小。

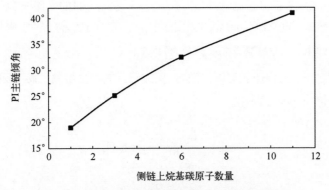

图 5.11　侧链上烷基碳原子数量对主链倾角的影响

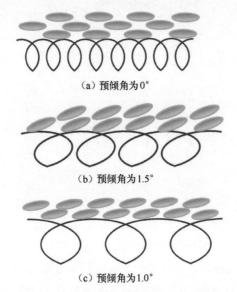

（a）预倾角为 0°

（b）预倾角为 1.5°

（c）预倾角为 1.0°

图 5.12　摩擦取向层表面向列相液晶预倾角取向示意图

　　增加液晶预倾角的方法是在主链上引入侧向基，或者在主链上引入含氟基团。氟基团的引入增加了表面粗糙度，主链倾角的增加使液晶分子预倾角增大。一些文献也提到了取向层材料表面拉伸和液晶预倾角的关系。然而，表面拉伸的变化可能是个副效应。取向膜的表面拉伸与液晶预倾角之间的关系不能长久维持，这种关系仅在特定材料和特性条件下存在。液晶预倾角的主要原因还是取向层材料中主链非对称分布。

　　液晶分子面内旋转的 IPS 和 FFS 模式要求液晶盒的预倾角要尽量小（一般 2° 以内），目的是尽量减小液晶分子 Z 轴方向的矢量分量，减少 LC 分子的挠曲电效应，因此，在分子结构上聚酰亚胺分子只需要主链结构，尽量避免侧链；LC 分子发生展曲的 TN 模式要求液晶分子的预倾角要在 4°～5°左右，目的是保证 LC 分子在电场作用下尽量展曲，减少 LC 分子发生相错，因此，在分子结构上会考虑长的烷基链。

5.3.5 PI 结构对 VHR 和预倾角的影响

聚酰亚胺分子结构通式可以由图 5.13 表示，其中二酐与二胺基团主链和侧链上可以设计不同的取代基团。

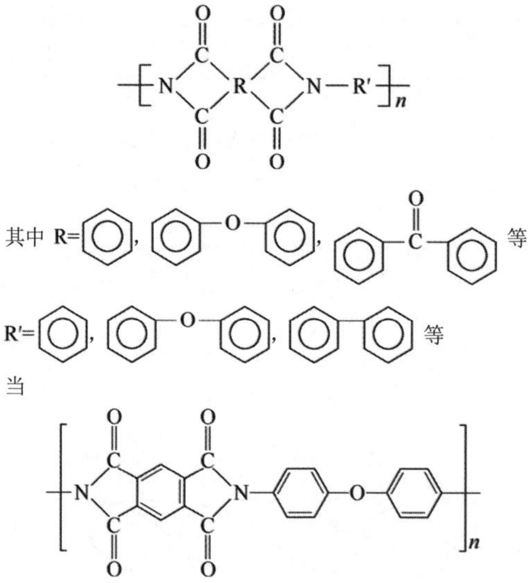

图 5.13 聚酰亚胺的分子结构通式

根据聚酰亚胺分子结构的设计，主链和侧链基团的变化，对聚酰亚胺的特性，尤其影响液晶显示品质的 VHR 和对液晶分子的预倾角将产生明显影响。聚酰亚胺主链除了酰亚胺基团外，其他基团的选择，例如酸酐是脂肪族还是芳香族，会影响其 VHR 性能。Sugimoto 等人合成了一系列的聚酰亚胺取向层材料，然后制备了相关的液晶测试盒。从表 5.6 的测试所得的电压保持率（VHR）数据来看，全芳香环聚酰亚胺取向膜制备的液晶测试盒的 VHR 都很低，大多在 40%～70%。然而，脂环聚酰亚胺取向膜制备的液晶测试盒的 VHR 都比较高，大多在 90% 以上。这里需要指出的是 BDAF 二胺，无论搭配哪种二酐，合成的聚酰亚胺的 VHR 都非常差。PMDA 和几种二胺合成的聚酰亚胺是全芳香环聚酰亚胺，苯环和酰亚胺基团形成巨大的电子云共轭，同时分子间的电荷转移络合加剧，因此 VHR 下降。s-BPDA 和 PMDA 的情况类似。然而，氢化的 PMDA，苯环的共轭电子云不再存在，原本分子链内部的共轭体系也被打断，分子间的电荷转移络合也减弱，因此 VHR 明显提高。由此，作者认为液晶测试盒的 VHR 同聚酰亚胺取向膜化学结构中的电荷转移络合物有关。实验中合成的聚酰亚胺单体分子结构式如图 5.14 所示。

表 5.6　不同二酐和二胺之间组合合成的聚酰亚胺的 VHR 数据

二酐	二胺			
	PDA	ODA	BAPP	BDAF
PMDA	40	43	66	38
s-BPDA	40	44	78	41
H-PMDA	94	97	92	42
H-s-BPDA	–	90	72	37

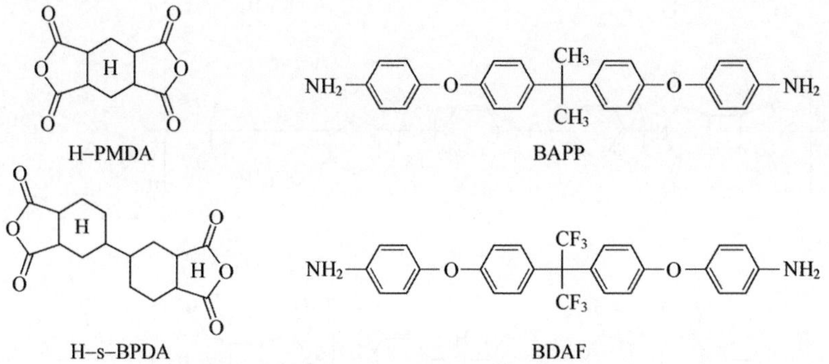

图 5.14　实验中合成聚酰亚胺的单体分子结构式

前面提到液晶预倾角特性的主要原因是取向膜主链的倾角，取向膜侧链的不对称性是次要因素，即侧链是间接影响因素。聚酰亚胺取向膜的二胺上具有长烷烃侧链，将对预倾角产生明显影响。

Park 等人以 CBDA 为核心二酐，以 ODA、DAA_2（2,4-二氨基苯十二烷醚）和 DAA_3（二氨基苯十八烷醚）为二胺合成聚酰亚胺取向膜，如图 5.15 所示。作者测试预倾角数据依次是 2.4°、6.2° 和 13.3°，指出预倾角随着烷烃链长度的增加而增加，其中聚酰亚胺取向膜分子结构中没有侧链时，预倾角最小，为 2.4°。

Choi 等人以 CBDA 为核心二酐，以 MDA 和长链二胺设计了一种聚酰亚胺取向膜，其分子结构式如图 5.16 所示。作者测试预倾角数据后，指出当取代基 R 为图 5.16（b）所示全刚性侧链，其预倾角只有 0.6°，原因是摩擦后侧链取代基全刚性结构没有发生位置或者构象的变化，依旧保持着原有的角度，取向作用来自主链部分，因此预倾角很小；当 R 为图 5.16（c）所示全柔性 $C_{16}H_{33}$ 侧链时，其预倾角是 28°，原因是侧链从 PI 取向膜表面进入液晶分子内部，和液晶分子之间产生作用力，因此预倾角变大；当 R 为图 5.16（d）所示的半刚半柔性结构，其中刚性部分紧靠主链，其预倾角是 86°，原因是空间位阻效应，侧链刚性部分近似的直立聚酰亚胺分子表面，侧链末端的柔性部分，在摩擦后舒展，和 LC 分子相互作用，LC 分子就向柔性部分延伸，因此预倾角较大。

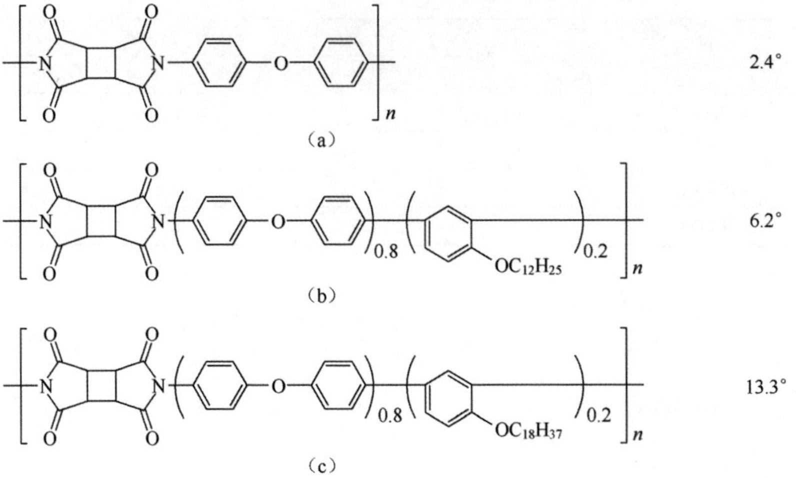

图 5.15　合成的聚酰亚胺分子结构式和相应的预倾角数据

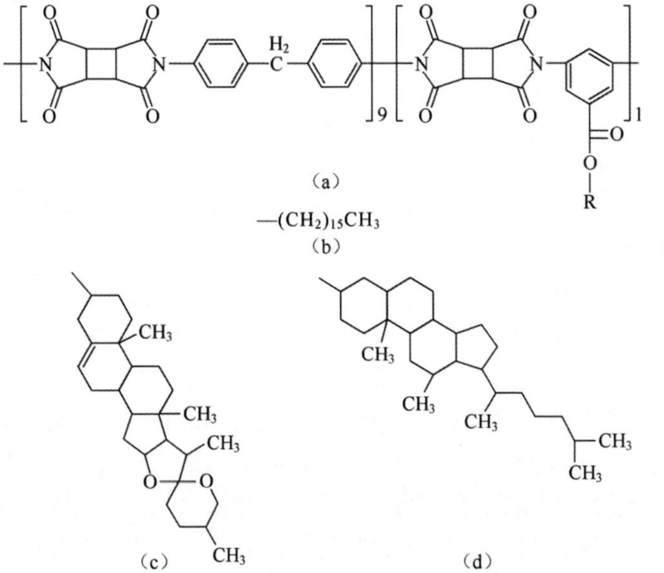

图 5.16　合成的不同侧链取代基的聚酰亚胺分子结构式

尹杰等人以 TCCAH 为核心二酐，以侧链基取代间苯二胺合成聚酰亚胺取向膜，如图 5.17 所示，侧链基—CH$_2$ 数量依次是 6、8、10、12、14 和 16，前四个数对应的预倾角分别是 4.0°、5.1°、7.3°和 8.9°，后面 14 与 16 对应的预倾角在 10°左右。这里可以看到，虽然随着侧链烷烃基数量的增加，预倾角在增大，但是当烷烃基的数量增加到一定数量时，预倾角就不再明显增大，原因是 LC 的尺寸有限，更长的烷烃基链与液晶分子的相互作用不再明显增大，因此预倾角就不再明显增大。

$$n=6,8,10,12,14,16$$

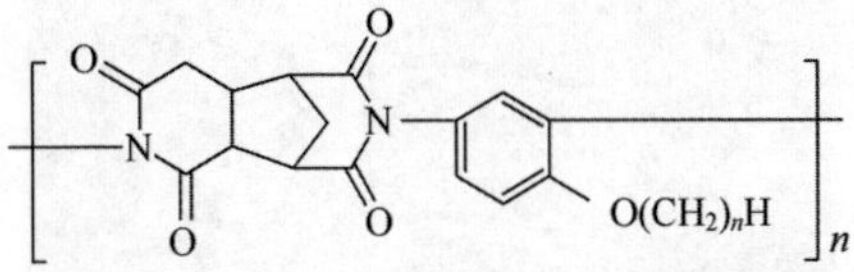

图 5.17　合成的聚酰亚胺分子结构式

总的来说，聚酰亚胺取向层的主链化学结构一般会选用脂环二酐，例如 CBDA，而二胺一般会选择芳香二胺，原因是这种化学结构可以有效地切断分子内电子迁移，同时可以有效抑制分子间电荷转移络合，从而实现较高的电压保持率特性。聚酰亚胺取向层的侧链化学结构一般会选用长链烷烃，实现不同的预倾角要求，满足 TFT LCD 显示器件的规格要求。

5.3.6 摩擦取向的常见不良

摩擦取向工艺是一种接触性的机械式物理过程，受应用的摩擦布上的纤维特点、被摩擦基板的表面形貌、聚酰亚胺的物理特性和摩擦物间的相互作用力等因素影响，容易出现摩擦面不均一、尘粒和静电等问题。摩擦面不均一将导致液晶取向紊乱，使显示出现 Mura 类不良；尘粒也是导致显示画质异常的重要原因之一；摩擦过程产生的静电，将破坏 TFT 阵列线路，使显示器工作异常。摩擦布的贴附也是产生不良的潜在原因之一。实际应用中摩擦布是卷到摩擦辊上的，必然存在一个摩擦布的接驳缝。如果没有协调好机台移动速度和摩擦辊的转速，就容易出现规则的拼缝 Mura。

同样是摩擦工艺，不同的显示模式，比如 IPS 和 TN 模式，出现的不良也不尽相同。这里，将介绍 TN 模式摩擦工艺出现的几种常见不良。

1. Neel Wall

当液晶是通过真空吸附方式注入液晶盒内时，由于液晶通过注入口注入并流动的影响，容易出现 Nell Wall 相错不良。图 5.18 所示是 Nell Wall 相错的偏光显微照片及液晶排列模拟示意图。通常，液晶注入后，液晶盒再加热到 100℃ 左右就可以消除掉液晶在注入过程中由于流动而导致的取向不良。如果取向膜锚定力足够强，Nell Wall 相错也就不容易发生。

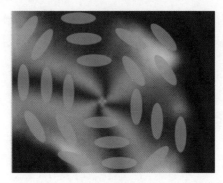

图 5.18   Nell Wall 相错的偏光显微照片及液晶排列模拟的示意图

2．预倾角错位

像素电极边缘的侧向电场往往会引起液晶预倾方向和预期的方向相反，发生预倾角错位。这种不良原因之一是液晶分子的预倾角初始值不够大。图 5.19 是预倾角错位的取向示意图。随着面板分辨率增加，像素尺寸越来越小，像素边缘电场的影响将增加，为了避免预倾角错位的发生，液晶预倾角应该增大。在聚酰亚胺取向层材料中增加烷烃侧链往往会获得更大的预倾角。

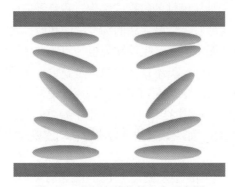

图 5.19   预倾角错位的取向示意图

3．扭曲角错位

为了稳定 TN 型显示模式下的扭曲方向，通常使用以下两种方法。一种是液晶中掺入少量的手性剂（Chiral）。对于 $5\mu m$ 盒厚的 TN 模式面板而言，手性剂的节距是 $100\mu m$。另外一种与摩擦方向相关。摩擦方向决定了液晶的倾斜方向，摩擦方向的选择可以避免液晶展曲取向的出现。如果预倾角没有足够大或像素侧向电场影响太强，则液晶的扭曲方向就可能出现与预期的相反，出现反转错位。图 5.20 显示了扭曲角错位不良的取向示意图。增加手性剂的用量，降低节距，进而可以有效地消除扭曲角错位不良。但是，增加手性剂的浓度会带来阈值电压的提升，因此实际应用中更倾向于采用较大的预倾角来解决此不良。

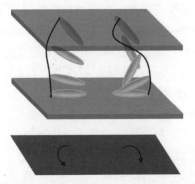

图 5.20　扭曲角错位不良的取向示意图

4．预倾角波动

预倾角的波动可能由聚酰亚胺溶剂的扩散速度不均导致，也可能由摩擦不均一导致。最近开发的聚酰亚胺取向液中掺入了一些可以控制界面特性的添加剂，进而可以影响取向特性和电学特性。这些添加剂会随着溶剂挥发性的改变而发生分离。例如，聚酰亚胺取向液中影响取向的组分会裸露在表面，预固化过程中的温度均一性和表面空气流动性会影响溶剂的分散速率，这影响着取向层表层的分子分布，进而导致预倾角出现波动。

5．污染物引起的不良

在液晶盒中，与液晶接触的阵列和彩膜基板表面膜层、聚酰亚胺取向层和边框胶等这些材料中可能会带来污染物，它们污染液晶，导致液晶出现取向不良。这些污染物可能是固体的，也可能是易挥发的。固体污染物由于它本身的存在而影响液晶取向，而易挥发物除污染液晶，还会影响取向膜的表面。对一个不良进行分析，可以利用显微镜观察或加电显示来确认怀疑的固体污染物。但是，易挥发污染物是观察不到的，它们通过污染液晶与取向膜，使液晶取向紊乱，表现为污染区显示异常。

边框胶是液晶的主要污染源之一。在面板加电时，液晶盒边缘出现的点线类不良，很大程度是边框胶成分污染液晶导致的。边框胶污染液晶的过程中，没有固化的边框胶与液晶发生了接触，或者边框胶的溶剂与液晶和聚酰亚胺表面发生了接触，或者外界的水汽透过边框胶，水汽自身并携带了污染物污染液晶。边框胶污染导致的不良，一般是在可靠性评价中才能发现。这些污染物对面板有两种影响：一是出现附加电场，进而影响施加在液晶上的正常电压；一是污染物吸附在取向层表面，削弱了取向作用。

摩擦工艺出现问题的解决方案也在实际应用中得到不断完善，比如采用 N_2 离子体风可去除摩擦过程中的静电，摩擦设备上罩着隔离罩并有排风系统以迅速排除尘粒和阵列基板上设计静电短路环，等等，规模化生产发生的不良率还是可控的、比较低的。此外，开发一个方法，可以及时有效监控取向层的摩擦状态是非常重要的。近年来开发的利用反射式椭偏仪进行光学相位延迟的方法用于实时监控摩擦状态，是一种非常有效的方法。

5.4　光控取向

光控取向是半导体显示产业除摩擦取向外的另一种广泛应用的量产技术。该技术的基本原理是聚酰亚胺取向薄膜在线偏振紫外光（Linearly Polarized Ultraviolet，LPUV）的照射下，取向层分子在偏振光的偏振方向上发生光化学反应（Photochemical Reaction）或光致异构现象（Photo-isomerization），使聚酰亚胺分子出现极性，诱导液晶分子取向。光控取向可以分为三大类：光致交联、光致分解和光致异构。前两种属于光化学反应。

5.4.1　取向原理

1. 光致交联反应

光致交联反应是一种聚合反应，是在高能量光线的照射下，线性结构的聚合物分子自身的多官能团之间或与有多官能团的聚合物或单体作用形成具有桥键结构的体形结构聚合物分子的过程。例如，在侧链或主链上带有光敏性基团诸如肉桂酸盐、香豆素和查尔酮的聚合物，在高能量的紫外光照射后发生聚合。其中，以肉桂酸做光敏基团的光取向材料研究的最早、也最充分。聚乙烯醇肉桂酸酯（PVCi）于 1959 年就被合成了出来，在紫外光照射下，肉桂酸侧链会发生环加成反应，形成环丁烷的四元环，最初被用作正性光刻胶材料。1992 年 Schadt 等人发现聚乙烯醇肉桂酸酯在线偏振紫外光的照射下，会对液晶分子产生取向的能力，由此开创了光取向材料开发与应用的新时代，具有里程碑的意义。但是聚乙烯醇肉桂酸酯的不足之处在于 T_g 很低，光照射取向后取向结构不稳定，在较高温度下会发生解取向。于是后续的研究工作大多集中在将肉桂酸引入聚酰亚胺侧链当中，期望聚酰亚胺刚性的主链结构能有效抑制分子链的运动，防止取向结构发生解取向，提高材料的耐热稳定性。需要指出的是，聚合物的光致交联反应是在高能量的紫外线波长下发生，如果波长更短、能量更大，则该聚合物还有可能发生光致分解反应。

如图 5.21 所示，在线偏振光（$\lambda=320\mathrm{nm}$）照射下，带有肉桂酸支链的聚合物（PVCi）在与光偏振方向平行的方向上，支链会产生二聚反应（Photo-dimerization，是指两个相同的分子聚合成一个分子的聚合反应，包括加成二聚反应和缩合二聚反应），导致平行于偏振光方向的支链数量下降，而垂直于偏振光方向的支链数不变，即聚合物表面产生了各向异性。受未发生二聚反应的支链的影响，液晶垂直于偏振光方向取向。图 5.22 是带有肉桂酸基团的典型聚酰亚胺分子结构式。

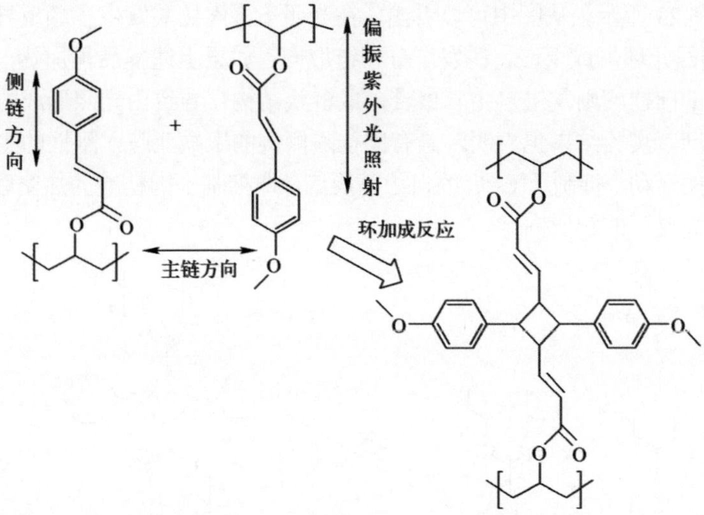

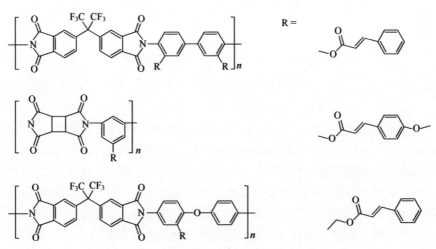

图 5.21　带有肉桂酸支链的聚合物（PVCi）的光致环加成反应示意图

图 5.22　带有肉桂酸基团的典型聚酰亚胺分子结构式

　　Kim 等人分别在聚乙烯和聚酰亚胺主链上引入肉桂酸基团，并与聚乙烯醇肉桂酸做对比，研究分子骨架结构对光敏取向剂的影响。研究表明紫外偏振光处理后，三种薄膜的紫外吸收特性都呈现相同的趋势，即随着辐照能量的增强，在284nm 处紫外吸收递减，说明在紫外光的激发下发生了[2+2]环加成反应。对相同的薄膜在 200℃ 下进行热处理，发现苯乙烯上引入肉桂酸侧链的材料和聚乙烯醇肉桂酸酯随着加热时间的延长，都不同程度地出现了紫外吸收的衰减，说明在加热的条件下，肉桂酸上的双键发生了传统的自由基聚合。Kim 等人认为光照和加热两种处理条件下，肉桂酸的反应机理是不同的，生成的聚合物化学结构也不一样，如图 5.23 所示。从图中可以看出，在光照下，肉桂酸发生了顺反异构，同时出现[2+2]四元环加成反应，诱发了分子链取向；如果上述样品再加热，未参与环加成反应的肉桂酸则发生自由基聚合，成链状结构，导致由光照形成的取向结构发生解取向。实验结果也表明，具有肉桂酸侧链的聚酰亚胺，刚性的主链结构抑制了侧链的运动，抑制了 C=C 的自由基反应，即抑制了肉桂酸的热交联反应，有效防止了高温下的解取向。

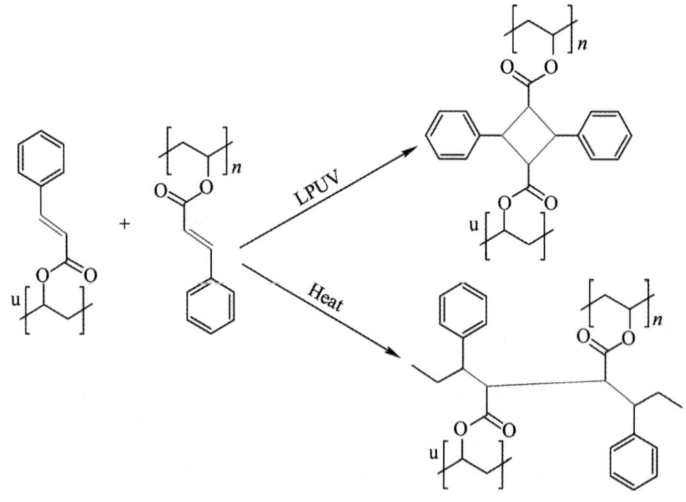

图 5.23　肉桂酸聚合物分别在光照与加热两种处理条件下的反应

　　肉桂酸的光敏性偏低，由其聚合的聚酰亚胺光取向材料最大吸收波长都在300nm 以下，光敏性差；同时肉桂酸结构的引入使聚酰亚胺的 T_g 大幅降低，导致材料取向结构的耐热稳定性不足。因此人们尝试用查尔酮这种具有刚性化学键连接基团的光敏基团来替代肉桂酸，期望提高侧链的刚性，进而提高取向结构的耐热稳定性。研究人员进行了很多努力，将查尔酮基团引入聚酰亚胺的主链和侧链中，分子结构式如图 5.24 所示。其光致环加成反应如图 5.25 所示。结果表明，查尔酮的光取向机理与肉桂酸相同，都是紫外偏振光的照射下有选择地发生[2+2]

环加成反应，表面产生各向异性。其优点是光敏性有所提高，最大吸收波长在
310nm 左右，但耐热稳定性提高幅度还是不明显。

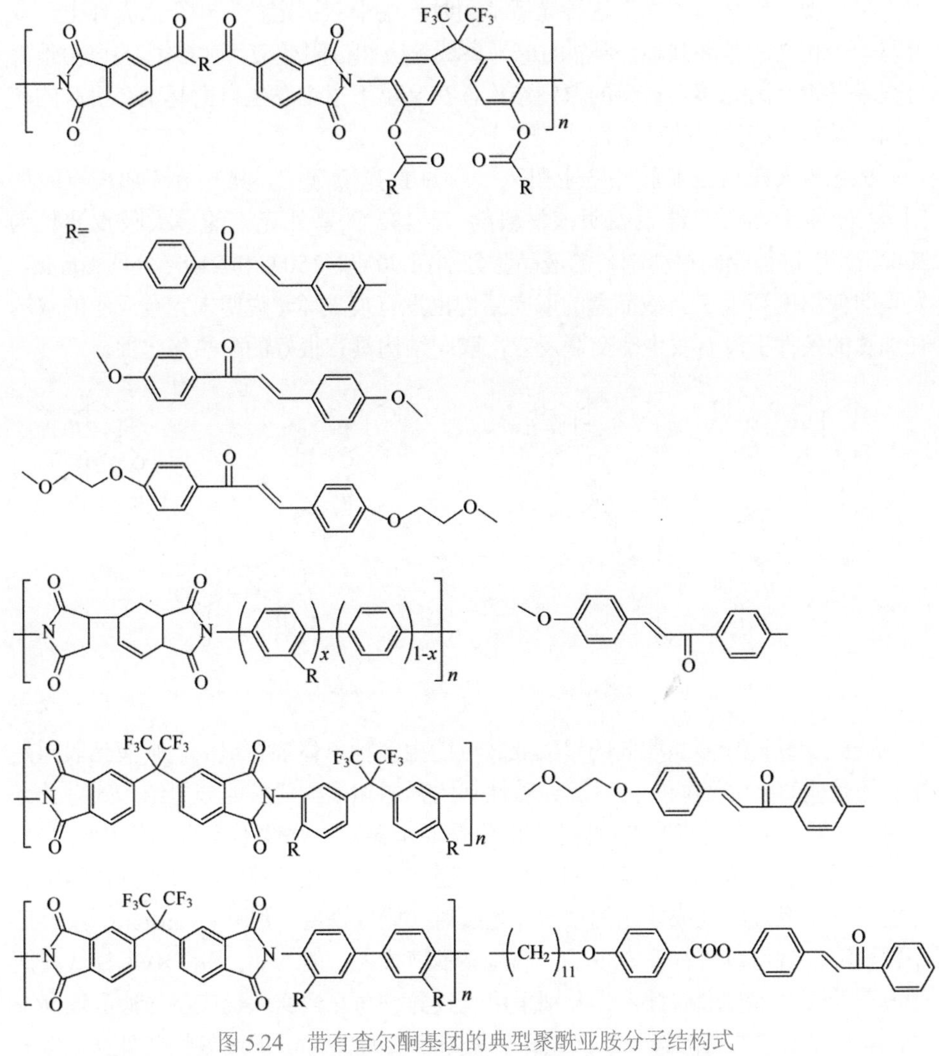

图 5.24　带有查尔酮基团的典型聚酰亚胺分子结构式

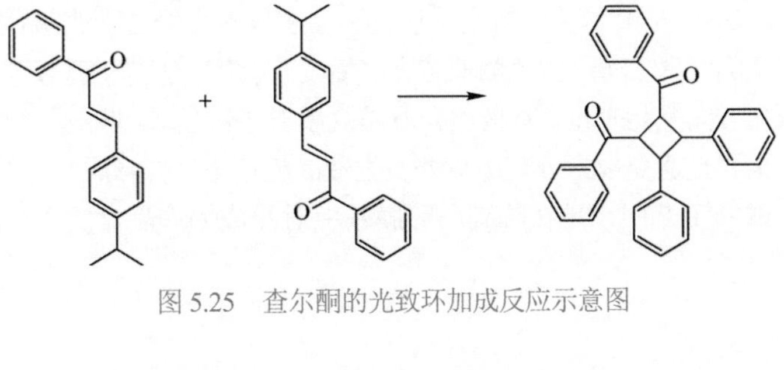

图 5.25　查尔酮的光致环加成反应示意图

肉桂酸和查尔酮基团的聚酰亚胺的耐热稳定性差，是因为没有完全参与光化学反应的肉桂酸或查尔酮在高温下发生自由基聚合，对取向结构产生解取向。研究人员发现，当采用香豆素这种光敏基团时，由于双键定位在一个六元环上，双键与一个相邻的苯环共轭，强烈的电子离域效应和位阻效应，使 C=C 的自由基聚合很难发生，因此该类材料的取向结构，在高温下很难发生自由基聚合引起的解取向，具有较好的耐热稳定性。

Ree 等人在聚酰亚胺侧链上引入了香豆素光敏基团，其光致环加成反应如图 5.26 所示。研究结果表明该材料的 T_g=132℃,紫外光谱的最大吸收波长为306nm。用这种取向材料制备的液晶盒分别在 90℃、150℃和210℃处理 10min，发现即使温度高于 T_g，液晶盒的取向结构也没有被破坏，说明未完全反应的双键在加热的条件下没有发生热交联反应，取向结构具有很好的耐热稳定性。

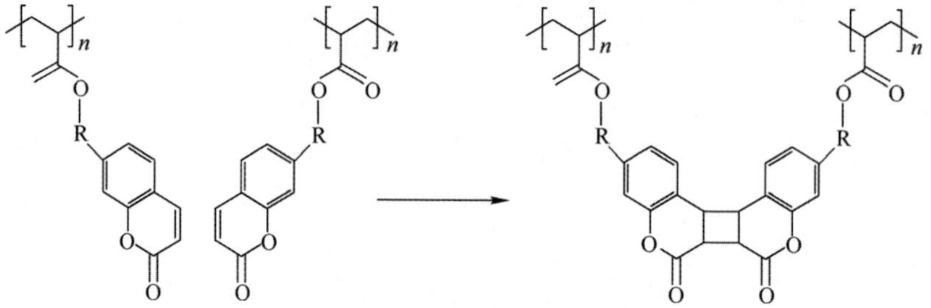

图 5.26　香豆素聚合物的光致环加成反应示意图

光致交联诱导液晶取向的聚酰亚胺可能由多种单体混合组成，则液晶取向是平行还是垂直于光偏振方向，与光敏性基团强弱和聚酰亚胺的分子结构式有关。同时，如果存在未反应的光敏性基团，将是显示器发生残像不良的一个主要因素。

光致交联的液晶取向工艺相对简单，通常在聚酰亚胺薄膜经过预固化和主固化之后，再经过线性或非线偏振紫外光照射（能量密度一般几百 mJ/cm^2），然后不需要清洗就可以进行下一步了。液晶显示模式中一般 UV^{2}A 和 PSVA 模式（两种典型的液晶垂直取向技术）分别采用光致异变与光致交联反应诱导液晶取向。UV^{2}A 取向工艺具有的特点：①光源一般是波长为 313nm 的线偏振紫外光，以一定倾角（一般 40°～50°以内）方向入射；②上述入射光经过一张掩模版，其开口区对应基板上的畴区，畴区的聚酰亚胺光照后发生反应；③阵列基板与彩膜基板上照射的偏振光方向互相垂直，基板组合液晶盒后形成液晶取向畴区。紫外光倾斜入射的作用，主要是避免像素分畴边界处发生液晶相错不良并形成合适的预倾角。

PSVA 取向工艺中，是在阵列与彩膜基板对盒成为液晶盒后进行，取向工艺具有的特点：

①液晶中含有光敏性 RM（Reactive Monomer）单体，基板上的聚酰亚胺也具有能发生光化学反应的光敏性基团；②照射的紫外光不需要偏振性；③在紫外光照射之前，先给液晶盒施加一个偏压，在阵列基板上 ITO 开槽（Slit）结构共同作用下，液晶分子朝特定方向发生小的偏转，紧接着照射紫外光，RM 与聚酰亚胺发生环加成反应，在液晶的裹挟下，反应的高分子链沿一定方向排列，诱导了液晶分子沿此方向以倾斜 3°～5° 的预倾角进行取向；④上述取向步骤完成后，基板再转移到波长一般为 365nm 的紫外光腔体内进行较长时间的二次紫外光照射，目的是去除聚酰亚胺和未反应 RM 中的活性自由基，避免残像的发生。RM 单体的分子结构示意图如图 5.27 所示，在核心基团两端都连接了光敏基团，能与聚酰亚胺发生光致环加成反应。图 5.28 是 PSVA 的光控取向流程示意图。

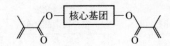

图 5.27　RM 单体分子结构示意图

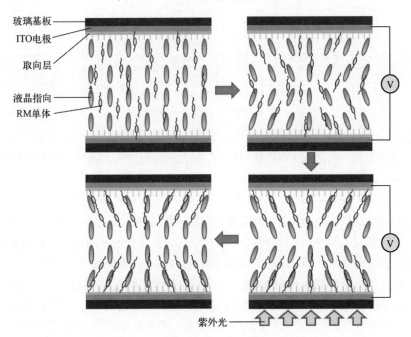

图 5.28　PSVA 光控取向流程示意图

2. 光致分解反应

光致分解（Photo-decomposition）反应诱导液晶取向的原理，就是在波长约为 254nm 的线偏振紫外光的照射下，在偏振方向上的聚酰亚胺分子链发生断裂、分解，而垂直于偏振方向的没有遭到破坏，在此方向具有极性优势，诱导液晶分子沿着垂直于紫外光的偏振方向排列取向。图 5.29 是光致分解反应的液晶取向原理示意图。从图中可以看出，紫外线照射前，线性链状的聚酰亚胺高分子是随机分布的，在竖直方向的 254nm 高能、线偏振紫外光的照射下，该方向的聚酰亚胺高分子链发生光致分解反应，分子链发生了断裂（图中点画线示意），成为副产物，而水平方向的分子链没有受到影响，因此在水平方向上分子链与液晶分子相互作用，诱导液晶分子在水平方向上排列取向。研究表明，垂直方向的分子链发生了断裂、分解，即使后续的再次加热工艺，热激活能也能难使分子链再链接，即取向具有很好的热稳定性。

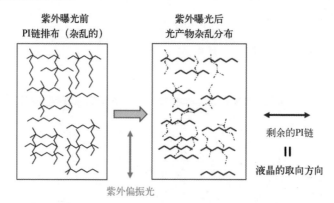

图 5.29　光致分解反应的液晶取向原理示意图

　　研究发现，芳香族的聚合物，由于存在大的共轭结构，原子的离域效应被加强，能级降低，导致这类材料都不耐紫外，尤其是某些特殊结构的聚酰亚胺，如环丁烷四羧酸二酐（CBDA）就是用顺丁烯二酸酐在一定波长的紫外光照射下，通过[2+2]开环加成反应合成的；CBDA 制备的聚酰亚胺聚合物很容易发生逆反应，分子链中的环丁烷劈裂还原为顺丁烯结构，于是光取向时在更低能量的紫外光辐照下就能得到很好的取向结构，因此基于 CBDA 的光致分解材料的研究报道很多。

　　Park 等人用 CBDA 和 MDA 制备了光致分解型聚酰亚胺，其分子结构式如图 5.30 所示。研究表明，该聚合物制备的液晶盒电压保持率高达 99.6%，同时该取向膜对液晶分子的锚定能也较好，为 $W_\emptyset \geqslant 5 \times 10^{-5} \mathrm{J/m^2}$，是光致分解材料研究的热点。

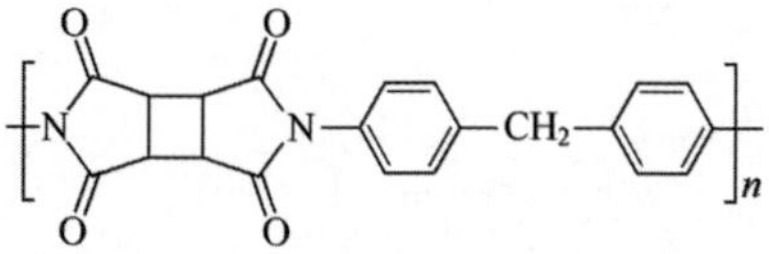

图 5.30　制备的光致分解型聚酰亚胺分子结构式

与摩擦取向相比，光致分解反应诱导取向具有以下不足点：①与摩擦取向的锚定能（一般数量级 $10^{-3}\mathrm{J/m^2}$）相比，光致分解反应诱导液晶取向的锚定能要低 $1\sim 2$ 个数量级，即聚酰亚胺的热稳定性、化学与机械稳定性更差；②材料对光敏感度低，需要更高辐射剂量和更长时间才能使分子链完全分解；③光致分解产生的副产物会产生离子，是引起显示器发生残像和闪烁的原因之一。

用于光致分解的聚合物在使用的工艺中还有一些区别，有的是光照射后无清洗步骤，通过再次加热进一步去除光致分解的产物，有的光照射后先进行清洗再加热的方式以去除光致分解产生的副产物。

3. 光致异构反应

聚合物的构相变化不同于构型变化。构型（Configuration）变化是指分子的共价键断裂、共价键新形成和原子（或基团）的重新排列，是形成新的分子结构的化学变化。构相（Conformation）变化是指分子的碳原子或基团在空间呈现不同的立体形象的变化，是一种物理变化。不同的构相之间可以相互转变，不需要共价键断裂和重新形成。一种聚合物的不同构相称为异构体。偶氮类聚合物存在两种不同的构相形态：顺式形态和反式形态。光致异构反应（Photo-isomerization）一般是指偶氮类聚合物在紫外光照射下，引起顺式形态和反式形态的相互转变，即发生了光致顺反异构反应。偶氮类材料在正常情况下以更稳定的反式形态存在，在吸收紫外光后向顺式形态转变，但当顺式形态的分子在吸收可见光和热能后，又能向反式形态转变，如图 5.31 所示，即光能和热能的阈值影响着偶氮类材料光控液晶分子取向的稳定性。

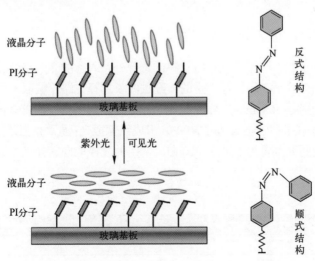

图 5.31　偶氮类材料的光致顺反异构形态转变示意图

　　将偶氮苯基团引入聚酰亚胺的主链或侧链结构当中，对液晶分子的取向效果将产生很大差异。几种光致异构型聚酰亚胺分子结构式如图 5.32 所示。研究发现，将偶氮苯基团引入到聚酰亚胺的主链中，其热稳定性高，光控取向后，液晶分子的预倾角为 1° 左右；而将其引入侧链中，获得了接近 90° 预倾角的垂直取向膜。该类材料的优点是在很低能量光的辐照下，就能获得很好的液晶分子取向，缺点就是取向结构不稳定，因此该类材料不太适合单独用作光控取向材料。在实际应用中，为获得良好的光和热稳定性能，偶氮类材料一般作为单体掺入 PAA 或聚酰亚胺溶液中。

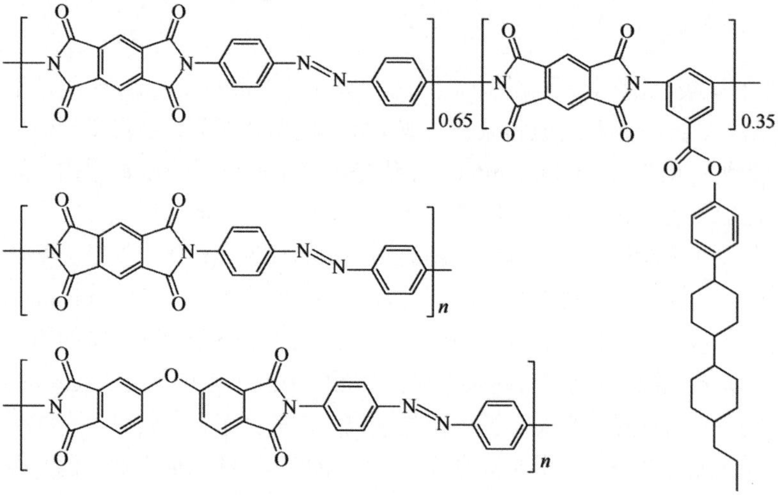

图 5.32　几种光致异构型聚酰亚胺分子结构式

5.4.2　光控取向的光源特点与影响

　　光控取向工艺，除了聚酰亚胺材料的选择外，入射的光源将对取向产生重要影响。入射的光源是高压汞灯产生的，经过波长选择光路，截取不同波段的紫外光，常用的分别是 365nm、254nm 和 313nm；经过起偏器（铝或氧化钛金属线制作的线栅，Wire Grid Polarization，WGP），形成线偏振光；通常光强是 $100mW/cm^2$，实际生产中的照度剂量为 500～1000mJ。常用的光控取向紫外光光源及其特征波长见表 5.7。

表 5.7　常用的光控取向紫外光光源及其特征波长

UV 光源	波长（nm）
高压汞灯	254，365，405，436
低压汞灯	185，254

续表

UV 光源	波长（nm）
Hg-Xe 灯	254，313，365
极紫外灯	172，222，308
金属卤化物灯	250~450
紫外激光	257（Ar），355（YAG）

　　光控取向的紫外光处于深紫外波段，能量比较高。高能量紫外光的一个好处是能促使聚酰亚胺能发生并且更快速发生光化学反应，但是高能量也带来了一些不利影响。研究表明，随着照射的紫外光剂量增加，液晶盒内产生的直流电压分量也增加，如图 5.33 所示。直流偏置电压的增加，是导致残像或局部 Mura 的主要原因之一。在高能量的深紫外线照射下，液晶分子也会分解出一些离子和杂物，它们在显示器的显示驱动中，施加的电场会吸附它们形成偏置电压。对于光致分解型材料，高能量的深紫外光照射产生很多副产物，虽然通过二次热处理或清洗，副产物要么挥发，要么进一步发生分子络合反应，但是依旧会残留一些，它们也是导致残像或局部 Mura 的原因之一。

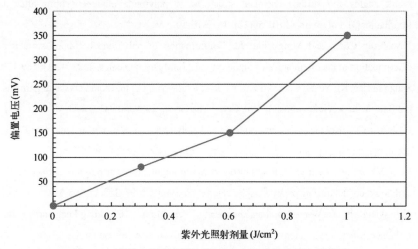

图 5.33　紫外光照射剂量与液晶盒内形成的偏置电压关系

参 考 文 献

[1]　Berreman D W. Solid surface shape and the alignment of an adjacent nematic liquid crystal[J]. Phys. Rev. Lett., 1972, 28(26): 1683.

[2]　Geary J. M., Goodby J. W., Kmetz A. R., and Patel J. S. The mechanism of polymer alignment of liquid‐crystal materials[J]. J. Appl. Phys., 1987, 62(10): 4100-0.

[3] Michael F. Toney, Thomas P. Russell, J. Anthony Logan, Hirotsugu Kikuchi, James M. Sands, Sanat K. Kumar. Near-surface alignment of polymers in rubbed films[J]. Letters to Nature, 1995, 374: 709.

[4] Yorai Amit, Adam Faust, Itai Lieberman, Lior Yedidya, and Uri Banin. Semiconductor nanorod layers aligned through mechanical rubbing[J]. Phys. Status Solidi A, 2012, 209(2): 235-242.

[5] Lee K. W., Paek S. H., Lien A., Durning C., and Fukuro H. Microscopic molecular reorientation of alignment layer polymer surfaces induced by rubbing and its effects on LC pretilt angles[J]. Macromolecules, 1996, 29(27): 8894-8899.

[6] Sang Jin Lee, Chang-Sik Ha, Jin Kook Lee. Synthesis and characteristics of polyimides for the applications to alignment film for liquid crystal display[J]. Journal of Applied Polymer Science, 2001, 82(10): 2365-2371.

[7] Chi-Jung Chang, Ray-Lin Chou, Yu-Chi Lin, Bau-Jy Liang, Jyun-Ji Chen. Effects of backbone conformation and surface texture of polyimide alignment film on the pretilt angle of liquid crystals[J]. Thin Solid Films, 2011, 519(15): 5013-5016.

[8] Xu Wang, Shengliang Chen, Yijun Yang, Yi Chen, Ming Li and Xiangyang Liu. Correlation of pretilt angles and surface chemical structures of polyimide alignment films after direct fluorination[J]. Polym Int., 2010, 59(12): 1622-1629.

[9] Yaw-Terng Chern and Ming-Hung Ju. Conformation of polyimide backbone structures for determination of the pretilt angle of liquid crystals[J]. Macromolecules, 2008, 42(1): 169-179.

[10] Sang Gu Lee, Kil Yeong Choi, Mi Hie Yi, and Dong Myung Shin. Liquid crystal alignments and the fluorine in polyimde films[J]. Mol. Cryst. Liq. Cryst., 2009, 505(1): 37-43.

[11] H. Fukuro, S. Kobayashi. Newly synthesized polyimide for aligning nematic liquid crystals accompanying high pretilt angles[J]. Mol. Cryst. Liq. Crysr., 1988, 163: 157-162.

[12] Kang-Wook Lee, Alan Lien. Relationship between alignment layer polymer surface structures and liquid crystal display parameters[J]. Macromol. Symp., 1997, 118(1): 505-512.

[13] Xiangyang Liu, Xu Wang, Hua Lai, Shengliang Chen, Ming Li, Chaorong Peng and Yi Gu. The influence of fluorine atoms introduced into the surface of polyimide films by direct fluorinationon the liquid crystal alignment[J]. Liquid Crystals, 2010, 37(1): 115-119.

第 6 章　面板驱动原理与常见不良解析

随着 TFT LCD 朝着超高清、高刷新率、高色域、高透过率和窄边框方向的发展，对面板的设计提出了越来越高的要求。由此在满足面板高性能的同时，画质不良风险也越来越大，尤其像串扰、闪烁和残像等问题，直接影响着用户对图像显示的体验。本章首先介绍面板的驱动基本原理，然后重点介绍串扰、闪烁和残像三大常见显示不良的发生机理及改善措施。

6.1　液晶面板驱动概述

6.1.1　像素结构与等效电容

在广泛应用的 TN 模式、VA 模式、IPS 模式和 FFS 模式中，不管哪种显示模式，其液晶驱动的阵列像素结构基本组成包括导电层薄膜和功能层薄膜。导电层薄膜包括扫描线、数据线和像素电极（金属或 ITO 薄膜）；功能层薄膜包括绝缘介质层（含氢的 SiN_x，有时还包括 SiO_x）、半导体层（a-Si:H 或 IGZO）和位于源-漏金属与 a-Si:H 之间起到欧姆接触作用的欧姆接触层（n^+ a-Si:H）。图 6.1（a）所示为一个常用的共公共电极储存电容（C_{ST}-on-COM）结构的像素单元（严格说是组成三原色红、绿、蓝像素的一个亚像素），其对应的像素等效电容如图 6.1（b）所示。我们知道，任何两个中间隔着绝缘介质的导电电极，不管是相互交叠还是空间上间隔一定距离，它们之间都分别构成了交叠电容和侧向电容。如图 6.1（b）所示，交叠电容有 C_{gdx}（扫描线与数据线之间）、C_{dcx}（数据线与公共电极线之间）和 C_{gdx}（扫描线与数据线之间）等，侧向电容有 C_{pd}（像素电极与数据线之间）、C_{dc}（数据线与公共电极之间）和 C_{gp}（扫描电极与像素电极之间）等。这些等效电容中，除了 C_{ST} 是设计上根据性能需求必须设计的，其他电容都是布线原因引起的不必要的电容，因此除了 C_{ST} 的这些电容可以统被称为寄生电容，对扫描线、数据线和像素电极来说都是无益的负载。这些寄生电容，是引起画质不良的潜在因素，是面板设计和面板驱动必须要考虑的核心要素。

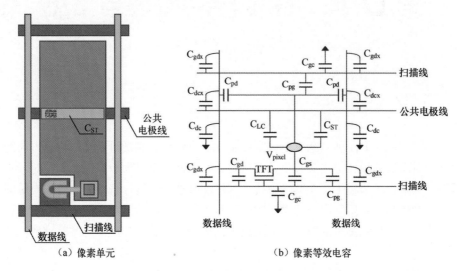

（a）像素单元　　　　　　　　　（b）像素等效电容

图 6.1　共公共电极储存电容结构的像素结构

6.1.2　像素阵列的电路驱动结构

对每个像素（严格来说是亚像素，下同）的驱动，都有一个对传输数据信号起到开关作用的 TFT。根据行扫描时序与数据信号传输特点，常用的像素阵列的电路驱动结构如图 6.2、图 6.3 和图 6.4 所示。

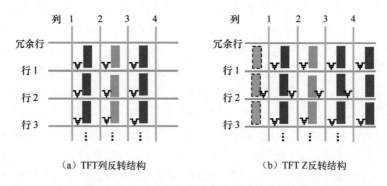

（a）TFT 列反转结构　　　　　　　（b）TFT Z 反转结构

图 6.2　1G1D 像素阵列的电路驱动结构示意图

图 6.2 所示为逐行开启，数据信号依次写入开启行的像素阵列的 1G1D 电路

驱动结构。图 6.2（a）和（b）最大的区别是每根数据线上 TFT 的排列方式，（a）图中 TFT 排布朝向一侧，称为 TFT 的列反转结构，（b）图中 TFT 排布依次一行左、一行右的 Zigzag 方式，称为 TFT 的 Z 反转结构。

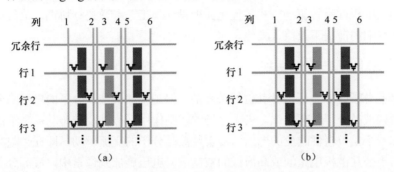

图 6.3 2G2D 的两种像素阵列的电路驱动结构示意图

图 6.3 所示为同时开启两行，同时输入两行数据信号的 2G2D 电路驱动结构。相比 1G1D，扫描的行数量没有增加，数据线数量增加了一倍。其特点是在帧刷新率不变的前提下，可以把每行的开启时间提高一倍，这样有利于提高像素的充电率，或者在行开启时间不变的前提下，可以把帧刷新率提高一倍。

图 6.4 所示为双栅（Dual Gate）和三栅（Triple Gate）像素阵列的电路驱动结构示意图。双栅与三栅虽然也是逐行开启，数据信号依次写入开启行的像素阵列中，但是相比 1G1D，其特点是行扫描线数量分别增加了两倍和三倍，数据线数量分别下降了 1/2 和 2/3，每行开启时间分别缩短为 1/2 和 1/3。这种电路驱动结构，如果采用 GOA 驱动，将带来很大的成本优势，因为 GOA 电路与 TFT 阵列制程工艺兼容，制作在阵列基板上不额外增加成本，增加 GOA 单元带来了数据线数量的下降，这样可以减少 S-IC 数量，节省了成本。

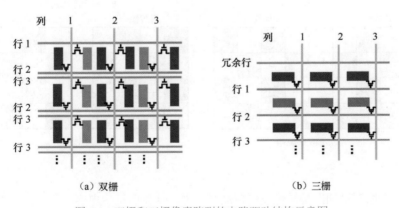

图 6.4 双栅和三栅像素阵列的电路驱动结构示意图

上述常见的像素阵列的电路驱动结构，一般根据面板设计的需要或成本考虑进行选择。而不同的结构类型，将对面板显示性能有一定的影响。当然，面板的设计是个系统工程，一种结构的选择带来益处的同时，针对其存在的不足，可以选择面板的极性反转驱动方式或优化面板设计与工艺参数进行协调，最终达成画质不受影响的前提下效益最大化。

6.1.3 极性反转驱动方式

液晶分子是靠电压改变其位置关系的，但是施加给液晶分子的电压需要交流的，否则液晶分子将被极化，失去电场的控制作用。极性反转驱动就是给液晶分子施加一个正负极性改变的电压信号实现液晶分子的交流驱动，即在帧与帧之间把相对于公共电极电压的或高或低的数据信号电压施加到像素中，液晶分子介质的一端是公共电极，另外一端是像素电极，两端之间就实现了交流驱动。

常见的面板极性反转驱动方式如图 6.5 所示，包括图（a）行反转（Row Inversion）驱动、图（b）列反转（Column Inversion）驱动、图（c）帧反转（Frame Inversion）驱动和图（d）点反转（Dot Inversion）驱动。需要提示的是，这里说的反转驱动是指实现液晶交流驱动的面板数据极性驱动方式，而前面提到的 TFT 反转方式是指 TFT 在一根数据线上的摆放方式。

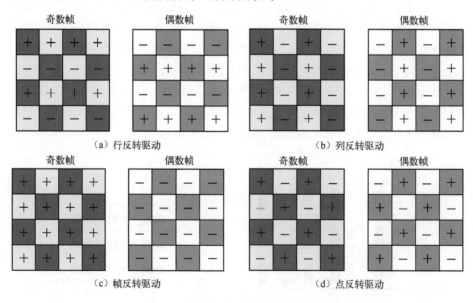

图 6.5 常见的面板极性反转驱动方式

在上面列举的四种极性反转驱动方式中，从克服寄生电容的负面影响来看，点反转驱动方式更有利于把不良影响平均化，能实现最佳的画面品质。实现点反转极性驱动，还需要选择合适的 TFT 反转方式：如果选择 TFT 列反转结构，则说明每根数据线在行与行之间的极性都要进行正负切换，这样将使功耗大大增加，并且不利于像素充电；但是如果采用 TFT Z 反转方式，则没有功耗的问题。因此，可以说上述这些驱动方式，在实现液晶交流驱动的同时，搭配合理的 TFT 反转方式也是关键的。然而，TFT 列反转与 Z 反转结构在某些特殊画面下，又表现出不同的 "不足"，犹如金无足赤一样总是存在一点遗憾。这就要求面板设计工程师要全盘考虑设计要素，以各个维度最佳性能的设计要素进行合理设计。

6.1.4　电容耦合效应

前面像素的等效电容示意图[见图 6.1（b）]中可以看出电极之间存在不必要的寄生电容。电容耦合效应是基于电荷守恒的物理法则下，不同电极之间通过电容联系在一起，个别电极的电位变化，引起另外一端电位变化的现象。

电容耦合效应如图 6.6 所示，4 个电极通过 4 个电容连接在一起，假设 V_A 电压突然变化了 ΔV，则根据电容两端电压不能突变的原理，在电容 C_1 上该时刻电位也为 ΔV。由于 C_1 与其他 3 个电容连接在一起，电位最终将达到一致，即互相间会有电荷流动最终达到平衡，所以达到平衡后的电位值为

$$V_0' = \Delta V \times \frac{C_1}{(C_1 + C_2 + C_3 + C_4)} \tag{6.1}$$

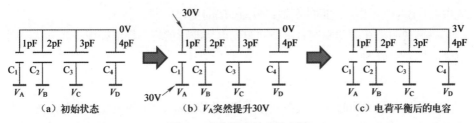

图 6.6　电容耦合效应示意图

假设 C_1=1pF，C_2=2pF，C_3=3pF，C_4=4pF，V_A 突然变化了 30V，则瞬间 C_1 上的电位也为 30V。因为这 4 个电容没有其他电荷泄漏路径，所以电荷是守恒的。因此，最终达到电位平衡，平衡后的电位为

$$V_0' = 30 \times \frac{1}{(1 + 2 + 3 + 4)} = 3(\text{V}) \tag{6.2}$$

在像素的各个寄生电容中，C_{gs} 引起像素的馈入电压效应，C_{pd} 是引起串扰的重要因数之一。对于拼接曝光的阵列图形中，同一层的不同曝光区间，C_{dp} 存在一定的偏差，则像素电极受到的耦合影响也不一样，容易出现拼接姆拉，即出现曝

光区域之间的亮度不均。理想情况下，公共电极的电压（V_{com}）是稳定的，但实际上其电压也受耦合效应的影响会出现波动，这种波动同样会引起画面异常。只是公共电极不是封闭的电极，受波动后是可以进行电荷补充的。在受到波动后，受其电极上 RC 负载的大小影响，在一定时间内是可以恢复的。通过面板设计或电路驱动方式的调整，可以使 V_{com} 电压波动在时间上相互抵消，保证其电压的稳定，避免诸如残像和串扰等不良的发生。

6.1.5　驱动电压的均方根

前面章节提到外界电场改变，在液晶分子长轴或短轴上立刻产生电子云密度的变化，此时液晶分子本身位置还没有改变，是因为电场改变的频率很快，而液晶分子由于分子作用力和黏度等因素影响还来不及改变排列位置。此时，液晶分子的排列是受力矩相对时间的平均值决定的，即平均力矩为

$$\tau_{ave} = \int_0^T \tau(t) \cdot dt / T \tag{6.3}$$

式中，t 为时间；$\tau(t)$ 为力矩相对时间的函数。由于力矩与电压平方成正比，即可得到电压的均方根 V_{rms} 的计算公式为

$$V_{rms}^2 = \int_0^T [V(t)]^2 \cdot dt / T \tag{6.4}$$

$$V_{rms} = \left\{ \int_0^T [V(t)]^2 \cdot dt / T \right\}^{1/2} \tag{6.5}$$

式中，$V(t)$ 为电压相对时间的函数；T 为 $V(t)$ 的变化周期。

举例说明。在驱动周期内，不同驱动电压波形的均方根值如图 6.7 所示，则计算的均方根值为

$$V_{rms} = \left\{ (T/5)[(1)^2 + (-3)^2 + (2)^2 + (0)^2 + (1)^2] / T \right\}^{1/2} = (15/5)^{1/2} = 1.732(V) \tag{6.6}$$

因为液晶的响应时间一般在毫秒量级，如果式（6.6）的电压变化周期远小于液晶的响应时间，则液晶分子在图 6.7 所示的驱动电压波形下的最终排列位置（关系到透过率），与施加一个 1.732V 的电压来驱动液晶的效果是相同的。

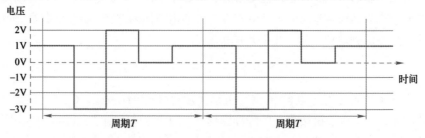

图 6.7　计算均方根的驱动电压波形

　　面板驱动中，通过 TFT 给每个像素充电在几微秒的时间内就完成，而在维持的 1 帧时间内，像素电压还会因为电容耦合效应而受到波动，像素最终的亮度是 TFT 输入电压与耦合效应干扰电压的综合结果。

6.2　串扰

6.2.1　定义与测试方法

1. 定义

　　串扰（Crosstalk）是指当信号在传输线上传播时，因电容、电感耦合对相邻的传输线产生的不期望的电压噪声的现象。耦合是相互的，造成传输线与相邻线之间信号异常。在液晶显示领域，串扰表现为一种画面显示异常的现象，即显示屏的部分区域显示受到其他区域驱动信号的影响而出现画面异常。引起显示串扰的因素比较多，也很复杂，有时是多个因素的综合影响，如影响因素有面板极性反转驱动方式、像素 TFT 排布结构、像素电极的耦合电容、TFT 漏电和数据 IC 驱动能力等。幸运的是，即使出现了串扰，经验丰富的工程师也能快速辨别原因，并采取相应的对策而快速解决。

　　受到人眼睛对亮度变化的敏感度影响，串扰一般是在特殊显示图形[见图 6.8（a）]下观察，普遍的做法是在显示屏的中间区域显示全亮图形（L255），四周显示中间灰阶图形（L127），然后观察水平和垂直的方向上亮度变化情况。水平方向中间灰度图形区域出现亮度差异，称为水平串扰[见图 6.8（b）]；垂直方向中间灰度图形区域出现亮度差异，称为垂直串扰[见图 6.8（c）]。需要指出的是，因为产生水平串扰和垂直串扰的原因各异，有时也会同时发生。

（a）无串扰（测试基准）　　　　（b）水平串扰　　　　　　（c）垂直串扰

图 6.8　显示串扰示意图

2. 测试方法

　　串扰的测试方法：首先在显示中间灰阶 L127 画面下，在规定位置的四个点测量亮度值，记录为 L_A（由于受背光亮度均匀性影响，四个点基准亮度可能有差异，因此这里指的是其中一个点的数据），如图 6.9（a）所示；然后在面板中间位置显示一个最亮的图形 L255，再次测试对应的四个点的亮度值，记录为 L_B，如图 6.9（b）所示。受中心图形驱动信号的影响，如果出现串扰，则 L_B 的亮度相比 L_A 将发生变化。串扰的大小可以用亮度变化的百分比表示：

$$串扰(\%) = \frac{\left|L_B - L_A\right|}{L_A} \times 100\% \tag{6.7}$$

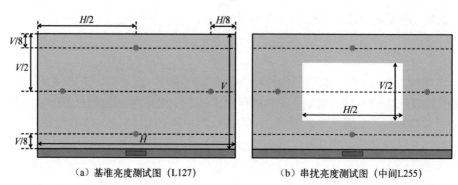

（a）基准亮度测试图（L127）　　　　　（b）串扰亮度测试图（中间L255）

图 6.9　串扰测试方法示意图

为了保证画面的显示品质，一般要求串扰数值不超过 2%。对于 TN 型的常白显示模式，有时中间的亮图形切换为暗图形 L_0 进行串扰评价。

6.2.2　垂直串扰

1. TFT 漏电的影响

TFT 在像素中起着控制像素电极充放电的开关作用。受半导体层特性的影响，即使 TFT 处于关态，在沟道也不是绝对没有电荷流动。相反，受工艺制程和驱动电压等因素的影响，关态漏电流有时还比较大。

在理想情况下，TFT 的关态漏电流主要是由半导体材料的 a-Si:H 薄膜引起的。因此，关态漏电流可以表达为

$$I_{off} \approx \frac{\sigma_D d W V_{DS}}{L} \tag{6.8}$$

式中，σ_D 为 a-Si:H 薄膜的暗电导率；d 为薄膜的厚度；V_{DS} 为 TFT 沟道源极与漏极之间的电压；W 与 L 分别为沟道的宽度和长度。同时，σ_D 随着 a-Si:H 薄膜的厚度 d 下降而下降，因此为了获得更低的关态漏电流，通常 a-Si:H 薄膜都会沉积

的比较薄。在 BCE（Back Channel Etching）结构中，受背沟道刻蚀的影响，a-Si:H 薄膜一般要厚一些，厚度一般在 100nm 以上；而在 ESL（Etching Stopper Layer）结构中，a-Si:H 薄膜厚度一般在 50nm。在 BCE 结构中，a-Si:H 薄膜更厚些，主要是在刻蚀 n⁺a-Si:H 时确保有足够的刻蚀余量。作为半导体的 a-Si:H 还具有光电导，因此在背光的照射下也会引起光生电流，即引起 TFT 的关态漏电流增加。一般来说，导致像素电极发生电荷泄漏的路径主要有以下几种：

① TFT 源-漏电压导致的漏电流（I_{DS}）；

② 受光照影响 TFT 沟道产生的光生漏电流（I_{photo}）；

③ 绝缘层的缺陷态引起的漏电流（I_{SiN_x}）；

④ 液晶材料引起的漏电流（I_{LC}）。

另外，研究表明 a-Si:H 的暗电导率还是温度的函数，温度每增加 20℃，TFT 的关态漏电流约增加一个数量级，同时开态电流也略微增加，只是增加幅度没有关态漏电流的高，即 TFT 的开态电流与关态电流的开关比随着温度升高而下降。这就是高温环境下容易出现显示异常的原因之一。然而，温度对暗电导率的影响是可以恢复的，即高温下即使出现了显示异常，但是在室温下是可以恢复的。

TFT 关态的漏电是引起垂直串扰的主要原因之一。为了更好地分析漏电导致的串扰，假定液晶面板是常黑显示模式（比如 IPS 模式），数据极性采用列反转驱动，TFT 排列采用列反转结构。如图 6.10（a）所示，首先在垂直方向上设定贯穿串扰测试图形中间白区相并列的两条数据线 C_n(+)和 C_{n+1}(-)，并在"$V_上$"区各选定 A 和 C 点，在"$V_下$"区选定 B 和 D 点，两条数据线的极性在当前帧分别是正极性与负极性，下一帧分别为负极性与正极性，显示数据扫描方向是从上到下。从图 6.11 中可以看出两根数据线上的数据电压波形。在第 N 帧，受中间亮图形数据电压的影响，在 1 帧周期的大部分时间里，C_n(+)数据线通过 TFT 向处于关态的像素注入正电荷，使 A、B 点像素电位升高；相反，C_{n+1}(-)数据线向处于关态的像素注入负电荷，使 C、D 点像素电位下降。特殊阶段是 A 和 C 点从帧起始到该点时间范围内的电位是向公共电极电压（V_{com}）靠近的，其他大部分时间 A 点电位升高和 C 点电位下降，是更加远离公共电极电压，根据像素电压均方根的计算方法，像素电极电位与 V_{com} 之间的电压差是增加的，因此 A、C 点所在的"$V_上$"区更亮了，出现"偏白"的串扰；同理，B、D 点所在的"$V_下$"区更暗了，出现"偏黑"的串扰，如图 6.10（b）所示。在接下来的 N+1 帧，数据极性虽然都相反了，但是出现串扰的效果是一样的。

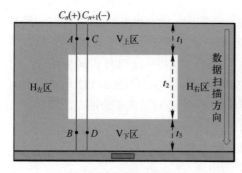

（a）测试点参考示意图

（b）出现的垂直串扰示意图

图 6.10　测试 TFT I_{off} 对垂直串扰的影响

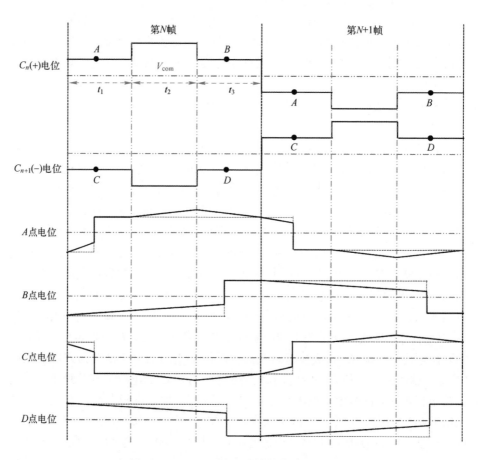

图 6.11　TFT I_{off} 引起垂直串扰的波形示意图

降低 I_{off} 引起的串扰，可以开发低驱动电压的液晶以降低 TFT 源-漏电压，采用低 I_{off} 的 TFT 沟道工艺制程和适当增加像素储存电容（C_{ST}）等措施。

数据极性的列反转方式和 TFT 的列反转结构在面板驱动中是普遍应用的。如果采用数据极性的其他反转方式，以及 TFT 的排列结构也改变，垂直串扰现象将更严重。

2. 数据线与像素电极耦合电容的影响

从图 6.1（b）中可以看出各个电极线之间的电容，其中数据线与像素电极之间的耦合电容是 C_{pd}，在串扰测试图形下，根据电容耦合效应，数据线电压的变化将引起像素电极电压的改变而出现垂直串扰。为了更好分析 C_{pd} 对串扰的影响，假定液晶面板是常黑显示模式（比如 IPS 模式），数据极性采用列反转驱动，TFT 排列采用列反转结构。如图 6.12（a）所示，图中 C_{pd} 为像素电极与其自身驱动数据线之间的耦合电容；C'_{pd} 为像素电极与相邻数据线之间的耦合电容。虽然设计上像素电极到自身数据线及相邻数据线的间距是一样的，但是受阵列工艺不同层之间曝光对位偏差的影响，像素电极要么更靠近自身数据线，要么更靠近临近数据线；同时数据线是列反转驱动，极性相反，由此耦合电容对像素电极电位的拉动刚好是方向相反的。当像素电极更靠近自身数据线，则 $C_{pd} > C'_{pd}$，像素电极电位受自身数据线电压波动影响；当像素电极更靠近临近数据线，则 $C_{pd} < C'_{pd}$，像素电极电位受临近数据线电压波动影响。因为采用列反转驱动，相邻两数据线的数据极性刚好相反，因此像素电极的偏向，出现的垂直串扰的现象是不同的。图 6.12（a）为测试点位及耦合电容示意图，并且假定像素电极靠近自身数据线。

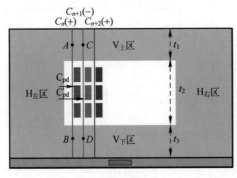 

（a）参考示意图　　　　　　　　　　　　　（b）垂直串扰示意图

图 6.12　测试 C_{pd} 对垂直串扰的影响

图 6.13 显示了 $C_n(+)$ 和 $C_{n+1}(-)$ 两根数据线及其上测试点位的像素电极电压变化

情况。受电容耦合效应的影响，A、B 点像素电位和 C、D 点像素电位受其自身数据线电压变化而出现方向一致的电压波动。对 A 点电位来说，在第 N 帧，开始出现向 V_{com} 靠近的变化，然后是更远离 V_{com} 的变化。根据像素电压均方根计算方法，则 A 点电位的综合影响将是远离 V_{com}，即显示将更亮；同理，C 点也是如此，显示将更亮。图中也可以看出，B 和 D 点电位均是更靠近 V_{com}，因此显示将更暗。这样，就出现了如图 6.12（b）所示的"$V_上$"区"偏白"，"$V_下$"区"偏黑"的垂直串扰。

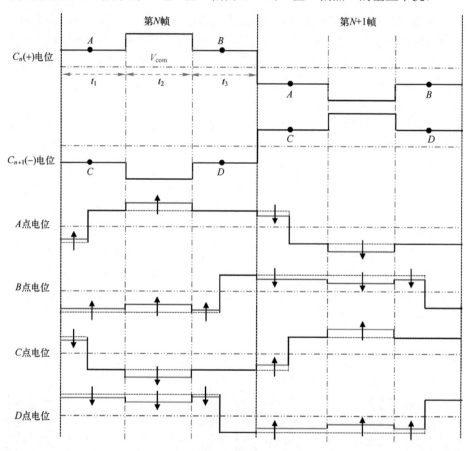

图 6.13　C_{pd} 引起垂直串扰的波形示意图

　　按照同样的分析方法，如果像素电极是更靠近相邻的数据信号线，则相当于测试点位的电位是受极性相反的相邻数据线的影响，则刚好出现相反的结果，最终出现"$V_上$"区"偏黑"，"$V_下$"区"偏白"的垂直串扰。

　　降低 C_{pd} 对串扰的影响，常见的措施有提高曝光机的对位精度、增大数据线与像素电极的间距和增大 C_{st}，等等。

6.2.3　水平串扰

1. 公共电极电位波动的影响

在整个显示面板中，公共电极电位设计上是希望稳定的，但是受公共电极与各信号线存在的非必要的寄生电容的影响，在信号线电位变化时，公共电极电位也会受干扰而偏离设定值。如果这种偏离能快速恢复，并且在帧与帧之间的影响是或高或低依次出现的，则偏离设定值的影响是可以相互抵消的，依然保持原设定电位，对显示基本不会造成不良影响。例如在本章前面提到的数据极性是列反转驱动，如图 6.14 所示，数据线在进入中间亮区域时，$C_n(+)$ 电位突然升高，将引起 V_{com} 电位扰动而升高，在出亮区域时电位突然下降，则 V_{com} 电位扰动而下降，$C_{n+1}(-)$ 的影响情况正好相反，即奇数列与偶数列对公共电极电位的拉动方向是相反的，因此 V_{com} 的综合影响基本上是维持设定电位。同时，公共电极不是封闭电极，周边是有电压源提供电荷的，因此其电位即使受到干扰，也能很快就恢复，只是恢复快慢受公共电极电阻、电容网络负载的影响。为了降低 V_{com} 被干扰的影响，通常面板设计上需要考虑公共电极线上合理的 RC 负载。如果考虑公共电极电位瞬间偏离的影响，则这种影响将干扰周边区域的像素电位，局部可能出现水平和串扰。

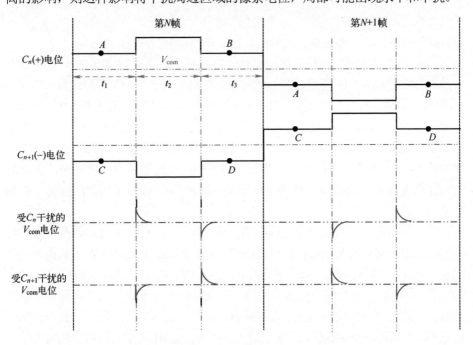

图 6.14　数据信号电压变化对 V_{com} 电位的影响

2. 数据信号驱动能力的影响

除了公共电极电位波动可能引起水平串扰外，引起水平串扰的另外一个重要因素就是数据信号的源驱动 IC（Source Driver IC，S-IC）的驱动能力。

要理解 IC 驱动能力对水平串扰的影响，首先要解释为什么在 IC 内要集成运算放大器（Operational Amplifier，OP）。本质上讲，使用运算放大器是为了避免"负载效应"。下面用一简单示例进行说明。在已有某一电压（如 L127 灰阶电压）基础上想要得到另一特定电压（如 L255 灰阶电压）时，最简单的方式便是使用电阻分压，如图 6.15 所示，u_1 电压经过电阻 R_1 和 R_2 分压，在 R_2 上得到负载 R_L 所需电压 u_2，即

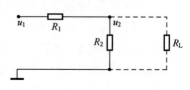

图 6.15　电阻分压法示意图

$$u_2 = \frac{R_2}{R_1 + R_2} u_1 \qquad (6.9)$$

但这种过于简单的方式也带来无法忽视的问题，即负载 R_L 的存在影响了 u_2 电压，实际上加入 R_L 后，

$$u_2' = \frac{R_2 // R_L}{R_1 + R_2 // R_L} u_1 \neq u_2 \qquad (6.10)$$

即负载的存在影响了系统本身的输出，这便是"负载效应"。

避免"负载效应"影响系统稳定性的办法就是"隔离"，即切断负载对系统本身的影响。如图 6.16 所示，在上述两部分电路之间连接一个理想运放（接成电压跟随器），是一种行之有效的隔离手段。由于理想运放输入阻抗无穷大、输出阻抗无穷小的特性，由两个电阻分压得到的 u_2 不需要向运放提供电流，运放对前端的电阻分压电路来说相当于是开路的；而接成电压跟随器形式的运放的输出保持与输入的 u_2 一致，供给负载。此处需要明确的是运放本身外接电源，真正向负载提供能量的也是运放本身的电源而非前级的 u_2（体现了运放的提高电路带载能力）。

通过上述方法可以实现稳定的不随负载变化的 u_2 电压，但是这是基于理想运放的特点的，实际情况还是有区别，还需要进一步阐述实际运放的等效模型。如图 6.17 所示，实际运放可等效为输入电阻为 R_i（MΩ级以上），输出电阻为 R_o（10～100Ω级），内含一个受控电压源的电路。此处受控电压源电压大小就是实际运放的增益倍数 A 与差分输入电压 u_d 的乘积。由此模型可以看出虽然运放输出电阻 R_o 很小，但当负载变化较快时，落在输出电阻 R_o 上的压降变化仍将使输出电压发生波动，影响电路驱动能力。由于半导体工艺能力限制，IC 内部的运放都无法达

到理想运放的水平，其驱动能力会随负载变化而发生微弱的变化，一般情况下这种影响可以忽略，但当负载快速变化并且比较大时，这种变化就会表现出来，在显示上就表现为水平串扰。

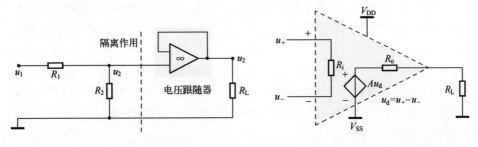

图 6.16　使用电压跟随器的隔离电路　　　　图 6.17　实际运放电路模型

在实际的 S-IC 内部的驱动电路中，灰阶电压的产生一般先由外部提供若干代表特定灰阶的参考电压，即 "Gamma 绑点电压"，再由 IC 内部通过各种分压方式最终得到 256×2 共计 512 个灰阶电压（以色深 8bit 为例）。具体来说，灰阶电压的产生有两种类型，一种是 IC 内部包含 P-Gamma（可编程 Gamma 电压）功能，外界只需提供 4 个黑白点参考电压即可；另外一种是 IC 自身不带 P-Gamma，该部分功能由其他专门电路实现，IC 直接引入这些外界生成的绑点电压。

对于结构较为简单的不带 P-Gamma 的类型，其灰阶电压的生成主要依靠固定电阻串分压实现，如图 6.18（a）所示。外部输入 IC 的 Gamma 绑点电压直接经过电阻串分压得到最终灰阶电压，再经过输出级运放增强带载能力来驱动面板，这种方式往往需要外界提供不少于 10 个 Gamma 绑点电压。而包含 P-Gamma 功能的 S-IC 结构则相对复杂，如图 6.18（b）所示，外界输入的黑白绑点电压（图中 Gma1、Gma9、Gma10 和 Gma18）经过第一级运放后，通过电阻串分压得到更多中间绑点，此处电阻串为可编程设计，可以通过外部软件调整所需电压值。在对 Gamma 调试时，基于面板 V-T（电压–透过率）曲线，通过 IC 内部数据选择器在上述绑点电压中选出实际参与生成灰阶电压的绑点，这些最终选出的绑点再经过一组不可编程的电阻串，分压得到最终的灰阶电压。与上一种类型一样，这些灰阶电压想要驱动面板负载，还需要经过输出级运放来达到足够的带载能力。

在了解了灰阶电压的产生过程后，就可以进一步分析水平串扰的产生机理了。总结来看，主要有以下两点的影响。

如前所述，理想状态下电阻串不需要向输出级运放提供电流，负载的变化也不会影响到 Gamma 绑点的稳定性。但实际运放输入电阻并非无穷大，输出电阻也并非无穷小，故而电阻串需要向运放提供一定的电流，且运放内阻在不同负载条件下的分压也不同。当负载端发生变化时，如图 6.12（a）所示，画面由 L127 灰阶向 L255 灰阶突变时，IC 需要通过内部数据选择器和数/模转换电路将输出运放的参考电压从 L127 灰阶切换到 L255 灰阶，此时流向输出级运放的电流发生变化。由于负载效应，这种变化将直接造成输出级前级灰阶绑点电压的波动，导致在负载变化处的少数几行灰阶电压较其他地方偏大或偏小，形成水平串扰。需要指出的是，这种原因导致的水平串扰范围大小与实际显示画面有关，如果负载突变局限在单个 IC 内，那么水平串扰也只会出现在该 IC 驱动的范围；如果负载突变贯穿面板更多区域，串扰范围也将随之扩大。这种情况的水平串扰的解决方案一般是设定 S-IC 的 SOE（IC 输出使能信号）宽度，使数据在数/模转换电压稳定后再输入面板。

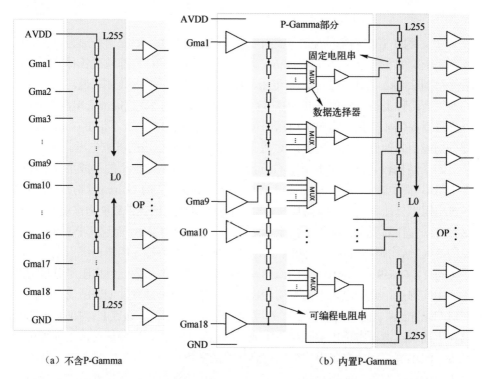

（a）不含 P-Gamma　　　　　　　　（b）内置 P-Gamma

图 6.18　S-IC 的灰阶电压生成电路

　　AVDD 作为整个 S-IC 的模拟供电电压，当负载变化、电源管理芯片环路补偿不佳或其他原因导致 AVDD 电压波动时，这种波动将直接影响全部 Gamma 电压的稳定性。在串扰测试图中，数据线在黑白交界处存在负载突变，这种较大范围内的负载突变对 AVDD 的抽载容易造成 AVDD 瞬间下落。因为 AVDD 是所有 Gamma 绑点电压的基准电压，这种波动必然导致 Gamma 绑点电压不稳定。其次

AVDD 也是所有运放的供电电压，运放的电源波动也会影响运放的驱动能力。这两个原因，最终造成负载变化处整个面板上输入的实际灰阶电压数值受到扰动，形成贯穿的水平串扰。这种情况的水平串扰的解决方案，需要更加稳定可靠的电源设计。

6.3 闪烁

6.3.1 定义与测试方法

1. 定义

闪烁（Flicker）也称为闪光，是在刺激光的明暗交替变化的情况下，当其频率较低时，观察者产生的一闪一闪的感觉。如果频率继续增加，则这种或明或暗的感觉互相融合，观察者产生一种恒定的平均亮度感。人的眼睛之所以能观察到闪烁现象，是因为眼睛具有"视觉暂留"的生理现象，即光像一旦在视网膜上形成，视觉将会对这个光像的感觉维持一个有限的时间，对于中等亮度的光刺激，视觉暂留时间约为 0.05～0.2s。人们将其能感觉到稳定光的最小闪烁光的频率称为"闪烁临界频率"或称为"闪光融合临界频率"（Critical Fusion Frequency of Shone，CFF），它是反映人的中枢神经系统机能状态的一个重要指标，影响因素有主体因素和客体因素两大类。主体因素主要有人的疲劳状态、年龄和觉醒水平等；客体因素主要有光刺激强度、光色种类、光刺激面积大小和光刺激视网膜的位置等。

以人眼的视觉暂留时间是 0.05s 计算，当连续的图像变化超过每秒 24 帧画面的时候，人眼便无法分辨每幅单独的静态画面，因而看上去是平滑连续的视觉效果。电影放映的标准就是每秒放映 24 帧，我们就观察不到画面的中断，即没有一幅幅画面断续的感觉。

表 6.1 是 EIAJ（日本电子机械工会）规定的人眼在不同刷新率下的闪烁敏感度和转换因子，其对应的关系曲线如图 6.19 所示。

表 6.1　EIAJ（日本电子机械工会）不同刷新率下人眼的闪烁敏感度和转换因子

刷新率 f（Hz）	闪烁敏感度（dB）	转换因子（权重）
20	0	1.00
30	−3	0.708
40	−6	0.501
50	−12	0.251
≥60	−40	0.010

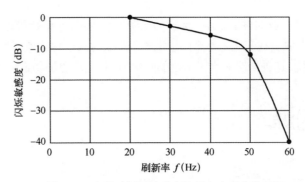

图 6.19　人眼对闪烁敏感度的频率响应曲线

对于液晶显示，由于液晶需要一定的响应时间才能实现相应的灰阶，达成相应的亮度，因此需要比电影的 24 帧更高的频率，才不容易观察到闪烁，一般需要 48Hz 以上。即使液晶显示的帧频率在 48Hz 以上，由于液晶面板阵列存在的寄生电容耦合、公共电极电压均匀性、TFT I_{off} 和电路驱动格式等因素的影响，依然会引起屏幕的闪烁。本节将重点介绍引起闪烁的原因与对策。

2．测试方法

为了更好地评价面板的闪烁程度，需要根据面板的 TFT 阵列设计及数据信号的极性反转驱动方式选择合适的测试图形，并且在 L127 灰阶下进行观察与测试。在数据信号极性列反转驱动方式下，图 6.20（a）和图（b）分别为 TFT 列反转结构和 Z 反转结构的闪烁测试图，从图中可以看出，其特点就是每帧显示亮的像素均是同一个极性，下一帧极性相反。通过这种帧与帧之间数据极性相反的测试图，就能很好地反映出液晶正极性帧和负极性帧的亮度差异，进而评价闪烁的程度。图 6.21 是用光探测器测试的液晶显示屏在常规图形和闪烁测试图形 L127 灰阶下的亮度波动曲线。从图中可以看出，闪烁测试图形的亮度波动更大了，即通过这种特殊图形对闪烁程度的放大，建立评价闪烁的数值基准，就能更好地预测液晶显示屏正常显示时的闪烁程度。

视频电子标准协会（Video Electronics Standards Association，VESA）规定了两种闪烁的测试方法：FMA 测试法和 JEITA 测试法。

FMA（Flicker Modulation Amplitude）测试法主要评价闪烁波形的交流（AC）与直流（DC）成分比。用连接了示波器的光探测器对准液晶显示屏的中心，在闪烁测试图形下可以测试得到如图 6.22 所示的随时间变化的亮度波动曲线。图中 V_0 为光探测器被遮住不受光照时的亮度零位参考值，V_{min} 和 V_{max} 分别为亮度波动的最小值和最大值，其中 DC 成分用 V_{max} 或 $(V_{max}+V_{min})/2$ 表示，AC 成分用

（$V_{max}-V_{min}$）表示，则

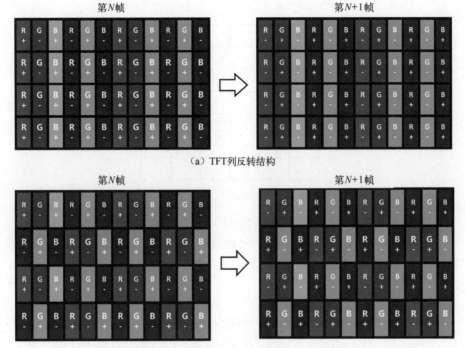

图 6.20　闪烁测试图

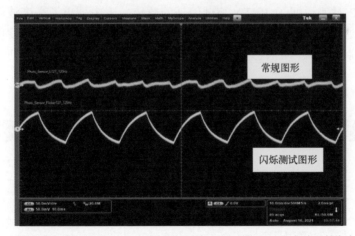

图 6.21　光探测器测试的液晶显示屏在常规图形和闪烁测试图形 L127 灰阶下的亮度波动曲线

$$\text{Flicker} = \frac{\text{AC}}{\text{DC}} = \frac{(V_{max} - V)_{min}}{V_{max}} \times 100\% \quad （当 FMA>13\%） \qquad (6.11)$$

$$Flicker = \frac{AC}{DC} = \frac{(V_{max} - V_{min})}{(V_{max} + V_{min})/2} \times 100\% \quad （当 FMA<13\%） \quad (6.12)$$

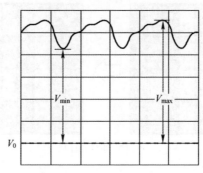

图 6.22　光探测器测试在闪烁测试图形下的亮度波动曲线

一般的显示器，FMA 测试值在 15% 以下，就基本察觉不到闪烁了。

JEITA 测试法对测试的亮度波动曲线要做傅里叶变换，把时域信号转换为频域信号，转换过程中加权人眼对闪烁的频率响应权重，最后得到该频率下的闪烁值，用公式表示为

$$Flicker = 20\log_{10}\left[\frac{F_{(f\,Hz)}}{F_{(0Hz)}}\right] \quad (6.13)$$

式中，$F_{(f\,Hz)}$ 为频率为 f Hz 下加权后的频域信号强度；$F_{(0Hz)}$ 为 0Hz 即直流分量的强度；Flicker 的单位是 dB（分贝）。

表 6.2 举例说明了 JEITA 测试闪烁的数值。表中列出了亮度波动曲线的时域信号通过傅里叶变换转换为频域信号分别考虑权重前后的强度值，最后根据加权后强度中，代入式（6.13）中，即可计算得到几个特征频率下的闪烁值。

表 6.2　**JEITA** 测试法测试闪烁的一组测试数据（例子）

序号	刷新率（Hz）	加权前的强度 F	权重	加权后的强度 F	闪烁值（dB）
1	0（DC）	75	1	75	—
2	15	22.7	1	22.7	−4.4
3	30	16.1	0.71	11.41	−10.4
4	45	7.6	0.376	2.85	−22.4

6.3.2　引起闪烁的因素

液晶显示是属于非自发光的显示方式，液晶分子在电场下的旋转状态由施加的电压大小决定，并且要求施加的电压必须是交流驱动方式，因此，帧内能造成

给液晶所施加电压不稳定的因素、帧之间造成给液晶所施加电压不均一的因素，是导致闪烁的根本原因。

1. 像素馈入电压

在一个像素中，除了主要的存储电容和液晶电容外，还存在一些寄生电容[见图 6.1（b）]。像素馈入电压（Feedthrough Voltage）是基于电容耦合效应的原理，在扫描信号电压由开启 TFT 的高电位下降到关闭 TFT 的低电位时由于寄生电容耦合引起像素电位的突变电压。这些寄生电容中，栅极与连通像素电极的 TFT 源极之间的寄生电容 C_{gs} 对像素电压的影响比较大。因为在一行开启时，栅极电压由一个较低的电位（通常是-8V）在瞬间上升到一个高电位（通常是 30V），在一行充电时间完成后，这个高电位又瞬间下降到低电位，此时，由于电容耦合效应，像素电极上刚充上的电位会被拉下来。即相对 C_{gs} 形成了一个转移比：

$$C_{gs} / (C_{LC} + C_{ST} + C_{gs}) \tag{6.14}$$

因此馈入电压可以表示为

$$\Delta V_p = \frac{C_{gs}}{C_{gs} + C_{LC} + C_{ST}} \left(V_{gh} - V_{gl} \right) \tag{6.15}$$

式中，C_{LC} 为变量，与数据信号电压幅值相关，有最大和最小值，以电学各向异性是正性的液晶来计算，则

$$C_{LC\_max} = \frac{\varepsilon_0 \varepsilon_{//} A}{d} \tag{6.16}$$

$$C_{LC\_min} = \frac{\varepsilon_0 \varepsilon_{\perp} A}{d} \tag{6.17}$$

式中，A 为像素中液晶电容的面积；d 为液晶盒厚度。在常白模式中，当 TN 型液晶材料的介电常数最低时（$\varepsilon_r = \varepsilon_{\perp}$），此时液晶电容最小，显示亮态（此时液晶上的电压最低）；随着施加在液晶上的电压增加，介电常数也达到了最大（$\varepsilon_r = \varepsilon_{//}$），此时液晶电容最大，显示暗态。液晶的最大介电常数一般是 7~8，而且是最小的两倍以上。因此馈入电压差值为

$$\Omega = \Delta V_{p\_max} - \Delta V_{p\_min} = \left[\frac{C_{gs}}{C_{gs} + C_{LC\_min} + C_{ST}} - \frac{C_{gs}}{C_{gs} + C_{LC\_max} + C_{ST}} \right] (V_{gh} - V_{gl}) \tag{6.18}$$

2. V_{com} 调整

在像素充电的示意图中，如果没有馈入电压的影响，则为了实现液晶的等电压交流驱动，公共电极电压应该为

$$V_{com} = \frac{V_d^+ + V_d^-}{2} \tag{6.19}$$

存在馈入电压，则公共电极电压就需要适当下调，起到液晶上正负电压平衡的作用，即

$$V'_{com} = \frac{V_d^+ + V_d^-}{2} - \frac{\Delta V_{p(max)} + \Delta V_{p(min)}}{2} \tag{6.20}$$

在面板的输入端，V_{com} 一般是一个稳压输入源。由于 ΔV_p 不是固定值，说明公共电极电压的调整，只能选取一个最佳值。即如果馈入电压差值较大，则液晶上会出现直流电压成分，容易引起画面闪烁和残像。

图 6.23 显示了液晶驱动中相邻两帧即正负帧的像素充电过程中各信号电压波形。假设行扫描信号高电平为 V_{gh}，低电平为 V_{gl}，数据信号低电平为 V_{dl}，高电平为 V_{dh}，则行开启期间，像素电压波形为

$$V_p(t) = (V_{dh} - V_{dl})[1 - \exp(-t/(R_{on}C_{pixel}))] \tag{6.21}$$

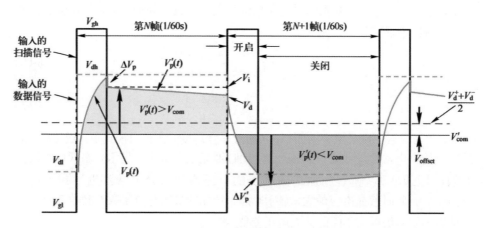

图 6.23　像素充电过程中各信号电压波形示意图

在行扫描结束后，由于馈入电压的影响，像素电压下降为 V_i；在 1 帧时间内，由于像素漏电的影响，像素保持电压 $V'_p(t)$ 会发生变化，在 1 帧即将结束时为 V_d。在 1 帧时间内，像素起始端电压 V_i 和结束端端电压 V_d 的变化差是引起画面闪烁的原因之一，而且闪烁频率与帧刷新率一致，属于 60Hz 的闪烁成分。由于馈入电

压 ΔV_p 不是固定值,则两帧之间的 V_i 电压可能不一样(当 V_{com} 电压没有很好补偿,或面板不同区域 V_{com} 补偿值不是最佳值),这是引起画面闪烁的另外一个原因,属于 30Hz 的闪烁成分。

3．改善对策

由图 6.23 可知,降低 ΔV_p 的措施有通过像素结构设计优化减小 C_{gs},满足其他性能要求的前提下尽量减小(V_{gh}-V_{gl}),适当增大 C_{ST}(增加 C_{ST} 可能带来充电率和透过率下降)等。

V_i 电压在 1 帧结束时间下降为 V_d,主要是像素漏电引起的。导致像素漏电的因素主要有 TFT 关态电流和液晶的 VHR 特性。TFT 关态电流的大小与 TFT 的结构设计、组成 TFT 的各层薄膜特性、V_{gl} 电压和背光亮度等因素有关。从图 6.24 可以看出随着背光亮度的增加,TFT I-V 曲线的 I_{off} 也明显增加。提高液晶的 VHR,一方面需要提高液晶的纯度,并且降低液晶盒内其他膜层的可移动离子浓度。

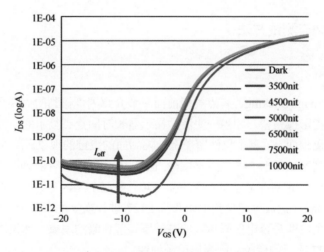

图 6.24　随着背光亮度增加的 TFT I_{off} 变化关系

V_{com} 电压虽然根据馈入电压的影响进行了调整,但是 V_{com} 电压最佳值调整是在一定灰阶下进行的,不能涵盖其他灰阶的最佳值;还受到面内公共电极线 RC 负载的影响,V_{com} 电压受耦合后如果不能及时恢复,也将引起闪烁。如图 6.25 所示,在闪烁测试图形下面板中心位置设定最佳 V_{com} 值,不同区域受 V_{com} 波动的影响,闪烁曲线表现也不一样。最佳 V_{com} 值设定的原则就是要确保即使 V_{com} 出现一定偏差,也不会明显观察到闪烁。

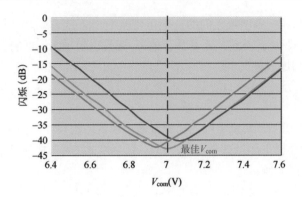

图 6.25　闪烁随着 V_{com} 波动的影响曲线（模拟值）

6.4　残像

6.4.1　定义与测试方法

1. 定义

残像（Image Sticking）有点类似前面章节介绍闪烁提到的"视觉暂留"的现象。这里是指影像残留，即当一块液晶显示器长时间点亮显示同一幅画面后，再切换到另一幅画面，屏幕上仍然留着上一幅画面的痕迹的现象。图 6.26 是检测残像发生的典型测试图形 5×5 棋盘格图形，也有用 7×5 棋盘格图形的，黑格灰阶 L0，白格灰阶 L255。把液晶显示屏至于室温环境，在这个测试图形下一直点亮屏幕到满 7 天（168h），然后再切换到中间灰阶 L127 进行恢复性点亮 1h 后，再观察是否有残像发生，即是否出现原暗区偏亮或原亮区偏暗的现象。如果局部或全屏幕出现如图 6.27 所示的现象，则为出现了残像。

图 6.26　典型的残像测试图形

根据影像残留形状的不同，残像分为面残像（Area Image Sticking）和线残像（Line Image Sticking），如图 6.27 所示。面残像是指对应测试图形的亮区块或暗区块出现面状的残留影像；线残像是指对应测试图形亮暗区块交界处出现线状的残留影像。根据引起残像的原因，面残像与线残像有时仅发生其中之一，有时两种都发生；即使发生，通常情况也是局部发生，只有非常严重时，才会出现全屏的残像现象。另外，按照残像的发生时间、画面状态、发生机理等方面进行分类，还有其他残像，综合见表 6.3。

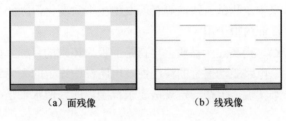

（a）面残像　　　　　　　　　　　（b）线残像

图 6.27　残像

表 6.3　残像的分类方法与残像名称

分类方法	残像名称	说　明
按形状分类	线残像	黑白棋盘格交界处
	面残像	与棋盘格相关的面状形状
按时间分类	短期残像	短时间测试发生（一般几个小时）
	长期残像	长时间测试发生（标准评价时间 7 天）
按状态分类	正残像	判定灰阶下（L127），白格区域的亮度高于黑格区域的亮度
	负残像	判定灰阶下（L127），白格区域的亮度低于黑格区域的亮度
按发生机理分类	直流电压分量残像	由直流电压分量引起内建电场
	材料性能变化残像	材料本体或 PI 表面特性变化

2．测试方法

为表征残像清晰度或严重程度，对达到测试时间的显示屏进行残像评价，通常用以下三种方法进行判定。

① 残像清晰度。由经过训练的品质专业工程师，直接眼睛观察在 L127 灰阶画面下出现的面残像与线残像的严重程度，标记为 L0、L1、L2、L3 及 L3 以上的等级，数字越小代表残像程度越轻，L0 表示观察不到残像。

② 残像消失灰阶。在残像测试画面 L127 灰阶，如果观察到了残像，则逐渐增加测试灰阶，比如依次向上调整灰阶为 L128、L129 等，当观察不到残像时（残像等级 L0）对应的最小灰阶，即为该样品发生残像的消失灰阶。

③ 残像消退时间。在残像测试画面 L127 灰阶，如果观察到了残像，则在 L127 灰阶持续点灯老化，记录持续的时间，当观察不到残像时（残像等级 L0）所持续的时间称为残像消退时间。对于残像消退时间的点灯恢复方法，业内没有明确规定，也可以在 L255 灰阶下点灯恢复，或自动播放画面恢复。不管哪种恢复灰阶画面，消退时间越短，代表残像水平越好。

以上三种残像的判定方法，从不同角度对残像严重程度进行了区分。也可通过测试亮度差异的方式进行残像判定，但是因为存在残像消退时间，有的残像消退很快，还没有来得及测试，残像等级就发生了很大变化，因此亮度测试方法存在一定的局限性，业内很少用。

降低残像等级、提高显示品质，一直是面板厂追求的目标。虽然由于存在工艺制程的波动性、电路驱动信号的波动性及电路参数设定的人为偏差的因素，没有残像的产品很难实现，但在一定规格要求范围内的残像水平是产品出货前必须要达成的。

6.4.2　引起残像的因素

1. 直流电压分量引起的残像

液晶需要在正负极性交替的交流信号下驱动，要确保施加的数据信号电压接近 100% 地施加在液晶层上，而且所施加的正负电压幅值要相等。但是由于多方面的原因，正负电压幅值有时会不相等，由此引起直流电压分量，在其作用下，液晶盒内的可移动离了就会发生聚集，形成内建电场并导致显示异常，这就是残像发生的主要原因。因为是内建电场引起的，所以发生残像区域的 $V\text{-}T$ 曲线将发生或左或右的移动。另外，施加在液晶层上的正负极性交替的电压所形成的交替电场既穿过了液晶层，也穿过了 TFT 阵列的绝缘层和取向层，长时间的残像测试图形老化测试，这些材料自身的介电特性和 PI 表面的取向性能可能会发生微小的变化，都将使施加在液晶层的电压发生变化，由此引起残像发生。因为是施加的数据信号电压的变化，所以发生这种残像的区域的 $V\text{-}T$ 曲线的斜率将发生变化。

如图 6.28 所示，图（a）是在 A 与 B 电极之间施加了周期性的正负极性交替的交流信号，液晶分子在稍微偏向右边的预倾角作用下，受电场影响向右旋转了一定角度；如果 A 与 B 电极之间的交流信号幅值不一致，如图（b）所示，B 到 A 电极的电场幅值大于 A 到 B 电极的电场幅值，即存在 B 到 A 电极的直流电压分量，则液晶盒内的可移动离子的正离子将聚集在 A 电极附近，负离子将聚集在 B 电极附近，这样就形成了从 A 到 B 电极的内建电场。如在残像测试过程中，在 L127 灰阶下观察，则有内建电场的区域，其显示的亮度与没有内建电场的区域将不一样，出现或偏亮一点的正残像或偏暗一点的负残像。

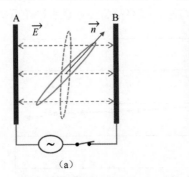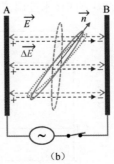

图 6.28   直流电压分量引起残像的示意图

这些聚集的离子，因为是在残像测试图形老化过程中发生的，即发生在 L0 与 L255 两种极端驱动条件下，如果在其他灰阶下进行驱动，尤其不是固定灰阶的动态图像，则聚集的离子又将出现"消散现象"。这就是前面提到的出现残像后需要一个恢复时间显示后再评价。如果在一定恢复时间后，依然能看见残像，需要提高灰阶，即提高显示的亮度才能"消除掉"残像：这一方面是聚集的离子有一部分变得不可移动，或是材料被电场极化表现出不可恢复的"正或负离子极性"的特点；另一方面是在更高的显示亮度下，人眼无法察觉残像区与无残像区的微小亮度差异。

液晶驱动中导致直流电压分量产生的因素有多个。首先，从图 6.23 中可以看出，因为像素馈入电压的存在，因此需要对 V_{com} 电压进行偏移设定，如果调整得不准确，则依然存在直流电压分量。其次，从图 6.14 可以看出，V_{com} 电位在数据信号突变区域被耦合拉动，偏离了其设定的中心位置，相当于施加在液晶上的电压出现偏差，如果这种偏差正负幅值不是相等的，相当于引入了直流分量，即这种拉动如果不能正负抵消，将发生线残像。第三，V_{com} 电位在外围电路板上被设定，然后输入到液晶面板中，尤其输入到大尺寸液晶面板，则面板内不同区域电阻、电容阻抗不一样，并还存在不均一的影响，导致 V_{com} 电位在内部的不均一，这也是引起面残像的原因之一。第四，电路板上 V_{com} 电位的设定是基于闪烁测试图形（L127）中闪烁最轻微的 V_{com} 基准进行的，从式（6.15）中 ΔV_p 与 C_{LC} 的关系可以看出，因为 C_{LC} 在不同灰阶下数值不一样，即 ΔV_p 的大小与灰阶相关，如图 6.29 所示，使设定的最佳 V_{com} 不能兼顾所有灰阶，这也是容易发生面残像的原因之一。最后，如果出现正负帧像素充电的差异，或者出现 TFT 漏电的影响，则正负帧数据信号电压相对于 V_{com} 出现直流电压分量，将出现面残像。

上述出现直流电压分量的原因都是清晰的，在实际的显示器开发中，可以通过电路设计和面板设计要素提前进行考虑布局，尤其通过残像发生的具体原因分析，可以通过电路的多方面技术性调试方法，最终都将使残像水平在可接受的程度。

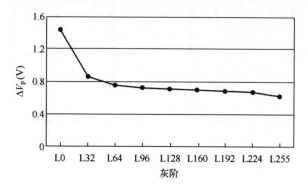

图 6.29　某 TN 液晶的馈入电压 ΔV_p 随灰阶的变化关系（模拟值）

对于可移动性离子来源，如液晶盒内 TFT 阵列和 CF 阵列中的各膜层、取向层、液晶和周边的封框胶等，虽然制备它们的原材料纯度都是电子级的，但每层材料自身都还会含有一些可移动性离子，同时，因各膜层之间匹配性差，会发生化学反应产生新污染性离子成分，工艺步骤处理不当也将额外引入污染性离子成分。为了把离子成分的含量或污染杂质成分控制在可接受的范围内，这就要求各材料要满足一定的规格，同时要加强工艺环节的管控。

2. 材料性能变化引起的残像

在了解材料性能变化引起残像之前，先了解一下液晶为什么需要交流驱动。如图 6.30 所示，相当于一个 TN 液晶盒，上下电极之间依次夹着高阻特性的取向层、液晶层和取向层，则施加在液晶上的电压可以等效为施加在三个串联电阻上。目前液晶盒设计应用中，PI 厚度约为 0.06μm，液晶层厚度即液晶盒盒厚约为 3μm；液晶的电阻率约为 $10^{12}\Omega \cdot cm$，PI 的电阻率约为 $10^{17}\Omega \cdot cm$，它们的相对介电常数基本一致。基本电阻公式和电容公式为

$$R = \rho \cdot d / A \tag{6.22}$$

$$C = \varepsilon_0 \cdot \varepsilon_r \cdot A / d \tag{6.23}$$

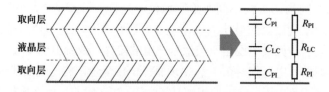

图 6.30　液晶层与取向层结构及等效电路

可以得到电容和电阻的相对大小：

$$C_{PI} \approx 50 C_{LC} \tag{6.24}$$

$$R_{PI} \approx 2000 R_{LC} \tag{6.25}$$

因为电容具有阻直流通交流的特性，即电容阻抗为

$$Z = \frac{1}{j \cdot \omega \cdot C} \tag{6.26}$$

式中，ω 为交流信号的角频率。在图 6.30 所示结构中，当施加一个直流电压 V_{dc} 时，角频率 $\omega=0$，则电容的阻抗近似为无穷大。三个电阻中，液晶上的电压降为

$$V_{LC} \approx \frac{R_{LC}}{R_{PI} + R_{LC} + R_{PI}} \cdot V_{DC} \approx \frac{1}{4000} \cdot V_{DC} \tag{6.27}$$

式（6.27）说明，以直流电压驱动，施加的电压绝大部分都降落在 PI 上，液晶层上的电压只有 1/4000。还是在图 6.30 所示结构中，如果施加一个交流电压 V_{AC}，且角频率比较高，则由式（6.27）可以看出，液晶电容阻抗是 PI 的 50 倍。三个电阻中，液晶上的电压降为

$$V_{LC} \approx \frac{1/j\omega C_{LC}}{1/j\omega C_{PI} + 1/j\omega C_{LC} + 1/j\omega C_{PI}} \cdot V_{AC} \approx V_{AC} \tag{6.28}$$

从式（6.28）可以看出，只要用一定角频率的交流信号驱动液晶，则施加的电压大部分都降落在液晶层上，否则就大部分降落在 PI 层上，这就是取向膜 PI 的直流阻挡效应（DC Blocking Effect）。

　　液晶的交流驱动，是确保了施加的电压绝大部分都是落在液晶层上，但是也要注意到式（6.28）中 V_{LC} 的数值还受到液晶层和取向层的介电常数变化的影响，即如果两者的介电常数在施加电场前后发生了变化，则接近于 V_{AC} 的 V_{LC} 电压值也将发生轻微的变化。在 FFS（Fringe Field Switch）模式中，施加的交流电压中间介质还有 SiN$_x$:H 绝缘层，其也同样可能发生介电常数的微小变化，从而引起残像发生。这就是材料性能变化导致残像发生的原因之一，被称为电介质损耗。引起电介质损耗的因素很多，在液晶显示中，根据组成材料特点，一般认为存在电导损耗和电子位移极化损耗。电导损耗指电场作用下介质中会有泄漏电流流过造成的损耗；电子位移极化损耗指介质中原子中的电子轨道发生相对于原子核的弹性位移，正负电荷作用中心不再重合而出现感应偶极子的极化损耗，其也与温度和交流信号频率有关。

　　材料性能变化导致残像发生的原因之二是取向层的取向力或锚定能在外电场长时间作用下发生了弱化，并由此引起残像。在没有施加电场时，与取向层表面接触的液晶分子受取向层化学结构的影响以一定预倾角进行取向，在残像测试过程中，施加的外电场作用力使液晶分子发生旋转，并在较长时间保持一定的旋转角度，这样施加在取向层表层的液晶分子就受到作用方向相反的电场力和取向力的影响，即电场力作用可能引起取向层化学结构性能的变化，从而改变了取向层的取向力，最终导致残像发生。这种取向力弱化引起的残像都表现为正残像，即在残像判定灰阶，常白显示模式的黑格（高驱动电压）将偏向更黑，常黑显示模式的白格（高驱动电压）将偏向更白。

　　材料性能变化导致残像发生的原因之三是 TFT 性能退化，即在残像棋盘格测试图形中，亮区更高的驱动电压使 TFT 的场效应特性发生了轻微变化，影响到了像素的充放电而出现残像。这种情况一般认为是构成 TFT 场效应管的各功能薄膜材料初始性能不稳定，如果先在高亮的 L255 灰阶下点灯老化一段时间，使所有的 TFT 性能趋向均一，再进行残像测试就可以忽略这种情况了。

　　材料性能的稳定性对显示器的高品质画质起着非常关键的作用，可以说其变化方式是变幻莫测的，并伴随着温度和湿度，不仅仅产生残像，也是显示器位置不固定、形状不规则，以及随机性发生姆拉的原因。要追求材料性能的稳定，需要材料供应商、面板制程工艺、电路驱动和设计等诸多环节的共同努力。

3. 残像形成原因的判定方法

　　上述直流电压分量与材料性能变化都引起了残像，如何区分开来，以便快速找到改善对策就显得尤为重要。

　　① 闪烁判断法。在闪烁测试图形下，对比残像测试前后的棋盘格区域的闪烁值，如果出现残像区域的闪烁值明显增大，则说明在该区域的 V_{com} 电压已经不是最佳的了，可以判定是直流电压分量引起的残像。如果残像区域的闪烁值没有明显差异，则可以判定是材料性能变化引起的残像。

　　② V_{com} 调整法。先把 V_{com} 基准值向一个方向调整，如果观察到某个区域残像逐渐减轻、消失，再到出现并加重，然后再把 V_{com} 向反方向调整，观察到残像变得更重的现象，说明该区域是直流电压分量引起的残像，并且可以分析出内建电场的方向。如果观察的残像不出现上述变化过程，则可以判定为材料性能变化引起的残像。

　　③ V-T 曲线判定法。对比残像测试前后的各个棋盘格区域的 V-T 曲线，如果残像测试前后出现图 6.31（a）所示的 V-T 曲线变化关系，曲线形状一样，仅是水平方向发生了移动，则可以判定是直流电压分量引起的残像；如果出现图 6.31（b）

所示的 *V-T* 曲线变化关系，曲线位置关系不变，只是斜率大小变化了，则可以判定是材料性能变化引起的残像。

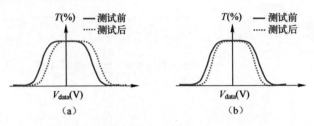

图 6.31　残像形成原因的 *V-T* 曲线判定法示意图

参 考 文 献

[1]　U. T. Keesey. Flicker and pattern detection a comparison of thresholds[J]. Journal of the Optical Society of America，1972，62(3): 446-448.

[2]　潘旭辉. 平板显示器闪烁评价和测量系统的研究[D]. 浙江大学，2006.

[3]　徐益勤，张宇宁，李晓华. 显示器件大面积闪烁视觉生理基础与改善方法[J]. 电子器件，2008，05: 1417-1420.

[4]　朱海鹏，吴海龙，但艺，冉敏，周欢，付剑波，周焱，闵泰烨. TFT-LCD 画面闪烁影响因子及定量分析方法[J]. 液晶与显示，2019，34(12): 1172-1181.

[5]　林鸿涛，王明超，姚之晓，刘家荣，王章涛，邵喜斌. TFT-LCD 中画面闪烁的机理研究[J]. 液晶与显示，2013，28(04): 567-571.

[6]　谭芷琼，禹健. TFT-LCD 显示特性分析[J]. 光电子技术，1991，(04): 32-38.

[7]　Park, Y., S. Kim, and E. Lee. Study of Reducing Image Sticking Artifacts in the wide screen TFT-LCD Monitor[J]. Journal of the Society for Information Display, 2007, 1: 311-314.

[8]　廖燕平，王军. 薄膜晶体管(TFT)及其在平板显示中的应用[M]. 北京：电子工业出版社，2008.

[9]　肖冬萍，田强. 电介质的极化机制与介电常量的分析[J]. 大学物理，2001，(09): 44-46.

[10]　李东华. 基于 TFT-LCD 下的 Flicker 研究与优化[J]. 液晶与显示，2020，35(06): 513-517.

[11]　马占洁. 改善 a-Si_TFT_LCD 像素电极跳变电压方法研究[J]. 现代显示，2008，(04): 19-22.

[12]　廖燕平，宋勇志，邵喜斌，等. 薄膜晶体管液晶显示器显示原理与设计[M]. 北京：电子工业出版社，2016.

[13]　桑宁波. 改善 TFT-LCD 中串扰的工艺研究[D]. 上海：复旦大学，2011.

[14]　肖文俊. 薄膜晶体管液晶显示器的串扰研究[D]. 北京：北京交通大学，2014.

第 7 章 电路驱动原理与常见不良解析

传统的液晶显示器依照产品尺寸大小，依次可划分为电视（TV）、监视器（Monitor）、笔记本电脑（Notebook）、平板电脑（TPC）和手机（Mobile）五大类。应用领域不同则驱动电路的表现形式也有很大差别。一般来说，尺寸越小，驱动电路的集成度也越高。基于 TV 产品可以较为清晰地展现出 LCD 电路的各部分功能性驱动结构。图 7.1 是常见的液晶电视整机电路驱动系统总体框图。

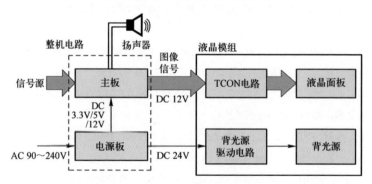

图 7.1　常见的液晶电视整机电路驱动系统总体框图

由图 7.1 可以看出，目前主流的液晶电视的电路分为整机电路和液晶模组电路两大部分。整机电路包括主板和电源板电路两大部分。主板以 SOC（System On Chip）芯片为核心，还集成了微处理器（MCU）、各种图像/音频处理器、存储器、无线连接器等芯片，同时还要提供 HDMI、USB 等必要的外围接口电路，使其可以运行音视频信号编解码、视频后期处理、网络连接、用户交互等完整的系统功能。电源板的功能是将接入的交流电转化为供主板和背光驱动板电路使用的直流电，一般输出 3.3V、5V 和 12V 给主板，输出 24V 给背光驱动电路。液晶模组驱动电路包括 TCON（Timing Controller）和背光驱动电路两大部分：TCON 电路接收主板传输来的视频信号，并使用特定的协议将这些视频信号转化为面板驱动芯片能够识别的信号，使其基于面板像素排布结构进行行与列时序控制；同时，背光驱动电路也按照时序要求同步驱动，尤其局域控光（Local Dimming）的背光驱动，还需要接受来自 SOC 或 TCON 板的背光使能信号和亮度调制信号。

本章将首先介绍 LCD 模组驱动电路的基本结构，接下来将主要从眼图、电磁兼容性、ESD 与 EOS 防护，以及开关机时序 4 个方面来介绍 LCD 电路系统设计的常见不良与机理。

7.1　液晶模组驱动电路概述

液晶显示器件是被动发光器件。液晶显示屏一般被称为 OC（Open Cell）[见图 7.2（a）]，与背光单元一起组成液晶模组（Module，或称 LCM），因此，液晶模组包括液晶面板的驱动电路与背光的驱动电路两部分，如图 7.2（b）所示。

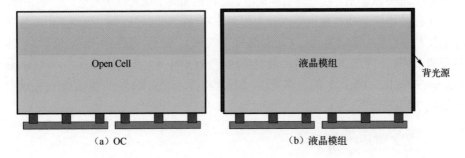

（a）OC　　　　　　　　　　　　（b）液晶模组

图 7.2　OC 和液晶模组示意图

在液晶屏上显示一幅特定画面，就需要精确地控制屏幕上每个像素点（Pixel）的灰阶，而每个像素点一般又由红、绿、蓝三个子像素（Sub-pixel）组成，所以显示的本质就是实现对子像素电压的精确控制，即控制栅极（Gate）开启/关闭和控制像素电压在正确的时间内写入。

栅极开启与关闭由栅极驱动电路（Gate Driver 或 Gate IC，G-IC），又称为行扫描驱动电路来完成。行扫描驱动电路包括两种，一种是将驱动 IC 以 COF（Chip on Film）形式封装，通过键合工艺与液晶面板连接；另外一种是利用液晶面板的阵列制程工艺把驱动电路集成在阵列基板上，被称为 GOA（Gate on Array）。Gate IC 驱动还需要 Y-PCB 和 FFC/FPC 连接以完成信号/电源的传输，如图 7.3 所示。

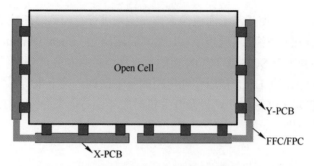

图 7.3　Gate IC 驱动面板示意图

像素电压(像素的数据信号电压)输入由源驱动集成电路(Source Driver 或 Source IC，S-IC)，又称为列扫描驱动电路来完成。以常见的超高清分辨率（3840×3×2160）显示器为例，一般需要 12 颗 960 通道的 S-IC 来完成 3840×3 根的数据线（Data）驱动。每根数据线在对应的栅极开启时间内，将数据信号电压输入相应的子像素中，给像素电容充电。当刷新率为 60Hz 时，在 1 帧时间（约 16.7ms）内 S-IC 会控制数据线进行 2160 次输出，实现该数据通道上连接的所有子像素依次充电。

上述的栅极驱动与像素电压写入需要非常精确的时序控制。协调它们时序关系的就是时序控制器（Timing Controller，TCON）。此外，液晶面板的正常显示还需要诸多模拟与数字电压支持，故将集成了 TCON IC 及电源管理芯片（Power Management IC，PMIC）的电路板称为 TCON 板。液晶显示屏的电路驱动系统架构如图 7.4 所示。

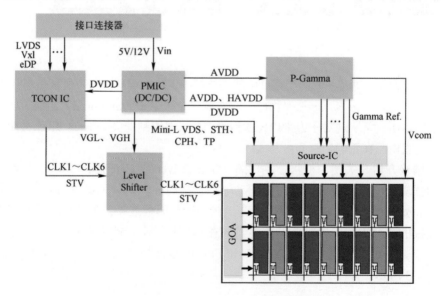

图 7.4　液晶显示屏的电路驱动系统架构示意图

7.1.1　行扫描驱动电路

行扫描驱动电路（G-IC 或 GOA）实现 TFT 阵列的逐行开启，并在控制信号的作用下与数据驱动电路配合，将开启行的数据信号输入相应的像素中。

以 GOA 驱动为例，一般行扫描驱动电路需要表 7.1 所列的几种控制信号。在这些外部控制信号驱动下，用级联的 GOA 单元实现 CLK 信号的移位输出。

表 7.1　行扫描驱动电路信号与功能

信号符号	功能描述
STV	帧起始信号，给出每帧的起始位置
VGH	TFT 开启电压或行输出高电平
VGL	TFT 关断电压或行输出低电平
CLKn	时钟脉冲信号，其高电平为 VGH，低电平为 VGL
VDD	逻辑高电平
VSS	逻辑低电平

图 7.5 是由 GOA 单元构成的最简单移位寄存器级联示意图，每一级 GOA 单元的输出为上一级提供复位信号（Reset，Rst），同时也为下一级提供输入信号（Input）；TCON 或 SOC 上的电平转换器（Level Shifter）还需要给 GOA 单元提供所需的外部控制信号，如 STV、CLKn、VDD 和 VSS 等，实现逐行依次开启。

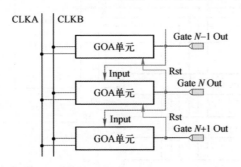

图 7.5　由 GOA 单元构成的最简单移位寄存器级联示意图

与图 7.5 相对应的各信号时序如图 7.6 所示。从 TCON 中输出的 GOA 信号为 TTL（Transistor-Transistor Logic，晶体管-晶体管逻辑电路）电平，这些信号经过电平转换器转换为具有搭载能力的 VGH 和 VGL。

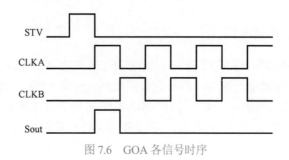

图 7.6　GOA 各信号时序

7.1.2　列扫描驱动电路

列扫描驱动电路（S-IC）其主要作用是接收前端 TCON 或 SOC 提供的数据信号和控制信号，并通过数/模转换器（Digital-to-Analog Converter，DAC）将数字信号转换为对应的像素灰阶电压，驱动液晶分子偏转。

一般来说，S-IC 会包含串/并联转换器（Serial to Parallel Converter）、双向移位寄存器（Bi-directional Shift Register）、数据锁存器（Line Latch）、数/模转换器（D/A Converter）和多路输出缓存电路（Multi-channel Output Circuit）等。典型的 S-IC 结构图如图 7.7 所示。

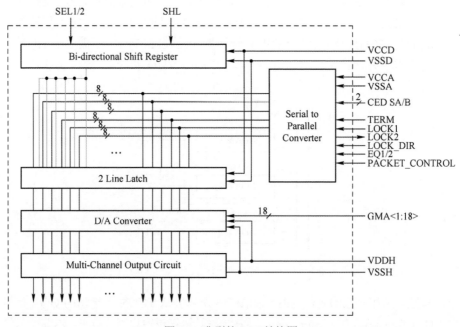

图 7.7　典型的 S-IC 结构图

图 7.7 中双向移位寄存器的作用是在控制信号作用下，控制数据进入锁存器

的方向。在控制信号中有专门用于控制输出方向的 SHL 信号，当 SHL 信号为高电平时，数据信号传输方向为 Out(1)、Out(2)、Out(3)、…、Out(n)，当 SHL 为低电平时数据信号传输方向相反。数据锁存器包括 Line Latch 1 和 Line Latch 2，两个锁存器一个用来锁存当前行的输出数据，一个用来锁存下一行数据。在内部控制信号的作用下，第 n 行的数据将先传输到锁存器 1，待锁存器 2 中的第 n-1 行数据输出到 DAC 后，第 n 行数据再传输到锁存器 2 中。当数据进入到 DAC 后，数字信号被转为模拟的灰阶电压信号。此转换过程中，DAC 需要外部设定一定数量的参考电压，即 Gamma 电压（GMA），DAC 内部再将这些设定的 GMA 电压细分为 256 个灰阶电压用于输出。当 DAC 中的数据完成转换后，数据将并行传输到多路输出缓存器中，这部分电路能提高 DAC 输出信号的带载能力，使其转换为能够驱动面板负载的模拟信号。多路输出缓存器的另一大作用是实现基于 VCOM 电压（液晶面板内的公共电极电压）的正负输出，使液晶分子处于交流驱动，避免被极化。故多路输出缓存器电路需要通过极性控制信号 POL（Polarity Of Line）来实现输出通道的正负极性切换。此外，S-IC 需要电源（VSS、VCC）、差分信号 CEDSA/B、控制信号（LOCK、EQ、Packet_Control）等来共同完成 IC 功能。

7.1.3　电源管理电路

液晶显示屏的正常驱动需要多个数字与模拟电压。以 TV 为例，正常驱动显示屏至少需要提供如下电压：各 IC 工作时需要的数字电压，如 3.3V、1.8V 和 1.2V 电压；面板显示驱动需要的模拟电压，如 VGH、VGL、AVDD、HAVDD、VCOM、Gamma 等。

要保证上面这些电压的幅值、带载能力和纹波值（Ripple）满足要求，就需要 LCD 领域专用的集成多种 DC/DC 转换电路的 PMIC 和外围器件共同完成。一般来说，PMIC 的输入电压按照面板尺寸有 3.3V（如手机与笔记本电脑）、5V（监视器）和 12V（TV）三种，那如何由这个单一的输入电压得到以上所述的一系列电压值呢？一般来说，在液晶显示屏的驱动电路中通过以下几种转换电路来实现电压转换。

1. Buck 电路

如图 7.8 所示，Buck 电路是一种降压斩波电路，可以用来产生 LCD 所需要的 3.3V、1.8V 和 1.2V 等数字电压和 HAVDD 等模拟电压。Buck 电路降压的本质是利用储能元件电感的充/放电实现输出电压小于输入电压的目的。其工作过程可分为两个阶段：第一阶段开关管 S 导通，V_{in} 通过电感为电容 C 充电，此时二极管截止；第二阶段开关管 S 截止，由于电感电流无法突变的性质，二极管导通，此时 V_{in} 没有接入电路，但依靠储存在电感和电容中的能量，在下一次开关管 S

截止前仍能维持负载两端的电压电流值。实际的电路中，PMIC 会输出开关管 S 需要的开关电压，高电平时开启，即开关管 S 导通；低电平时开关管 S 截止。电感、电容、续流二极管等元器件则分布在 PMIC 外围，形成完整的 Buck 电路。

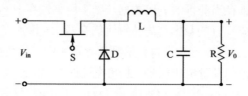

图 7.8　Buck 电路的拓扑结构示意图

PMIC 输出的开关信号一般称为 Switch 信号或 SW 信号，其实就是一种 PWM（Pulse Width Modulation）波，典型频率 750kHz，调节该波形的占空比就可以调节 Buck 电路的输出电压值。经过计算，Buck 的输出电压可简单表示为

$$V_{\mathrm{o}} = \frac{D_{\mathrm{on}}}{D_{\mathrm{on}} + D_{\mathrm{off}}} V_{\mathrm{in}} \tag{7.1}$$

式中，D_{on} 为高电平时间；D_{off} 为低电平时间。高低电平一起构成一个周期。

2. Boost 电路

Boost 电路是一种常见的升压电路，主要用于产生高于 V_{in} 且电流要求较高的 AVDD（13～18V）电压。与 Buck 电路类似，Boost 同样具有结构简单、效率较高的特点。如图 7.9 所示，Boost 同样可分为两个工作阶段：第一阶段开关管 S 导通，电源给电感 L 充电，二极管 D 截止，由电容 C 存储的能量向负载释放；第二阶段开关管 S 截止，二极管 D 导通，电源通过电感 L 同时向电容和负载提供能量。可以看出不同于 Buck 电路的"间歇性工作"，电源 V_{in} 在 Boost 中是持续工作来实现升压功能的。PMIC 引脚输出的同样是开关管 S 所代表的 SW 信号，调节 SW 信号的占空比即可实现输出电压的调整。经过计算，Boost 电路的输出电压可表示为

$$V_{\mathrm{o}} = \frac{D_{\mathrm{on}} + D_{\mathrm{off}}}{D_{\mathrm{off}}} V_{\mathrm{in}} \tag{7.2}$$

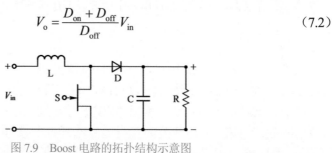

图 7.9　Boost 电路的拓扑结构示意图

需要说明的是，以上的 Buck 与 Boost 电路根据一个周期内电流是否连续，

都存在电流连续模式（Continuous Conduction Mode，CCM）和断续模式（Discontinuous Conduction Mode，DCM）两种工作模式。以 Buck 电路为例，简单来说，如果在下一次开关管 S 导通前，电路中存储的能量不足以支撑负载电流持续输出，就会出现电流断续的情况。面板实际使用中一般要保证电路工作在电流连续模式。

3．Buck-Boost 电路

以上介绍的 Buck、Boost 电路的功能分别为降压和升压，那 Buck-Boost 从名称就可以看出，其同时具备降压、升压两种功能。典型 Buck-Boost 电路拓扑结构如图 7.10 所示。

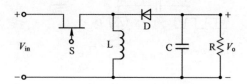

图 7.10　Buck-Boost 电路的拓扑结构示意图

该电路同样是依靠 SW 信号来实现电压的调节。在 SW 信号高电平期间，即开关管 S 导通时，V_{in} 对电感 L 充电，二极管 D 截止，由电容 C 对负载放电；当 SW 信号低电平时，开关管 S 截止，续流二极管导通，可以看出，此时电流反向流动，即输出电压的极性与 V_{in} 相反。Buck-Boost 变换器可看作是由 Buck 电路和 Boost 电路串联而成，合并了开关管。经过计算，该电路输出电压可表示为

$$V_o = -\frac{D_{on}}{D_{off}} V_{in} \tag{7.3}$$

4．电荷泵电路

电荷泵又称开关电容式电压变换器，用来生成栅极开启/关闭所需的 VGH 与 VGL 电压。对于这种负载相对较小的电压，电荷泵是简单有效的解决方案。

电荷泵的工作过程首先是储存能量，然后以受控方式释放能量，以获得所需的输出电压。它们能使输入电压升高或降低，也可以用于产生负电压。其内部的场效应晶体管开关阵列以一定方式快速控制电容器的充电和放电，从而使输入电压以一定因子（0.5、2 或 3）倍增或降低，得到所需要的输出电压。这种特别的调制过程可以保证高达 80% 的效率，并且只需外接陶瓷电容。由于电路是快速开与关工作的，因此电荷泵电路也会产生一定的输出纹波和电磁干扰。

图 7.11 是正电荷泵电路示意图。跨接电容 C_1 的 A 端通过二极管 D_2 接基准电压 V_a（如产生 30V 左右的 VGH 时，V_a 一般可使用 12V 输入电压或其他相近电压），B 端接振幅 V_b（实际使用中一般为 DC/DC 转换电路的 Switch 波形）的 PWM 方波。当 B 点电位为 0V 时，A 点电位为 V_a，即 $V_{AB}=V_a$；当 B 点电位上升至 V_b 时，因为电容 C_1 两端电压不能突变，两端的电压差维持在 $V_{AB}=V_a$，此时 A 点电位上升为 V_b+V_a。所以，A 点的电压就是一个受 B 端 PWM 输入控制的 PWM 方波，最大值是 V_b+V_a，最小值是 V_a。

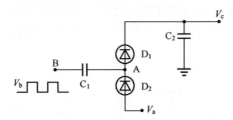

图 7.11　正电荷泵电路示意图

图 7.12 是负电荷泵电路示意图，其基本原理与正电荷泵类似。跨接电容 C_1 的 A 端通过二极管 D_2 接 V_a（一般取 0V 或略大于 0V 的电压），B 端接振幅 V_b 的 PWM 方波（实际使用中一般也为 DC/DC 转换电路的 Switch 波形，高电平 V_b 一般为 12～16V 不等）。当 B 点电位为 V_b 时，由于一般 $V_b>V_a$，二极管 D_2 导通，A 点电位为 V_a；当 B 点电位下降至 0 时，因为电容两端电压不能突变，两端的电压差将维持在 V_a-V_b 的水平，故此时 A 点电位将下降为 V_a-V_b，即一个负电压。所以 A 点的波形就形成一个方波，其最大值是 V_a，最小值是 V_a-V_b。假设二极管为理想二极管，当经过电容 C_2 稳压后，便在输出端得到一个稳定的负电压，此即为负电荷泵原理。

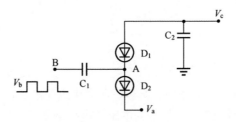

图 7.12　负电荷泵电路示意图

7.2　眼图

7.1 节概述了 LCD 电路驱动的基本框架和常用电路基本原理，实际应用中要实现 LCD 的稳定驱动，需要从电学功能和性能上去评价设计的电路系统是否优良。电学功能是指确保电路系统的电学参数基本实现，主要有两个维度：电源完整性与信号完整性。电源完整性是要求供电电压在幅值和稳定性[或纹波值（Ripple）]上满足要求；信号完整性可以理解为信号在传输过程中的信号质量问题，它由信号传输系统中的众多复杂因素共同决定。眼图就是反映信号完整性的一个主要指标。若眼图质量出现问题，信号完整性降低，数据传输的基本功能将受到影响。

电学性能主要指电路系统的可靠性与稳定性，如系统在特殊环境下的可靠性和系统故障率等。电磁兼容性和开关机时序是电学性能的重要指标，其本身不影响电路系统基本功能的实现，但若设计中没有加以考虑，将降低系统的可靠性。

在短距离、低比特率的情况下，导体可以稳定地传输比特流。而当传输距离较远，以及比特率升高时，信号将经历衰减、噪声（Noise）和串扰（Crosstalk）等影响，使信号严重失真，信号完整性被破坏，结果将导致显示异常。信号完整性可以通过评价"眼图"质量来反映。眼图可由满足带宽条件的示波器进行测量，是将一段时间内每个码元周期的波形以余辉的方式重叠在一起，因得到的图形形状像眼睛而得名"眼图"。作为高速信号传输质量的"放大镜"，通过眼宽、眼高和抖动等指标，眼图能够直观且充分地反映出信号的质量。本节将从 LCD 中的高速信号与眼图出发，为读者提供一些 LCD 领域提高信号完整性的思路。

7.2.1　差分信号

与单端信号相比，使用差分信号使传输信号完整性问题变得容易解决。差分信号是采用相互耦合的两条传输线，实际的比特信息取决于两条线的信号强度差值。图 7.13 是显示行业常见的 LVDS 差分信号与单端信号（如 I^2C 的 SDA 信号）的示意图。

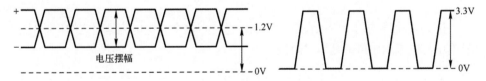

图 7.13　LVDS 差分信号与单端信号示意图

差分信号的优势首先表现在对噪声和干扰的抑制能力上，这一点可以通过图 7.14 形象地解释。对于差分信号传输，由于噪声和串扰一般是等值、同时被加载到两根信号线上，这对两条信号线的差值不产生影响，故不会影响逻辑判断的结果；而对于单端传输的 TTL 电平，则可能由于过大的尖峰干扰影响造成数据错误。差分信号的第二个优势是由于两根线与返回平面之间的耦合电磁场的幅值相等，同时信号极性相反，其电磁场将相互抵消，因此能有效抑制电磁干扰（EMI）。差分信号的第三个优势是接收器中的差分放大器可以提供相对单端放大器更高的增益，有利于信号的处理。

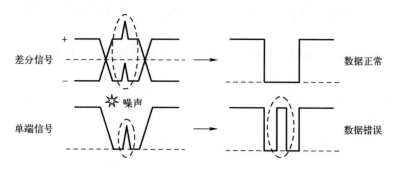

图 7.14　差分信号与单端信号受干扰的示意图

PCB 设计中，要保证差分走线的性能，必须对差分阻抗有深刻理解。为了理解差分阻抗，先了解单端信号线的特性阻抗。

单端信号线的特性阻抗定义为信号在均匀传输线上遇到的恒定瞬时阻抗。均匀传输线可以理解为横截面不变的走线，在这样的走线上取一点进行分析，信号（如信号的一个上升沿）的传输相当于信号路径和返回路径之间的电容在充/放电，如图 7.15 所示。

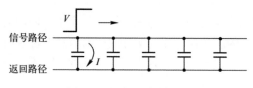

图 7.15　均匀传输线模型

因为传输线均匀，所以在信号线上任意一点这个充电电流是恒定的，此时信号电压与电流的比值就是瞬时阻抗：

$$Z_{瞬时} = \frac{V}{I} \tag{7.4}$$

而当电平稳定，即信号不再跳变时，在信号路径和返回路径间电流为零，此时阻抗是无穷大的，所以要用"瞬时阻抗"来描述。对于均匀传输线，信号在任何一处受到的瞬时阻抗都相同，这个瞬时阻抗就可以用来描述传输线的特性，也就是特性阻抗了。特性阻抗属于传输线的固有特性，仅与材料本身的特性有关，

用 Z_0 表示。均匀横截面传输线又称为可控阻抗传输线。

基于以上描述,可以进一步对差分阻抗进行讨论,首先考虑没有耦合的情况。如果两条差分线之间距离足够远(如 3 倍线宽以上),即可以忽略耦合影响。这种情况下,每条走线都有着与单端线一样的表现。如图 7.16 所示,假设线 1 存在从信号路径到返回路径的 20mA 电流,那么线 2 上的反相信号就会产生从返回路径到信号路径的 20mA 电流(此时两条走线的返回路径均为各自走线下方的 GND 平面,用白色底色示意),从效果上看,就好像两条线互为信号路径和返回路径。也就是说,当线距较远时,差分对的两条走线各自以其下方的 GND 为返回路径,即左图,中图为将左图的电流实际流向以箭头表示出,右图为从效果上看的“等效结果”,就好像差分对以互相为返回路径一样。

图 7.16　无耦合差分对示意图

根据阻抗定义,此时的差分阻抗就应该是两条差分线之间的压差与电流的比值,即

$$Z_{\text{diff}} = \frac{2 \times V}{I} = 2 \times Z_0 \tag{7.5}$$

从式(7.5)可以看出,在没有耦合时,差分阻抗就是单端阻抗的串联。

现在我们把线间距缩小,引入耦合。首先明确一个问题:何谓耦合?耦合是一种复杂的电磁相互作用,对于一条单端信号线,当有第二条信号线临近时,信号线 1 的特性阻抗会随着第二条线被驱动的方式变化(意思是当两条线距离太近时,会有互相串扰等影响,导致一条走线的特性随着与它相邻走线上波形的变化而变化),如图 7.17 所示:①如果线 2 被固定在 0V 电平,线 1 阻抗基本不变;②线 2 上存在与线 1 相反的信号,则线 1 阻抗下降,此时的差分阻抗被称为奇模阻抗;③线 2 施加与线 1 相同信号,线 1 阻抗增大,此时的差分阻抗被称为偶模阻抗。PCB 上差分走线之间的耦合对差分阻抗的影响大约在 15% 以内。

图 7.17　耦合差分对差分阻抗

需要指出的是,当信号线与返回平面之间的耦合度大于两条差分信号之间的耦合度时,返回平面上分布着明显的返回电流,返回平面对差分阻抗有重要影响;而当信号线与返回平面距离加大,两条差分信号之间的耦合度占据主导地位时,

返回平面便不会影响到差分阻抗，可以认为两条线互相提供返回电流。具体到 PCB 设计上，信号线与返回平面间的耦合远大于两条差分信号之间的耦合，所以事实上的返回路径依然是返回平面，并不能看作两条信号线互为返回路径。而当差分走线的返回平面（即地平面）不连续时，在不连续处就会发生阻抗突变，PCB 上布线应该尽量避免这种情况发生。

7.2.2　如何认识眼图

要掌握眼图的意义，首先要了解眼图是怎样产生的？为什么眼图是电路工程师评价差分信号完整性的主要工具？

1．眼图的产生

以 3bit 信号的传输过程为例：3bit 信号在传输过程中存在从 000 到 111 共 8 种不同的电平跳变情况，如图 7.18 所示。信号传输中每个 UI[（Unit Interval，即传输 1bit 数据所用时间）]的时间一般非常短，如 V-By-One 协议中一个 UI 只有大约 330ps。在这么短时间内如何才能知道信号传输是否失真？抖动（Jitter）和噪声等问题是否在可控范围内？有没有一种办法可以形象地描述信号在一段时间内的"长相"呢？

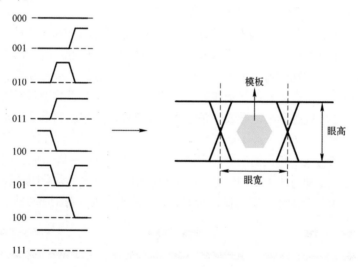

图 7.18　3bit 的 8 种信号示意图

这个办法就是使用眼图（Eye Diagram）。眼图的含义可以表达为：把每个 UI 内的波形在时域上做叠加，相当于将一段时间内（通常要求达到几百万个 UI 时间）的波形按照 UI 叠放到一起，便得到了类似眼睛的一张图，如图 7.19 所示，这就是眼图的生成过程。通过眼图能够反映信号在该段时间内的所有重要特征。需要指出的是，眼图测试对所用示波器的带宽有较高要求，一般需要示波器带宽是信号带宽的 3 倍以上，才能够采集到较为可信的测试结果。

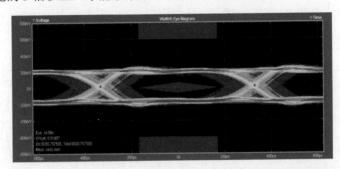

图 7.19 眼图的"长相"

2. 眼图的含义

图 7.19 是使用带宽为 16GHz 的示波器测到的 V-By-One 协议的眼图，它涵盖了数据流中各种位组合情况下，位模式能够被识别的程度，简单地说就是图 7.18 所述的 3bit 的 000 到 111 共 8 种电平跳变情况能不能被接收端准确识别出来。从这样一张眼图上我们至少可以得到以下几条信息：

① 眼高（Eye Height）：可以形象理解为眼睛张开的高度，反应差分对信号电平的高低，而"眼皮"的厚度也就是信号的噪声幅度。信号受到的噪声干扰幅度必须小于噪声容限（Noise Margin），即噪声要不足以影响接收端对逻辑电平的判断。

② 眼宽（Eye Width）与抖动（Jitter）：眼宽代表信号每个 UI 的时长，实际的信号会由于噪声干扰、高频衰减等原因，造成时域上的前后抖动以及 UI 时长的差异，最终在眼图上形成水平方向厚厚的眼角，这种两个眼睛之间交叉重叠的水平宽度就是抖动。

③ 上升边的退化程度：信号高频部分相较于低频部分总是更容易衰减（原因本章后面会解释），高频衰减带来的主要问题就是上升沿（或上升边）的退化，也就是 T_r 与 T_f（信号上升沿时间与下降沿时间）增大。这种退化使信号波形趋于平缓，当退化大到半个 UI 的数量级时，便会产生所谓的符号间干扰（Inter-Symbol Interference，ISI），使接收端无法读出准确的数据。举例来说，符号间干扰可能使系统无法判断 000 和 010 这两种数据，因为 010 中间的"1"电平因为 Tr 过大而没有足够的时间升到门限电平，便又跳变回了"0"电平，造成误码率的升高。

实际调试中我们一般使用模板（Mask）来直观地评价眼图是否合格。模板可以理解为给眼图设定的最低标准，模板上的眼高、眼宽等参数都是临界值，眼图的任何一个部位都不能接触到模板，否则即认为眼图是不合格的。一般显示领域常用的接口协议和 IC 规格中都有明确的模板标准。图 7.20 是 VBO 协议的眼图标准参考值与对应的眼图部位。

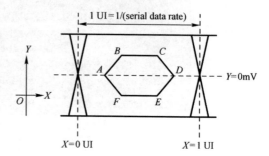

	X(UI)	Y(mV)
A	0.25	0
B	0.3	50
C	0.7	50
D	0.75	0
E	0.7	−50
F	0.3	−50

图 7.20　VBO 协议的眼图标准参考值与对应的眼图部位

7.2.3　眼图质量改善

液晶显示领域的一大趋势就是面板尺寸越来越大，分辨率和刷新率也越来越高，这样信号传输距离和比特率也要不断提高，电路设计不当就很容易导致眼图"眼睛睁不开"，即眼图塌陷。本节将重点介绍眼图塌陷的原因分析和常用的可实施改善措施。

1."眼睛闭合"的原因分析

首先明确一个问题，即如何理解信号带宽？信号带宽（Band Width，BW）与信号上升沿时间 T_r 的近似关系为

$$BW(GHz) = \frac{0.35}{T_r(ns)} \tag{7.6}$$

这是一个简单且重要的经验公式，可以看出信号带宽是由 T_r 唯一决定的。T_r 是影响带宽的本质因素，记住这一结论在后面的讨论中将十分重要。

如果用一句话解释眼图塌陷的原因，那就是眼图塌陷是由高频信号衰减直接引起的。如果信号衰减与频率无关，那么信号只会有整体幅度上的减小，并不会引起上升沿与下降沿陡峭程度变化（T_r 与 T_f 增加），这种情况下只需要对信号做幅度上的放大即可还原出原始的信号。但一个清晰的事实是信号中越是高频的部分在传播过程中越容易衰减，高频衰减意味着信号高次谐波占比降低，也就是带宽不断降低，导致信号的上升沿趋于平缓（上升沿退化），同时

也带来符号间干扰、抖动等问题，最终导致眼图质量下降。图 7.21 为 T_r 为 50ps 的信号通过 50Ω 36 英寸传输线（PCB 材质是 FR-4）后，T_r（上升沿时间）退化到了 1.5ns。那么为什么高频部分会对衰减如此敏感？这些高频的分量（能量）去哪儿了呢？

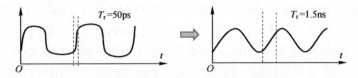

图 7.21　上升沿退化示意图

我们从理想有损传输线模型来分析，理想有损传输线是一个 n 节 RLGC 模型，n 越大模型越准确，如图 7.22 所示。R 为导线串联电阻，L 为回路自电感，C 为回路电容，G 为介质损耗并联电阻的倒数，即介质损耗电导。这里使用电导的原因是，如果将传输线长度延长，R、L、C 三项都将变大，而介质损耗并联电阻是降低的，使用电导将使以上 4 个参数都与线长成正比，利于分析。

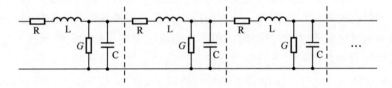

图 7.22　理想有损传输线模型

在这个模型中，L 和 C 本身是不消耗能量的，一般来说，信号链路上的损耗主要有导线损耗、介质损耗、阻抗突变引起的反射损耗、辐射损耗，以及线路耦合等。这些损耗在低频段表现的微乎其微，但在高频时却足以使信号完全失真。在信号完整性领域，高频衰减带来的问题是个永恒的话题。

导线损耗和介质损耗是两个完全不同的概念。导线损耗可以理解为信号电流在导体本身上的热消耗，所以导线上的消耗就是导线串联电阻 R 的发热。需要指出的是，由于趋肤效应（电流总是流经最低阻抗路径）的存在，即使是这部分纯电阻消耗，也跟频率有关。高频时电流在导线中重新分布，导致实际的导线电阻随频率升高而变大，造成同一段导线上同一有效值的电流的热消耗随频率升高而增大。一般认为对于高于 10MHz 的频率分量，就应该考虑趋肤效应对导线电阻的影响了，也就是前面所说的"高频部分更容易衰减"。如图 7.23 所示，微带线上的电流，不管是信号电流还是返回电流在导体上并非均匀分布。

图 7.23　趋肤效应电流分布示意图

　　介质损耗可以理解为消耗在导体以外（如 PCB 不同层走线之间的板材）的能量，同样是频率越高消耗越大。微带线上信号的传输情况：微带线上下两导体与之间的 PCB 板材（通常为 FR-4）构成了一个电容器，虽然电容本身并不消耗能量，但实际的介质材料都有一定的电阻率，也就意味着介质中存在着漏电流，这便是电导 G 的由来。可以简单地根据电容隔直流通交流的特性推测出漏电流也是随信号频率的升高而增大的（事实上这是材料中复杂的分子运动引起的）。通常 FR-4 材质的 PCB 上线宽 8mil、特性阻抗 50Ω 的传输线，信号速率高于 2.5Gbps 时，介质损耗已经占主导地位了。

　　阻抗突变是信号质量恶化的根源，它直接引起上升沿的退化。因此使信号路径和返回路径上的阻抗保持稳定，是保证信号完整性的必要手段。阻抗突变如此重要的原因在于，信号在阻抗突变处会发生反射与失真，失真程度与信号 T_r（即带宽）和阻抗突变大小正相关。一方面反射会带来信号振铃等影响信号质量的问题（传输线时延低于 T_r 的 20% 时，可不考虑阻抗突变引起的振铃问题），影响信号向后传输的波形；另一方面那些反射回源端的高频信号（能量）也被消耗在了反射路径和源端上，进一步削弱了信号的质量（带宽）。反射的方向和强弱取决于阻抗突变处的反射系数：

$$\rho = \frac{Z_2 - Z_1}{Z_2 + Z_1} \tag{7.7}$$

　　越是高频的信号反射也越严重。PCB 上造成阻抗突变的原因一般有线宽变化、信号切层、经过连接器或过孔、T 型走线等，在进行 PCB 版图布线时，应尽可能减少以上情况出现。

　　辐射损耗本身损失的能量十分有限，对自身信号完整性的影响可忽略不计。但需要注意的是，辐射在 EMI 分析中是很重要的部分，具体见 7.3 节。

　　2. IC 功能优化

　　基本可以从两个方面提升眼图质量：一是 IC 本身，这部分取决于 IC 设计与半导体工艺的改进；二是 PCB 设计，在板层材质不变的前提下，PCB 版图布线水平直接决定了信号质量的好坏。

　　从 IC 设计与制造工艺来讲，虽然提高 IC 的集成电路设计水平与半导体工艺能力是行业努力的方向，但这往往是一个漫长且耗资巨大的过程，在一款显示产品的开发过程中是没有时间和资源去进行 IC 重大改版的。从另一个角度讲，量产 IC 一般都经过了更加精心的设计和反复流片验证，即使出现了信号质量问题，将问题归咎于 IC 本身也是不恰当的。事实上，IC 设计师针对高速链路中可能出现的信号完整性问题已经给出强大的对策：预加重与均衡化。

　　预加重（Pre-emphasis）与均衡化（Equalization，EQ）的思路是，既然高频部分容易衰减，那么就设法对高频做补偿，或者对低频做滤波，使高频与低频部分的衰减相匹配，这样信号在整个带宽内的衰减将保持一致，以此提高信号质量。这样做的前提是能够预估到信号失真的程度，或者说要求传输系统对信号的衰减失真作用是可预估和可重复的。目前人们对 PCB 叠层材料的特性已非常熟悉，使用 S 参数（一种信号模拟中用到的模型，使用数学表达以描述对象的物理特性）等模型描述和预估 PCB 上信号的衰减也成为一种成熟可靠的技术，预加重与均衡化在高速系统中已经被广泛使用。图 7.24 是均衡器原理示意图。

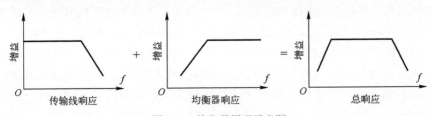

图 7.24　均衡器原理示意图

　　在信号输入端增加滤波器，在滤波器上添加增益以人为增大高频分量强度，这样使走线对高频的衰减与滤波器的作用相抵消的做法，就是均衡化。如图 7.25 所示，在中大尺寸面板上，从 TCON 输出的差分信号到控制面板边缘区域的 S-IC，需要经过 2 个 X-PCB、4 个连接器、外加 2 个 FFC 或 FPC 的传输，信号可谓"跋山涉水"，尤其在刷新率达到 120Hz 以上时，借助 S-IC 的 EQ 功能提高信号质量就十分有必要了。一般 S-IC 的 EQ 功能具备挡位调节能力，可以根据实际需要调整均衡的强弱。需要指出的是，开启 EQ 功能后，使用示波器测到的眼图与 IC 实际"看到的"眼图就不再等同，可能示波器看到一个很差的眼图，而信号驱动功能依然正常，这便是 EQ 的神奇之处。

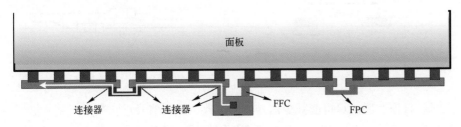

图 7.25　大尺寸面板差分信号路径

　　预加重则是在信号起始端（噪声引入前）加入额外的高频分量，这样在信号到达接收端时，高频分量正好衰减到原始未做加重的状态。预加重可以采用时域技术和频域技术两种方式实现。时域上实现指的是将待发送的比特信号幅度做相应的变化：当该比特信号与前一位发送的比特信号不同时，就将当前比特信号的幅度以合适的倍数增大；当该比特信号与前一位比特信号相同时，则不作处理。频域技术实现预加重电路是通过增加一个高通滤波器的方式。滤波器将待传输信号的高频分量能量增加，预先补偿传输线对信号高频做补偿。

3. PCB 版图布线优化

　　PCB 影响信号质量的因素主要有 3 个：PCB 版图布线水平、过孔桩线、导线与介质损耗。其中，过孔桩线、导线与介质损耗带来的影响，需要使用更高规格的工艺和材料才能消除。例如，想要消除过孔桩线带来的阻抗突变影响，往往需要使用盲孔、埋孔等成本较高的工艺，而一般用于显示驱动的 PCB 受成本限制，对 PCB 材质和工艺不能有过高要求。因此，类似使用盲孔、埋孔、改变板层材质等手段去提升信号质量的做法显得颇为奢侈。而在当前主流尺寸和信号速率下，通过提高 PCB 版图布线水平得到稳定可靠的信号质量是可行的，也是最经济的。

　　一般显示驱动中需要重点保护的信号包括所有差分信号（如 P2P 信号或 LVDS 信号）、时序信号（CLK 与 TV 等）和 Gamma 电压。在板层数确定的前提下，较为重要的版图布线原则如下。

　　① 信号走线要遵循 3W 原则：如图 7.26 所示，假定走线线宽为 W，并要求线与线中心间距不少于 3 倍线宽（3W），这样可降低线间耦合，减小线间串扰。走线应尽可能短，并且走线弯折角度应大于 135°，避免 T 形走线。

　　② 控制差分阻抗，差分对尽可能平行等长走线，差分线上的交流（AC）耦合电容要使用相同容值、相同封装，且要对称放置，如图 7.27 所示。

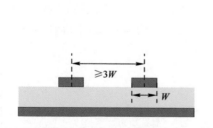

图 7.26　3W 原则示意图

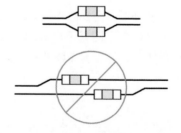

图 7.27　差分耦合电容的布线示意图

　　③ 合理布局，尽可能减少信号切层次数，控制信号过孔数量，差分信号要优先包地，差分对的临层也要尽可能有地层保护，CLK 信号、GAMMA 信号、差

分信号等敏感信号之间要避免上下层重叠走线，以减少临层干扰，如图 7.28 所示。

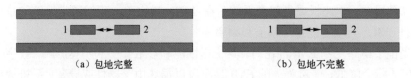

（a）包地完整　　　　　　　　　　　　　（b）包地不完整

图 7.28　差分微带线上下包地完整性示意图

④ 走线宽度要有冗余，数字电压和模拟电压线宽应尽可能大，保证远端压降在可控范围内，必要时在远端做单独供电（主要针对大尺寸面板）。

⑤ 地平面要尽可能完整，多打接地孔，使各层地平面尽可能连接在一起，以减小电流回路，利于散热，同时做好切地，删除孤岛和尖锐的铜皮。

PCB 版图布线是电路设计的一门艺术，同一个电路原理图由不同工程师设计，最终性能也参差不齐。优秀的电路设计工程师能够画出性能优异的电路板，这需要扎实的理论知识积累和长时间的实践经验相结合。

7.3　电磁兼容性

电磁兼容性（Electromagnetic Compatibility，EMC）是指电子设备在公共电磁环境中同其他电子设备兼容工作，互不影响的能力。EMC 包括两个方面：一是设备本身工作中产生的电磁辐射较小，不影响其他设备工作的能力，即电磁干扰性（Electromagnetic Interference，EMI），包括辐射型 EMI 和传导型 EMI；二是设备对电磁环境的敏感程度，即电磁敏感性（Electromagnetic Sensitivity，EMS），敏感性越高表示越易受到电磁干扰，包括电磁辐射（Electromagnetic Radiation，EMR）敏感性和静电放电（Electrostatic Discharge，ESD）敏感性等。无论是电子设备还是传输的高速信号，其本身都有一定的电磁辐射，并且也会受到电磁辐射的干扰，在应用中我们希望设备和信号的 EMI 和 EMS 都尽可能小。在 LCD 模组驱动中，我们通常关注的是它的 EMI 辐射性和 ESD 抵抗性。本节将从 EMI 和 ESD 两方面介绍 LCD 产品中电磁兼容性相关的问题及解决方案。

7.3.1　EMI 简介

任何电子产品，包括 LCD，由于内部存在交变信号，不可避免地会产生电磁场并通过介质传播，处于其场内的电子设备的功能或性能会因此受到影响，这就是电磁干扰（EMI）。EMI 的传播途径有传导和辐射两种：传导是指干扰源与敏感器之间存在导电通路，通过通路直接影响敏感器；辐射是指干扰以电磁辐射

（EMR）的方式将能量通过空间介质传输到敏感源并对其造成影响。这里的敏感源可以是器件、电路板或者整个系统。在 LCD 模组中，我们通常讨论的是辐射产生的 EMI，其辐射能量与幅值和频率相关。

当电子电路受到 EMI 冲击时，其工作性能和参数会受到不良影响，数字信号的通信质量会降低，能量强大的 EMI 甚至可以损坏电子器件或设备。手机等终端设备、移动基站、调制解调器、导航系统等通信网络系统以及各种低压电子电路都是对 EMI 敏感的电路系统。对于人体而言，长期处在电磁辐射的环境中对其健康也会造成一定的影响。因此 LCD 产品在设计时就要充分考虑如何尽可能减小产生的电磁辐射，以同工作环境中的其他设备相互兼容，保证环境中各系统信号完整性彼此不受影响。

7.3.2　EMI 测试

LCD 模组的 EMI 测试环境是由无反射墙壁搭建的电波暗室。LCD 模组 EMI 测试系统及环境如图 7.29 所示，主要包括可旋转的木制架台、附有吸波材料的墙面、可升降和旋转的射频接收天线、射频信号放大器以及频谱分析仪等。

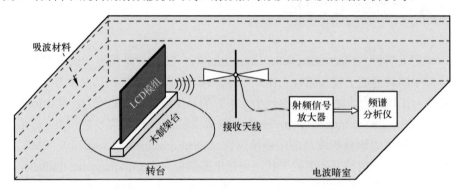

图 7.29　LCD 模组 EMI 测试系统及环境

对 LCD 模组进行 EMI 测试的意义在于了解模组产品的 EMI 性能，以确认是否需要改善及分析原因和改善对策，为 LCD 产品的 EMI 设计提供参考。辐射型 EMI 的测试标准有国际标准 IEC/CISPR 22、欧盟的 EN55022 和美国的 FCC 等。按照待测物的辐射范围，通常分为 RE（Radiated Emission）模式和 CE（Conducted Emission）模式测试。RE 模式的测试范围是 30MHz～1GHz，CE 模式的范围是 150kHz～30MHz。LCD 模组的测试一般采用 RE 模式。

图 7.30 是某 LCD 产品的 RE 模式 EMI 测试结果图。由于不同频段的辐射值往往差别较大，为方便说明，一般采用对数坐标表示，单位为 dBμV/m。

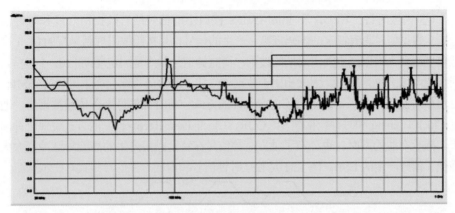

图 7.30　某 LCD 产品的 RE 模式 EMI 测试结果图

7.3.3　模组中的 EMI 及改善措施

若电子产品 EMI 不能满足标准，则需要进行改善。LCD 模组中不同模块根据功能不同，产生的交流信号频率范围从几十 kHz 到几 GHz 不等，因此产生的电磁辐射主要在射频波段。电磁干扰来源的模块主要有高速差分信号、晶体振荡器、直流-直流转换开关信号和栅极驱动时钟信号等。电子工业中 EMI 的改善可以通过设计从产生源头削弱或消除，也可以通过屏蔽从传输途径隔离，本节主要介绍设计方面的改善方案。

1．TCON 高速信号

LCD 模组中的 TCON 高速信号分为接收到的外部图像信号（Outro-Panel Signal）和传输给 DriverIC 的 RGB 像素信号（Intra-Panel Signal）。LCD 中的高速信号接口经过不断地改进和更新换代，传输速率和 EMI 性能都在不断提升，目前大尺寸 LCD 产品通常采用点对点（Point to Point）差分信号接口。RGB 像素信号接口如 CEDS、USIT 和 ISP 等，单通道信号传输速率一般在 1～3Gbps；图像信号如 eDP、V by One 等，单通道信号传输速率可在 3Gbps 以上。从 TCON 高速信号的发展来看，高速信号 EMI 的改善大致有以下几个方面。

① 差分信号传输。早期的 TCON 信号接口经历了从 TTL 电平信号向差分信号转变的过程，相比于 TTL 信号，差分信号一方面传输速率有了大幅提升，另一方面电磁兼容能力也大幅增强。不仅依靠共模抑制作用使其本身对外部电磁干扰有很强的抵抗能力，而且自身的 EMI 辐射也有了很大的改善。以 LVDS（Low Voltage Differential Signal）信号为例，差模电压一般为 350mV，而 TTL 电平一般为 3.3V，辐射功率大幅降低；另外，差分线对的两条信号线由于加载等量反相位的信号，产生的辐射大多在空间中相互抵消。

　　② 内嵌时钟。LVDS 和 mini-LVDS 接口中的信号线有数据信号线和时钟信号线。数据信号具有特定的编码规则，产生的信号也是按照编码规则呈现的 0、1 高低电平组合，难以产生固定周期的波形；而时钟信号始终是固定周期的 0、1 交替，能量在频域上更为集中。因此相比于数据信号线，时钟信号线会产生更强的 EMI。目前点对点差分信号普遍采用了内嵌时钟的方式，将时钟信号嵌入传输数据中，通过 Clock Training 和时钟数据恢复（CDR，Clock Data Recovery）的方式确保时钟同步，减少布线的同时，也分散了独立时钟信号在特定频段产生的高能量脉冲，大大降低了信号产生的 EMI。图 7.31 是独立时钟信号和内嵌时钟信号模式对比示意图。

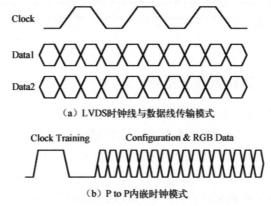

图 7.31　独立时钟信号与内嵌时钟信号模式对比示意图

　　③ Voltage Swing 调节。大多数的差分信号接口都支持信号电压摆幅（Voltage Swing）的调节。由于辐射能量与幅值正相关，在不影响眼图质量的前提下，适当降低电压摆幅即可减小辐射产生的 EMI。

　　④ Scramble 功能。Scramble 功能是点对点接口中常用的降低信号 EMI 的方法，其工作机理是将信号在 TCON 端同一个"Key"序列做异或运算的方式重新编码，将原本需要传输的信号打乱以生成一个低 EMI 的信号序列，将该序列传输给 Driver IC 后再通过同样的方式解码以将信号还原，如图 7.32 所示。Scramble 功能可以作用到时钟信号、数据信号和 Blank 区的信号。

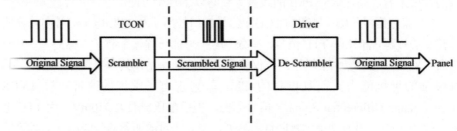

图 7.32　Scrambler 与 De-Scrambler 示意图

⑤ SSCG 功能。SSCG（Spread Spectrum Clock Generator）是针对时钟信号产生 EMI 的改善功能，其机理是将时钟信号的固定频率做一个微小的摆幅，将该频率的尖峰能量分散至一个频段内以降低产生的 EMI，如图 7.33 所示。其频率摆动幅度一般在 99%～101%。

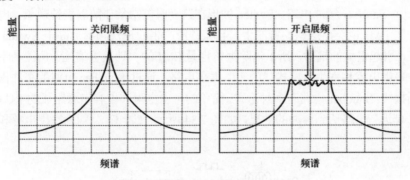

图 7.33　SSCG 对频谱的改变

2. 晶体振荡器

石英晶体振荡器（晶振）依靠石英晶体稳定的谐振频率，在 LCD 模组中常用来为 TCON IC 提供稳定的时钟信号，常用的晶振频率在几十 kHz 到几百 MHz 不等。晶振在工作中同样也会产生明显的 EMI，一般考虑将晶振尽可能靠近 TCONIC 时钟管脚，减小信号走线长度，或是搭载屏蔽罩等方式减小信号线的辐射。

3. DC-DC 信号

在 LCD 电源管理模块（Power Management Unit，PMU）的每一路直流-直流转换（DC-DC）电路，如 Buck、Boost、Charge Pump 等，均有一路经脉冲宽度调制（PWM）产生的方波信号（Switch 开关信号）。不同于高速差分信号，Switch 信号为单路的占空比可调的方波信号，用来控制 MOS 开关管的通断，一般需要有几伏的高电平，工作频率一般为几百 kHz，因此在工作时也会辐射较强的 EMI。Switch 信号的 EMI 改善一般有以下几个方面。

① Switch 信号扩频和调频。Switch 开关信号产生的 EMI 是以开关频率为基波、附带高频谐波的离散频谱。扩频的机理类似于 TCON 的 SSCG 功能，将原本固定的开关频率以一个较小的摆幅上下波动，将基波以及各谐波尖峰脉冲能量均匀释放在附近频域；调频则是根据受影响的设备对 EMI 敏感的频谱范围，对开关信号频率进行调整，将辐射的尖峰调离此敏感范围。

②串接铁氧体磁珠。由于 DC-DC 模块需要为 TCON IC 等敏感数字模块提供电源信号，以传导方式干扰 TCON 内部，铁氧体磁珠是一种抑制高频噪声和尖峰干扰的器件，一般在 DC-DC 输出和 TCON 电源输入端之间串接磁珠，可有效抑制电源模块的 Switch 信号及其高频谐波产生的干扰。

③Snubber 缓冲电路。Switch 波形在跳变时，常常伴随着振铃现象，电路中的一些 EMI 也会由这些振铃产生，且振铃所产生的干扰频率远高于 Switch 开关频率，引起很大的辐射，所以消除振铃也是 EMI 的一种改善措施。振铃产生于电路中寄生电容和寄生电感构成的 LC 振荡电路，通过 Snubber 电路的缓冲作用可抑制振铃。Snubber 电路有多种形式，简单的可由电阻和电容串联组成的 RC Delay（RC 延迟）电路达到缓冲的效果，如图 7.34 所示，L_1、C_1 分别为寄生电感和寄生电容。

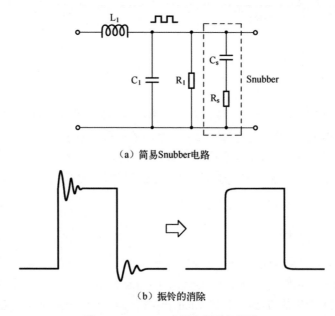

（a）简易Snubber电路

（b）振铃的消除

图 7.34　Snubber 电路与振铃的消除

4. GOA CLK 信号

GOA 信号由 TCON 生成，经 Level Shifter 后转变为高压数字信号（幅值在十几伏至几十伏）。以 4K（Ultra High Definition，UHD）分辨率为例，GOA CLK 频率通常在 20kHz 左右，频率较低，但由于上升沿及下降沿的存在会辐射高频谐波，并且与 DC-DC Switch 信号一样会产生振铃效应。通常在 Level Shifter GOA 信号输出端匹配串联电阻，改变其等效谐振电路的阻尼系数以改善 EMI。

5. PCB 版图布线设计

除上述设计方法外，在 PCB 版图布线设计时也需注意以下几点。

① 差分信号线、GOA CLK 走线需有完整地（GND）包裹以起到屏蔽作用，连接器相应引脚两侧要设置接地引脚；

② GND 构成完整网络并贯通整个 PCB，尽可能使用一层单独作为 GND，使每个接地引脚都能够以最短距离接入 GND；

③ DC-DC 开关管尽可能靠近 IC Switch 输出引脚，晶振尽可能靠近 TCON IC Clock 输入引脚，所有数字信号尽可能寻找最短路径，避免大角度的转角。

7.4　ESD 与 EOS 防护

7.4.1　ESD 与 EOS 产生机理

静电的产生，来源于物体间的接触与分离，如摩擦起电，随着物体间摩擦次数的增加，局部的电荷积累将不断增加。当这些电荷接触到其他导电物体时，进行纳秒级快速电荷交换从而产生静电放电现象。ESD（Electro-Static Discharge）的电压通常高达几千伏至几十千伏，但由于电荷量很小，一般不会对人体造成危害，但在电子产品中，许多逻辑器件对于这种高幅值的尖峰脉冲十分敏感。

LCD 设计中不可忽视的关注点是抗 ESD 与 EOS（Electrical Overstress，电过载）能力。在 LCD 驱动电路中，常见的 ESD 来源于两个方面：一方面是人体与器件的接触，当人体电位与器件引脚之间存在一定的电位差时，电荷将会通过人体释放，其模型为人体放电模型（Human Body Model，HBD）；另一方面是连接器 FPC 的插拔，在插拔过程中外部引入的电荷通过 IC 引脚释放，或 IC 本身积累的电荷在接触 FPC 金手指时通过引脚向外释放，其模型为机械放电模型（Machine Model，MM）。由于路径都是导电金属，MM 的电荷释放比 HBD 更快，瞬间能量更大，对器件的威胁也更大。在 ESD 防护方面，除接触人员穿戴防静电服、静电手环和配备离子风枪等通常的防护方法外，还有必要在设计中加以考虑。

ESD 的主要特点是高电压（千伏以上）、短时间（纳秒级），而 EOS 则是低电压（一般不超过百伏）、毫秒级的电器过载，是当电子器件承受的电流或电压超出器件规格限值时可能发生的一种电过载现象。电过载可能会对整个器件或器件的一部分造成热损坏。当器件承受高电压或高电流时，器件内的连接会发生电阻性加热，从而使温度过高。这将导致器件损坏，并且大多数情况下，这种损坏肉眼可见。EOS 可能因单次非重复性事件或者持续的周期或非周期性事件而引起。EOS 能量耗尽后，器件可能永久损坏，也可能只有一部分可以正常工作。

需要注意的是，半导体元器件制程的进步，使得集成电路内部 CMOS 尺寸不断缩小，这样虽然降低了器件功率并提高了速度，但是由于 ESD 与 EOS 的原因，更小的尺寸也增加了薄栅氧化层损坏的可能性。因此，LCD 驱动中的各种 IC，包括 TCON、驱动器和 PMU 等，以及高速信号、GOA 信号、GAMMA 等信号端口都是 ESD 与 EOS 的重点保护对象。

7.4.2 防护措施

1. 通用防护

静电无处不在，想要从源头彻底消除静电目前几乎不可能，配备静电防护装备也很难做到滴水不漏。常规的电阻、电容、二极管与三极管等元器件，本身价格较为低廉，且对 ESD 的耐受能力较强。通用防护类型通常有以下几种。

① 串联电阻保护。在 IC 引脚处串联小阻值的电阻是一种较为常见的防护措施。串联的电阻可以分担少部分 ESD 释放的能量，阻值需要确保不影响管脚的输入/输出性能。电阻保护的成本低，串联于网络中对 PCB 版图布线空间影响小，缺点是防护能力很有限。

② 阻–容保护。RC 网络具有延时滤波作用，可以降低 ESD 产生的高频尖峰脉冲的影响，并延缓电荷的释放时间，因此具有一定的 ESD 防护作用，缺点是会延缓 RC 环路所在网络的信号上升与下降时间。

③ 金属氧化物电阻（Metal Oxide Varistor，MOV）。MOV 又称为压敏电阻，是一种限压型保护元件。当有尖峰脉冲时，压敏电阻会变为低阻态，将能量通过自身释放到 GND。压敏电阻常压下为高阻，不会影响电路正常工作，响应速度为纳秒级，缺点是结电容较大，不能用作高速信号端口的保护。

④ 瞬态电压抑制二极管（Transient Voltage Suppression Diode，TVS）。TVS 是针对各种浪涌脉冲的防护器件，正常工作于反向截止状态，高压时迅速处于雪崩状态并将电压箝位在一定的数值。TVS 管具有很强的 ESD 与 EOS 防护能力，其响应速度为皮秒级，释放能量后可恢复至截止状态，缺点是封装一般较压敏电阻大，更占用空间，成本也较高。

2. 模组中各驱动模块的防护

液晶模组驱动中，对 ESD 较为敏感的区块主要集中在各驱动 IC 模块。IC 在设计时通常会在引脚内增设 ESD 防护模块，这些模块通常由反接的二极管阵列构成，如图 7.35 所示。这些二极管由栅-源短接的 MOS 管构成，因受限于成本和设计空间，其 ESD 防护能力远不如 TVS，且一旦超出其能够承受的能量强度便会出现不可逆的损坏。一般因 ESD 损坏的 IC 器件，现象多为相应引脚对地短路。IC 内的防护模块和外围电路防护应相辅相成，当内部的保护不能满足需求时，就需要在外围加以改善，常见的措施如下。

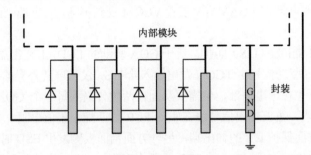

图 7.35　IC 内部 ESD 防护模块结构示意图

① 高速信号防护。LCD 中的高速信号由 TCON IC 接收，转换成 RGB 信号再由 TCON 发出。若输入端因 ESD 受损，TCON 将无法接收正确的信号，会自动进入 BIST（Built-in Self Testing，内建自测）模式；输出端受损时，相应的差分线对的对地阻抗将减小，LCD 显示出现画面异常，具体的异常表现根据受损方式和程度有所不同。另外，由于输入信号来源于 LCD 模组外部，在整机组装中也会有连接器的插拔，更易受到 ESD 的干扰，因此相比输出端需要有更强的防护能力，若出现问题，可通过在输入端口前放置 TVS 的方式来改善。输出信号的网络及端口都隐藏于 LCD 模组内部，不直接接触外部连接器，受到 ESD 的威胁较少，通过机械结构屏蔽的方式减少外界物体的接触即可起到很好的防护效果。

② S-IC 防护。S-IC 相关的网络同样处于 LCD 模组内部，ESD 影响相对较小，一般通过机械结构屏蔽及贴附散热树脂即可起到静电保护作用。若仍需要改善，可在其 PCB 连接器处增加 TVS 或压敏电阻，模拟电压 AVDD、HAVDD 和逻辑电压等可通过阻容网络改善，同时起到降低纹波的作用。若 S-IC 受损，在画面上表现较为明显，即对应 COF 位置的显示出现异常，具体根据差分信号、输入电源、GAMMA 绑点等损坏模块不同会有不同表现。

③ 电源管理（PMU）防护。电源管理模块通常会有过流保护或过功率保护措施，若因 ESD 引起短路，一般会触发保护停止工作，可通过是否大面积停电（输入电源 VIN 正常，模拟、数字电压及 GAMMA 等均无输出的现象）来判断是否为电源模块的损坏。电源输入和输出端一般会预留 TVS 或压敏电阻焊点。

④ GAMMA 与 VCOM 防护。GAMMA 绑点电压是 LCD 中精度要求较高的

模拟电压，对 ESD 也较为敏感，同时也是 S-IC 的输入，通常会在输出端匹配小阻值电阻，能够起到一定的防护作用；运算放大器前端的 VCOM 从 TCON 板输出，一般也会串接匹配电阻，OP 后端的 VCOM 网络遍布整个面板，本身对 ESD 不是非常敏感，但面板内产生的 ESD 需要通过 VCOM 网络释放，因而也需要一定的 ESD 防护，可在每个 COF 的 VCOM 输入设置阻容网络或者连接器处增加对地 TVS 或压敏电阻。当 GAMMA 或者 VCOM 受到损坏，会出现画面泛白等灰阶异常现象。

⑤ Level Shifter（L/S）防护。对于 GOA 驱动的 LCD，L/S 也需要着重保护。输入端的 Gate 驱动信号由 TCON 发出输入给 L/S，仅需屏蔽外界的接触即可；输出端网络虽然也在模组内部，但需要从面板两侧传输到每一个 GOA 单元，因此仍有 ESD 风险，需要输出信号线在驱动 PCB 处匹配小阻值电阻，并增设对地压敏电阻，一方面保护 L/S 的输出端，另一方面当面板侧发生 ESD 时对 GOA 单元也起到一定的保护作用。L/S 的 ESD 失效多表现为 GOA 信号异常。

3. 连接器走线防护

在实际应用中，静电不仅有接触释放的方式，也会有耦合释放的途径，比如连接器处的静电有时会影响到相邻几个引脚，这是由于 ESD 电压值很高，而连接器引脚及 FPC 金手指通常间距很小，ESD 容易通过引脚间的耦合电容产生串扰。在考虑连接器走线的防护时，需要注意以下两点。

① 每对差分信号线需要 GND 网络包裹并构成回路。差分信号是电子设计中需重点保护的对象，周围包裹 GND 网络一方面是为了隔离电磁干扰，另一方面是为了降低 ESD 串扰的风险。

② 连接器的管脚布线要根据功能和静电敏感程度排序。敏感信号尽量靠中间，不同功能需要以 GND 隔开，抗 ESD 能力相近的相邻。

7.4.3　ESD 防护性能测试

ESD 测试是为了了解系统或部件对 ESD 的防护能力。LCD 模组中的 ESD 测试，一方面是为了了解各器件的抗 ESD 能力，为判断是否需采取防护措施提供设计参考；另一方面是测试模组成品能否满足要求，为后续的改进提供依据。

1. 静电测试标准

在 LCD 行业，ESD 测试通常按照 IEC 61000-4-2 静电测试标准，标准中分为系统级、芯片级和器件级的测试。器件级的静电放电模型有人体放电模型（HBM）、机械放电模型（MM）和充电器件模型（Charged Device Model，CDM）。

　　HBM 是以电子产品与人体接触产生的静电作为测试标准的模型，人体的等效电阻和等效电容分别定义为 1.5kΩ 和 150pF，放电电流持续时间为几十到几百纳秒，电压为 ±2kV；MM 是以带有电荷的器械接触芯片所在的网络时，通过芯片引脚放电的情况，等效电阻几乎为 0Ω，能在几纳秒到几十纳秒内产生几安培的电流；CDM 是模拟封装好的芯片在运输或装配过程中产生静电，当接触到接地网络时发生放电的模型，电荷通过芯片的对地电容放电，放电速度更快，一般在 10ns 以内，该现象很难被模拟。图 7.36 为 HBM 和 MM 模型的放电脉冲波形对比。

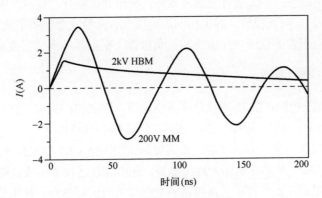

图 7.36　HBM 与 MM 模型放电脉冲波形对比

2. ESD 测试设备

　　静电放电模拟器（静电枪）是用来检测电子设备抗 ESD 干扰能力的专用设备，主要由主机和枪体构成。主机的作用是静电产生和参数配置等。枪体即放电枪，用于静电的释放。静电枪测试系统及静电枪放电回路示意图分别如图 7.37 和图 7.38 所示，图中 R_c 为充电电阻，R_d 为放电电阻，C_s 为储能电容。

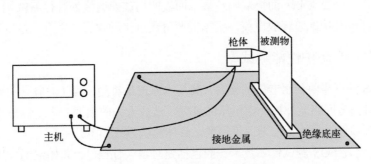

图 7.37　静电枪测试系统示意图

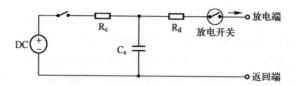

图 7.38　静电枪放电回路示意图

静电枪的各参数特性需统一符合 IEC 61000-4-2 测试标准的要求，R_c 一般为 50～100MΩ，C_s 为 150pF，R_d 为 330Ω，放电时间常数约为 49.5ns。通电时，高压直流电源通过 R_c 对 C_s 进行充电，放电时充电开关断开，放电开关开启，C_s 储存的电荷通过 R_d 向外释放。静电枪的放电模式有接触式放电和空气式放电两种，可设置一定范围内的直流电压大小和正负极性，根据具体测试需要来调节。

3. 模组 ESD 测试

对于 LCD 模组，ESD 测试包括各驱动组件测试和模组成品测试。测试环境通常为温度 15～30℃，湿度 30%～60%，气压 86～106kPa。

各驱动组件的测试方法是通过将需要测试的网络，如 TCON 输入/输出端、GAMMA、CLK 等从芯片引出到连接器外，通过 FFC 连接至一块特别设计的 ESD 测试板，该测试板上布置了与连接器各个引脚对应的测试点，使用已设置好相应参数的静电枪接触测试点进行放电测试。测试时静电枪需垂直板面接触测试点，测试点间需保持一定的间距以避免发生空气放电，被测试的 PCB 需接地以提供电荷释放路径。另外，由于 ESD 是一个随机过程，针对某个功能模块的测试需多次重复试验，以确保其 ESD 能力满足要求。

将 OC 模组连同 TCON 板组装完成后，同样需要对成品系统的 ESD 能力进行测试。模组成品的测试分 TCON 端和面板端，如图 7.39 所示。测试中所有的 PCB 均需接地。TCON 端的测试就是将 TCON 板连接到面板，从信号输入端通过测试板进行 ESD 测试；面板端则从显示面板四周玻璃边缘处进行测试，同样需连接 TCON 板并接地以释放电荷，根据需要可通过接触式或者空气式进行测试。

7.4.4　EOS 防护性能测试

EOS 测试需要使用专门的设备，其基本原理是对测试点（一般是关键电压回路和关键信号回路）外加一定电压的过载，造成人为的浪涌冲击，以冲击过后电源输出各项性能是否正常为评价标准。具体测试方式如下。

① 设置 EOS 测试仪参数，一般包括定时器（Timer）、起始浪涌电压、步进电压、重复次数等。

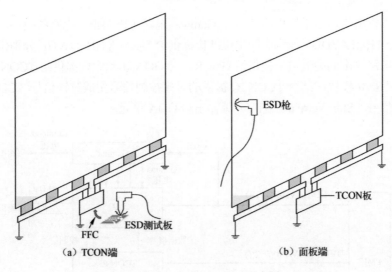

（a）TCON端　　　　　　　　　　　（b）面板端

图 7.39　OC 的 ESD 测试示意图

② 设备整机通过扎针固定在信号测试点位，负极接地；设备开启，等待计时器归零，点亮面板，观察产品显示状态。

③ 开始测试，从起始电压（如 10V）开始，经过步进不断增大测试电压。

④ 记录出现异常时的电压值。

⑤ 更换待测产品，重复进行测试，一般测试样品不少于 5 个，取最差结果为最终 EOS 的结果。

EOS 与 ESD 测试均需要严格的测试环境与设备，整个环境需要良好的接地措施，测试人员需在严格培训后方可上岗测试，测试过程需要严格遵守测试规范，防止测试失败或造成设备损坏。

7.5　开关机时序

7.5.1　驱动模块的电源连接方式

一般地，LCD 中各驱动模块典型的电源连接方式如图 7.40 所示。图 7.40（a）所示为以 Gate IC 为栅极驱动模块的连接方式，图 7.40（b）所示为以 GOA（Gate on Array）为栅极驱动模块的连接方式。电源管理集成电路 PMIC 输入电压 V_{in} 一般为 5V 或 12V。在 PMIC 的输出电压中，DVDD 为数字工作电压，一般包括 3.3V、1.8V 和 1.2V，用于提供给时序控制芯片 TCON 等集成电路模块的数字电路；AVDD

为模拟工作电压，用于提供给 S-IC、Gamma 电路等需要模拟电路的模块，同时 HAVDD（Half AVDD）作为中间电压准位提供给 S-IC；VGH 和 VGL 分别作为扫描驱动电路输出的高低电平提供给 Gate IC，在 GOA 驱动中则提供给 TCON 板上的 Level Shift 模块，结合 TCON IC 提供的时序控制信号生成时钟信号（CLK）、帧起始信号（Start Vertical，STV）等输出给 GOA 单元。

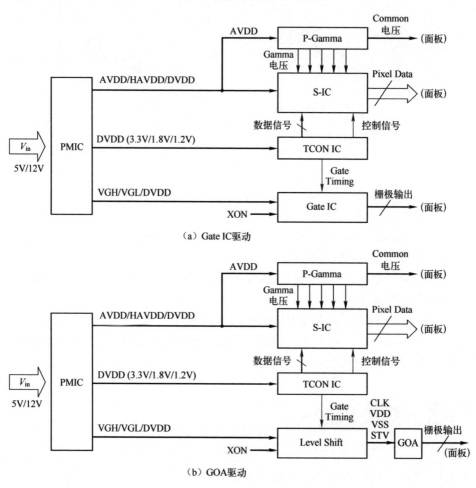

图 7.40　LCD 中各驱动模块典型的电源连接方式

7.5.2　电路模块的时序

时序（Sequence）通常用来描述电路元器件之间发送信息的时间顺序，表示信息传输过程在时间上的规律性特点。在信号传输过程中，为了保证电路模块和器件的正常工作，以及排除数据传输中的不良状态，在设计电路中往往需要遵循一定的工作时序，在电路保护、时钟同步、数据采集等方面，时序尤为重要。也就是说，对于工作电路，时序是一个确保显示正常的规则。

　　TFT LCD 中各电路模块的时序，一方面是为了防止因上电或下电顺序的不合理而产生不良或画质问题，另一方面是为了保护各模块及元器件在供电过程中不会在某个时段超负荷而被损坏。比如关机 XON 功能，其作用是在关机时将所有栅极驱动器输出同时打开（输出高电平，即 VGH），此时 S-IC 全部输出端连接到 HAVDD，并使 VCOM 与 HAVDD 同时掉电，使像素中的残留电荷得以充分释放。

　　本节主要讨论液晶显示的各驱动模块工作电压或传输信号的开启或关闭的时序及其匹配性。

1. TCON 时序

　　TCON 本身所需要的逻辑电压比较多，如 I/O 口、内部 DDR、Core、TX/RX 等模块的电压需求不一样，各部分逻辑建立时间也有差异，所以各电压有相对应的上电时序要求，具体可参考相应芯片使用说明书。某 TCON IC 的上电时序如图 7.41 所示。

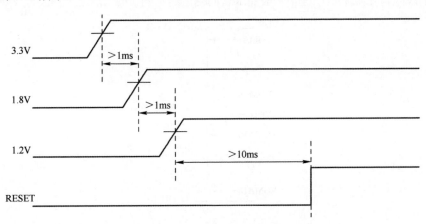

图 7.41　某 TCON IC 的上电时序

2. 源极驱动器时序

　　源极驱动器（S-IC）是 LCD 中存在较高电压的模块，因此若时序不匹配，将很可能对 IC 造成损坏。一般的 S-IC 的时序如图 7.42 所示。一种方式是上电时首先提供逻辑电压 DVDD，然后输入数据信号，最后提供驱动电压 AVDD、HAVDD

及正负 Gamma 电压；下电时则与此相反，首先切断驱动电压 AVDD、HAVDD 和 Gamma 电压（VGMA），然后关闭输入信号，最后再断开逻辑电压 DVDD。另外一种方式是首先提供 DVDD，再提供驱动电压，输入信号则延后至驱动电压之后开启，并在断电时于驱动电压之前关闭（图 7.42 中虚线），同样最后断开 DVDD。

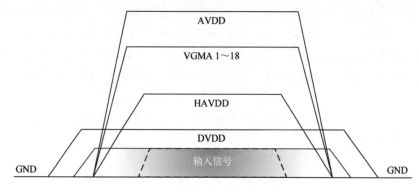

图 7.42　S-IC 的时序

其中，HAVDD 是 AVDD 与 GND 间的一个电压准位，为减小 S-IC 输出缓冲器的电压差，降低驱动器功耗而设定，可通过分压或 PMIC 产生。为降低 S-IC 受损的风险，在上下电过程中一般要求它们幅值满足图 7.43 所示的关系。

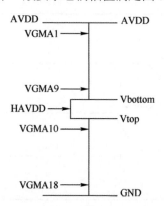

图 7.43　AVDD、HAVDD 及各 VGMA 电压之间的关系示意图

3. 栅极驱动器时序

目前 TFT LCD 的栅极驱动模块分为 Gate IC 型和 GOA 型两种。对于 Gate IC 型来说，设计时通常只需考虑 Gate IC 的电压时序；而对于 GOA 型，由于信号先后经过 PCB 上 Level Shift IC 和面板上 GOA 单元，所以需分别考虑两个部分的电

压和信号时序。两种驱动类型的一般时序介绍如下。

（1）Gate IC 型

Gate IC 的开关机时序如图 7.44 所示。开机过程中，VGH 和 VGL 仅可在 DVDD 电压达到 1.6V 之后才可进行开启，栅极起始信号 CPV（Clock Pulse Vertical）、STV 不能够悬空状态（Floating），XON 须置于 DVDD 或悬空；关机过程中，VGH、VGL 须在 VDD 降至 1.6V 前开始关闭。一般来说，开机顺序依次是 VDD→VGL→VGH，关机顺序依次是 VGH→VGL→VDD。

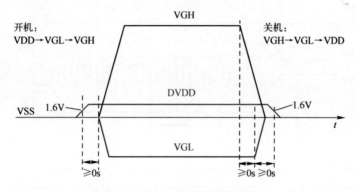

图 7.44　Gate IC 的开关机时序

（2）GOA 型

对于栅极驱动为 GOA 的 LCD，PMIC 提供的电压和 TCON 输出的信号首先要经过 Level Shift IC，其输入和输出时序如图 7.45 所示。一般的 Level Shift 输入顺序要求是 XON→VGL→VGH，XON 上电后，所有输出端先跟随 VGL，VGH 达到阈值限电压 V_{UVLO}（Under-Voltage Lockout Threshold）后开始输出信号；关电时，XON 电压下降至 1.2V（一般情况的电压值）开启 XON 功能，所有输出跟随 VGH 使像素单元放电，在 VGH 降至 V_{UVLO} 以下时，所有输出跟随 VGL，XON 功能停止。

GOA 部分的时序分 AC（交流降噪，采用 CLK 半周期降噪）和 DC（直流降噪，采用直流 VGH 持续降噪）两种模式。以 6CLK 为例，AC 和 DC 两种模式的 GOA 时序分别如图 7.46 和图 7.47 所示。在 AC 模式中，开机以及帧与帧切换时，信号顺序为 STV0→STV1→CLK，其中 STV0 将所有的 GOA 输出复位（输出 VGL），帧内 CLK 不能丢失，CLK 占空比一般为 50%，帧结束后保持数个周期 CLK 进行 Reset（使最后几行 GOA 单元内部控制逻辑和输出恢复到 VGL 电平），V-Blank 区的 CLK 以方波形式填满；关机时拉高 STV1、CLK、VSS 以进行 XON 功能。

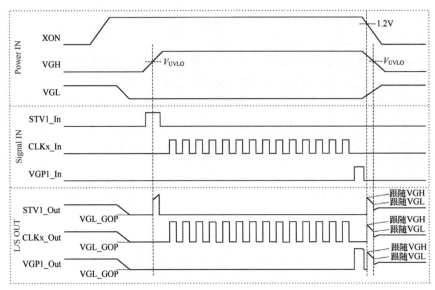

图 7.45　Level Shifter IC 的输入和输出时序

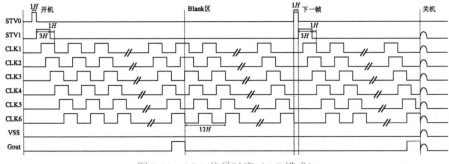

图 7.46　GOA 信号时序（AC 模式）

　　DC 模式开机时，信号顺序为 VDD→STV→CLK，其中 VDD 将所有的 GOA 输出复位（输出 VGL），同样帧内 CLK 不能丢失，帧结束后保持数个周期的 CLK 进行 Reset，V-Blank 区 CLK 为低电平，VDD 在 V-Blank 区进行切换（VDDO 与 VDDE 之间进行切换）；关机时拉高 VDD、STV、CLK、VSS 进行 XON 功能。

7.5.3　电源开关机时序

　　综合以上，各模块的供电顺序，即电源开关机时序，如图 7.48 所示。PMIC 输入电压 VIN 上电后，首先按次序提供 TCON 的 3 个 DVDD 电压及 XON，之后为 Gate IC 或 Level Shift 提供 TFT 关态电压 VGL。当 TCON 确认工作正常后，发送输出使能信号 EN 反馈给 PMIC，此时 PMIC 开始提供开态电压 VGH 和 S-IC 驱动模块的 AVDD、HAVDD，以及 VGMA 电压，并向面板内部输出 VCOM 电压，另外 Level Shift 也将 STV、CLK 信号及 VSS 提供给 GOA 单元。

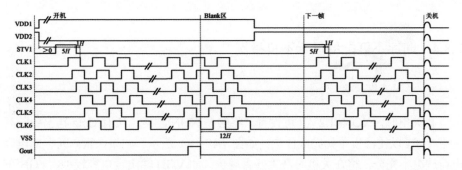

图 7.47　GOA 信号时序（DC 模式）

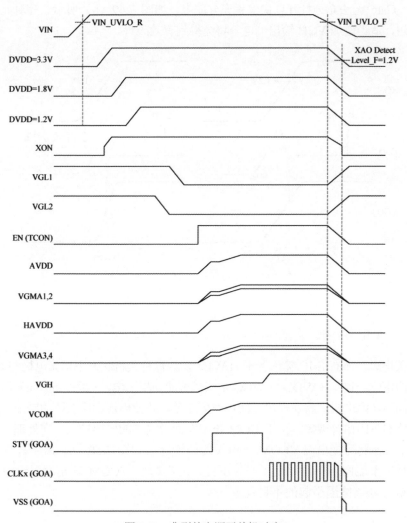

图 7.48　典型的电源开关机时序

7.5.4　时序不匹配的显示不良举例

1. 关机残影现象

在关电时，XON<1.2V（可设置）将触发 XON 功能，所有 Gate 输出跟随高电平 VGH 以使像素单元完成放电，如图 7.49（a）所示。如果像素单元存储电容电荷放电不充分，将在关机时产生残影现象。如 VGH 输出端电容较小，VGH 下电速度会很快，或者 XON 开启时间较晚的情况下，会导致栅极驱动器输出电压过低，Gate 无法充分打开以供像素充分放电，如图 7.49（b）所示。针对此类画质问题，适当增加 VGH 输出端电容将会得到有效改善。

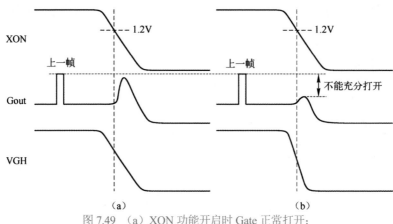

图 7.49　（a）XON 功能开启时 Gate 正常打开；
（b）VGH 下降过快导致 Gate 不能充分打开

2. 关机闪屏问题

关电时，所有 S-IC 输出置于 HAVDD，为保持关机状态下像素电极与 COM 电极的电位一致，HAVDD 与 VCOM 应尽可能同步下电，如图 7.50（a）所示。如不同步，两电极间将在一段时间内产生压差，致使出现相应灰阶的画面，产生关机状态下闪白等现象。由于 COM 电极在面板内部的电容较大，在处理不够充分的情况下将可能出现 VCOM 下电缓慢的情况，如图 7.50（b）所示，导致与HAVDD 不能同步下电以至于产生不良。适当增加 VCOM 输出端对地电阻，将有效降低该原因引起的不良现象。

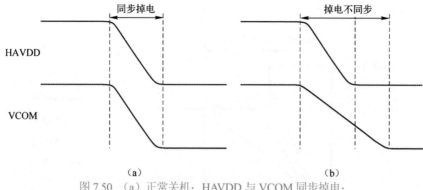

图 7.50　（a）正常关机：HAVDD 与 VCOM 同步掉电；
（b）非正常关机：HAVDD 与 VCOM 掉电不同步

7.6　驱动补偿技术

随着液晶显示器的尺寸、分辨率和刷新率的提高，对如何确保像素充电率提出了新的课题。除了阵列工艺中采用低电阻率的 Cu 技术，还需要从电路驱动上采用一些新型驱动技术，既要实现整体充电率的提高，又要平衡大尺寸面板中不同区域的充电率，确保完美画质再现。

7.6.1　过驱动技术

液晶显示器在显示动态画面时，像素灰阶在不断地发生高低切换。而由于液晶响应速度慢的特性，在画面从一帧到下一帧灰阶切换时，液晶分子往往无法及时偏转到预定位置，画面表现上就出现"拖尾"，即运动物体的边缘部分模糊、拖影的现象。过驱动技术（Over-Driven，OD）就是用来弥补液晶响应速度慢这个不足而发展起来的画质（Picture Quality，PQ）补偿技术，是帧与帧之间的驱动补偿，属于帧过驱动技术。

顾名思义，过驱动的基本理解就是"过度驱动"，既然施加常规的灰阶电压无法使液晶分子有效、快速偏转到位，那么加快其偏转的手段就是使用比目标灰阶更高的灰阶电压去驱动像素，从而达到加速液晶偏转的目的。举例来说，假设当前帧某子像素灰阶为 L100，下一帧时变为 L150，那么采用 OD 技术后实际输出的灰阶就是一个比 L150 更高的灰阶，如 L180。L180 的灰阶电压输出一段时间后再回到 L150，使液晶分子达到 L150 下的稳定状态。无 OD、OD 不足、理想OD 以及 OD 过度四种驱动的电压效果如图 7.51 所示。可以看出理想状态下的 OD能够快速达到目标灰阶，弥补液晶响应时间慢的问题。实际调试的 OD 灰阶，往往需要根据画质表现确定补偿值，以达到最优效果。

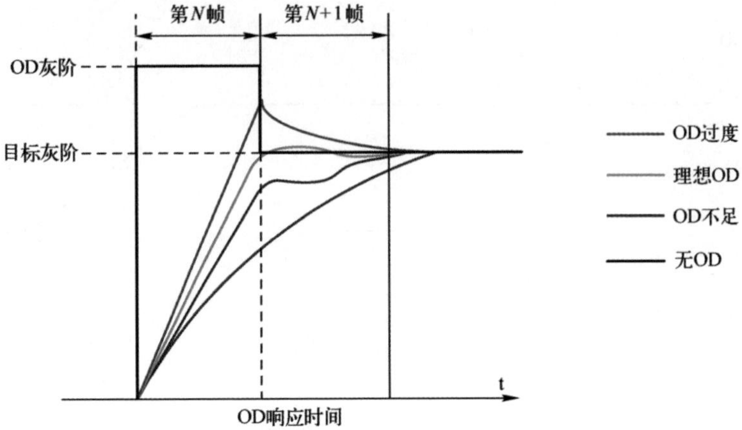

图 7.51　四种 OD 数据的电压效果示意图

在 OD 设定中，需要注意以下几个问题。

首先，S-IC 能够输出的驱动电压数量不是无限的。例如 8bit 驱动，则 IC 内部使用 8bit DAC 能够输出 256 级灰阶电压，OD 电压只能在这 256 个电压中选取，这就说明中间灰阶有较宽的过驱灰阶电压选取，而高灰阶和低灰阶部分会因为缺少更高或更低的灰阶电压而无法得到有效过驱或过驱效果不理想，如朝更高灰阶的下一帧目标灰阶是 L220，其过驱灰阶电压极限就是 L255；朝更低灰阶的下一帧目标灰阶是 L70，其过驱灰阶电压极限就是 L0。

其次，使用 OD 需要一张灰阶到灰阶的查找表（Gray To Gray Look-Up-Table，G to G LUT），使用时将暂存在 TCON 帧缓存器（Frame Buffer）中的上一帧画面与当前画面作比较，通过查找表查找出当前帧的实际输出灰阶。理论上只有知道了各灰阶到其他所有灰阶的转换关系，才能完整地完成 OD 的工作，但 TCON 内部没有足够资源存储这张庞大的表格，并且实际上过于精细的 OD LUT 也不会显著提高画质质量，因为相近灰阶的 OD 值往往差异较小。现实的做法是选取部分典型灰阶作为基准，形成一个基础的 OD LUT，使用时 TCON 内部通过数学方式（如线性插值算法）计算出其余灰阶的 OD 值。通过这种方式做到性能与成本的最佳结合。TCON 使用的典型 OD LUT 表格大小一般为 33×33，即选取 33 个特性灰阶作为参考，形成基础 LUT，再由此计算出各灰阶的 OD 值。

最后，OD 的使用与液晶分子的特性相关。在实际调试与评价时，需要结合液晶特性、产品尺寸与刷新率等特性，在不同动态视频下评价拖尾程度，并最终确定调试结果。

7.6.2　行过驱动技术

7.6.1 节的过驱动技术用于解决帧与帧切换时液晶响应时间不足的问题，而行过驱动技术（Line OD）则是针对同一帧内行与行之间充电率差异的问题提出的解决方案。

如图 7.52 所示，行与行之间的像素充电效果与预充相关。具体来说，本行的驱动效果（像素充电率）与上一行的输出状态相关，即当前一行与当前行的灰阶差异不大时，灰阶驱动电压变化不明显，可以认为有较好的预充，此时可以保证当前行的充电率；而当前后灰阶差异较大时，灰阶电压会经历一个较大幅度的"爬升"或"降落"，即预充不足时，会导致下一行的充电不足。例如，数据线（Data）灰阶电压从 L100 变到 L200，与从 L100 变到 L110 相比，前者由于电压跳变幅度更大，由于充电率的充足程度影响，L200 的实际亮度会比后者略低（L100 变到 L110 相当于有更好的预充）。这种情况在显示某些画面时会出现横纹等不良。解决的思路与 7.6.1 节讲到的过驱动类似，就是用比 L200 更高的灰阶去驱动 L100 到 L200 这种跳变，从而补偿充电率不足的问题，这就是 Line OD 技术。

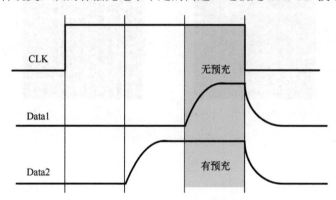

图 7.52　像素预充示意图

举例来讲，如图 7.53 所示，若相邻 Data 线上前后三个子像素灰阶分别为 L80、L200、L140，那么 TCON 会检索预先设定的 Line OD LUT，查找出相应灰阶跳变到实际应该输出的灰阶值，此处 L200 会被修正为比 L200 更高的灰阶，L80 则被修正为比 L80 更低的灰阶，前后灰阶差异越大，则修正幅度相应越大。图 7.53 中绿色曲线便是理想状态下的 Line OD 补偿效果。Line OD 所使用的 LUT 与 OD 类似，是一张固定大小的存放灰阶到灰阶修正值的表格，该 LUT 需要在产品开发阶段反复调试，以达到最佳补偿效果，且当面板工艺、特性变化时，应当酌情对 LUT 做出修正。Line OD 采用与否的画质对比如图 7.54 所示。

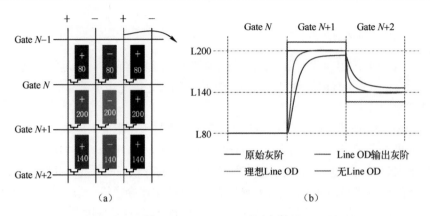

图 7.53　Line OD 驱动示意图

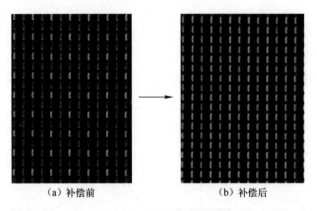

（a）补偿前　　　　　　　　（b）补偿后

图 7.54　Line OD 采用与否的画质对比

　　此外，针对某些大尺寸面板，由于面板特性的不均一，同一张 LUT 可能无法完全对面板的所有区域都有效。因此在大尺寸面板实际应用中还会将面板做分区处理，在每一个分区内单独调整出 Line OD LUT 的作用强度，相当于同一张表格在不同的分区有不同的权重，以此达到更为精细的画质调整。

　　整体来看，面板充电率是一个相当复杂的整体性问题，需要设计、工艺和多角度的电路驱动补偿协同作用，才能满足大尺寸、高分辨率和高刷新率面板的画质需求。近年来随着各种新型电路驱动技术的发展，作为性价比最高的技术方案，让高品质的液晶显示器不断涌现。

参 考 文 献

[1]　廖燕平，宋勇志，邵喜斌，等. 薄膜晶体管液晶显示器显示原理与设计[M]. 北京：电子工业出版社，2016.

[2]　马群刚. TFT-LCD 原理与设计（第 2 版）[M]. 北京：电子工业出版社，2020.

[3]　孙俊喜. LCD 驱动电路、驱动程序设计及典型应用[M]. 北京：人民邮电出版社，2009.

[4]　田明波，叶锋. TFT LCD 面板设计与构装技术[M]. 北京：科学出版社，2019.

[5]　Eric Bogatin. 信号完整性与电源完整性分析（第二版）[M]. 北京：电子工业出版社，2015.

[6]　华成英，叶朝辉. 模拟电子技术基础（第五版）[M]. 北京：高等教育出版社，2015.

[7]　李瀚荪. 电路分析基础（第四版）[M]. 北京：高等教育出版社，2006.

第 8 章 低蓝光显示技术

本章通过分析人眼的生理结构和液晶显示产品光谱特点,并结合目前液晶显示产品对人眼影响的研究进展,阐述现阶段的护眼显示产品实现方案。

8.1 视觉的生理基础

8.1.1 人眼的生理结构

人眼基本结构如图 8.1 所示,是一个前后直径大约 23mm 的近似球状体,由眼球壁和眼球内容物组成。眼球壁外层主要由角膜和巩膜组成,中层主要由虹膜、睫状体和脉络膜组成,内层主要由视网膜和视神经内段组成。

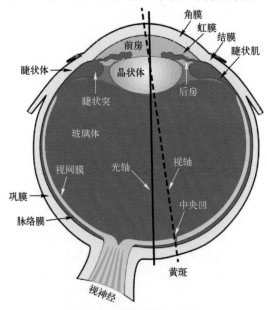

图 8.1 人眼基本结构示意图

8.1.2　感光原理说明

视网膜是眼球的感光部分，其视觉感光细胞分为锥体细胞和杆体细胞。明亮环境中依靠锥体细胞感光，能够识别颜色和物体细节。杆体细胞只能在暗环境中起作用，不能识别颜色与细节。

在眼球后极中央部分，视网膜有一锥体细胞密集区域，颜色为黄色，称为黄斑，黄斑中央有一小凹，称为中央凹，该区域视觉最敏锐；离开中央凹，锥体细胞急剧减少，杆体细胞急剧增加，在离中央凹 20° 视角处，杆体细胞数量最多；视神经对应的视网膜部分没有感光细胞，该区域为盲点；锥体细胞和杆体细胞的分布情况如图 8.2 所示。

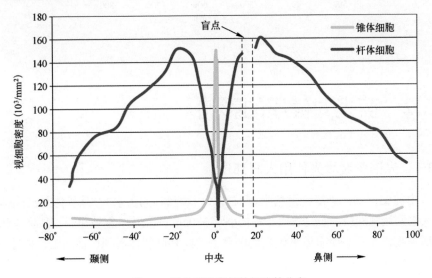

图 8.2　锥体细胞和杆体细胞的分布

8.1.3　光谱介绍

电磁波的波长为 10^{-14}m～10^6m，范围极其广泛，见图 1.1，而能被眼睛感受并产生视觉现象的电磁波，是其中非常小的一部分，波长为 380～780nm，这部分波长的电磁波称为可见光。在可见光波长范围，450nm 附近表现为蓝色，510nm 附近表现为绿色，580nm 附近表现为黄色，700nm 附近表现为红色。红、绿和蓝色是液晶显示再现自然景色的三基色。

太阳光与 LCD 产品相对光谱功率分布对比如图 8.3 所示，LCD 产品中蓝光波段（400～500nm）相对占比高。可见光中蓝光波长较短，光子能量高，因此蓝光又称高能量可见光。在漫长的进化过程中，人眼已经适应太阳光谱，因此大众担心 LCD 产品较多的蓝光对人眼造成一定伤害。

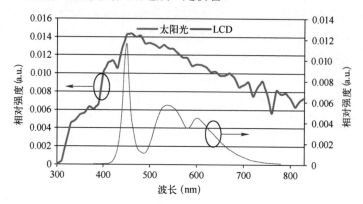

图 8.3　太阳光与 LCD 产品相对光谱功率分布对比

8.2　蓝光对健康的影响

8.2.1　光谱各波段光作用人眼部位

由前文可知，光线经过角膜、前房（内容物称为房水）、晶状体及玻璃体进入人眼到达视网膜。研究表明，波长小于 380nm 的光几乎都被角膜、晶状体和房水所吸收，而几乎所有可见蓝光均能穿透角膜和晶状体而到达视网膜，如图 8.4 所示。

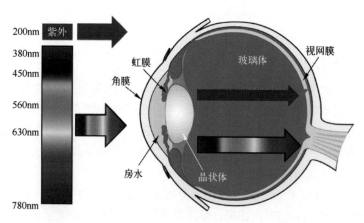

图 8.4　光进入人眼示意图

8.2.2　蓝光对人体的影响

研究表明蓝光既有益也有害，400～460nm 波段短波蓝光属于有害蓝光，460～500nm 波段长波蓝光属于有益蓝光。

短波蓝光会刺激视网膜，使其释放自由基，该自由基可以导致视网膜色素上皮细胞的衰亡，进而导致视网膜光敏细胞（包括锥体细胞和杆体细胞）功能受损，进而引发老年性黄斑变性等视觉问题。

因人眼是一个屈光系统，类似双面凸透镜，不同波长光在视网膜成像的位置不同，蓝光部分成像较红光部分焦距短，为了看清物体，眼睛需要调节晶状体来改变屈光度，使成像到视网膜上。长时间处于这种紧张状态会引起眼疲劳，导致眼干、眼部发炎、注意力下降、易怒、颈肩疼痛、眼部早衰等症状。2013—2014年间，中国标准化研究院视觉健康实验室进行了相关研究，实验表明降低蓝光比例可以降低受试者眼疲劳的概率。

长波蓝光与调整人体的生物节律有关，有助于睡眠和情绪调控等。在治疗季节性情感障碍疾病的过程中正是使用了长波蓝光，来保持身体分泌的荷尔蒙平衡，从而到达稳定患者情绪，提升睡眠质量的效果。因此，LCD 产品需要抑制 400～460nm 波段的蓝光输出，保护使用者的眼睛健康。

8.3　LCD 产品如何防护蓝光伤害

要想知道如何实现蓝光防护，首先需要了解 LCD 产品的显示原理。

8.3.1　LCD 基本显示原理

LCD 产品属于非自发光类型，实现显示是依靠液晶屏幕下面的背光发出的白光，透过液晶屏幕的彩色滤光膜，表现为所看到的彩色画面，如图 8.5 所示。

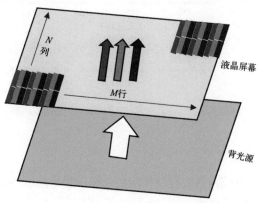

图 8.5　LCD 产品显示示意图

　　LCD 产品的光谱由背光和彩色滤光膜共同决定，而彩色滤光膜也是非发光性材料，只能吸收和透过背光发出的光，因此 LCD 产品的光谱范围不会超过背光的光谱范围。如图 8.6 所示，LCD 显示器的光谱是背光光谱与彩色滤光膜光谱加成的结果。

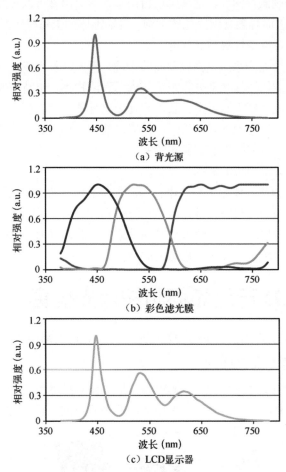

图 8.6　LCD 产品光谱形成示意图

8.3.2　低蓝光方案介绍

1. 软件方案

　　软件方案是通过系统内置的程序控制蓝色显示区域的驱动电压，减少蓝光部分的输出。这种方案实现简单，但并不能将蓝光有针对性地减少，功能开启后，整个蓝光波段都受影响，减少有害蓝光的同时，也减少了有益蓝光的输出。这就使得画面看起来偏黄，色彩还原性大大降低，影响画面品质。

　　某品牌手机通过软件方案实现低蓝光后白画面相对光谱分布对比如图 8.7 所示，可以明显看到，功能开启后蓝光部分能量整体降低。

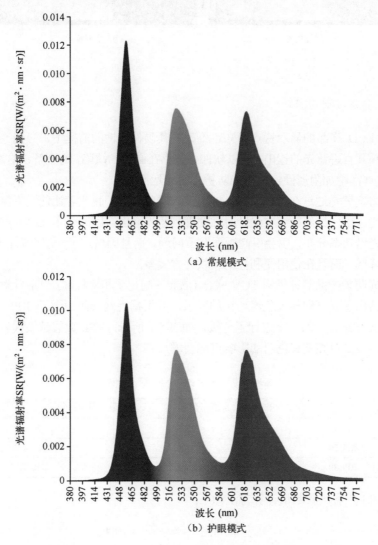

图 8.7　软件方案低蓝光模式开启前后相对光谱强度分布对比

　　通过两种模式显示同一幅画面也能看到，功能开启后画面偏黄，如图 8.8 所示，这正是单独降低蓝光占比造成的画面显示受影响。

（a）常规模式　　　　　　　　　　　　　　（b）护眼模式

图 8.8　低蓝光模式开启前后相同画面对比

2. 显示器附属硬件方案

由 LCD 产品的显示特点可知，不改变其硬件特性的前提下，只能通过辅助手段抑制其有害蓝光的输出，所以软件方案存在必然的缺陷，为了解决这个问题，给 LCD 产品增加附属硬件的蓝光防护方案应运而生。

此方案就是通过在 LCD 产品外增加一层蓝光防护膜或者让使用者佩戴蓝光防护眼镜。这样虽然能够实现针对性的抑制蓝光输出，因改变了 LCD 产品原有的相对光谱功率分布，也会引起画面发黄问题，而且因增加了一层介质，使 LCD 的亮度降低，而且在使用便利性上较软件方案差。

蓝光防护产品测评机构 TUV 联合 Healthe 制定了相应标准，目前针对这类防护产品给出了亮度和相关色温变化的要求，并根据视网膜防护因子 RPF（Retina Protection Factor）的大小进行了分级，如表 8.1 所示，RPF 数值越大代表防护效果越好，但是对亮度和色温的影响可能会增加。

表 8.1　TUV RPF 防护因子标准分级表

视网膜防护因子 RPF	CCT 变化幅度	亮度下降比
RPF 15	≤250K	≤20%
RPF 20	≤350K	≤20%
RPF 30	≤500K	≤20%

表 8.1 中各因素数值计算方法如下：

$$亮度下降比 = \frac{L_{无} - L_{有}}{L_{无}} \times 100\% \tag{8.1}$$

式中，$L_{有}$ 为屏幕中心有防护膜时的亮度；$L_{无}$ 为屏幕中心无防护膜时的亮度。

为了计算视网膜防护因子，先计算出有害蓝光加权辐亮度 L_B：

$$L_B = \sum\nolimits_{380}^{780} L(\lambda) \times B(\lambda) \times \Delta\lambda \tag{8.2}$$

式中，$L(\lambda)$ 为光谱辐亮度；$B(\lambda)$ 为国际非电离辐射防护委员会（ICNIRP）设计的蓝光危害加权函数（如表 8.2 所示），$\Delta\lambda$ 为 1nm，则视网膜防护因子 RPF：

$$\text{RPF} = \frac{\left(L_{B无} - L_{B有}\right)}{L_{B无}} \times 100 \tag{8.3}$$

式中，$L_{B有}$ 为有防护膜时有害蓝光加权辐亮度；$L_{B无}$ 为无防护膜时有害蓝光加权辐亮度。

表 8.2　蓝光危害加权函数

波长λ（nm）	$B(\lambda)$	波长λ（nm）	$B(\lambda)$
300	0.01	405	0.2
305	0.01	410	0.4
310	0.01	415	0.8
315	0.01	420	0.9
320	0.01	425	0.95
325	0.01	430	0.98
330	0.01	435	1
335	0.01	440	1
340	0.01	445	0.97
345	0.01	450	0.94
350	0.01	455	0.9
355	0.01	460	0.8
360	0.01	465	0.7
365	0.01	470	0.62
370	0.01	475	0.55
375	0.01	480	0.45
380	0.01	485	0.4
385	0.013	490	0.22
390	0.025	495	0.16
395	0.05	500～600	$10^{[(450-\lambda)/50]}$
400	0.1	600～1400	0.001

3. 显示器硬件方案

因软件方案和附属硬件方案都存在明显的缺陷，即影响画面品质，造成使用者体验感不佳。为了实现有害蓝光的有效防护，同时又不影响产品的画面品质，最好的方案就是 LCD 产品本身硬件的性能提升。

　　TUV 联合视力健康咨询委员会于 2020 年推出了全新的显示器蓝光防护硬件方案标准"健康护眼显示"（Eye-safe Display），其针对有害蓝光的占比、蓝光毒性因子 BLTF（Blue Light Toxicity Factor）、有害蓝光加权辐亮度 L_B、产品的色域和色温等方面进行了限定，见表 8.3。

表 8.3　健康护眼显示（Eye-safe Display）标准

标准因素	标准内容			
有害蓝光占比	415～455nm 波段与 400～500nm 波段光的能量比小于 50%			
蓝光毒性因子 BLTF	小于 0.085			
有害蓝光加权辐亮度 L_B	小于 100W/(m² · sr)			
色域 （满足其一即可）	sRGB	DCI-P3	Adobe RGB	NTSC
	Min.95%	Min.90%	Min.90%	Min.72%
色温	5500～7000K			

表 8.3 各因素计算方法如下：

$$有害蓝光占比 = \frac{\sum_{415}^{455}L(\lambda)\cdot\Delta\lambda}{\sum_{400}^{500}L(\lambda)\cdot\Delta\lambda} \qquad (8.4)$$

式中，$\Delta\lambda$ 为 1nm。蓝光毒性因子 BLTF 为

$$BLTF = \frac{100\times\sum_{380}^{780}L(\lambda)\cdot B(\lambda)\cdot\Delta\lambda}{683\times\sum_{380}^{780}L(\lambda)\cdot g(\lambda)\cdot\Delta\lambda} \qquad (8.5)$$

式中，$g(\lambda)$ 为国际照明委员会 CIE 光谱光效率函数；$\Delta\lambda$ 为 1nm。

8.3.3　低蓝光显示器产品

　　因 LCD 产品的光来自背光，实现有害蓝光占比的降低，直接的方法就是调整背光的 LED 相对光谱分布，使蓝光的波峰向有益蓝光部分移动，也就是确保最大能量蓝光的波长（W_p）大于 455nm；同时也要调整彩色滤光膜，以确保产品的色域和相关色温不受影响，从而实现既降低有害蓝光伤害的同时，又能满足画面品质要求，不影响使用者体验感。

　　硬件方案常规产品和低蓝光产品的相对光谱功率分布对比如图 8.9 所示，W_p 从 449nm 调整成 458nm，有害蓝光部分能量占比从 65%降低到 20%，同时提高了红光与绿光部分能量占比，降低了蓝光毒性因子水平，同时避免了色域损失，相

关色温维持在 6500K，符合"健康护眼显示"标准要求。

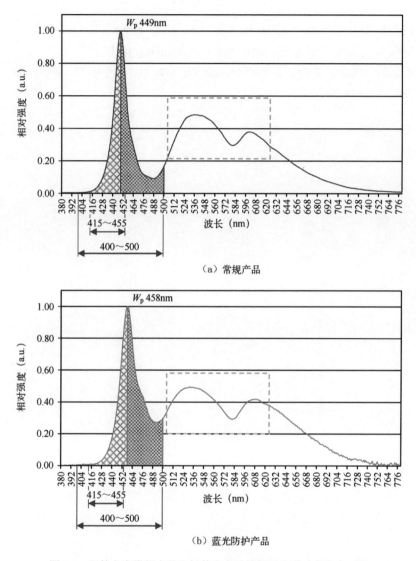

（a）常规产品

（b）蓝光防护产品

图 8.9 硬件方案常规产品和低蓝光产品的相对光谱功率分布对比

目前市面已有多家品牌厂的产品实现了硬件蓝光防护功能，虽然此方案会造成成本上升，却是蓝光防护和画面品质兼得的首选方案。相信随着显示技术的不断提升，硬件变动的成本影响会逐渐下降。

参 考 文 献

[1]　荆其诚，焦书兰，喻柏林，胡维生. 色度学[M]. 北京：科学出版社，1979.

[2]　刘书声，王金煜. 现代光学手册[M]. 北京：北京出版社，1993.

[3]　章金惠，袁毅凯，麦家儿. 健康照明光谱配方与 LED 器件研究[J]. 中国照明电器，2019，(06)：8-12.

第 *9* 章 电竞显示技术

薄膜晶体管液晶显示器以其轻薄、低能耗、高画面品质等优势，在家庭娱乐、工作办公、市场广告等方面都有着广泛的应用。同时，随着电子竞技比赛的发展，快速响应、画面流畅的可变帧刷新率（Variable Refresh Rate，VRR）液晶显示技术，即电竞显示技术也将给用户带来更优秀的观赏体验。

9.1 电竞游戏应用瓶颈

伴随着电子竞技产业项目的更新换代，以电竞游戏为基础、信息技术为核心的电子竞技比赛对显示设备提出了更高的要求，由此产生了电竞显示器。第一代传统意义的电竞显示器主要体现在以下两个方面：首先是液晶快速响应时间以 1ms 为标准，以消除高速动态画面显示下的画面拖影，提升画面清晰度；其次是刷新率以 144Hz 为标准，显示刷新率的提高可以快速提升画面流畅度。而第二代电竞显示器通过内置垂直同步显示技术，如 AMD Free-Sync 和 NVIDIA G-Sync 技术，实现了显卡输出帧速率与显示器刷新率的同步，从而解决了两者之间速率不一致造成的画面撕裂和卡顿感。因此，对于传统液晶显示器，刷新率采用固定 60Hz 或者更低刷新率，响应时间采用 14ms 的规格已经不能满足电竞显示器的要求。

9.1.1 画面拖影

液晶显示器在显示动态画面时，无论是画面的卡顿、撕裂，均会造成在显示器上出现"画面拖影"，进而使动态画面清晰度下降、画面不连贯，带给游戏玩家较差的视觉感受。LCD 显示器是通过施加外部电压来控制液晶分子偏转，以调整液晶透光来达到画面显示的目的。而液晶分子从灰阶到灰阶的"偏转态→恢复态→偏转态"之间的响应过程需要一定的时间，即存在液晶延迟反应，这种过程的时间称为液晶的响应时间。理论上，当显示器接收刷新率为 60Hz 视频信号后，只要液晶响应时间小于 1 帧时间 16.67ms，画面拖影现象就不可见。而当显示画面切换速度超过液晶响应时间后，就容易在人眼视觉上产生拖影现象，因此，可以采用能够快速响应的液晶，并辅于电路驱动和液晶盒设计技术，以使其偏转速度提升、减小响应延时，从而达到减轻画面拖影的目的。如果再结合背光插黑驱动技术，也能进一步减轻画面拖尾的影响。普通响应液晶与快速响应液晶的动态画面拖尾显示效果对比如图 9.1 所示。

图 9.1　普通响应液晶与快速响应液晶的动态画面拖尾显示效果对比

9.1.2　画面卡顿和撕裂

目前，液晶显示器的显示方式是在接收到显卡输出的画面信息后，逐行扫描将画面完整呈现出来，然后等待一段时间后（即 V-blanking），进行下一次扫描显示，从而实现画面的反复更新。实际上，动态视频的显示是由连续的静态画面组合而成，这样视频的帧数可以说是每秒显示画面的数量，也就是指显示器的刷新率。当液晶显示器的刷新率设定在固定值 60Hz 时，如果显卡生成图像的帧速也同样是 60FPS（Frames per Second），此时我们就能看到顺畅的画面。

但在实际使用中，由于图像处理器（Graphics Processing Unit，GPU）渲染图像的实时更新传输，显卡输出的帧速可能会高于或低于显示器的刷新率。如图 9.2 所示，以显卡输出帧速高于显示器刷新率为例说明画面撕裂。设定当前显示器刷新率为 60Hz，则经过 16.67ms 后显示器即进行下一帧扫描。由于显卡 GPU 绘制 Draw(2)时间低于 16.67ms，造成 Draw(1)画面在显示器上未扫描完成就进入到了 Draw(2)扫描，从而出现画面撕裂（Tearing），同时也造成后面的多张画面连续出现撕裂问题。画面有无撕裂的显示效果对比如图 9.3 所示。

同样的，当显卡的输出帧速低于显示器的刷新率时会出现画面卡顿（Stuttering），如图 9.4 所示。由于显卡 GPU 绘制 Draw(2)时间长于显示器 1 帧扫描时间 16.67ms，造成 Draw(1)画面在显示器上扫描完成后继续保持到 Draw(2)绘制完成，从而出现画面卡顿。

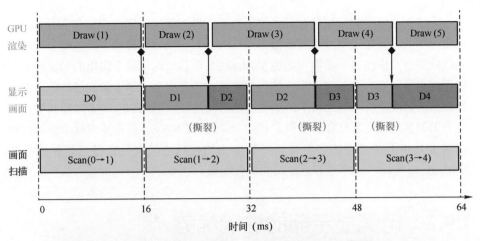

图 9.2　显卡输出帧速高于显示器刷新率出现画面撕裂

（a）画面撕裂　　　　　　　　　　（b）无画面撕裂

图 9.3　画面有无撕裂的显示效果对比

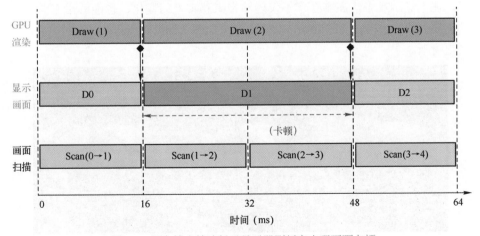

图 9.4　显卡输出帧速低于显示器刷新率出现画面卡顿

为了解决显卡输出帧速和显示器刷新率不匹配引起的图像撕裂和卡顿问题，传统的解决方式是采用垂直同步技术（V-Sync）。V-Sync 技术主要是使显卡输出的视频信号发生在显示器帧切换的 V-Blanking 阶段，这样显卡输出的帧速就会强制保持与显示器的刷新率同步。然而在垂直同步过程中，显卡的性能往往限制了帧画面的处理速度。如果显卡渲染画面的时间比显示器的画面刷新时间长后，依然会出现某帧画面重复显示而引起视觉卡顿现象。V-Sync 技术要求显卡的画面处理速度要高于显示器的刷新率，并且输出的视频信号发生在显示器帧切换的 V-Blanking 阶段，这样就避免了画面撕裂现象。

9.2   电竞显示器的性能优势

与传统的液晶显示器相比，电竞显示器的主要性能优势体现在高刷新率和快速响应时间两个方面。由于电竞游戏比赛画面场景瞬息万变，特别是对于射击和竞速类为主的游戏比赛，画面信息的流畅和准确对电竞选手来说尤为重要。因此，电竞显示器在电竞游戏玩家心目中的地位越发显得重要，进而也引起了电竞显示技术的迅速发展。

9.2.1   高刷新率

对于显示器来说，刷新率反映了每秒时间内画面被更新的次数，以赫兹（Hz）为单位。作为液晶显示器的一个重要性能指标，刷新率越高意味着性能越佳。刷新率高，最直接的感受就是 LCD 显示的画面闪烁感减弱，画面清晰流畅。当然，在电竞游戏中，高刷新率不仅能够带来感官上的变化，也能够带来游戏上的优势，帧数增多，动作流畅，操作更快。如图 9.5 所示，随着刷新率提高，画面更清晰。

图 9.5   不同刷新率下画面显示效果对比

刷新率提升技术是实现高性能电竞显示器的主要技术方案。现在电竞显示器的刷新率正逐渐由常规的 60Hz 依次提高到 120Hz、144Hz、165Hz、200Hz、240Hz 及更高的规格。为了更好地提升显示器的刷新率，增强性能体验，对液晶显示面板阵列的核心要求是确保高刷新率下像素的充电率；对电路驱动方面的核心要求是能够支持更多的显示数据传输，需要采用诸如 EDP 这种高速接口，同时也要支持动态刷新率切换。

9.2.2　快速响应时间

液晶响应速度的快慢是造成 TFT LCD 动态画面显示模糊的根本原因，因此液晶响应时间是衡量 LCD 显示器的另一个重要性能指标。目前，响应时间的评价方法常用的有黑白灰阶响应时间和灰阶响应时间两种。黑白灰阶响应时间是指像素由最暗转最亮（L0→L255，T_r）或者最亮转最暗（L255→L0，T_f）所需要的时间。灰阶响应时间也称为 GTG（Gray-to-Gray）响应时间，是指在整个显示灰阶范围内选择几个特定的灰阶，分别测试它们之间的灰阶响应时间组合，并计算出一个平均值。

由于灰阶响应时间越短显示的画面越清晰，这样更能反映出动态复杂灰阶画面显示的真实效果，所以电竞显示器标称的响应时间参数就是以 GTG 响应时间为基准的。目前，普通液晶显示器 60Hz 的 GTG 响应时间多以 14ms（无 OD）为主，而电竞显示器 144Hz 的性能优势在于其 GTG 响应时间可以达到 5ms（无 OD），再结合过驱动（OD）技术甚至可以达到 1ms。电竞显示器快速响应时间是采取多方面措施的结果，一般可以采用高弹性常数液晶材料、低液晶盒厚和电路过驱动技术等。

9.3　画面撕裂与卡顿的解决方案

游戏画面的卡顿和撕裂问题一直在推动着电竞显示器行业的发展，同时也促进显卡性能的不断提升。传统的垂直同步技术（V-Sync）是将显卡输出数据帧率设定同显示器刷新率一致，这种情况下要求显卡 GPU 的图像渲染帧速要高于显示器刷新率。如图 9.6 所示，GPU 绘制画面 Draw(1) 到 Draw(4) 的时间均低于显示器设定的 1 帧时间 16.67ms。在 V-Sync 功能开启后，尽管 GPU 提前绘制图像完成，但仍需要等待显示器扫描完当前帧画面才能扫描新的一帧画面。这样，画面的撕裂问题得以解决。

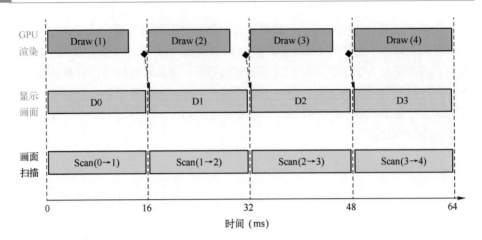

图 9.6　开启 V-Sync 功能后无画面撕裂

但是，如果显卡 GPU 的图像渲染帧率低于显示器的画面帧刷新率后，就会由于某一帧画面重复出现而出现画面卡顿。这是由于显示器每帧只向显卡邀请一次画面更新，当 GPU 不能够传输新的画面信息时，显示器只能重新扫描上一帧画面。如图 9.7 所示，GPU 渲染完画面 Draw(2)的时间超过了显示器 1 帧的时间，这时显示器画面重复显示了画面 Draw(1)，所以人眼能够感受到画面卡顿。

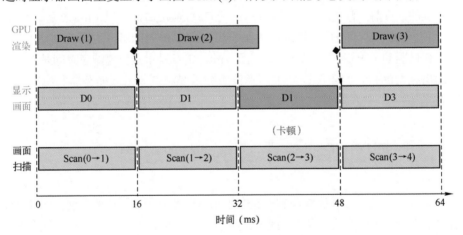

图 9.7　开启 V-Sync 功能后出现画面卡顿

因此，显卡厂商为了解决 V-Sync 技术带来的画面卡顿问题，推出了自适应刷新率同步技术（Adaptive-Sync）。这种 Adaptive-Sync 技术通过调整帧与帧之间的 V-Blanking 长度，可以实现显示器的刷新率始终和显卡输出的帧频同步，也就是说显示器的刷新率始终受到显卡的控制，随着显卡帧率的变化而变动，从而确保画面的流程连贯。如图 9.8 所示，设定显示器扫描完 1 帧的时间为 16.67ms，由于显卡 GPU 渲染 Draw(2)的时间大于显示器的 1 帧时间 16.67ms，这时显示器画面不进行更新而是进入等待时间，即 V-Blanking 时间加长，直到显卡渲染完 Draw(2)后，显示器即刻开始进行画面 Draw(2)显示，避免了 Draw(1)重复显示带来的卡顿问题。当然，为了能够和显卡相互匹配，电竞显示器往往也需要通过显卡厂商的兼容性认证测试。

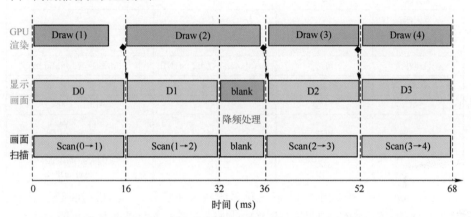

图 9.8　开启 Adaptive-Sync 功能后实现 GPU 帧率和显示器刷新率同步

9.4　电竞显示器认证标准

9.4.1　AMD Free-Sync 标准

AMD Free-Sync 是由美国超微半导体公司推出的一项使用行业标准来实现动态调整刷新率的技术。Free-Sync 技术主要是采用 DP 和 HDMI 接口，通过动态调整帧与帧之间的 V-Blanking 长度，可以将显示器的刷新率和兼容 Free-Sync 技术的显卡帧率进行同步，从而大幅降低画面输入延迟，消除游戏卡顿、撕裂现象，从根本上解决显示难题。

目前，Free-Sync 技术主要分为 Free-Sync、Free-Sync Premium 和 Free-Sync Premium Pro 三个等级。Free-Sync Premium 相对于 Free-Sync 更进一步，其刷新率要求至少支持到 120Hz，同时也支持低帧率补偿（Low Frequency Correction，LFC）。LFC 是指当帧率降低到显示器的最小刷新率以下时，会复制并多次显示当前帧，以便能够达到显示器刷新率范围内。例如，显示器的刷新率范围是 48～144Hz，对于以 25FPS 运行的游戏，能够通过以 2 倍的帧率同步，即以 50Hz 的频率显示。而 Free-Sync Premium Pro 给电竞显示器带来了更多 HDR（High Dynamic Resolution）功能，可以使电竞爱好者享受到 HDR 视觉体验。表 9.1 列出了 AMD Free-Sync 标准三个等级规格的对比情况。

表 9.1   AMD Free-Sync 标准三个等级规格的对比

项目	Free-Sync	Free-Sync Premium	Free-Sync Premium Pro
无撕裂	√	√	√
低闪烁	√	√	√
动态刷新率 F 范围	F_{min}≤48Hz F_{max}≥F_{min}+20Hz	F_{max}≥120Hz	F_{max}≥120Hz
低帧率补偿	可选	√(Max Hz)>(2.4×Min Hz)	√(Max Hz)>(2.4×Min Hz)
GTG	≤4ms	≤4ms	≤4ms
色域	可选	可选	≥DCI-P3 90%
亮度范围	可选	可选	Max≥400nit Ave.≥350nit Min≤0.25nit
色深	可选	可选	≥10bit@DP/HDMI ≥8bit@eDP

在 Free-Sync 模式下，动态刷新率的实现主要是通过调整帧与帧之间的 V-Blanking 长度，刷新率越低，则 V-Blanking 越长。而目前液晶显示器的像素开关单元 TFT 在关闭状态下仍存在一定的漏电流，这样随着时间增加，像素电容电荷量减少从而影响到液晶偏转，造成同一灰阶在不同的刷新率下存在一定的亮度差异。当这种亮度差异过大时，人眼就会感受到闪烁感。因此，亮度变化特征是评价液晶显示器是否支持 Free-Sync 技术的一项重要指标。其方式是，首先在常规 60Hz 下将显示器闪烁（Flicker）调整为最小值；然后在 Free-Sync 模式下，测试灰阶 L128 在最小刷新率 F_{min} 下的亮度 L_{min} 和最大刷新率 F_{max} 下的亮度 L_{max}，要求亮度变化率满足：

$$\frac{(L_{max} - L_{min})}{(F_{max} - F_{min})} = \Delta L / \Delta F < 0.04(nit / Hz) \tag{9.1}$$

同理，测试灰阶 L255 的亮度变化率满足：

$$\frac{(L_{max} - L_{min})}{(F_{max} - F_{min})} = \Delta L / \Delta F < 0.03(nit / Hz) \tag{9.2}$$

表 9.2 列出了 Free-Sync 标准下某电竞显示器的亮度变化率。

表 9.2   Free-Sync 标准下某电竞显示器的亮度变化率

灰阶	48Hz	240Hz	$\Delta L/\Delta F$	标准(nit/Hz)
L128	67.6	67.8	0.001	<0.04
L255	323.4	325.7	0.012	<0.03

9.4.2 NVIDA G-Sync 标准

G-Sync 技术是由 NVIDIA 公司提出的一种针对画面连贯性的技术，通过在显示器中内置 G-Sync 芯片实现与 GeForce 显卡进行通信。与 Free-Sync 技术相比较，G-Sync 技术也是通过调整 V-blanking 长度来实现数据同步的。支持 G-Sync 技术的电竞显示器，可以根据显卡的输出帧速自动调节刷新率，从而解决画面的撕裂、卡顿问题。

目前，NVIDIA 将 G-Sync 技术分为了 G-Sync Compatible、G-Sync 和 G-Sync Ultimate 三个等级。普通的 G-Sync Compatible 只需要显示器支持可变刷新率功能，并通过 NVIDIA 的兼容性认证，而不需要在显示器中内置 G-Sync 芯片。因此，一般支持 Free-Sync 功能的电竞显示器都可以实现 G-Sync Compatible。而相比于 G-Sync Compatible 等级，具备 G-Sync 等级的电竞显示器则需要满足更高的要求，不仅要在显示器中内置 G-Sync 芯片，还要经过 300 多项兼容性和图像质量测试。G-Sync Ultimate 等级是在 G-Sync 等级的基础上，通过引入高画质的 HDR 功能，赋予了电竞显示器出色的无失真功能，使电竞爱好者充分感受到画面的每一处细节。表 9.3 列出了 G-Sync 标准三个等级的规格对比。

表 9.3 G-Sync 标准三个等级的规格对比

等级	VRR (无闪烁)	300+图像质量认证	HDR (≥1000nit)
G-Sync Compatible	√	×	×
G-Sync	√	√	×
G-Sync Ultimate	√	√	√

由于 G-Sync 技术同样是采用调整 V-blanking 长度来实现动态刷新率，所以在 G-Sync 应用模式下，仍然会存在同一灰阶在不同的刷新率下出现亮度差异。亮度差异的这种变化可以通过 Flicker（闪烁）测试来量化，因此通过测量 Flicker 值来评价液晶显示器是否满足 NVIDIA G-Sync 技术要求。

Flicker 值基本评价方式：首先在常规 60Hz 下调整闪烁测试图形（Flicker Pattern）画面使 Flicker 为最小值；然后在 G-Sync 模式下，保持显示画面为全屏 L128 灰阶，以显示器可支持的最低刷新率进行画面老化 30min，然后在画面老化后，通过使用测量设备（例如 CA310）找到当前 L128 画面的最差 Flicker 点，并使测量设备探头保持在此位置；最后按照 G-Sync 的刷新率方式，以步长 12Hz，分别测量最低到最高刷新率下灰阶 L128 的 Flicker 值。测试结果要求，刷新率大于等于 35Hz 时，Flicker 值小于-45dB（JEITA 标准）；刷新率在小于 35Hz 时，Flicker 值小于-43dB（JEITA 标准）。G-Sync 标准下某电竞显示器在 L128 下的

Flicker 变化值如图 9.9 所示。随着刷新率的升高，Flicker 值逐渐下降，画面更流畅。

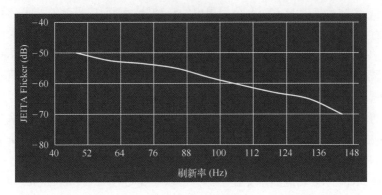

图 9.9　G-Sync 标准下某电竞显示器在 L128 下的 Flicker 变化值

参 考 文 献

[1]　廖燕平，宋勇志，邵喜斌，等. 薄膜晶体管液晶显示器显示原理与设计[M]. 北京：电子工业出版社，2016.

[2]　荆其诚，焦书兰，喻柏林，胡维生. 色度学[M]. 北京：科学出版社，1979.

[3]　D K Yang, et al. Fundamentals of liquid crystal devices[M]. John Wiley & Sons, Ltd., 2006.

[4]　Z Hongming, et al. Fast response fringe-field switching mode liquid crystal development for shutter glass 3D[J]. Journal of SID, 2013, 21(3): 137-141.

[5]　X Nie, et al. Anchoring energy and cell gap effects on liquid crystal response time[J]. J. of Applied Phys., 2007, 101(10): 103110.

[6]　H Chen, et al. Depolarization effect in liquid crystal displays[J]. Optical Express, 2017, 25(10): 11315-11328.

[7]　M Yoneya, et al. Depolarized light scattering from liquid crystals as a factor for black level light leakage in liquid-crystal displays[J]. J. of Appl. Phys., 2005, 98(1): 016106.

[8]　Seung Hee Lee, Hyang Yul Kim, Seung Min Lee, Seung Ho Hong, Jin Mahn Kim, Jai Wan Koh, Jung Yeal Lee, Hae Sung Park. Ultra-FFS TFT-LCD with super image quality, fast response time, and strong pressure-resistant characteristics[J]. Jnl. Soc. Info. Display, 2022, 10(2): 117-122.

[9]　K. Ohmuro, et al. Development of super high image quality vertical alignment-mode LCD[J]. SID Tech. Dig., 1997, (28): 845.

[10]　P Ji Woong, et al. Liquid crystal display using combined fringe and in-plane electric fields[J]. Appl. Phys. Lett., 2008, 93(8): 081103.

第*10*章 量子点材料特点与显示应用

10.1 引言

量子点（Quantum Dot，QD）显示技术是基于量子点发光材料而发展起来的显示技术，其核心是量子点材料。量子点材料因其尺寸微小至纳米级、易于出现量子效应而得名。量子点材料的独特特性是其发光光谱半高宽比普通 LED 用荧光粉更窄，发光颜色更纯，因此可轻松实现 NTSC 大于 100%的超高色域，增强了显示画面的鲜艳度。

量子点技术的研究和发展始于 20 世纪七八十年代。1983 年，Bell 实验室的 Brus 等人首次报道了 CdS 纳米晶材料的尺寸效应等独特特性，开启了对量子点材料的相关研究。1993 年，MIT 的 Bawendi 等人在 JACS 杂志发表了共沉淀法制备高质量 CdE（E=Se、Te、S）系列量子点材料的合成方法。1994 年，Alivisatos 等人在 Nature 杂志发表了利用 CdSe 量子点制备的发光二极管器件成果，开辟了量子点在发光、照明、显示等光电领域的应用场景，为量子点显示技术奠定了基础。1998 年，Alivisatos 团队和 Nie 团队各自分别在 Science 杂志上发表了水溶性的量子点制备方法及其在生物荧光探针领域的应用成果，将量子点材料引入广阔的生物应用领域，再次掀起对量子点材料的研究热潮。2001 年，彭笑刚教授报道了合成温度低、工艺简单、易于大规模制备的合成方法，吸引了更多的科研人员和公司参与量子点技术和产业化研究，为之后量子点的飞速发展奠定了基础。2002 年，Weller 等人报道了水相合成 CdTe 量子点的成果，进一步降低了量子点的合成条件。2003 年，Larson 等人在 Science 杂志上报道了量子点的多光子发射性质，可在生物荧光成像时，消除生物组织的背景荧光的影响。2004 年，Nie 等人在 Nature Biotechnology 上报道了量子点在活体肿瘤成像方面的应用。同年，Bhatia

在 Nano Letter 上首次提出了含镉等重金属量子点的生物毒性问题，因此，CuInS、InP/ZnSe、MnSe/ZnSe、Si、C、钙钛矿等无重金属离子量子点逐渐成为量子点材料的研究热点。除此之外，发光效率提升、可靠性提高也是量子点材料的主要研究方向。

2010 年以后，量子点材料逐渐在显示领域开始产业化。初期主要利用量子点光致发光特性，将其替换常规 LED 用发光荧光粉，以量子点灯管或量子点膜等形态，开发量子点背光。2013 年开始，三星、TCL 等电视厂商相继推出搭配量子点背光的液晶显示器。经过不断的技术改进和市场迭代，量子点膜材作为最主要的形态逐渐成熟，搭配量子点技术已成为高端显示产品的标志之一。近年来，随着 Mini LED 技术的兴起，由于只能搭配发光膜材，且传统荧光粉颗粒大、难以膜材化，因此量子点膜材技术有望迎来新的增长点。除量子点膜材外，量子点材料的电致发光特性，一直也是显示领域产业化研究的重要方向。量子点材料大多为半导体材料，驱动方式与 OLED 类似，通过电流控制像素图案化的红、绿、蓝三种量子点材料实现主动发光显示。由于量子点材料相比 OLED 材料稳定性更好，因此基于电致发光的量子点显示技术（QLED）被寄予厚望，成为最有竞争力的下一代显示技术。不过，由于电致发光量子点器件结构、材料、制程工艺等诸多方面仍存在较多技术挑战，目前还不能实现大规模量产，因此各大研究机构、显示产业链相关公司均投入大量资源进行相关技术研发。

本章从量子点材料类别及结构、工艺、光致显示及电致显示器件技术等方面，介绍量子点显示技术的研究进展。

10.2　量子点材料基本特点

10.2.1　量子点材料独特效应

量子点材料的尺寸通常为 0.1～10nm 量级，仅由几十至数百个原子组成，介于小分子和宏观晶体材料之间，在原子排列的三维系统上，可看作分布在原点处的一个点，因此被称为量子点，也称为零维材料，如图 10.1 所示。在零维材料中，由于原子个数少，载流子在三个维度上的自由运动空间均受到限制，因此，其电子分布态密度与三维材料有较大区别。正是由于量子点材料具有独特的电子态密度函数分布，它表现出与宏观三维材料截然不同的物理和化学特性，如量子尺寸效应、表面效应等等。

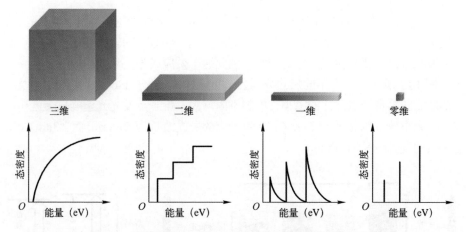

图 10.1　晶体材料和低维材料的结构及其态密度分布示意图

1. 量子限域效应

量子限域效应是指半导体纳米材料的尺寸小于或接近于激子波尔半径时，由于载流子运动在空间上受到约束和限制，费米能级由接近连续分布变为离散的能级分布，且带隙逐渐变宽的现象，也称为量子尺寸效应。量子点尺寸越小，费米能级带隙越宽，电子跃迁所需激发能量越大，同时激发后发光能量也越大，发光波长越短。

20 世纪 60 年代，Kubo 等人采用电子模型推导出了金属量子点晶粒的能级间距 δ（也称带隙）：

$$\delta = \frac{4E_f}{3N} \tag{10.1}$$

$$E_f = \frac{h^2}{2M}(3\pi^2 n_1)^{\frac{2}{3}} \tag{10.2}$$

$$N = n_1 \times \frac{4}{3}\pi\left(\frac{D}{2}\right)^3 \tag{10.3}$$

式中，E_f 为费米势能；h 为普朗克常量；M 为电子电量；n_1 为单位体积内电子数；N 为粒子中的总电子数；D 为粒子直径。

从式（10.1）～式（10.3）可知，能级的间距 δ 与电子总数 N 成反比，而 N 受粒子直径三次方影响。在宏观材料中，粒子较大，电子总数 N 接近无穷大，因此实际能级间距 $\delta \to 0$，粒径 D 变化带来的实际影响可忽略。但在量子点材料中，D 为纳米级，N 量级急剧减小，因此能级间距 δ 不再趋近为 0，产生了能带间隙。能带间隙的大小决定了量子点材料的吸收和发射光谱能量，带隙越大，光谱能量越大，发光波长越短，即发生蓝移；反之带隙越小，光谱能量越小，发光波长越长，即发生红移。此时，粒子直径 D 的变化会导致能级间距 δ 的较大变化，量子点的发光波长特性主要受粒径尺寸的影响，因此这个效应成为尺寸效应。

图 10.2 所示为两个不同尺寸分别为 2.3nm 和 5.5nm CdSe 量子能级结构及尺寸效应。随着量子点尺寸的缩小，能隙不断增大，量子点发光光谱峰位会蓝移，且尺寸越小效果越显著。5.5nm CdSe 量子点的发光波长为 590nm，而 2.3nm CdSe 量子点的发光波长为 500nm。

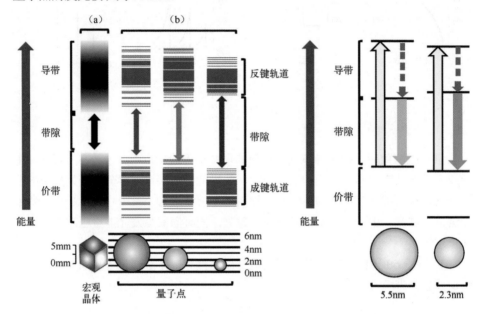

图 10.2　2.3nm 和 5.5nm CdSe 量子能级结构及尺寸效应

利用此效应，可通过控制量子点材料粒子尺寸，来自由调节发光光谱颜色，如图 10.3 所示。尺寸效应可极大方便量子点波长与 LCD 中彩膜透过谱的匹配，因此是量子点材料相对于其他发光荧光粉的一大优势。

2. 表面效应

量子点的表面效应是由于量子点材料尺寸极小，原子数较少，大部分原子位于量子点表面，因此其表面积与体积之比值极大，计算公式如式（10.4）所示。常见 CdTe 微粒尺寸与表面原子所占比例的关系见表 10.1。比表面积大会导致表面原子配位严重不足，不饱和键和悬挂键等缺陷增多，表面活性和表面能迅速增加，化学性质极不稳定，易与其他原子或分子发生反应，这种现象称为表面效应。表面效应会对量子点材料表面原子结构造成破坏，发生变性，进而影响量子点材料的吸收和发光特性，导致发光淬灭等现象，降低发光效率。因此，实际制备量子点材料时，通常需要对其表面进行修饰，如采用宽禁带半导体材料对量子点材料进行包覆，形成核−壳层结构，以修复表面缺陷，减小表面效应。

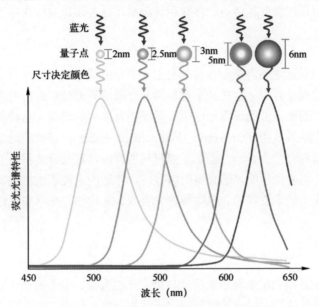

图 10.3　量子点材料随尺寸变化的发光颜色对比

$$A_m = \frac{S}{V} = \frac{4\pi R^2}{(4\pi R^3)/3} = \frac{3}{R} \qquad (10.4)$$

式中，A_m 为比表面积；S 为表面积；V 为体积；R 为半径。

表 10.1　常见 CdTe 微粒尺寸与表面原子所占比例的关系

微粒尺寸 D(mm)	原子总数	表面原子所占比例（%）
1.0	17	70.6
1.5	66	60.6
2.0	136	48.5
2.5	275	40.7
4.0	1015	29.4
6.0	3350	20.0
10.0	19028	11.4

3. 隧穿效应

经典物理学认为，当粒子运动要越过某一能量势垒时，会存在一阈值能量。

如果粒子的能量值小于该阈值能量，则无法越过势垒；如果粒子能量大于此阈值，则可以越过去。但在量子力学中，由于粒子尺寸极小，粒子运动呈现明显的波动性质，该波动性质可使粒子穿越能量更高的势垒时，一部分被反弹而无法穿越，另一部分则可直接像穿越隧道一样穿越该势垒，这种现象被称作量子隧穿效应。

4. 介电限域效应

介电限域效应是指当量子点材料分散于其他介质中时，如果量子点材料与介质的介电常数有差异时，会在量子点材料与介质的界面处形成折射率边界，引起量子点材料表面和内部的场强相比于入射场强有明显的增加，这种局域场强的增加被称为介电限域效应（Dielectric Confinement Effect）。该效应对量子点的光学和光化学等特性有较大影响。当量子点材料的介电常数与介质材料的介电常数有较大差异时，将会产生明显的介电限域效应，伴随的宏观表现就是量子点材料发光的红移现象。纳米微粒的介电限域对光吸收、光化学、光学非线性等都有重要的影响。

5. 体积效应

体积效应是指当纳米粒子的尺寸与可见光的波长、电子的德布罗意波长、超导态的相干长度或透射深度等物理特征尺寸相当时，其光、电、声、磁等性质呈现出新的变化。这种特异效应为纳米材料的应用开辟了新领域。例如，随着纳米材料粒径的变小，其熔点不断降低，烧结温度也显著下降，从而为粉末冶金工业提供了一种新工艺；利用等离子共振频移随晶粒尺寸变化的性质，可通过改变晶粒尺寸来控制吸收边的位移，从而制造出具有一定频率宽度的微波吸收纳米材料。

10.2.2　量子点材料发光特性

由前所述，量子点材料具有较强的量子限域效应，该效应使量子点材料的能级结构随尺寸减小从连续结构逐渐分离，导带上移，价带下移，尺寸越小，带隙越大，与半导体类似。这种独特的能级结构决定了独特的发光特性。如图 10.4 所示，当外界激发能量大于样品的带隙能量时，处于价带上的电子受到激发跃迁到导带，价带上留有空穴，因此形成电子-空穴对。激发的电子处于亚稳态，在带内经过弛豫过程后，到达导带底部，之后与空穴复合，并释放出光子，这就是量子点受激发光的过程。这种能辐射光子的电子-空穴复合过程被称为辐射复合，是量子点发光的主要原理。从辐射复合原理可以看出，辐射复合发射出的光能量和光波长是由材料的带隙大小决定的，而在量子点材料中，带隙由量子点粒子尺寸决定，即量子点材料可以通过调节粒子尺寸大小来调节发光波长。该特性也导致量子点发光光谱宽度受粒径分布宽度的影响，粒径分布越广，发光波长分布越广。发光波长越宽，发光颜色纯度就越低。因此粒径控制对量子点合成工艺来说非常重要。部分量子点材料，如 InP、CuInS 等，合成方式对粒子尺寸控制较难，粒径分布较宽，所以发射光谱半峰宽较宽，虽然无有害元素 Cd，但对色域提升能力有所下降。

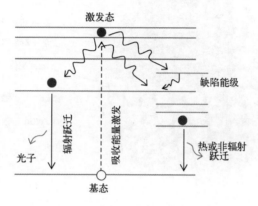

图 10.4　量子点发光机理图

电子与空穴的辐射复合是量子点发光的主要原理，但辐射复合不是百分百发生，还会发生非辐射复合，该过程中复合能量通过声子等其他方式释放，因此不发光。这是由于量子点材料比表面积大，表面存在大量的悬挂键等表面缺陷，缺陷会在量子点能带结构中引入缺陷能级。如果缺陷能级位于导带内，激发电子到达缺陷能级后还会继续弛豫到导带底再和空穴复合，形成辐射复合。但是当缺陷能级位于带隙中时，当电子到达导带底后还会继续弛豫到缺陷能级，最后以非辐射的方式复合，无光子产生。非辐射复合导致量子点材料发光变弱，量子效率降低，因此量子点材料合成中需最大化提升辐射复合比例，尽可能避免非辐射复合。实际生产中，为减少表面缺陷，通常对量子点进行表面修饰，通过在表面添加有机物配体或者外延生长一层无机物来减少表面的缺陷（见图 10.5），提高量子点发光强度。另外，基于量子点能级结构特性，通过在带隙间引入杂质能级，实现电子和空穴与杂质能级的辐射复合，可以实现发光有效带隙的调整，从而实现对发光波长的大范围调整。例如 InP 量子点，可在带隙中掺杂 Cu 离子，形成杂质能级，激发电子在衰减的过程中会被杂质能级捕获而释放出光子。该掺杂可使 InP 发光波长从可见光调整到近红外区域。

除上述特殊能级结构外，量子点发光还具有以下特性。

① 宽吸收，窄发射。与有机发光染料不同，量子点的发光原理接近半导体，与 LED 类似，因此发光光谱半峰宽较窄，约几十纳米，且峰形规则，无拖尾或其

他杂峰，因此对于显示色域提升有较大优势。另一方面，量子点材料激发光谱波长范围较大，激发光源波长选择自由度高，为其在显示、生物检测等实际应用中的光源选择带来较大便利。图10.6是典型的绿光与红光量子点激发与发射光谱图。

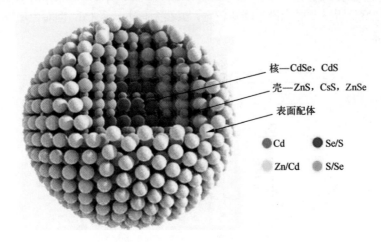

核——CdSe，CdS
壳——ZnS，CsS，ZnSe
表面配体

● Cd　　● Se/S
● Zn/Cd　● S/Se

图 10.5　典型 CdSe/ZnS 核壳结构示意图

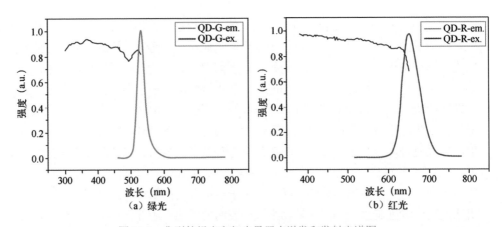

（a）绿光　　　　　　　　（b）红光

图 10.6　典型的绿光和红光量子点激发和发射光谱图

　　② 斯托克斯位移较大。对于大部分光致发光材料，发射出的光子的能量要低于所吸收光子的能量，损失的能量部分会以非辐射跃迁的形式耗散，因此其发射光谱峰值波长比激发光谱峰值波长更长，这个峰值波长的移动，称为斯托克斯位移。斯托克斯位移较大，表明吸收光谱与发射光谱交叠较少，也即材料对自身发光的吸收损失较少，材料的发光效率较高。量子点材料，相比于其他物质例如有机荧光物，具有较大的斯托克斯位移，又因为发光光谱窄，因此其被材料再吸

收的损失较少。

③ 光稳定性。量子点材料大多为无机材料，与 OLED 等有机染料等材料相比，光稳定性更好。有机荧光染料在受光照射时易发生光漂白，发生荧光褪色和不可逆的荧光衰减，相比之下量子点对光的耐受性更强。不过，量子点材料对水汽、氧、热的耐受性较低，这是因为，虽然表面修饰的结构可以很大程度减少表面缺陷，保持量子点结构稳定，提高发光效率，但是受热、水汽、氧等可靠性因素影响，量子点表面的配体易出现脱落或由于发生化学反应从而失效的现象。当受热时，由于配体的内能增加，粒子运动加剧，配体从量子点表面脱落，或者配体断裂的概率大大增加；在水汽、氧条件下，量子点表面配体易发生化学反应，影响发光性能。量子点的不稳定性会导致荧光发射强度降低、峰位移动和半峰宽变宽。因此实际应用中，对量子点材料需进行严格的阻水汽、隔氧封装。除此之外，由于量子点尺寸对发光性能影响较大，如果粒子团聚，会改变发光光谱，且易造成荧光淬灭，因此良好的粒子分散性，避免粒子团聚也是量子点材料实际应用中确保稳定性的重要考虑因素。

10.3 量子点材料分类与合成

量子点材料的种类较多，CdSe、CdS 等 II-VI 族材料最早被发现并使用，之后逐渐发现 InP 等III-V族、$CuInS_2$ 等 I-III-VI族、PbS 等IV-VI族、Si 或 C 等一元系、无机和有机钙钛矿系等量子点材料。不同族系的量子点材料在发光波段、光谱特性和量子效率等方面各有优劣，见表 10.2。除此之外，各种新型量子点材料还在不断开发和研究中，如近年来问世的石墨烯等新兴量子点材料，但目前还处于基础研究阶段。

表 10.2 常见量子点材料类型及特性

类型	典型量子点	量子效率（%）	波尔半径（nm）	光谱范围（nm）	半峰宽（nm）	备注
II-VI	CdSe	≈100	5.6	380～780	20～40	含镉
钙钛矿	$CsPbX_3$	<90	2.0	400～800	10～30	含铅
III-V	InP	<80	14	380～780	30～80	半环保
I-III-VI	$CuInS_2$	<78	8.1	500～1000	>100	环保
一元	Si	<60	4.9	800～1000	>100	环保
IV-VI	PbS	≈50	18	780～2500	120～150	含铅

量子点应用于显示领域中，主要关注其发光光谱波段、半峰宽、发光效率和

安全性，发光波段需覆盖可见光区，环保性好；半峰宽越窄，则显示器色域越高；发光效率越高，则功耗越低。因此，从表 10.2 可以看出，与实际应用最匹配的是 II-VI族、III-V族和钙钛矿系量子点，其中，II-VI族量子点材料具有最高的发光效率，钙钛矿又分为全无机和有机杂化两种，具有最窄的发光光谱，而III-V族材料的最大优势为无 Cd、无重金属，环保性好。

10.3.1 II-VI族量子点材料

1. 材料特点

II-VI族量子点材料通常包括由II族 Zn、Cd、Hg 元素与VI族 S、Se、Te 等元素组成的二元单晶半导体化合物，它们具有较强的离子键，光电催化及光电转化活性较强，因此在半导体发光、压电应用等领域有独特的优势，已广泛应用于光学材料、太阳能材料、压电晶体和激光材料等领域。II-VI族半导体的能带通常是较宽的直接带隙，具有高激子束缚能和宽带隙，可以通过包覆或掺杂等方式调节带隙位置，其辐射波段可覆盖可见光区域，并到达紫外和远红外的范围。在 CdTe、ZnTe、HgTe、CdSe、HgSe 和 CdS 等II-VI族半导体中，s 电子和 p 电子参与输运过程，如果将 3d 过渡族元素掺入其中，由于 s 电子和 p 电子会与 d 电子发生相互作用，有机会获得铁磁特性，从而实现光学和磁学性质的有效结合，因此II-VI族半导体纳米材料在稀磁半导体的研究中占有重要的地位，受到人们的极大关注，对其进行了广泛和深入的研究，包括合成方法、发光原理、应用研究和微观结构的理论研究等。II-VI族系量子点材料发光波长可覆盖 380～780nm 的整个可见光波段，可通过在约 2～8nm 范围内调节粒径尺寸，精确实现任意发光波长。其光谱半峰宽较窄，约 20～40nm，因此可实现较高的色域。另外，II-VI族系量子点材料在性能提升等方面研究较多，工艺较成熟，因此其发光量子效率很高，接近 100%，且发光稳定性好，是目前量子点显示产品中应用的主要材料。不过，II-VI族系材料虽然光学特性优异，却包含有毒元素 Cd。近年来，人们环保意识逐渐增强，各国政府，尤其是欧美国家，均针对 Cd 的含量制定了禁止或准入标准。2003 年，欧盟明确规定了在任何电子产品中 Cd（或 Pb）的含量需低于 10^{-4} 或 10^{-3}。2016 年，中国在颁布的《电器电子产品有害物质限制使用管理办法》中，也要求 Cd 的含量要低于 10^{-4}。因此II-VI族系材料的应用逐渐受到限制。

II-VI族半导体量子点中，如前所述，CdS 是最早被发现和研究的，发光波长为可见光至红外区。Brus 等人在 20 世纪 80 年代初次合成出 CdS 纳米颗粒后，就发现了其发光和吸收光谱随着颗粒尺寸增大发生规律红移的现象，并称为量子尺寸效应。由于初期合成方法和条件还不成熟，合成出的量子点尺寸均匀度较差，影响光学性能，之后一直围绕粒径控制和合成方法开展了长时间的研究。CdS 在常温常压下有两种结构，闪锌矿立方相晶体结构和纤锌矿六角相晶体结构。如图 10.7（a）所示，闪锌矿的密堆积面（111）面的堆叠顺序是面心立方 ABCABCABC 的方式，而纤锌矿的原子排列顺序则是六角密排晶格 ABABAB 的方式；如图 10.7（b）所示，纤锌矿 CdS 可以看成是由若干个四面体配位的堆积面交替组成的。

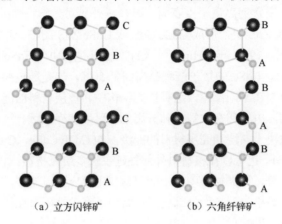

（a）立方闪锌矿　　　　（b）六角纤锌矿

图 10.7　CdS 的两种结构（其中蓝色和黄色小球分别代表 Cd 和 S 原子）

相比 CdS，CdSe 带隙宽度略小，在可见光波段范围内可通过调节粒径大小而自由调配，因此是目前发光显示领域应用最广的量子点材料。典型 CdSe 量子点不同粒径发光光谱如图 10.8 所示。1993 年，CdSe 材料首次合成成功，此后，对于有关 CdSe 量子点的研究快速发展并不断深入。Bawendi 课题组使用三辛基膦溶解反应的镉、硒前驱体，并用三辛基氧膦作为反应溶剂，在高温下反应制备了高质量的 CdSe 量子点，并且通过改变反应的时间实现对粒径尺寸的控制。CdSe 荧光光谱的半峰宽通常在 20～40nm，通过控制其结构的合成过程和粒径均一性提升，可以有效地提高其发射光谱的单色性。量子点材料的荧光量子点产率决定其发光强度，目前 CdSe 的荧光量子产率已经得到很大的提高，接近 100%，因此 CdSe 发光强度较高。虽然 CdSe 量子点材料和相关技术已经成熟，甚至可以实现量产并且保证优异的发光性能，但由于 Cd 元素是有毒元素，这将限制其后续在实际中的应用。

由前所述，量子点材料具有较强的表面效应，表面缺陷较多，容易与外界物质发生反应，造成量子效率损失，发光效率降低，或者稳定性下降。因此，在实际应用中，通常需要进行表面修饰或表面处理。常用的修饰方法为表面钝化和表面包覆。表面钝化主要通过选择合适的有机配体对量子点表面特性进行改性，以降低环境的影响，减少发光效率损失。表面包覆是在量子点表面采用外延生长等方式包裹无机隔绝层，形成核壳结构来减少外界的影响。核壳结构对维持量子效率和稳定性效果较好，因此是量子点材料最常用的制备手段。核壳结构又有两种类型。一是将电子和空穴都限制在核层材料里，核层材料的能级带隙小于壳层材料的带隙，并且核层材料的价带最高能级和导带最低能级都处于壳层材料的禁带之内，因此该类量子点材料的发光波长主要由核层材料的带隙决定。这样的材料结构使得电子和空穴远离量子点表面，减少了外界对光学特性的影响，如 CdSe 外延生长 CdS 或 ZnS 层，形成 CdSe/CdS 或 CdSe/ZnS 的核壳结构量子点，如前面的图 10.5 所示。1996 年，Hines 等人首次提出并成功在 CdSe 的表面外延生长了一层 ZnS 外壳，CdSe 的量子产率提高到了 50%。二是通过掺杂，将材料中电子和空穴分布限制在不同部位，这种核壳结构中，核层材料的能级和壳层材料的能级呈交错排列，电子和空穴被单独分离到核区域和壳区域。这类量子点材料的发光特性同时取决于核层和壳层材料的能级，如 CdTe/CdSe、CdSe/CdTe 等核/壳结构量子点。另外，也可以在核材料外部外延生长多层壳材料，如 CdSe/CdS/ZnS、CdSe/ZnSe/ZnS 等，该类材料中，中间层材料主要充当过渡层，目的是减少核与外部壳层之间的晶格失配，而外部壳层可将电子有效地隔离在核内，减少外界环境对量子点发光的影响。

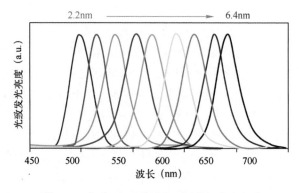

图 10.8   典型 CdSe 量子点不同粒径发光光谱

量子点的包覆过程在提高量子点稳定性的同时，会对量子点的光学特性带来一定影响。一是由于壳层材料的引入对量子点材料的电子能级产生一定影响，造成发光峰位发生偏移，如 CdSe 量子点核外包覆数层 CdS 单分子壳层时，由于电子离域到了壳区域，而空穴主要被限制在核区域，这使得量子点的发光峰位发生红移，而在量子点外包覆 ZnS 壳层时，发光峰位发生蓝移。二是壳层厚度的增加会使得量子点的粒径分布变广。由于量子点材料发光峰位与粒径相关，因此会增加发光光谱的半峰宽，从而使色域降低。不过，壳层厚度增加同时也会增加斯托克斯位移，减少材料自吸收损失。因此，包覆结构的设计应平衡量子点材料稳定性和光学特性。

量子点材料还可以通过合金化掺杂来进行发光特性调节。合金元素的掺入会改变材料能级结构，从而改变发光峰位等光学特性。合金掺杂程度可通过过程控制，实现均匀浓度掺杂或者梯度浓度掺杂。通常，浓度有梯度变化的结构受外界应力的影响更小，因此稳定性更好。

量子点材料常见粒子形貌为球形或近球形，所发光为自然光，无偏振特性。除球形外，Merck 公司开发出了棒状量子点材料，所发光为部分偏振光，偏振度可达 60%以上。在 LCD 中，常规背光所发光为自然光，而下偏光片只允许透过一个方向偏振光，另一方向偏振光被偏光片吸收，导致背光光强损失约 50%。如将棒状量子点应用于 LCD 背光中，可使背光发光为部分偏振光，通过与下偏光片透振方向匹配，可增加背光透过下偏光片比例，减少背光光强损失，提高 LCD 整体能效。

2. 合成方法

量子点的制备可分为"自上而下"和"自下而上"两种方法，前者主要通过物理化学方法制备，后者则是通过胶体化学方法实现。由于量子点材料为纳米尺寸的微小颗粒，因此胶体化学方法是最常用的制备方法。胶体化学类方法反应温度低、制程简单、成本低廉，且易于控制粒径尺寸。由于量子点独特的光谱性能和可靠性受其尺寸大小、晶体结构和分散性能的影响，所以，能获得粒径均一、稳定性能好、并且量子产率高的量子点材料的制备方法，是量子点技术的核心技术之一。不同类型的量子点材料适用不同的制备方法，II-V族量子点材料的主要制备方法为有机相（油相）合成法、水相合成法和其他合成法。有机相中合成得到的量子点具有很好的单分散性和稳定性，并且荧光性能好，量子产率比较高，所以此方法是目前合成量子点的主要方法。但是这种在有机相中合成的量子点，试剂具有很强的毒性，而且操作复杂，实验的安全性低等缺点。在水相中合成的量子点，相较于有机相具有工艺简单，试剂无毒性等优点，除此之外还有较好的生物相容性，可直接应用于生物体系中。但是在水相中合成的量子点分散性和荧光性都较差，所以需要通过改善方法来提高量子产率等特性。

（1）有机相合成法

有机相中合成的量子点主要采取有机金属法。有机金属法是指在高沸点的有机溶剂中通过使前驱体热解合成量子点的方法，即将有机金属的前驱体溶液注入高温的配体溶液中，这样会使得前驱体在高温中迅速热解并形成核，晶核缓慢生长最终形成量子点。早在 20 世纪 90 年代，美国麻省理工大学的 Bawendi 等人发展了有机金属高温热分解方法，制备了不同尺寸的 CdSe 量子点。该方法以三辛基氧膦（TOPO）与三辛基膦（TOP）作为溶剂和配体，以硒和碲的 TOP 配合物作为硒源和碲源，将高反应活性的二甲基镉快速注射到反应溶液中，体系预先除氧并保持温度在 300℃左右，镉源与硫族元素前驱体需要迅速注入反应瓶中。该方法得到的量子点粒径分散度小，晶体质量较高，是目前高质量量子点最成功的合成方法之一。但该方法使用的设备和反应条件过于严苛，使用的反应前驱体易燃、易爆、有剧毒，不适合大规模生产。彭笑刚等人在此基础上发展了反应条件较为温和的"绿色"有机相合成方法，如图 10.9 所示。他们选用安全和价廉的氧化镉、醋酸镉等作为前驱体，选用脂肪胺和长链脂肪酸作为配体，选用高沸点的十八烯作为溶剂，制备的 CdSe 量子点的半峰宽仅 23nm，荧光量子效率高达 85%，且尺寸分布较小，更重要的是，合成温度低（250～300℃），路线简化且安全性提高，有利于大规模生产应用。

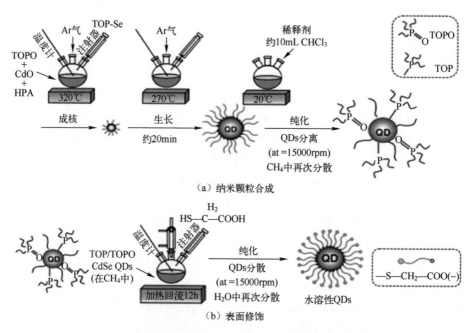

图 10.9　彭笑刚课题组以 CdO 为前驱体的 CdSe 制备路线

有机相合成方法制备的量子点材料特性较好，可广泛应用于发光领域中。但有机相合成方法制备的量子点材料不具备生物相容性，因此不能直接作为荧光探针应用于生物体系中，这些量子点还需要通过表面修饰才具有水溶性。

（2）水相合成法

与有机相合成法同时发展的水相合成法，解决了油性量子点不能在水中分散，不能用于水环境和生物材料的弊端。水相合成的量子点可控性更高、操作更简便安全、成本也相对较低。早在 1993 年，Nozik 研究组就以巯基化合物为配体，通过水相合成法成功制备了巯基甘油包覆的 CdTe 量子点。1994 年，Vo B meyer 也利用巯基化合物为配体，通过控制反应条件，制备了不同尺寸的 CdS 量子点。之后，Rogach 等人发展了量子点水相制备方法。首先配制巯基配体（如巯基乙酸、巯基丙酸、巯基乙醇等）和水溶性镉盐的混合溶液，然后在混合溶液中通入 H_2Te 气体，进而制备得到一系列不同巯基配体修饰的 CdTe 量子点。经过多年的发展，不同元素组成的量子点已经在水相中成功制备出来。

　　水溶性量子点合成的前驱体大多选择用 Pb^{2+}、Cd^{2+}、$H9^{2+}$等为阳离子前驱体，阴离子前驱体一般是 Se、Te 和 S 等。稳定剂一般是多官能团的巯基分子，如巯基乙醇、巯基乙酸、巯基乙胺、巯基丙酸、半胱氨酸等。不同的水相合成法操作不尽相同，但本质上是相同的。典型的操作方法如图 10.10 所示，首先将金属盐反应物溶于水中，加入巯基稳定剂，在无氧条件下注入硫系化合物或通入相应气体，晶体成核并生长。通过控制反应时间和温度，可以得到不同尺寸大小的量子点。作为配体的巯基化合物有巯基乙酸（TGA）、3-巯基丙酸（MPA）、巯基乙醇（ME）和谷胱甘肽（GSH）等。水相合成法的不足在于反应温度较低（小于 100℃），量子点的结晶性较差，反应时间较长，发光效率较低。

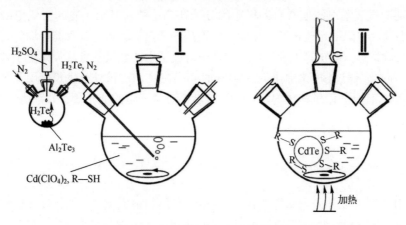

图 10.10　典型的水相合成法示意图

　　为了克服上述水相法制备的量子点晶体质量差的缺点，Zhang 等人在 2003 年使用高温水热法合成了 CdTe 量子点。他们将反应温度提高至 160～180℃，量子点的生长速度大大加快，表面缺陷减少，荧光量子效率明显提高。Guo 等人进一步优化了高温水热法的时间、温度、反应物用量、pH 值等反应条件，制备得到的 CdTe 量子点的荧光量子效率最高可达 50%。

（3）其他量子点的制备方法

模板法可获得特定形貌的量子点，如棒状，或提高量子点材料分散性。模板法通常需要特定结构的配体。生物大分子或者有机高分子都可以作为量子点的配体，纳米晶就可以在限定的空间和位点生成，从而实现特定形貌。这种方法操作简便，可以实现纳米晶的多组分化，近年来已经成为一种重要的合成方法。这种方法中，纳米粒子的生成受到聚合物的限制，所以设计聚合物结构可以达到控制量子点的目的。Zhang 研究组成功制备了以聚乙二醇（PEG）为模板封装的 $ZnS:Mn^{2+}$ 量子点。一方面，量子点具有一层 PEG 外壳，相较于纯无机粒子而言具有较好的生物相容性。另一方面，PEG 的引入提高了量子点的稳定性和分散度，使得发光性能得以提高。该组首先在三颈瓶中加入锌源乙酸锌[$Zn(CH3COO)_2$]、锰源乙酸锰[$Mn(CH3COO)_2$]和配体 PEG，在氮气除氧 10min 后加热至 100℃，再加入硫源硫化钠（NaS），一定时间后将反应瓶置于冰水浴中，得到 PEG 修饰的 $ZnS:Mn^{2+}$ 量子点。Mann 研究组和 Bittner 研究组以烟草花叶病毒为模板，合成一系列金属纳米管和纳米线。Yang 研究组以甲基丙烯酸（MA）与苯乙烯（St）的共聚物作为聚合物的模板，首先将 MA 与金属离子结合形成 $Zn(MA)_2$ 和 $Cd(MA)_2$，在溶剂 DMF 中，与苯乙烯发生共聚反应，随后再通入 H_2S，最终合成 ZnS/CdS 复合物。Liao 研究组以 P3HT 为控制尺寸的反应器，合成了高长径比的 CdS 纳米棒。

辅助微波辐射法使具有偶极矩的分子在高达数百甚至千兆的交变电磁场中剧烈振荡，电磁能迅速转换为热能，实现从分子内部加热，具有搅拌均匀、升温速度快等特点。Ren 等人利用微波法快速合成了水溶性量子点，荧光量子效率为40%～60%。通过精确控制反应温度和时间，在 CdTe 核外延生长一层宽带隙的CdS 壳层，使激子限域在核内，可实现CdTe/CdS 量子点的荧光量子效率达到75%。

10.3.2 Ⅲ-Ⅴ族量子点材料

1. 材料特点

Ⅲ-Ⅴ族系量子点材料主要代表是 InP，该材料最大优势为兼顾发光性能与绿色环保。其发光特性与Ⅱ-Ⅵ族相似，波长也可覆盖大部分可见光区，且发光效率较高，可应用于显示等领域。另外，虽然 InP 制备过程中仍可能需要使用有毒性的中间材料，但最终获得的量子点材料本身不含毒性元素，具有绿色环保优点，不受全球各地政府环保标准制约影响，因此受到人们的广泛关注和研究，被认为是 Cd 量子点最有潜力的替代材料之一。

InP 也为闪锌矿结构，具有约 10nm 的玻尔激子半径，带宽为 1.344eV，其光致发光可以从蓝色（约 480nm）调谐到近红外（约 750nm）。单从光学特性上，InP

发光光谱半峰宽比 II-VI 族略宽，约 30~80nm。主要原因为 InP 量子点具有较强的共价键，强的共价键结合能使得合成条件相对苛刻，通常需要高温、较长的反应时间和高活性反应性前驱体，因此粒径尺寸控制相对困难，粒径分布较宽，从而使可实现色域提升的能力低于 Cd 系材料。典型 InP 量子点不同粒径发光光谱如图 10.11 所示。另外，目前 InP 量子效率略低于 II-VI 族材料，约 80%，但已经可以进入实际商用领域中。

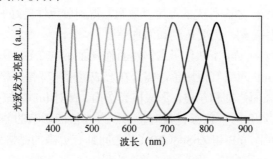

图 10.11　典型 InP 量子点不同粒径发光光谱

2. 合成方法

InP 量子点材料的制备方法经历了 3 个阶段的发展。第一个阶段为研究初期，Wells 等人借鉴 GaAs 的合成策略，利用卤化铟与 P[Si(CH$_3$)$_3$]$_3$ 之间的脱卤硅烷基反应，在溶剂戊烷中首次成功制备了 InP 纳米晶体。但是这一阶段合成的 InP 纳米颗粒存在不溶解的问题。第二个阶段为科罗拉多大学博尔德分校的 A.J.Nozik 课题组参考 CdSe 等 II-VI 族量子点的研究进展，使用三辛基氧膦（TOPO）或者三辛基氧膦/三辛基膦（TOPO/TOP）混合溶液作为反应溶剂，先在低温下混合卤化铟、草酸钠、P[Si(CH$_3$)$_3$]$_3$ 制备 InP 前驱体溶液，然后在高温下反应 3 天时间，最终合成了 InP 量子点。该方法制备的 InP 量子点材料分散性较好，但是合成条件较高、反应时间较长，且获得的 InP 量子点的粒径尺寸分布较广，发光光谱较宽，因此实际应用困难。第三个阶段为 2002 年，彭笑刚教授团队在 Nano Letter 上发表了简单高效、质量较好的 InP 量子点合成的新路线。该路线放弃了 TOPO/TOP 作为反应溶剂的反应体系，而使用十八烯（ODE）作为反应溶剂，羧酸铟、P[Si(CH$_3$)$_3$]$_3$ 分别为铟、膦反应前驱体，制备了尺寸均一的 InP 量子点，成功将反应时长从几天缩减到几个小时，而且使用的十八烯相比于 TOPO/TOP 溶剂价格更低，因此该路线从原料成本、工艺简化、制备周期等方面大大降低了合成成本，为后续 InP 的研究和商用奠定了重要基础。不过，该合成方法合成的 InP 量子点发射峰半峰宽仍在 30nm 以上，而镉基量子点的发射峰半峰宽可以下降到

20nm 以下。对单粒子的光学研究表明，CdSe 和 InP 的发射峰半峰宽几乎相同。因此，与 CdSe 量子点相比，InP 量子点峰宽原因仍然是粒径分布较宽所致。为继续减小粒径分布，减小发光光谱半峰宽，传统的方式都是通过调控反应元素比例、反应温度等反应条件以抑制尺寸的分布，但是对性能的改善较小。Parthiban Ramasam 等人提出用高真空环境去除合成中的水汽和氧气，形成高质量量子点。他们使用三（三甲基硅烷基）膦作为 P 前驱体，在小于 150 毫托真空度的情况下，精确调控包覆 ZnSe、ZnS 外壳的厚度及层数，得到单色性良好的 InP 量子点，但是该方法合成条件苛刻，需要达到高的真空度。

与Ⅱ-Ⅴ族材料一样，InP 量子点仍然面临表面缺陷较多，影响发光效率的问题。另外，由于 InP 对氧气很敏感，需要在合成过程中保持严格的无空气条件，因此也需要进行表面修饰和包覆，形成核壳结构。针对 InP 的核壳结构，Reiss 等人讨论了 ZnSe、ZnS 两种包覆材料对量子点发光性能影响的差异，发现 InP 和 ZnS（7.7%）之间比 InP 和 ZnSe（3.2%）之间具有更高的晶格失配，包覆 ZnSe 可以较好地消除表面缺陷，提高量子效率。另一方面，ZnS 相比于 ZnSe 更加稳定，受外界环境的影响较小。因此两种壳材料各有优势。彭笑刚教授团队将 ZnSe 和 ZnS 结合，通过精细调控 ZnSe、ZnS 外壳的厚度，制备了高亮度的多壳层 InP/ZnSe/ZnS 量子点。Tae-Gon Kim 等人认为合成过程中无法完全隔绝氧气，残留的氧气将 In 离子氧化，在表面形成的氧化铟层，该膜层会阻碍壳层材料的包覆，导致表面缺陷无法被有效钝化。因此他们提出使用氢氟酸（HF）InP 胶体量子点进行预处理，刻蚀表面氧化层，一定程度上钝化了表面缺陷，提高了量子点发光性能。由于包覆材料多为Ⅱ-Ⅴ族，该包覆材料包覆 CdSe 等Ⅱ-Ⅴ族材料时，晶格匹配较好，包覆过程对发光效率影响较小，但该Ⅱ-Ⅴ包覆材料与Ⅲ-Ⅴ族材料 InP 之间始终存在晶格的不匹配的问题，因此其量子点的荧光量子产额较 CdSe 等Ⅱ-Ⅴ族量子点材料偏低。因此量子效率继续提升也是业界一直研究的方向。

InP 量子点合成过程中，膦源较为重要。针对常用膦源[三（三甲硅基）膦]难以保存且价格昂贵的问题，研究者提出了许多替代膦源的方案。Zhengtao Deng 等人认为膦前驱体的高反应活性是导致合成过程难以控制，产物尺寸较分散的原因，所以他们使用三（二甲基氨基）膦代替传统的三（三甲基甲硅烷基）作为膦前体合成 InP 量子点，认为三（二甲基氨基）膦较低的反应活性使反应速度更易调节，进而抑制量子点尺寸的分布。还有如 P_4、三（二乙基氨基）膦等膦源也被提出。但是，由于前驱体反应活性的不同，目前的研究显示 InP 量子点单色性差、量子效率低等问题仍然有待进一步提升。

10.3.3　钙钛矿量子点材料

1. 材料特点

钙钛矿量子点材料是近年来的研究热点之一。"钙钛矿"一词的提出是为了命名 $CaTiO_3$ 矿物，1839 年德国科学家谷斯塔夫·罗斯（Gustav Rose）在研究乌拉尔山脉变质岩发现了它，并以俄国伯爵 Lev A. Perovski.的名字命名，从那时起，就把与 $CaTiO_3$ 结构类型相同的材料称为钙钛矿，其晶体分子结构如图 10.12 所示，其化学结构通式用 ABX_3 表示。ABX_3 由一价无机金属阳离子或有机阳离子 A（如 MA^+、FA^+、Cs^+ 等）、二价金属阳离子 B（Pb^{2+}、Sn^{2+}、Bi^{2+} 等）和卤族元素 X（Cl^-、Br^-、I^- 等或其混合物）组成，二价阳离子 B 与 6 个卤素阴离子 X 形成八面体配位，各个八面体通过共顶点相连接，形成一个扩展的三维网状结构，一价阳离子 A 位于由八面体构成的间隙内。在不同合成温度下，钙钛矿量子点会呈现出不同的晶相，室温下为正交、四方和立方晶体结构，高温下会转变为更加稳定的立方晶体结构。根据 A 位元素的不同，将含有有机阳离子的钙钛矿称为有机-无机杂化钙钛矿（Hybrid Organic-iorganic Perovskite，HOIP），只含有无机金属离子的钙钛矿称为全无机钙钛矿（All-inorganic Perovskite，AIP）。与有机-无机杂化的钙钛矿相比，全无机钙钛矿的稳定性更好。

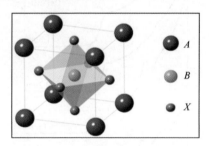

图 10.12　典型 ABX_3 钙钛矿量子点晶体分子结构

1958 年，Müller 首次发现 $CsPbX_3$（X = Cl、Br、I)具有钙钛矿的结构。1997 年，Nikl 等人开始研究 $CsPbX_3$ 的光学特性，但由于实验条件有限，材料的粒径分布、尺寸以及发光等各项性能都不是很理想，因此光学性能提升进展缓慢。直到近几年，实验条件有了长足进步，且钙钛矿电池的研究进入热潮，人们又开始将目光投向了全无机钙钛矿材料。2014 年，首个钙钛矿纳米晶发光二极管（PerovskiteLED，PeLED）问世，受到学术界的广泛关注。之后，Tan 等报道了基于溶液处理的有机金属卤化物钙钛矿的高亮度发光二极管，通过调整钙钛矿中的卤化物组成得到了近红外、绿色和红色的电致发光，其最高的内部量子效率分别为 0.76% 和 3.4%。2015 年，Protesescu 等采用一种简便的热注射和快速冷却方法，用 Cs^+ 替代有机组分，首次制备出单分散的胶体 $CsPbX_3$ 纳米立方块，荧光量子产率高达 90%，并可通过改变晶体大小和卤素的种类可以在 $380\sim780nm$ 范围内调节其发射光谱，同时还具有更窄的半峰宽。2015 年，南京理工大学曾海波教授等人率先研发出了基于 $CsPb(Cl/Br)_3$ 钙钛矿量子点的蓝光 PeLED，最大亮度 742cd/m^2，外量子效率（EQE）0.07%。热注入法中合成需要在高温条件下进行，对温度和注入时间的控制要求较高。针对该问题，2015 年，北京理工大学钟海政教授等人提出了配体辅助重析出方法，在室温下成功制备了 $MAPbCl_{2.1}Br_{0.9}$ 蓝光钙钛矿量子点。2016 年，曾海波教授等提出了过饱和重结晶方法，在室温下成功制备了 $CsPbClBr_2$，绝对荧光量子产额高达 70%。2018 年，Lin 等通过在钙钛矿 $CsPbBr_3$ 中加入 MABr，将形成 $CsPbBr_3$/MABr 准核/壳结构。MABr 壳层的形成可以在一定程度上钝化 $CsPbBr_3$ 晶体表面的缺陷，光致发光量子效率接近 100%。此外，MABr 壳层的形成也有利于 QLED 中的电荷注入平衡，使 EQE 达到 20.3%。2018 年，Chiba 等对 $CsPbBr_3$ 与油酸碘化铵和氢碘酸芳苯胺进行阴离子交换，获得 649nm 红光钙钛矿量子点，其 EQE 达到 21.3%。$CsPbBr_3$ 量子点尺寸大小可调的吸收和发射光谱如图 10.13 所示。

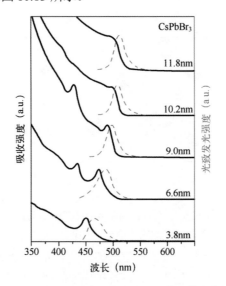

图 10.13　$CsPbBr_3$ 量子点尺寸大小可调的吸收和发射光谱

钙钛矿相比传统量子点材料有很多优势：晶粒尺寸较为均一，通常为单分散分布，发光光谱半高宽较窄，约 $10\sim30nm$，比 II-V 族等其他量子点材料更窄，因此色域更高。除可通过调整粒径调节发光颜色外，还可以通过调控卤素种类（Cl⁻、Br⁻、B⁻）和使用比例，使钙钛矿量子点的发光波长在可见光范围内大范围调谐。例如，将卤离子从氯离子替换为碘离子，可以将所有无机钙钛矿 $CsPbX_3$ 纳米材料的发射波长（X=Cl、Br、I 或它们的混合物）从 400nm 调谐到 700nm，覆盖整个可见区域。相同的调节方式同样适用于有机和无机杂化钙钛矿纳米材料。由于钙钛矿粒子表面缺陷产生的缺陷能级位于价带或导带中，而不是在带隙中，表面缺陷产生的缺陷能级对辐射跃迁几乎没有影响，因此钙钛矿量子点无需核壳结构和复杂的热处理，荧光量子产额远远高于大部分量子点，可达到 90% 以上，接近 II-V 族材料，还具有吸收系数高（$>1\times10^4\text{cm}^{-1}$），载流子扩散长度长（$>170\mu m$），电子和空穴的有效质量小[（$0.069\sim0.25$）$m_0$，$m_0$ 为电子的静止质量]，以及载流子陷阱密度相对较低的特点。与二维和三维钙钛矿相比，钙钛矿量子点属于准零维材料，几何半径小于其激子波尔半径，具有独特的量子限域效应，因此具有较高的外量子效率。

到目前，整体上看，综合利用活性层后处理以及器件结构改善等方法，基于卤素钙钛矿量子点的红、绿 LED 器件的外量子效率已突破 20%，蓝光也已超过 12%，提升速度远远超过镉基及传统的有机 LED，这些将为下一代新型高效的光电器件打下基础。与此同时，卤化物钙钛矿基光电探测器也在包括响应度、探测率、响应速度在内的多方面取得了很大的进步，性能比肩商用 Si 基探测器，甚至更优。由于卤化物钙钛矿量子点的制备工艺与溶液法的兼容性较好，因此其在柔性、可弯曲光电子器件中也有较大的应用潜力。

另外，钙钛矿量子点在实际应用中还面临很多技术挑战。

首先是可靠性问题。钙钛矿可靠性问题的来源有两类。一类是钙钛矿材料自身结构的不稳定性。与传统量子点材料不同，钙钛矿还具有离子化合物的特性，在极性溶剂中很容易发生离解，发生卤素阴离子交换。卤素离子交换在该量子点制备过程中可实现钙钛矿发光光谱调节，同时也导致自身结构的不稳定性，无论是混合卤素还是单一卤素均存此现象。因此在实际应用中，容易使得器件性能不稳定。针对如何抑制钙钛矿量子点材料离子迁移现象，业界已进行了很多研究，例如，南京理工大学曾海波团队通过在 $CsPbI_3$ 体系中引入长链 NEA 阳离子，调控稳定 $CsPbI_3$ 晶相，一定程度提升了稳定性，使器件在放置 3 个月后器件效率仍保持在 90%，但距离实际应用还有不小差距。由于离子迁移现象是由材料本征特性产生的，要从根本上解决还需再进行大量研究和突破。第二类是由于生成能低，钙钛矿量子点在光照、氧气、高温高湿下可靠性问题。尤其 B 位元素容易被氧化的钙钛矿量子点材料对于环境更加敏感，例如，锡基钙钛矿量子点材料在遇到环境侵蚀时，Sn（II）极易被氧化成 Sn（IV），加剧了卤素空位和间隙金属的主要缺陷，长期氧暴露诱导表面陷阱态的形成，并导致永久荧光猝灭。目前提高钙钛矿稳定性的方法，一是全无机材料方向，也即 A 位置采用可靠性更好的全无机离子；二是 B 位置离子取代，如使用 Mn^{2+} 取代 B 位的 Pb^{2+}，Mn^{2+} 与卤素的结合能远大于 Pb^{2+}，加固了钙钛矿八面体结构从而提高稳定性，离子取代不依赖外部配体或掺杂物质，而从量子点自身结构设计角度出发促进量子点抵御环境侵蚀的能力；三是采用外部封装、表面修饰等方法提高稳定性。例如，可以通过封装有机聚合物或构建超疏水性结构来增强钙钛矿的稳定性，有机聚合物在量子点表面形成致密的网络，有效防止环境的侵蚀。构建超疏水性结构，可以避免量子点之间相互接触而发生集体的荧光猝灭。此外，曾海波教授团队提出了"等效配体"概念，利用强酸性的 4-十二烷基苯磺酸配体，有效解决了提纯与稳定性等问题，最终获得了高量子效率（>90%）的钙钛矿量子点，经过多次纯化后钙钛矿纳米晶仍可以保持 5 个月以上的储存稳定性。

另外是钙钛矿的 Pb 毒性问题。Pb 基钙钛矿性能最好，所以是目前研究最多的钙钛矿量子点材料。但 Pb 对人体的神经系统、心血管系统、骨骼系统等均有影响。Pb 可以通过皮肤接触直接进入人体内，且铅的排出十分困难。因此 Pb 毒性问题也是制约钙钛矿大规模商用的另一个障碍。无 Pb 钙钛矿材料开发是彻底避免毒性的根本解决方案，因此是现在钙钛矿量子点材料研究的重要方向和趋势。可使用 Sn、Mn、Bi、Sb 等毒性更小的元素做 Pb 的替代元素，如通过异价 Sb 替代和晶体演变，获得新型无机 Sb 基钙钛矿单晶。但由于 Pb 对钙钛矿量子点光电性能有重要贡献，无铅钙钛矿材料的光学、电学等特性与铅基相比仍相去甚远，例如，通过阱型能带结构设计的 Sb 基钙钛矿量子点 $Cs_3Sb_2Br_9$，目前获得荧光量子产额仅可达到约 46%，远低于 Pb 基高于 90% 的量子产率。不过，由于卤化钙钛矿材料的高离子性和结构不稳定性，$APbX_3$ 晶格还可以轻松地重组为其他相，这也引发了对具有其他结构和成分（也称为"钙钛矿相关结构"）的纳米材料的广泛研究，如 Cs_4PbX_6 和 $CsPb_2X_5$ 等结构。除此之外，研究者还尝试对钙钛矿量子点进行包覆处理，制备核壳结构，以实现抑制铅泄露的目的。包覆材料可采用对光学特性影响较小的 SiO_2 或者 TiO_2 等，但包裹效果尚不完美，不能完全将其隔绝于外部环境。

到目前为止，大多数关于卤化钙钛矿材料的研究主要集中在具有 3D 结构的 $APbX_3$ 晶体结构和组成上，但是这类卤化钙钛矿的本身属性及其内在毒性也刺激了研究者对其开展各个方面的研究。

2. 合成方法

钙钛矿量子点的制备方法主要包括热注入法（Hot Injection，HI）、配体辅助再沉淀法（LARP）、乳液合成法、阴离子交换法、过饱和沉淀法、微波法等。

（1）热注入法

2015 年，苏黎世联邦理工学院 Kovalenko 团队首次报道了基于热注入法合成的 $CsPbX_3$ 量子点，如图 10.14 所示。该方法将 PbX_2 与油酸（OA）、油胺（OAm）和十八碳烯（ODE）混合形成混合反应体系，然后将 Cs^+ 前驱体溶液在氮气或其他惰性气体保护及高温条件下，注入前述混合反应体系中，反应物通过冰浴快速冷却后，经过沉淀、分散、纯化，得到钙钛矿量子点。该反应体系中，OAm 和 OA 为表面活性剂，吸附在钙钛矿的表面，可控制钙钛矿的形态和尺寸。这里的 Cs^+ 前驱体溶液通常采用碳酸铯和 ODE 制备，以油酸作为共溶剂，经酸置换反应生成油酸铯溶液。不过由于碳酸铯在 ODE 中溶解度较低，因此需要在一定温度下进行。通过改变卤离子的种类、比例以及反应温度（140～200℃），可以获得从近紫外到近红外（410～700nm）连续可调的荧光光谱，荧光量子产额在 50%～90%，半峰宽 12～42nm。吉林大学张宝林教授课题组使用具有更好溶解性的醋酸铯作为合成前驱体的原料，有效降低了反应温度对合成钙钛矿量子点质量的影响。有机-无机杂化的钙钛矿量子点，如 $FAPbBr_3$ 纳米晶，也可以通过热注入法制备。与合成全无机 $CsPbX_3$ 纳米晶类似，通过 Pb 和醋酸甲脒与 ODE 中的 OA 反应来制备 FA-Pb 前体溶液。在 130℃下，注入溴化乙铵（OAmBr）。10s 后，将 $FAPbBr_3$ 冷却至室温，并分别使用甲苯和乙腈作为溶剂和非溶剂进行纯化，即可得到立方形状和高度单分散的 $FAPbBr_3$ 纳米晶，荧光量子产额高达 88%，光谱半峰宽≤22nm。

目前，热注入技术已经达到成熟，可用于合成大部分单分散的钙钛矿量子点，并可以很好地控制钙钛矿纳米晶（PNC）的形状，因此是获得高质量钙钛矿量子点的成功且典型的主要方法之一。不过该合成方法需要在惰性气体条件下（前驱体对空气敏感）进行，难以用于大规模生产。

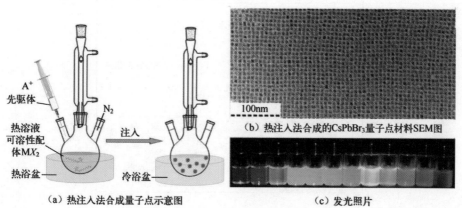

（a）热注入法合成量子点示意图

（b）热注入法合成的 $CsPbBr_3$ 量子点材料 SEM 图

（c）发光照片

图 10.14　热注入法合成量子点

（2）配体辅助再沉淀法

配体辅助再沉淀法是将前驱体盐溶解在极性溶剂[通常是 N-二甲基甲酰胺（DMF）或二甲基亚砜（DMSO)]中，然后将生成的溶液快速注入"不良"溶剂中，通常为包含长链封端配体的抗溶剂（甲苯或己烷等），即可得到单分散量子点颗粒，如图 10.15 所示。这些配体起到提高卤化铅盐前体的溶解度、控制结晶动力学并稳定最终的胶体分散液的作用。配体辅助再沉淀法相较于热注入法的最大优势为其可在室温下进行，且无需特殊气体，因此合成条件大大简化，适合大规模生产及大尺寸器件的制备。2018 年，北京理工大学钟海政教授课题组首次使用叠氮磷酸二苯酯-溴（DPPA-Br）作为配体，在钙钛矿前驱体溶液中滴加甲苯作为反溶剂。通过对反溶剂滴加时间的精细控制，在纳米晶即将发生形核之前，快速滴加反溶剂，引起前驱体溶液中过饱和度的变化，从而促使纳米颗粒的形核和生长，原位制备了高效发光的 FAPbBr$_3$ 纳米晶薄膜。该方法制备的薄膜表面平整均匀，由 5～20nm 的 FAPbBr$_3$ 钙钛矿纳米晶体组成，具有高荧光量子产率。

不过，由于配体辅助再沉淀方法在成核和生长阶段无法做到及时的分离，所制备的钙钛矿纳米晶尺寸均一性有所下降，因此半峰宽略宽。并且，钙钛矿纳米晶对极性溶剂非常敏感，在 LARP 合成中通常会使用的极性溶剂（如 DMF），这样就容易降解甚至溶解 CsPbX_3 纳米晶，尤其是对于室温下不稳定的 CsPbI$_3$ 纳米晶影响更大。另外，配体辅助再沉淀法在空气和室温下进行，因此其稳定性和量子效率差于热注入法。西南交通大学杨维清课题组在制备过程中通过降低极性溶剂 DMF 的剂量和使用短链配体钝化的方式，将空气下量子点的稳定性提高了 4 个数量级（从几分钟提高到几十天），荧光量子产额也从 42%提高到 80%。

图 10.15　配体辅助再沉淀法的合成示意图

（3）乳液合成法

乳液合成法分为乳液形成和破乳两个过程，将互不相容的极性和非极性的溶剂以及表面活性剂混合以产生乳液，然后加入破乳剂（叔丁醇或丙酮），溶剂混合初始化并诱导获得量子点。北京理工大学钟海政课题组通过调节破乳剂叔丁醇的用量来调节 $MAPbX_3$ 量子点的大小，得到了 2～8nm 的尺寸可调量子点，荧光量子产额超过 80%。这种方法同样可以扩展到胶体 $CsPbBr_3$ 量子点的制备。2017 年，北京大学冉广照课题组通过改变表面配体正辛胺（OLAM）的添加量来控制 $CH_3NH_3PbBr_3$ 量子点的大小和发射颜色。以 OLAM 分子为表面配体的固体量子点可以很容易地溶解在非极性或弱极性溶剂中，形成致密且均匀的量子点膜，其最高的荧光量子产额超过 96%。

（4）阴离子交换法

由于钙钛矿的离子性质以及较高的载流子迁移率，金属卤化物 $CsPbBr_3$ 米晶中的卤化物阴离子很容易被提取并被另一种卤化物阴离子替代，这种方法也被称为离子交换法中的阴离子交换法。钙钛矿量子点的优势之一就是通过离子交换，实现材料带隙宽度调整，进而实现吸收和发光颜色调整的，如图 10.16 所示。Protesescu 等将铅的卤化物溶解到十八碳烯（ODE）中，然后将另一种已经合成好的钙钛矿甲苯溶液注入上述溶液中进行阴离子交换，从而获得不同阴离子组分的全无机钙钛矿。另外，Nedelcu 等采用同样的方法通过调整卤化物比例，可以在整个可见光谱区域（410～700nm）有效地调节荧光光谱，同时还能够保持 20%～80% 的高荧光量子产率和 10～40nm 的窄半峰宽（从蓝色到红色），且晶型和形貌仍保持不变。同时通过荧光光谱证明，阴离子交换过程并没有破坏初始量子点的结构和整体稳定性。此外，还证明了不同的卤化物离子钙钛矿之间也可以发生快速的离子交换，且卤离子在晶格中有着均匀的组成，卤化物的比例由初始混合的量子点中离子的相对比例决定。不过，这种方法所合成的混合卤素的钙钛矿纳米晶的稳定性比较差，尤其对光较为敏感。

（5）过饱和沉淀法

2016 年，南京理工大学曾海波教授等首次提出过饱和重结晶法制备钙钛矿量子点。为制备 $CsPbBr_3$ 量子点，把 CsBr 和 $PbBr_2$ 作为离子源溶解在 DMF 或 DMSO 中，加入油胺和油酸作为表面配体，利用 $CsPbBr_3$ 在甲苯溶液中较低的溶解度，将上述前驱体溶液加入甲苯中，即可在几秒钟后获得绿光量子点。通过改变卤离子的种类和比例，可以获得红、绿、蓝钙钛矿量子点，其荧光量子产率分别为 80%、95%、70%，半峰宽分别为 35nm、20nm、18nm，并且有着较高的稳定性，在室温下存放 30 天，荧光量子产率仅下降约 10%。随后，Sun 等采用同样的方法合成出荧光量子产率高达 80% 以上的 $CsPbX_3$ 量子点，通过改变卤离子的种类和比例以及沉淀剂的温度可使荧光峰从 380nm 调节至 693nm；另外，选用不同的有机酸和胺的种类以及沉淀过程可以制备出不同形貌的纳米粒子，如纳米立方体、一维纳米棒、二维纳米片等。

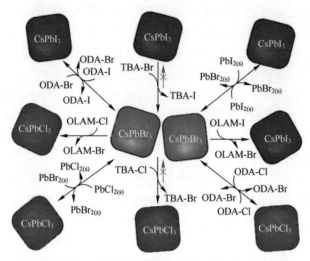

图 10.16　使用不同反应路径和前驱体并利用阴离子交换法合成 CsPbX₃ 量子点

（6）微波法

微波法是通过在没有前驱物制备的异质固液反应的系统中，采用微波辐射，物体吸收微波能量将其转换为热能，使自身整体同时升温，从而控制结晶速率，在数分钟内即可实现钙钛矿型纳米晶的合成。Long 课题组首次采用这种方法合成了钙钛矿量子点。晶体生长过程包括以下步骤：在微波辐射之前，由于固体前驱体的溶解度较小，液相中前驱体浓度也非常低；在微波的辐射下，固体前驱体开始在液-固界面附近溶解，伴随着 $CsPbX_3$ 量子点成核并形成晶种；随后，在封端配体和连续溶解的前驱体存在下，将获得的晶种暴露以进一步促进晶体生长，生长速度可以通过前驱体的溶解速度来控制，这对于获得纳米级别的 $CsPbX_3$ 量子点非常重要；最后，停止微波辐射，通过热猝灭终止反应，可以在容器底部获得发光的 $CsPbX_3$ 量子点。本方法被引入到了均质钙钛矿荧光聚合物薄膜的制造中，不过该方法所制备的纳米晶的荧光量子产率有待进一步提升。

10.3.4　其他量子点材料

Ⅰ-Ⅲ-Ⅵ三元或多元系量子点材料，如 CuInS₂、CuInSe₂ 等，其发光波长分布较广，从可见光到近红外区域，约 500～1000nm，如图 10.17 所示。这一类量子点材料发光光谱半峰宽较宽，约 100nm，因此可实现色域不如Ⅱ-Ⅵ族和Ⅲ-Ⅴ族高，量子效率目前可实现约 80%。不过，该类材料斯托克斯位移较大，吸收光谱和发射光谱距离较远，因此自吸收损失较小。另外，该类材料不含 Cd、Pb 等有毒元素，绿色环保，有利于产业化应用，进一步研究价值较高。

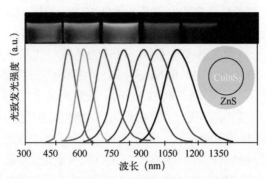

图 10.17　典型 CuInS$_2$/ZnS 量子点材料发光光谱

一元系量子点材料主要有 Si 量子点和 C 量子点材料，这些材料的最大优势是不含 Cd、Pb 等有毒元素，因此近年来受到人们的广泛关注。不过，由于这些材料发光波长主要分布在近红外波段，且发光光谱半峰宽较宽，因此在显示领域应用不多，主要应用于太阳能转换、生物传感器、荧光探针等领域。

10.4　量子点显示技术

如前所述，量子点显示技术主要利用量子点材料较窄的光谱特征，来提升显示画面色域。由于量子点材料同时具有光致和电致发光特性，在显示产品中，量子点的应用方案也分为光致发光和电致发光两个方向，如图 10.18 所示。

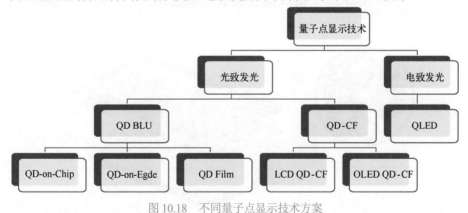

图 10.18　不同量子点显示技术方案

10.4.1　光致发光量子点显示技术

光致发光量子点显示技术利用量子点材料吸收蓝光后发射绿光和红光的特

性，实现画面显示。其应用原理与普通荧光粉类似，搭配蓝光 LED 芯片，作为量子点背光，应用于液晶显示产品中，可以获得 NTSC 超过 100%的超高色域，大幅提升显示画面色彩丰富程度。2013 年，美国 QD Vision 公司成功开发了 QD-on-Edge 的量子点背光并实现量产，可认为是第一代量子点背光显示技术，如图 10.19 所示。2015 年，3M 和 Nanosys 公司将量子点材料与背光膜材技术结合，共同开发了量子点荧光膜材（QD Film），被认为是第二代量子点背光技术，该方案对背光结构改变小，不同尺寸产品均可自由使用，因此已成为当前量子点背光技术的主流方案，如图 10.20 所示。除了应用于背光，量子点还可以应用于彩膜层中。该方案是将 QD 材料制作于传统 CF 层，QD 吸收蓝光后直接发射红光和绿光，避免了传统 CF 滤光带来的光效损失，因此该方案也成为光致发光量子点显示技术的重要发展方向。这种方式可搭载使用蓝光背光的液晶显示阵列，也可搭载发蓝光的 OLED 等其他主动显示阵列。QD CF 的 OLED 显示技术方案示意图如图 10.21 所示。

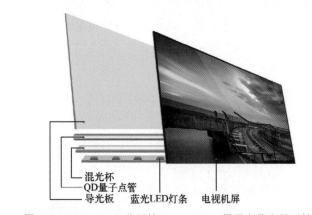

图 10.19　QD Vision 公司的 QD-on-Edge 量子点背光显示技术

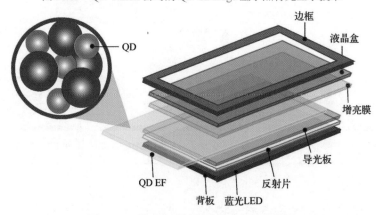

图 10.20　量子点膜材背光的液晶显示模组

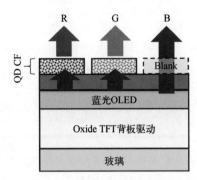

图 10.21　QD CF 的 OLED 显示技术方案示意图

1. 量子点背光技术

量子点背光技术方案包含三种实现方式，如图 10.22 所示。

第一种方式，也是最直接的方式，用量子点材料直接替换背光中白光 LED 灯珠中的荧光粉，均匀涂覆于蓝光 LED 芯片上方，即 QD-on-Chip 方式。该方式对 LED 封装、背光方案和 LCD 模组形态无任何影响，替代性最强。由于蓝光 LED 芯片工作温度通常约 150℃，且 1W 蓝光 LED 芯片的辐射光功率密度约 60W/cm^2，这就要求量子点材料具有较高的耐热和耐强光特性。但是，量子点材料耐温度和耐光特性均较弱，虽然核壳结构可提高稳定性，但其发光效率在高温或强光照射下，下降较快，因此量子点材料直接涂覆在 LED 芯片上会导致亮度和寿命明显下降，在实际产品中应用较难。

第二种方式是将量子点材料制作在透明管或其他载体里，即 QD-on-Edge 方式。固体的透明管材料起到阻隔水氧的同时并使量子点材料远离 LED 芯片，可减少芯片热量对量子点材料的影响以提高热稳定性。但是，量子管的发光效率较低，其引入会增加背光厚度和体积，不利于组装，在需求超薄或窄边框的手机等小尺寸场景应用困难；另外，量子管主要应用于侧入式背光，在直下式背光居多的大尺寸的电视产品上也应用较少。因此该方式适合场景主要是电脑显示器等中尺寸产品。

第三种方式是将量子点材料制作成膜材，可单独使用，也可与背光膜材中扩散板、扩散片或棱镜片等膜材集成，即 QD-on-Surface 方式。膜材中包含量子点材料两侧的水氧阻隔层，且膜材放置也远离了 LED 芯片热源，量子点发光材料受到来自蓝光 LED 芯片的热辐射影响大幅降低，加上导光板对蓝光的均匀分布作用，量子点发光材料需要承受的光辐射也只有 1～10mW/cm^2，现有的量子点发光材料完全能够满足应用要求。只是在这种结构中，随着背光模组尺寸的增大，量子点发光材料的用量大，带来的直接后果是工程应用成本高。另外在膜材边缘，由于膜材断面的水氧阻隔困难，容易造成约 1mm 范围内的量子点材料稳定性下降甚至失效，因此模组设计时需特殊考虑。膜材的方式对背光设计要求较低，在不同产品类别、不同尺寸均可使用，因此是目前最常见的方式。

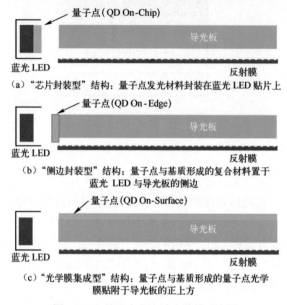

（a）"芯片封装型"结构：量子点发光材料封装在蓝光 LED 贴片上

（b）"侧边封装型"结构：量子点与基质形成的复合材料置于
蓝光 LED 与导光板的侧边

（c）"光学膜集成型"结构：量子点与基质形成的量子点光学膜贴附于导光板的正上方

图 10.22   量子点背光技术结构示意图

量子点膜材最初是 3M 公司和 Nanosys 公司于 2015 年联合开发的，并迅速成为了目前量子点背光技术的主流发展方向，也可以称为"第二代"量子点背光技术。国内的纳晶科技、致晶体科技、韩国三星等公司也都在开发量子点光学膜技术。常规量子点膜材结构如图 10.23 所示，整体上为多层膜对称结构，中心层为量子点发光层，为量子点材料与基质材料的复合层。量子点发光层上、下两侧为包含水氧阻隔层的基材，起到阻隔水氧和保护支撑的作用。基材外侧通常还有扩散层，起到对出射光的扩散和均匀化的作用，另外还可以降低膜材对入射蓝光的反射，提高整体模组蓝光利用率，从而实现亮度提升。其中，量子点发光层、阻隔层是核心关键材料。

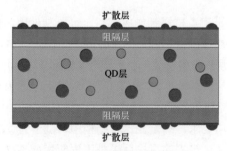

图 10.23   常规量子点膜材结构

如前所述，量子点膜层是由量子点材料与基质材料复合组成的。量子点材料在 10.3 节已有详细说明。基质材料是量子点材料的载体，起到调节量子点材料浓度、粒径分散、稳定性提升等作用。量子点浓度调节是根据出射光谱颜色需求调节量子点材料与基质材料比例。粒径分散是由于量子点材料光学性能对粒子尺寸非常敏感，因此需要通过加入基质材料，对量子点材料进行充分分散，减少团聚。分散粒径较小时，单位量子点可被有效激发的量子点数量越多，因此亮度更高。另外还可在量子点层中添加适当扩散剂，增加对入射蓝光的反射或折射，使其对量子点材料充分激发，实现亮度提高。对基质材料要求很高，首要的是要与量子点材料能够充分复合，然后需要满足高透光率和较好的光、热、水汽可靠性，此外，聚合物基质的选择还要考虑大面积量产工艺可行性，特别是需要聚合物基质材料具有一定的柔韧性，以满足制程工艺中和产品使用过程中的应力环境。

基质材料通常有有机材料和无机材料两大类，有机材料包括环氧树脂、聚甲基丙烯酸甲酯（PMMA）、聚乙烯吡咯烷酮（PVP）、聚苯乙烯（PS）等透明聚合物，无机材料包括 SiO_2 等各种氧化物和无机盐等。无机材料可以较好地提高量子点膜的稳定性，但它存在两大应用困难：一是量子点材料与无机材料基质的溶剂匹配性差，常用量子点材料与无机材料均很难实现直接复合，如果采用配体交换或转相来复合，则会大大降低发光效率；二是量子点材料与无机材料基质形成复合材料的周期长，产率低，难以实现批量化生产。而聚合物材料与量子点材料匹配性更好、光效高，且透光率高、抗 UV 和水汽等性能较好、大面积制备成熟，因此更适合作为基质材料。

PMMA 是最常用的聚合物基质之一，也是聚丙烯酸类塑料中使用范围最宽广的材料，生活中被称作有机玻璃，制备成本低，价格便宜。其光学和机械性能均较好，光学性能上在整个可见光波段透光率均较高，达到 92% 以上；机械性能上，PMMA 密度低，约为玻璃的一半，因此质量小。PMMA 的相对分子质量较大，约 200 万，分子结构呈长链状，具有良好的柔韧性，不易碎，具有很强的拉伸强度，如图 10.24 所示。不过，PMMA 与量子点材料相容性差，导致量子点材料易形成团簇，颗粒较大，在基质中分布不均，在蓝光激发下发生散射现象，损失部分光效。因此，需要对量子点材料进行表面调控以及量子点与聚合物之间的界面调控，提高量子点与聚合物的兼容性，减少量子点材料的团聚，保证量子点的发光效率，同时降低量子点掺杂对聚合物基质材料透光性、柔韧性等性质的不良影响。

PET（Poly Ethylene Terephthalate，聚对苯二甲酸类塑料）是另一种常用聚合物基质，在一定程度上具备结晶取向性能，这是因为它具有基本完全对称的分子结构，如图 10.25 所示。PET 光学膜具有良好的阻氧隔水性能，可以提高量子点材料的稳定性。它的透光率可以达到 90%，和 PMMA 几乎接近，并具有高强度的拉伸性能。

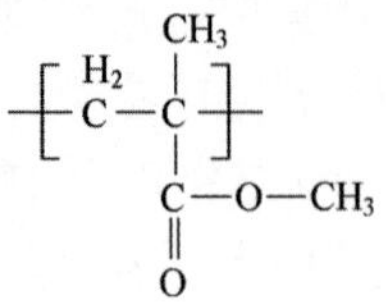

图 10.24   PMMA 分子结构图 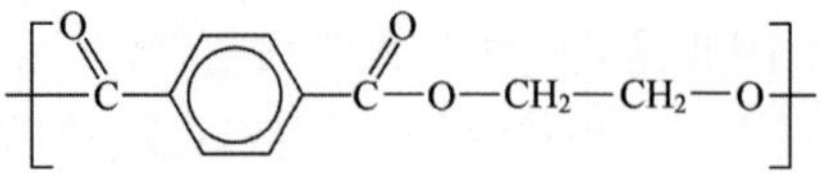   图 10.25   PET 分子结构图

还有其他很多种聚合物基质材料，实际生产中根据量子点材料进行合理选择。选择方式主要参考量子点膜基质和量子点材料的相容性匹配，通常是根据量子点的溶解性来选择合适的基质材料。例如，PET、PMMA 等聚合物可以溶解于非极性溶剂中（氯仿、甲苯），这种类型的基质材料和用油相法合成的量子点材料较为匹配，合成后的整体性能良好。而和 PVA 同一种类的聚合物材料，容易溶解在极性溶剂中，如水，因此适合作为水溶性量子点材料的基材。挑选量子点和基质相互匹配的材料，可以有效地改善量子点薄膜的光学性质，也是制备量子点薄膜的关键步骤。

虽然聚合物基质材料具有一定的阻氧阻水特性，但水蒸气透过率（WVTR）都大于 $10^{-1}g/m^2 \cdot$ 天，而由于量子点材料对水氧太敏感，根据国家标准和行业规范，要求量子点阻隔膜 WVTR<$10^{-2}g/m^2 \cdot$ 天，因此要商业化应用的量子点发光膜，需要单独的阻隔层来进一步提升阻隔能力。JANG 等人在复合发光薄膜两侧附上一层 PVP 和 SiO_2 的复合材料，进一步降低了外界水氧与量子点材料接触的概率，增强了该复合薄膜在工作过程中的稳定性。LIEN 等人在复合发光材料的两侧再贴合 PET 材料进行保护，两侧的 PET 材料可以进一步阻挡一部分的水氧进入中间的复合发光膜层，从而提高复合量子点薄膜在使用中的稳定性。目前，产品化的阻隔层主要为透明氧化硅薄膜。透明氧化硅薄膜光学性能优异，阻隔性能良好，被广泛地应用在量子点产品中。阻隔膜的可靠性、寿命、环境耐受能力等都有国家标准的强制要求，根据国家标准和行业规范，要求量子点阻隔膜 WVTR 为 10^{-2}～$10^{-3}g/m^2 \cdot$ 天，透光率≥90%，黄度值≤1。阻隔薄膜制备方法通常有磁控溅射、等离子体化学气相沉积（PECVD）、原子层沉积等。

2. 量子点彩膜技术

将量子点材料集成到彩膜层（Color Filter，CF）中，也称为量子点彩膜（QD CF）。QD CF 方案中自发光的彩膜取代了滤光式彩膜，减少了滤光吸收带来的能量损失，因此可以大幅提升面板透光率，降低显示模组功耗。QD CF 方案可搭配传统的液晶显示，也可搭配 OLED 显示应用。在 LCD QD CF 方案中，背光采用蓝光 LED，彩膜层中蓝光子像素区为透明层，透过背光发出蓝光；绿光子像素区采用绿色量子点材料，该材料吸收背光所发出的蓝光后发射绿光；红光子像素区采用红色量子点材料，该材料吸收背光所发出的蓝光后发射红光。为了避免绿色和红色子像素区漏出蓝光，在量子点外侧使用蓝色滤光材料。由于液晶显示原理为偏振光调制，需上偏光片进行检偏方可实现画面显示，而量子点材料发光为自然光，蓝光激发的红光与绿光有消偏的作用，因此，LCD QD CF 方案需要在液晶层与 QD CF 层之间制作偏光片，也称为内置偏光片（In Cell Polarizer）。金属光栅式偏光片（Wire Grid Polarizer，WGP）是常见的内置偏光片方案。在 OLED QD CF 方案中，采用蓝光 OLED 搭配绿色和红色量子点彩膜。由于 OLED 发光显示无需偏光片调制，因此不需要内置偏光片。对比两种 QD CF 方案，LCD QD CF 背光发光稳定，可靠性较好，但需增加 WGP 工艺，制程较复杂，且 WGP 要实现传统偏光片的偏振度难度也较大。QD CF 方案可避免常规显示技术中 CF 的吸收损失，因此具有广泛的应用前景。但 QD CF 中，由于 QD 材料耐受温度较低，因此其 CF 层本身及相关膜层所需的刻蚀等制程均需使用低温工艺。

量子点彩膜制备方法通常有光刻法、喷墨打印法和转印法。

（1）光刻法。QD CF 的光刻法与常规 LCD CF 制备方法类似，是将量子点材料与光刻胶混合，通过掩模曝光、显影来实现像素级量子点膜层制作，不同颜色按顺序分开制作。美国 Nanosys 公司采用光刻法制备了基于 InP 量子点的像素化量子点彩膜，可达到最小显示精度为 $100\mu m \times 20\mu m$，实现 BT.2020 93.2%的超高色域。由于量子点材料对水氧和温度极其敏感，而光刻工艺所包含的清洗、曝光、显影、烘烤等过程，都难以完全避免水氧成分，会对量子点的荧光效率、可靠性带来负面影响，因此光刻法工艺需进一步改善提升，尽可能减少工艺过程对量子点材料的破坏。

（2）喷墨打印法。喷墨打印法是基于打印机原理，将量子点材料制备成打印墨水，实现像素化彩膜制作。基本工艺流程为，首先在彩膜基板上使用光刻或其他方法，用黑矩阵材料制备目标像素图案化围坝，围坝高度根据量子点墨水体积量确定，然后通过喷墨打印机将不同颜色的量子点油性或水性的墨水打印到对应的围坝之中，最后，待溶剂挥发后，通过蒸镀等方式覆盖一层保护层来防止量子点外溢，同时起到与外界阻隔的作用，从而获得量子点彩膜。美国 Nanosys 公司通过喷墨打印法制造的像素化量子点彩膜厚度约 $6\mu m$。默克公司日本应用发展实验室 Masaki Hasegawa 等人将研制的量子棒分散在有机溶剂里制成油性墨水，采用喷墨打印法制备了像素化量子点彩膜，像素点是尺寸约为 $230\mu m \times 170\mu m$ 的椭圆形，实现色域 BT.2020 80%。

喷墨打印技术容易实现对水性或油性物质进行自由图案化制作，因此在QD CF 和电致发光器件制备技术中一直被寄予厚望。喷墨打印的形状和尺寸、速度和精度很大程度受打印机的影响，因此打印机是核心技术之一。目前，喷墨打印技术还存在一些工艺难点，例如，因为量子点墨水和光刻胶围坝之间表面张力不同，会导致打印出的墨水液面呈凸或凹的形状，从而使得溶剂挥发之后量子点在围坝中的分布不均匀，会出现咖啡环效应，从而影响发光的效果。因此，基于喷墨打印的量产化 QD CF 技术也还在技术突破中。

（3）转印法。转印法基本工艺流程为，首先在基板上制备一层自组装膜（Self-assembled Monolayer，SAM），再通过旋涂的方式将量子点材料均匀涂布在 SAM 上并挥发干燥，然后制备目标像素图案的印膜，并用印膜按压制备好的量子点薄膜，量子点层和 SAM 吸附在印膜上，再除去 SAM 层，最后将印膜上剩下的量子点层转印到彩膜玻璃上，从而在彩膜基板上获得像素图案化的量子点层，重复 3 次此过程直至将 3 种不同颜色的子像素全部转印。转印法中，印膜的尺寸精度和转印的位置精度对产品像素分辨率和显示效果有较大影响，目前有公司公开的转印精度可达到 300nm，可在边长为 4 英寸的基板上实现320×240 分辨率。另外，目前转印的量子点材料膜厚较薄，约为几十纳米，对背光的吸收较少，发光也较弱，因此需要进一步提升转印厚度。转印法技术优点之一是工艺制造方法简单，量子点分布的均一性较好，因此也是电致发光器件的另一条重要技术路线。

10.4.2　电致发光量子点显示技术

量子点光致发光显示技术只是将量子点材料作为光转换材料，本质上还是利用液晶或者 OLED 技术进行显示，而量子点材料本身具有电致发光特性，可实现与 OLED 一样的主动发光显示，称为量子点发光二极管（Quantum Dot Light Emitting Diode，QLED）显示。典型 OLED 器件结构如图 10.26 所示。相比被动发光的 LCD，主动发光的有源矩阵 QLED（Active Matrix QLED，AM QLED）在黑色表现和高亮度的显示效果更突出，且功耗更小；相比 OLED，AM QLED 发光光谱更窄，色域更高，且 QLED 多为无机成分，其稳定性优于 OLED。因此，QLED 常被认为是取代 OLED 的下一代显示技术。

自 20 世纪 90 年代发现量子点的电致发光特性以来，研究者一直致力于效率和寿命的提升。采用有机材料作为载流子传输层可有效提升发光效率，但是有机材料的稳定性较差，而采用无机材料作为载流子传输层虽可提升稳定性，但发光效率较低。因此，采用 n 型金属氧化物作为电子传输层、采用 p 型有机材料作为空穴传输层是目前有效的光效和寿命平衡方案。2009 年，Cho 等利用溶液成膜的方法制备了 QLED，并用在 a-Si:H 的 TFT 有源矩阵背板上，研制了像素数为 320×240 的 4 英寸单色显示屏，每个像素点为 100μm×300μm，如图 10.27（a）所示。2011 年，Kim 等采用转印量子点层的技术，并使用铪-铟-锌氧化物（HIZO）TFT 背板，研制了像素为 320×240 的 4 英寸全彩显示屏，如图 10.27（b）所示。该方法实现了三基色阵列显示，并展示了在柔性显示方面的应用潜力。2015 年，Manders 及其合作者使用溶液法并结合光刻 Al 电极的方法，研制了单色的分辨率达到 800×480 的有源矩阵 QLED 的显示屏，如图 10.27（c）所示。

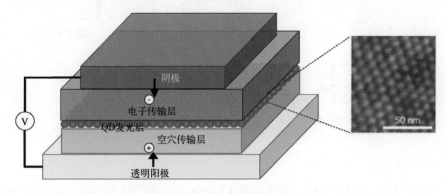

图 10.26　典型 QLED 器件结构

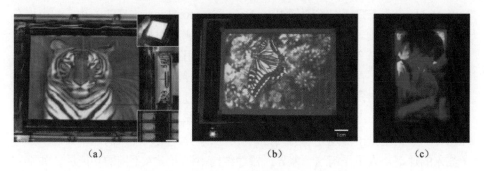

图 10.27　基于 QLED 的主动发光显示屏

1. QLED 发光原理及结构

量子点的电致发光原理，从激发机制上可分为交流电致发光和直流电致发光。交流电致发光的原理可用碰撞离化模型来说明，从电极注入的空穴和电子在强电场的作用下加速而获得较高的能量，当载流子与晶格或杂质离子发生碰撞时，将一部分能量传递给另一个电子，使其从基态跃迁到激发态，从而产生了电子-空穴对，它们在发光层内复合发光。直流电致发光的原理一般利用注入式发光模型来说明，如图 10.28 所示，空穴和电子从 QLED 的阴阳两极注入，经电荷传输层后到达发光层，量子点价带和导带分别俘获空穴和电子并复合发光。

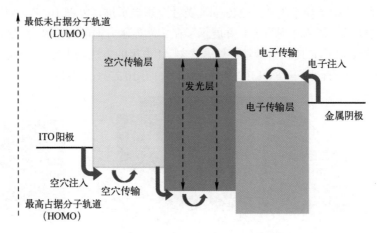

图 10.28　直流注入式 QLED 发光原理

典型 QLED 器件结构示意图如图 10.26 所示，由 QD 发光层（QD-Emitting Layer，QD-EML）、阴极（Cathode）、透明阳极（Anode）、电子传输层（Electron Transport Layer，ETL）、空穴传输层（Hole Transport Layer，HTL）构成。由于常见 QLED 为底发射，所以阴极层通常为不透明金属反射材料，而阳极通常为透明电极材料，如 ITO 等。ETL 和 HTL 层的主要作用是避免量子点发光材料直接与两侧电极相连接，否则会发生荧光猝火现象，同时，由于空穴注入的速率要远小于电子注入的速率，因此也可阻挡正负载流子中过量的一方进入对方，形成反向电流。另外，由于空穴和电子注入速率不同，因此从阴阳两极注入的空穴和电子经由传输层到达量子点发光层的数目也会有所差异，空穴注入的速率要远小于电子注入的速率，为了平衡这一差异，器件结构中还可引入不同的功能层，如空穴注入层（Hole Injection Layer，HIL）和电子注入层（Electron Injection Layer，EIL），以加大空穴、电子注入难度，最终提升器件整体载流子注入效率。为进一步阻挡电子或空穴向对方电极传输，有时还制备单独的空穴阻挡层（Hole Blocking Layer，HBL）和电子阻挡层（Electron Blocking Layer，EBL），进一步减小反向漏电流，提升器件的电流效率。因此，实际器件制备时，选择合适的器件结构和功能层的传输特性匹配对 QLED 器件至关重要。

根据核心膜层的相对位置，QLED 有底发射型、顶发射型、顶发射倒装型，如图 10.29 所示。

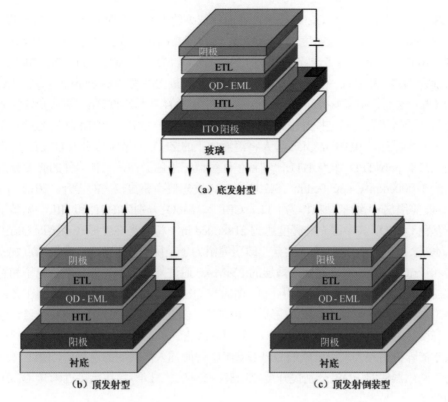

（a）底发射型

（b）顶发射型　　　　　　　　　　　　　（c）顶发射倒装型

图 10.29　典型 QLED 器件结构示意图

在底发射结构中，顶部为具有高反射率的金属阴极层，往下分别是电子传输层（ETL）、量子点发光层（QD-EML）、空穴传输层（HTL）和透明阳极层（ITO）。EML 向四周发射光线，向下的光线直接从底部出射，向上的光线经顶部阴极层反射后从底部出射。由于有源 QLED 需要 TFT 进行驱动，TFT 结构会占据像素空间，因此，底发射结构中，像素开口率低，发光效率较低。顶发射结构中，顶部阴极层采用半透明材料，底部则采用高反射率的金属阳极，有源层发出的光线从顶部出射。顶发射结构中，光线无需穿过 TFT 层出射，因此不受 TFT 所占空间的影响，像素开口率较高。顶发射结构中，阴阳极可反置，将阴极置于底层。

2. QLED 发展历史

1994 年，Colvin 等首次制备了基于 ITO/PPV/CdSe/Mg 结构的 QLED，该器件在 4V 电压下实现亮度 100cd/m², 外量子效率（EQE）约为 0.01%。该器件可通过改变 CdSe 量子点的粒径，实现发光从红光变化到黄光，奠定了电致发光量子点器件的基础。为提高亮度和寿命，1997 年，Schlamp 等首次将核壳结构的

CdSe/CdS 量子点引入 QLED，器件性能有较大的提升，实现最高亮度 600cd/m^2 和 EQE 0.22%，在电流密度为 10mA/cm^2 时，寿命超过 200h。为解决荧光淬灭问题，2002 年，MIT 的 Coe 等首次将 ETL 引入 QLED 中，制备了以 TPD 和 Alq3 分别为 HTL 和 ETL 的 CdSe/ZnS QLED，实现最大亮度 2000cd/m^2，EQE 达到 0.52 %。之后，赵家龙等和 Anikeeva 等分别在 2004 年和 2007 年，引入空穴注入层和电子阻挡层，通过提升空穴注入效率和阻挡电子漏电流，QLED 发光性能得到进一步提升。2011 年，Qian 等人将溶液加工的 ZnO 纳米颗粒引入 QLED 中作为 ETL，poly-TPD 作为 HTL，制备了红绿蓝三基色器件，三种器件的亮度分别达到 31000cd/m^2、68000cd/m^2、4200cd/m^2，发光效率获得较大的提升。2012 年，Kwak 等用 ZnO 纳米颗粒作为 ETL，CBP 和 MoO$_3$ 分别为 HTL 和 HIL，制备了三基色 QLED，其中绿光的亮度达到 218800cd/m^2，将发光亮度提升至接近 OLED 的水平。2014 年，浙江大学的金一政研究组为了平衡载流子注入，在量子点发光层和 ZnO 纳米颗粒之间插入薄层的 PMMA，通过降低电子注入来平衡电子和空穴的注入，使红光 QLED 获得超过 20%的 EQE。2015 年，MIT 的 Coe 等在 ZnO 纳米颗粒上溶液制备了 CsCO$_3$ 层后，并制备了倒置结构的 QLED，使红光器件最大亮度达到 165000cd/m^2，在 500cd/m^2 的寿命达到了 1445h。2017 年，南方科技大学的陈树明等人采用串联的 QLED 结构，中间插入高透明的连接层，使红、绿、蓝三基色器件的 EQE 分别提升至 23.1%、27.6%、21.4%，均已接近磷光 OLED 的效率。

3. QLED 面临的技术挑战

QLED 是量子点显示技术的终极方案，理论上可实现理想的主动显示目标，但目前技术尚未成熟，仍面临较多的技术挑战。

首先是发光效率仍较低。目前，对量子点的发光和淬灭等机理认识还不完全透彻，所获得的光效最高的含 Cd 的红光量子点材料外量子效率仅为 20%左右，远小于 LED 等其他二极管器件，其他不含 Cd、其他颜色材料 EQE 更低。造成 EQE 较小的原因，一是本身 QLED 中材料内量子效率不高，仍需要进一步优化提升；二是器件取光效率也较低，才约 20%，80%的光线在器件内部损失。需要参考 LED 或 OLED 制备工艺，提高光取出效率，减少内部损失。

其次是制备工艺复杂。单一量子点材料膜层制备可有多种方式，但全彩显示的 QLED 需要不同材料进行像素化排列。另外，由于量子点材料分子质量大，难以用蒸镀的方式进行，因此，性能优异且可商业化的制备工艺技术仍然是 QLED 技术的重要研究方向。目前广泛研究的 QLED 的制备工艺主要有喷墨打印技术、微接触转印技术、喷雾沉积技术等，其中喷墨打印技术是最有潜力的低成本、高性能工艺路线。

第三是环保风险。目前，光效较高的量子点材料大都含有重金属 Cd 或 Pb，这些元素在欧美甚至国内标准中都被严格限制。一些绿色量子点材料虽然材料本身不含有毒元素，但其制备原材料含有较大毒性，如 InP 等。因此，选择环保的量子点材料体系和合成工艺对量子点显示技术的产业化应用至关重要。

第四是寿命。量子点材料对水氧和温度极度敏感，长期使用寿命挑战较大。另外，由于不同颜色量子点材料寿命不等，如蓝光 QLED 的效率和寿命远低于红光，会造成随时间显示画面颜色会逐渐偏黄。因此，量子点材料稳定性和寿命的提升是保证量子点量产性的另一关键挑战。

参 考 文 献

[1]　R. Rossetti, S. Nakahaha, L. E. Brus. Quantum size effects in the redox Potentials resonance Raman spectra and electronic spectra of CdS crystallites in aqueous solution[J]. The Journal of Chemical Physics,1983, 79(2): 1086-1088.

[2]　MB Jr, A. P. Alivisatos. Semiconductor Nanocrystals as Fluorescent Biological labels[J]. Science, 1998, 281(5385): 2013-2016.

[3]　Chan WC, Nie S. Quantum Dot Bioconjugates for Ultrasensitive Nonisotopic Detection[J]. Science, 1998, 281(5385): 2016-2018.

[4]　Nikolai Gaponik, Dmitri V. Talapin, Horst Weller. Thiol-Capping of CdTe Nanocrystals：An Alternative to Organometallic Synthetic Routes[J]. J. Phys. Chem. B, 2002, 106(29): 7177-7185.

[5]　Larson DR, Zipfel WR, Williams RM. Water－Soluble Quantum Dots for Multiphoton fluorescence imaging in vivo[J]. Science, 2003, 300(5624): 1434-1436.

[6]　X. H. Gao, Y. Y. Cui, R. M. Levenson et al. In vivo cancer targeting and imaging with semiconductor quantum dots[J]. Nature Biotechnol., 2004, 22(8): 969-76.

[7]　Michalet X, Pinaud FF, BentolilaL A et al. Quantum Dots for Live Cells, in Vivo Imaging, and diagnostics[J]. Science, 2005, 307(5709): 538-544.

[8]　Kubo R. Electronic Properties of Metallic Fine Particles[J]. Journal of the Physical Society of Japan, 1962, 17(6): 975-986.

[9]　Loannou D, Griffin D K. Nanotechnology and molecular cytogenetics: the future has not yet arrived[J]. Nano Reviews, 2010, 1(1): 5117-5117.

[10]　Ning C Z, Dou L, Yang P. Bandgap engineering in semiconductor alloy nanomaterials with widely tunable compositions[J]. Nature Reviews Materials, 2017, 2(12): 121302-1806.

[11]　Peng ZA, Peng XG. Formation of high-quality CdTe, CdSe, and CdS nanocrystals using CdO as precursor[J]. Journal Of the American Chemical Society, 2001, 123(1): 183-4.

第 11 章　Mini LED 和 Micro LED 原理与显示应用

11.1　概述

近年新兴起的小间距 LED（Mini Light Emitting Diode，Mini LED）因为具有高亮、高色域、高可靠性和低成本等优点，在液晶显示领域和全彩显示（简称直显）领域大放异彩。应用于液晶显示背光领域，常规的白光 LED 背光是由蓝光 LED 芯片与黄色荧光粉或红、绿色荧光粉混合封装制成的，而 Mini LED 背光是蓝光 LED 采用 COB（Chip on Board）或 POB（Package on Board）的方式制成灯板，结合量子点膜片形成白光光源，其在亮度、色域、对比度和 HDR 等性能方面都得到了大幅提升，进一步提升了 LCD 产品的竞争力和生命力。Mini LED 应用于直显领域，是采用 RGB 三色 LED 芯片独立封装和控制，通过表面组装技术（Surface Mounted Technology，SMT）转移到玻璃基板或 PCB（Printed Circuit Board）基板上制成显示模块，再由若干个显示模块拼接形成更大尺寸的显示器。当前像素节距 0.9mm（P0.9mm）的 Mini LED 直显已经商业化应用，正朝着 P0.6mm 及更小的方向发展。

微间距 LED（Micro LED）尺寸更小，采用 RGB 三色，可以制备超高 PPI（Pixels Per Inch）的直显显示器，虽然面临着巨量转移、坏点修复、全彩化、驱动背板电路和 LED 芯片微小化等技术难题，其优异的性能逐渐成为显示技术的研究热点，被业内认为是终极显示技术。图 11.1 显示了常规 LED 背光和 Mini LED 背光的 LCD 显示模组及 Micro LED 直显模组的结构示意图。不管是 Mini LED 直显还是 Micro LED 直显，从器件高 PPI 的需求出发，LED 芯片尺寸越小越好。通常定义常规 LED 芯片尺寸为毫米级，Mini LED 芯片尺寸缩小至 200μm 以下，而 Micro LED 器件芯片尺寸更是缩小至 50μm 以下，如图 11.2 所示。

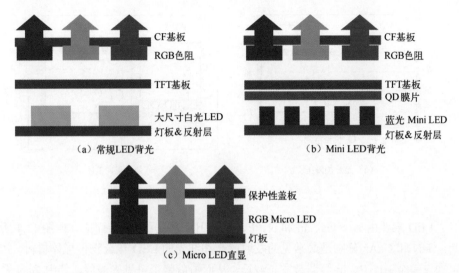

图 11.1　常规 LED 背光、Mini LED 背光的 LCD 显示模组及 Micro LED 直显模组结构示意图

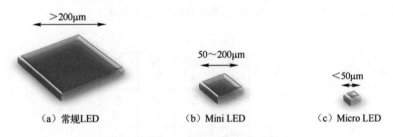

图 11.2　不同应用领域的 LED 芯片尺寸

11.2　LED 发光原理

11.2.1　器件特点

LED 即发光二极管，是一种在特殊衬底上制备的 pn 结结构的固态半导体器件，它可以直接把电能转换为光能，一般由 p 型 GaN 层、n 型 GaN 层和发光的多量子阱（Multi-quantum Wells，MQW）层构成，能带结构示意图如图 11.3 所示。当施加正向偏置电压时（p 极为正极，n 极为负极），电流流过 pn 结，n 型区注入电子，p 型区注入空穴，电子和空穴在发光层复合产生光子，光子辐射出来就是发射出来的光。发光波长长短与发光层能带宽度有关，能带宽度越宽，发光辐射能量越大，则波长越短，反之越长。

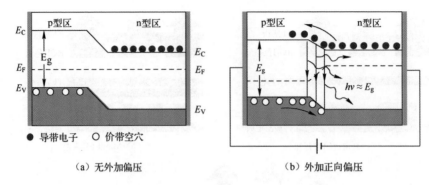

（a）无外加偏压　　　　　　　　　　（b）外加正向偏压

图 11.3　LED 器件能带结构示意图

　　LED 主要由 Al、Ga、In 和 N、P、As 等Ⅲ-Ⅴ族元素制备而成，如图 11.4 所示。GaN 和 GaAs 分别是最常见的发射蓝光和红光的 LED 化合物半导体材料，并可通过掺杂 Al、P、In 等调节发光波长，从而覆盖整个可见光波段，其中 GaN 系列发光光谱覆盖蓝、紫光短波长区域，GaAs 系列主要覆盖红光区域。常见 LED 发光化合物半导体材料及其发光光谱范围如图 11.5 所示。

	Ⅲ	Ⅳ	Ⅴ	Ⅵ
	B 5	C 6	N 7	O 8
Ⅱ	Al 13	Si 14	P 15	S 16
Zn 30	Ga 31	Ge 32	As 33	Se 34
Cd 48	In 49	Sn 50	Sb 51	Te 52
Hg 80	Tl 81	Pb 82	Bi 83	Po 84

图 11.4　组成 LED 的主要半导体元素分布

　　LED 是在特别的衬底上，采用金属有机化学气相沉积（Metal Organic Chemical Vapor Deposition，MOCVD）外延生长方法制备各功能层结构。LED 外延生长的衬底材料尤为重要，影响到成膜质量，进而影响光学性能。衬底的选择，主要考虑晶格匹配、热膨胀系数匹配、化学稳定性和材料成本。目前广泛应用的衬底材料是蓝宝石（Al_2O_3），其与 GaN 同为六方晶体结构，晶格匹配度较高，价格适中，制备工艺成熟，其缺点是导热性较差，应用于大功率器件时存在挑战，但在 Mini LED 和 Micro LED 等小功率 LED 中不受影响。美国 Cree 公司独有专利的

SiC 衬底具有良好的导热性，主要应用于大功率 LED 领域，缺点是成本较高。近年新发展起来的基于半导体芯片领域广泛应用且成本低廉的单晶 Si 衬底上制备 LED 是研究热点，商业化应用还需要攻克的是晶格匹配度较差和热膨胀系数较大等问题。三种衬底材料的性能对比见表 11.1。

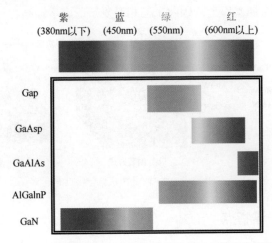

图 11.5　常见 LED 发光化合物半导体材料及其发光光谱范围

表 11.1　三种衬底材料的性能对比

衬底材料	晶格匹配	热膨胀系数（10^{-6}）	导热系数（W/(m·K)）	稳定性	成本
Al_2O_3	好	1.9	46	中	中
SiC	好	-1.4	490	高	高
单晶 Si	差	5～20	150	高	低

11.2.2　器件电极的接触方式

LED 的电极接触方式有三种，分别是正装方式、倒装方式和垂直方式，如图 11.6 所示。

正装方式是最常见的应用方式，它需要使用打线机将芯片电极与外部电极相连，整个工艺过程简单、成熟，成本较低。不过，这种方式的不透明金属电极会占用出光面积，造成光效损失；另外由于正负电极在同一侧，导通容易发生电流拥挤现象，光电转换效率低。

倒装方式是将 LED 的两个电极用焊接方式键合在外部电极基座上。这种方式可避免连接金属线外露的不稳定性，封装集成性更好，且由于电极焊接点面积大，可承受的电流密度更大。另外，由于出光方向与正装的相反，因此电极不会遮挡出光面积，光电转换效率高。不过，这种方式仍需要解决电流拥挤现象，且焊接良率低于绑定良率。

垂直方式是将正负电极分布在芯片两侧，使电流均匀地在 p 型、n 型半导体材料中穿过，解决了电流拥挤问题，光电转换效率高，驱动电压低，且由于 LED 芯片一侧直接焊接在金属基座上，因此散热性较好。不过，由于需要将制备好的 LED 芯片转印到金属基座上，因此工艺相对复杂，成本较高。

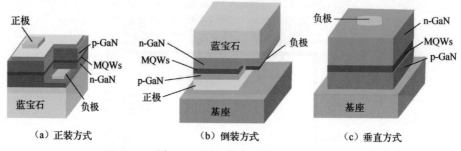

（a）正装方式　　　　　　（b）倒装方式　　　　　　（c）垂直方式

图 11.6　LED 的电极接触方式

11.2.3　器件光谱特点

目前商用的 LED 芯片都是单颗单色发光，且发光光谱较窄，典型的 LED 芯片发光光谱如图 11.7 所示，光谱半高宽 20～30nm，蓝光波段半高宽较窄，红光波段半高宽略宽。如前所述，LED 芯片可以通过掺杂 Al、In 等进行发光波长调节，以获得各种不同颜色。蓝光可实现 440～470nm，绿光可实现 510～530nm，黄光可实现 550～590nm，红光可实现 610～650nm。由于波长存在一定波动，因此通常以 2.5nm 为间隔进行 LED 规格分档。

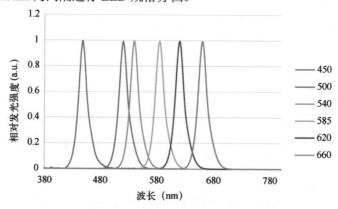

图 11.7　典型的 LED 芯片发光光谱

应用于 LCD 背光的 LED 需要发出白光光谱。采用蓝光 LED 芯片搭配一种或两种长波长荧光粉是最简便和常用的白光实现方式。目前商用荧光粉波长范围可实现 490～670nm，材料类型包含铝酸盐、氮化物、氮氧化物、硅酸盐、氟化物等多种。除氟化物波长固定外，其他每种材料类型发光波长可在一定范围内调整。常见荧光粉材料及其发光颜色如图 11.8 所示。其中商业应用最广的荧光粉有氮化物（$SrAlSiN_3:Eu$）、KSF（$K_2SiF_6:Mn$）、YAG（$Y_3Al_5O_{12}:Ce$）、β 塞隆（$βSiAlON:Eu$）、硅酸盐（$Sr_2SiO_4:Eu$）等，其发光光谱如图 11.9 所示。氮化物红粉由高温固相法合成，其温度稳定性较好，是最常用的红粉之一。KSF 红粉由 Mn 离子发光，其发光光谱很窄，接近 LED 芯片（约 20nm），对显示产品色域提升有很大帮助，因此在高色域显示背光领域有广泛应用。YAG 黄粉是最早也是最成熟的白光 LED 用荧光粉之一，发光效率高，稳定性好，成本较低。β 塞隆绿粉有较好的稳定性和较窄的发光光谱，也在高色域背光领域有广泛应用。硅酸盐黄绿荧光粉是可调范围最大的荧光粉系列，灵活性较好，不过其温度稳定性低于其他荧光粉。量子点发光材料如第 10 章所述，具有较窄的发光光谱和灵活的波长调节性能，因此也在目前高色域显示领域中广泛应用。

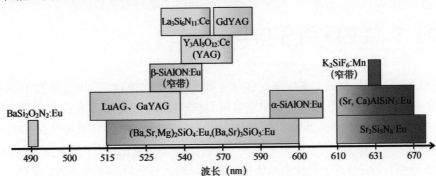

图 11.8　常见荧光粉材料及其发光颜色

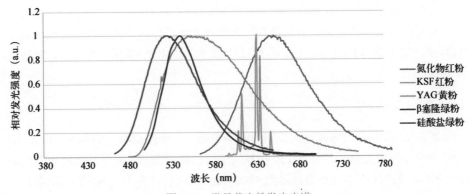

图 11.9　常见荧光粉发光光谱

基于上述方式的白光 LED 的典型发光光谱如图 11.10 所示。由色度学原理可得到，发光光谱越窄，颜色越纯，在液晶显示领域作为背光使用，就可以实现更宽的色域。这些白光光谱中，QD 的光谱最窄，因此其能得到最宽的色域；YAG 黄粉背光的光谱最宽，因此其色域最窄。

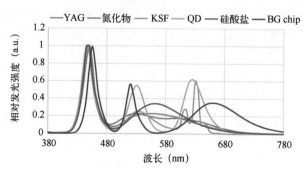

图 11.10　白光 LED 的典型发光光谱

11.3　LED 直显应用特点

　　Mini LED 与 Micro LED 在直显应用领域有很大的差异，一方面是 LED 芯片尺寸不同，另一方面是背板驱动电路有较大差异。Mini LED 直显在像素节距 1mm 左右时，可以以外挂驱动电路（专用集成电路）方式以 SMT 形式安装在 LED 像素周围，一个集成电路驱动一个或多个像素。随着像素节距的下降，到了 Micro LED 级别，除了 LED 芯片微小化带来系列问题，背板也需要具备驱动电路，即采用低温多晶硅（Low Temperature Poly-crystalline，LTPS）或氧化物（Oxide）工艺制备的薄膜晶体管驱动电路，驱动每个 Micro LED 器件发光。Micro LED 直显的驱动背板制程工艺复杂，而且数量巨大的像素级器件转移的效率、良率面临巨大挑战。接下来分别介绍 LED 芯片尺寸微小化带来的问题，以及巨量转移技术路线。

11.3.1　尺寸效应

　　随着 LED 芯片尺寸减小，在相同驱动电压下，单位面积上的电流密度增大，光功率密度也相应提升。根据文献报导的实验数据，在 5V 电压下，尺寸为 6μm 的 LED 芯片的注入电流密度高达约 4000A/cm^2，而尺寸为 105μm 的 LED 芯片的注入电流密度约为 600A/cm^2，如图 11.11 所示。另一方面，LED 芯片尺寸缩小，也会带来缺陷增多、非辐射复合增多等对发光效率有负面影响的因素，导致芯片外量子效率下降，即 LED 的光效随尺寸缩小而降低。LED 芯片尺寸对光效的影响也与外延材料有关：对于 GaN 基的蓝光 LED、绿光 LED，尺寸效应相比 GaAs 基的红光 LED 更小。

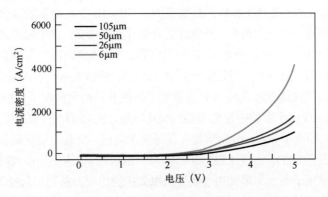

图 11.11　不同尺寸的 LED 芯片电流密度随着驱动电压的变化关系

光功率密度随尺寸减小而提升的原因主要有以下几方面。一方面是 LED 芯片尺寸越小，电流拥挤效应越弱，电流效率越高；其次是针对小尺寸 LED 芯片，通常采用小电流驱动，电流越小，芯片结温越低，电子与空穴的非辐射复合比例也越低，发光效率就更高；最后是芯片尺寸越小，有源层发射光线在芯片内部的传播损失也越少，因此电光转换效率增强。

11.3.2　外量子效应

外量子效率随尺寸减小而降低，称为 LED 器件的外量子效应，其原因有以下几方面。一方面是尺寸越小，芯片表面电子和空穴复合的距离越短、速率越高，但表面非辐射复合比例也越大，降低了器件发光效率。美国加州大学 DenBaars 团队发现，即使针对同为 GaN 基的蓝光 LED、绿光 LED，绿光 LED 受尺寸影响更小，这是因为绿光 LED 芯片表面复合速率更低。其次是尺寸越小，芯片侧壁缺陷的影响越大。由于芯片横向尺寸大幅减小后，厚度方向的侧壁占比增加，而侧壁上由于芯片制备过程中容易引入缺陷，增大了非辐射复合比例，从而导致芯片整体外量子效率下降。针对侧壁缺陷，中村修二等研究学者提出了侧壁钝化等工艺，可一定程度降低其影响。最后是针对小尺寸 LED 芯片，驱动电流通常小于其额定电流，因此其发光效率降低。

11.3.3　温度效应

Micro LED 芯片尺寸小，且在电流下工作，其侧壁的缺陷密度较高，该区域电子-空穴复合情况对温度较敏感，即温度的变化影响着发光效率。温度来源之一是 LED 芯片工作的结温。虽然单颗 LED 芯片驱动电流小，结温低，但是实际应用是 Micro LED 芯片阵列，阵列整体的注入电流较大，会达到安培级别，导致结温效应。通常 LED 芯片工作时的结温范围是 70～100℃，结温过高会严重影响发光效率并且缩短有效使用寿命，严重时会直接导致热击穿。温度来源之二是环境温度。LED 芯片由于温度过高而引起的损坏现象称为热失效。热失效会带来以下四个问题。一是随温度升高，俄歇效应整体上增强。俄歇效应会引起发光效率降低，通常发生在由于高掺杂或大注入导致载流子浓度非常高的情况下。InGaN 基蓝光 LED、绿光 LED 由于器件中存在很强的极化电场，使 LED 量子阱中的能带发生倾斜，驱使空穴和电子分离，分别聚集在量子阱的两边，引起有源区局部载流子的增加。因此在蓝光 LED、绿光 LED 芯片中，即使在注入电流不是很大时，极化效应引起的局部载流子不均匀增加也会促使俄歇效应的出现，从而引起发光效率下降。二是芯片峰值波长飘移。由于 LED 半导体材料 GaN、InN 等的禁带宽度会随温度变化而变化，因此其辐射出来的光主波长也会发生变化，通常随温度上升而红移。三是器件的正向电压会随着温度的升高而降低。四是器件寿命随温度升高而缩短。

11.4 巨量转移技术

由前所述，由于 LED 芯片要在蓝宝石等特殊衬底上生长获得，而显示器件通常制作在大尺寸的玻璃基板（显示衬底）上，因此需要将数百万颗 Micro LED 芯片从载台上取出，并转移到显示衬底上。这个过程通常被称为巨量转移。

巨量转移技术是一项为满足大规模量产的系统性技术，难度很大，至今尚不成熟。多年来，全球众多研究机构与公司，如 Lux Vue、eLux、X-Celeprint、Rohinni、Sony、PlayNtride 和中国台湾工研院等，开展了大量研究，开发了数十种巨量转移技术，常见的几种巨量转移技术见表 11.2。下面将详细介绍具有广泛应用前景的 PDMS 弹性印章转移技术和静电吸附转移技术。

表 11.2　常见的几种巨量转移技术

转移技术名称	LED 芯片拾取与释放的技术原理	适用芯片尺寸	转移效率（×10⁶ 颗/h）	代表公司
PDMS 弹性印章转移技术	分子间作用力	>10μm	≈36	X-Celeprint Rohinni 韩国机械与材料研究所（KIMM） Sony
静电吸附转移技术	静电	1～100μm	≈12	Lux Vue（被苹果收购）

续表

转移技术名称	LED 芯片拾取与释放的技术原理	适用芯片尺寸	转移效率（×10^6 颗/h）	代表公司
流体自组装转移技术	流体力和重力	>20	>56	eLux（富士康）PlayNtride
电磁吸附转移技术	电磁力	>10	≈1	中国台湾工研院（ITRI）

11.4.1　PDMS 弹性印章转移技术

　　PDMS 是聚二甲基硅氧烷（Poly-dimethylsiloxane）材料的英文缩写，是一种高分子有机硅化合物，广泛应用于微流控等领域。PDMS 弹性印章转移（简称 PDMS 印章）技术最早是由美国西北大学的 Rogers 教授和黄永刚教授在 2007 年提出的，用 PDMS 高聚物制成具有一定弹性的印章，利用该印章将 LED 芯片从载台上拾取，然后释放到显示基板上，如图 11.12 所示。PDMS 印章技术是目前最常见的巨量转移技术之一。

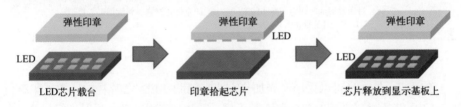

图 11.12　PDMS 弹性印章转移技术示意图

　　PDMS 印章技术的拾取和释放控制，分为接触控制型和非接触控制型。接触控制型主要是依靠印章与 LED 芯片之间的范德华力，通过控制 PDMS 印章与 LED 芯片、芯片与显示基板的相对移动速度，来控制范德华力进行吸附和释放 LED 芯片，从而实现转移。非接触控制型主要是借助激光加热，利用 LED 芯片和 PDMS 印章的热膨胀力差异，来实现 LED 芯片与印章的分离。

　　研究表明，PDMS 印章与 LED 芯片及 LED 芯片与显示基板之间的黏附力大小，与印章在器件界面的剥离速度具有依赖性。当 PDMS 印章与 LED 芯片之间的剥离速度较大时，两者之间的黏附力也较大。当印章与 LED 芯片之间的黏附力大于 LED 芯片与显示基板之间的黏附力时，印章可以将 LED 芯片从载台上拾起；反之，当 PDMS 印章与 LED 芯片之间的剥离速度较小时，两者之间的黏附力小于 LED 芯片与显示基板之间的黏附力时，可以将印章上的 LED 芯片释放到显示基板上。这样通过控制印章与 LED 芯片界面之间的速度就实现了 LED 芯片的拾取和释放。

这种通过控制剥离速度的技术方案，其制程相对简单，只是剥离速度的控制精度要求较高。为了减小印章与 LED 芯片之间的临界能量释放率，可在印章上辅助施加剪切力，可以减小印章与 LED 芯片之间的黏附力，从而实现器件的转移与释放，如图 11.13 所示。

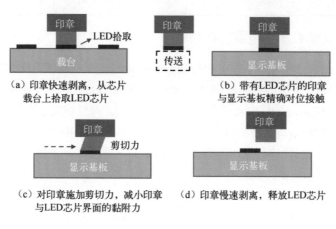

（a）印章快速剥离，从芯片载台上拾取 LED 芯片

（b）带有 LED 芯片的印章与显示基板精确对位接触

（c）对印章施加剪切力，减小印章与 LED 芯片界面的黏附力

（d）印章慢速剥离，释放 LED 芯片

图 11.13　剪切力辅助的 LED 芯片转移与释放原理图

除剪切力外，也可以采用激光加热方式来辅助 LED 芯片释放。由于印章材料和 LED 芯片材料之间的热膨胀系数不同，因此，可通过激光照射进行加热，当两者受热膨胀时，由于膨胀量差异，实现 LED 芯片的释放。

上面描述的是平面型的 PDMS 印章技术。为了提高转移效率，2007 年，韩国机械与材料研究所（KIMM）提出了一种 LED 芯片的滚轴打印技术。该技术基于 PDMS 印章原理，通过控制滚轴与芯片载台上的压力，从载台上将 LED 芯片精确拾取，然后再通过相似的原理，将 LED 芯片转移到显示基板上，期间通过光学显微镜进行精确对位和校正。由于滚轴工艺可突破一个方向上的尺寸限制，且滚轴转速高、均匀性好，有利于大规模生产，因此具有低成本、高效率、高良率等优势。

11.4.2　静电吸附转移技术

静电吸附转移技术是指用机械臂驱动的静电转移头阵列靠静电引力或斥力将 LED 芯片从载台上拾起并印刷到显示基板上的方法。静电吸附转移技术根据转移头阵列的尺寸和器件的间距，可以同时转移大量的 LED 芯片。

静电吸附转移技术的工艺流程如图 11.14 所示。首先，将静电转移头阵列装置移动到 LED 芯片载台上方，并与排布好的 LED 芯片精确对位。静电转移头阵列的间距最好是 LED 芯片阵列节距的整数倍，这样可以实现 LED 芯片的精确拾起和释放。当向静电转移头阵列施加电压时，可以产生静电引力用以拾起 LED 芯片阵列；然后将携带了 LED 芯片阵列的转移头阵列移动至显示基板上，并与基板上的焊盘精确对位；最后关闭或改变施加的电压以产生静电排斥力，将 LED 芯片释放到显示基板上。

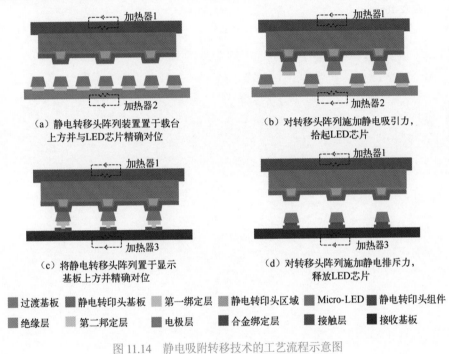

图 11.14　静电吸附转移技术的工艺流程示意图

参 考 文 献

[1]　李阳. Micro-LED 阵列理论及显示技术研究[D]. 中科院长春光学精密机械与物理研究所，
　　　2021.

[2]　严子雯，严群，李典伦，张永爱，周雄图，叶芸，郭太良，孙捷. 高度集成的 μLED 显示
　　　技术研究进展[J]. 发光学报，2020, 41(10): 1309-1317.

[3]　季洪雷，陈乃军，王代青，张彦，葛子义. Mini-LED 背光技术在电视产品应用中的进展
　　　和挑战[J]. 液晶与显示，2021, 36(07): 983-992.

[4]　季洪雷，张萍萍，陈乃军，王代青，张彦，葛子义. Micro G LED 显示的发展现状与技术
　　　挑战[J]. 液晶与显示，2021, 36(08): 1101-1112.

[5]　田朋飞. Micro-LED 显示技术[M]. 上海：上海交通大学出版社，2021.

[6]   Huang Yuge, Hsiang En-Lin, Deng Ming-Yang, Wu Shin-Tson. Mini-LED, Micro-LED and OLED displays: present status and future perspectives[J]. Light:Science & Applications, 2020, 9(1):105.

[7]   Tan Guanjun, Huang Yuge, Li Ming-Chun, Lee Seok-Lyul, Wu Shin-Tson High dynamic range liquid crystal displays with a mini-LED backlight[J], Optics Express, 2018, 26(13): 16572-16584.

第*12*章　触控技术原理与应用

触控屏是兼具显示与触控功能的感应式显示装置。当手指或者特定的感应触头接触屏幕上的某个点位，屏幕上的感应系统可根据预先编制的程序算法实现相应的显示操作。触控技术赋予显示面板以崭新的面貌，触控面板为快速、便捷、多元化的人机交互提供了载体，在便携式电子设备、公共信息查询、多媒体教学、会议展示等领域有广泛的应用，市场潜力巨大。

12.1　触控技术分类

集成了触控技术的显示屏被称为触控屏（Touch Panel，TP）。从显示屏与触控传感器（Touch Sensor）的集成方式、触控传感器的技术原理和电极材料等维度，触控技术有不同的名称，如图 12.1 所示。

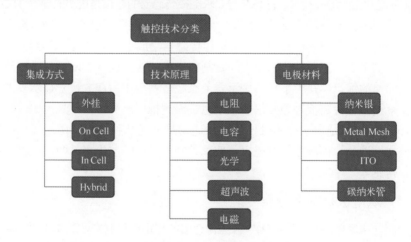

图 12.1　触控技术的分类

12.1.1　从技术原理上分类

触控技术从触控传感器的技术原理上进行分类，可以分为电阻触控（Resistive Touch）、电容触控（Capacitive Touch）、光学触控（Optical Touch）、表面声波触控（Surface Acoustic Wave Touch）和电磁共振触控（Electromagnetic Resonance Touch）等。其中，电容触控技术又分为表面电容触控（Surface Capacitive Touch）和投射电容触控（Projected Capacitive Touch）两大类，后者因具有结构简单、触控灵敏度高等独特优点而被广泛应用。

12.1.2　从显示集成方式上分类

从触控传感器与显示器的集成形式上进行分类，通常可以分为外挂（Add On）、On Cell、In Cell 和 Hybrid 四种触控技术。

外挂触控技术是指触控传感器相对于显示器是相对独立的，可以通过外挂或贴合的方式与显示器固定在一起组成一个触控屏，从技术原理上，各种触控传感器都可以是外挂的。外挂的投射电容触控传感器通常有以下几种形式：OGS（One Glass Solution）触控传感器，是以玻璃为载体在其上面制作了电容传感器的触控技术；GFF（Glass+Film+Film）是先以薄膜为载体，一张薄膜上制作一层电极，两张带有电极的薄膜又都贴附在玻璃上的触控技术，其又衍生出 GF2 技术，即在一张薄膜的两面均制作了一层电极；还有 GG 技术，就是一张玻璃上制作一层电极，两张玻璃贴合一起组成触控传感器。

On Cell 一般是电容触控技术，指将触控传感器制作于液晶盒上，即一般是玻璃表面甚至偏光片上的触控技术。这种结构要求触控传感器的电极是透明的导电 ITO、极细的金属丝或透光率较高的纳米银浆等，避免造成液晶显示器透过率的较大损失。

In Cell 一般是电容触控技术，指触控传感器集成于液晶盒内，通常以 TFT 阵列相兼容的工艺，把触控传感器也同时制作出来的触控技术。In Cell 触控技术具有结构简单的优点，在中小尺寸显示器上已经普遍应用；在大尺寸显示器上，如会议交互机、教育白板等公共信息领域也正得到推广。

Hybrid 一般是属于电容触控技术，通常是上述几种技术结构的混合搭配应用。例如，液晶盒内制作一层电极，玻璃外制作另外一层电极，两层电极一起构成触控传感器。

12.1.3　从电极材料上分类

电阻与电容触控技术中，制作触控传感器的导电电极材料，基本特性要求是需要具有高的光透过率和低的电阻值两项。电阻触控技术中，电极材料是透明导电氧化物，一般是 ITO。电容触控技术从其电极材料上进行划分，通常可以分为透明导电氧化物技术（ITO）、纳米银技术、金属网格技术（Metal Mesh）和碳纳米管技术等。

12.2　触控技术原理介绍

12.2.1　电阻触控技术

电阻触控传感器主要有两层内表面有电阻网络的薄膜，在薄膜之间夹有隔垫物，在外界压力触摸下，触点处的上下导电薄膜连通，从而改变了触控传感器输入与输出端点的电流、电压值，由此计算得到压力点的位置。电阻触控传感器的触控原理如图 12.2 所示，下层由玻璃或者薄膜作为基层，上层由薄膜作为基层，两者内表面为透明导电层 ITO；上下层中间由细小且透明的点状隔离柱隔开。图 12.3 以四线式电阻触控传感器为例讲解电阻触控传感器实现触控的基本原理，在传感器的 x 方向上，在上下两层 ITO 电极之间通入一直流电压，当用手指或触控笔触碰后，在触点处上下层 ITO 连通并产生电压的变化，此信号经电路处理后计算得到 x 方向的坐标位置；同理可得到 y 方向的坐标位置。

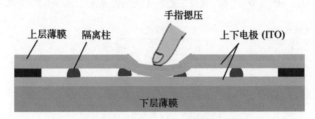

图 12.2　电阻触控传感器触控原理

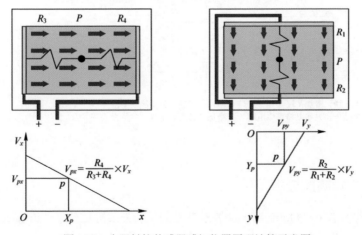

图 12.3　电阻触控传感器感知位置原理计算示意图

最简单的电阻触控传感器是四线式，在此基础上增加引线数量，又有五线、六线、七线、八线式等类型，引线方式如图 12.4 所示。引线数量增加，可以提高面板的抗划伤能力、触控精度和抗干扰能力，缺点是电路成本也会相应增加。电阻触控传感器的优点是技术原理简单、门槛低、定位准确，缺点是无法进行多指触控，并且反应不够灵敏、易磨损、寿命较短等。

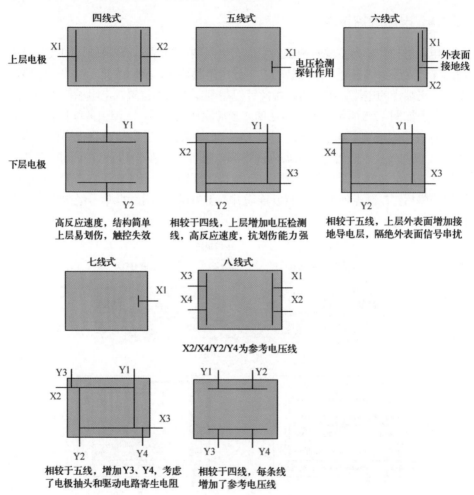

图 12.4　几种电阻触控传感器的引线方式

12.2.2　光学触控技术

光学触控技术（Optical Touch）最常见的是红外线触控技术（Infrared Touch）与受抑全内反射光学触控技术。红外线触控技术原理是以红外线的发射与接收构

成 x、y 方向矩阵，当矩阵中的红外线在特定位置被接触物阻挡后，造成接收管接收的光信号强度变化，由信号电路处理后即可计算出该点的位置。

红外线触控传感器的结构比较简单。在普通显示屏的四周安装一个红外线发射与接收的电路板框架，红外线发射管（Transmitter，T_X）和红外线接收管（Receiver，R_X）就构成了 x 方向与 y 方向交叉的红外线矩阵。红外线触控传感器的触控原理如图 12.5 所示，x 方向与 y 方向的红外线发射管不间断进行扫描式红外线发射，对应的红外线接收管依次接收到相应的红外信号。当有物体触摸屏幕时，会对发射管发出的红外线造成遮挡，此时对应的红外线接收管收到的红外线强度就发生了变化，再由信号电路处理，得到该点的位置信息。红外线发射管与接收管的分布密度决定了红外线触控传感器的触控位置精度。

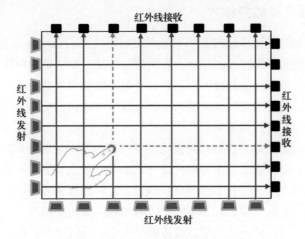

图 12.5　红外线触控传感器触控原理

红外线触控传感器的主要优点：①支持中大尺寸显示器，支持多点触控，适用性广；②触控灵敏度高，相比电容的价格有优势；③触控物选择性广，任何能阻挡红外光线的物体均能进行触控操作；④抗电磁干扰性强。

红外线触控传感器的主要不足：①在显示器四周增加红外触控器件框架，影响产品外观，增加了厚度；②非触控的贴近物容易误触发，造成不正确的位置信息显示；③防水和防尘性能较差，凸出的器件框容易落灰，影响触控精准度。

另外一种光学触控技术是受抑全内反射光学触控技术，其基本触控原理与红外线的类似，不同的是发射管发出的光在透明盖板内传播，并且盖板的折射率比较大，光线在里面发生全反射，当外界折射率更高的物体（比如手指）接触盖板表面，则接触点处全反射条件被破坏，全反射光发生散射，导致对应的接收管光能量发生变化而感知该位置，如图 12.6 所示。

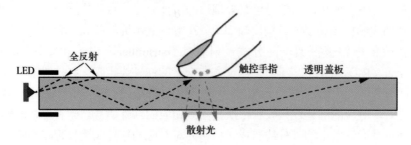

图 12.6   受抑全内反射光学触控技术原理

12.2.3   表面声波触控技术

表面声波触控技术中最常见的是超声波触控技术（Ultrasonic Touch）。超声波处于人耳听不到的频率波段，在介质表面浅层传播。超声波触控技术是通过将超声波在介质表面进行传播与接收，当外界手指或接触物接触介质层时吸收了传播中的超声波，造成其传播能量衰减，引起接收器接收到的信号发生变化，经由信号电路处理，计算得到位置信息。

如图 12.7 所示，超声波触控传感器的触控部分是一块强化玻璃，在玻璃屏幕的左上角和右下角各固定了 Y 方向与 X 方向的超声波发射器，右上角则固定了分别接收 Y 方向与 X 方向发射器能量的接收器，发射的超声波经过四周特殊设计的 45° 倾角分光反射器，实现 X 方向与 Y 方向的超声波传播阵列。当屏幕表面被外界物体接触时，该点处传播的超声波被部分吸收，经过接收器后，由信号电路处理感知该点的位置信息。

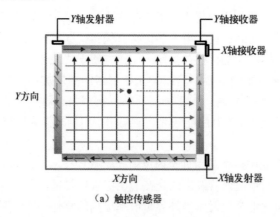

（a）触控传感器

图 12.7   超声波触控传感器触控原理

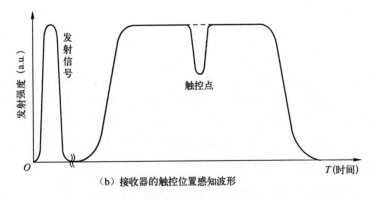

（b）接收器的触控位置感知波形

图 12.7　超声波触控传感器触控原理（续）

超声波触控传感器适用于各种场合，缺点是成本高，难以多点检测，易受表面水渍和杂物干扰。

超声波触控传感器的主要优点：①触控屏为钢化玻璃，抗爆性能好；②声波传导稳定，抗电磁干扰性能强；③触控压力大则声波衰减大，可以感知触控力度的变化。

超声波触控传感器的主要不足：①触控屏表面沾污会影响声波的传递，导致触控灵敏度下降；②多点触控灵敏度较差，近距离多点触控难以识别。

12.2.4　电磁共振触控技术

电磁共振触控技术（Electromagnetic Resonance Touch）是根据电磁感应原理，在闭合电路里变化的磁场引起感应电动势，感应电动势又引起电路回路产生感应电流，信号电路处理探测到回路电流的变化而感知位置信息。

电磁波可以穿过空气和绝缘体，而电磁感应板（或称为电磁感应器）本身集成了感应线圈阵列，是不透明的，因此电磁感应板是放置在显示器后面，即非金属的背光膜材后面。在触控操作中，带有线圈与电容结构的电磁笔靠近内部集成了 X 方向与 Y 方向线圈阵列的电磁感应板，接触

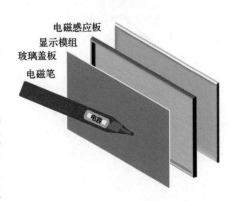

图 12.8　电磁触控屏的基本结构

点处的单元线圈磁通量发生变化，由信号电路处理运算感知该点位置信息。电磁触控屏的基本结构如图 12.8 所示。

电磁笔分为有源电磁笔与无源电磁笔两种。有源电磁笔内装有电池，能驱动振荡电路向电磁感应板发射特定频率的电磁信号，可被电磁感应板上的阵列探测。无源电磁笔内置线圈与电容器。

电磁触控屏不影响显示屏的光透过率，具有近距离非接触触控感应能力，位置精度高、反应灵敏、能识别压感等优点。当电磁笔用力操作时，笔尖位置变化会触发笔内部电容值变化或发射频率变化，造成电磁感应器中的感应电动势发生变化，因而可以感知压力；其不足是它必须用电磁笔才能识别，手指及其他非电磁物体无法识别，而且结构复杂，成本较高。

12.2.5 电容触控技术

电容触控技术分为表面电容触控技术（Surface Capacitive Touch）与投射电容触控技术（Projected Capacitive Touch）。

表面电容触控传感器的原理类似电阻触控传感器，在两层相互隔离的导电薄膜 ITO 之间形成电容，下层导电层作为接地极，形成抗干扰层，上层为触摸感应层。在上层导电薄膜的四个边角作为电极输入端点，当手指触摸膜面时，由于人体存在电场，手指与接触区会形成一个耦合电容而吸走一小部分电流。这个电流分别从触控传感器的四角上的电极流出，并且流经这四个电极的电流与手指到四角的距离存在数学函数关系，信号电路处理后感知触控的位置信息，如图 12.9 所示。表面电容触控传感器的灵敏度较高，但是抗干扰能力弱，而且戴手套或不导电的物体触控时没有反应。

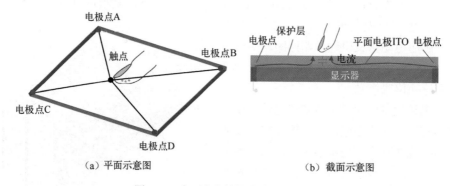

（a）平面示意图　　　　　　　　　　　　　（b）截面示意图

图 12.9　表面电容触控传感器技术原理

相比其他触控技术，投射电容触控技术具有灵敏度高、响应快速、多点识别、工艺简单等诸多优点而被广泛应用，而且结合软件处理，还可以实现复杂动作的判断，比如使用两根手指的拉伸、缩放、旋转等趣味性操作。在接下来的 12.3 节将对其进行详细介绍。

12.3　投射电容触控技术

投射电容触控技术基本原理是通过接触点电容的变化，引起连接线上电流的变化，由信号电路处理获得该点位置信息。如图 12.10 所示，发射电极 Tx 由外围电路提供驱动信号，接收电极 Rx 受与 Tx 电极构成的电容耦合影响，其电极线上有电流流动；当有外界手指或电容性笔触摸时，接收电极 Rx 相比没有触摸时的电流值发生变化，由信号电路处理感知该点的位置。

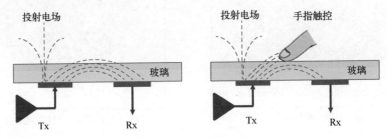

图 12.10　投射电容触控技术原理

如果触控传感器中既有 M 行发射电极 Tx，又有 N 列接收电极 Rx，而且 Tx 以行扫描方式依次输入信号，代表行方向的位置信息，Rx 各列同时接收电流值信号，在触控传感器面内形成 $M{\times}N$ 个触点探测点，则被称为互感式触控，比如业内称为 MLOC（Multi-layer on Cell）的是互感式触控；如果整个触控传感器只有既发射信号又当作接收信号的 Tx，其触控点在面内也构成 M 行与 N 列的 $M{\times}N$ 触控点阵列，则被称为自感式触控，比如业内称为 SLOC（Single-layer on Cell）的是自感式触控。液晶盒内触控技术（Full in Cell Touch，FIC Touch）相当于 SLOC 触控技术，通常是把阵列的公共电极分割成 $M{\times}N$ 个独立的单元，每个单元被称为触控块（Touch Unit），每个块只有一根 Tx 线单独连通，在 S-IC 上采用分时复用的方式分别实现触控探测与显示应用。

MLOC 因为需要 Tx 与 Rx 电极，因此其阵列工艺较复杂，而 SLOC 只有 Tx，因此工艺更简单。Tx 与 Rx 线上的电阻与电容构成其信号传递自身负载，在触控点处引起电容的变化与自身负载的相对大小关系，将影响到触控点位置识别的灵敏度。

12.3.1　互容触控技术

常见互容触控传感器触控块布线结构如图 12.11 所示，图（a）中 Tx 与 Rx

电极采用菱形的外形，有利于增加 Tx 与 Rx 的侧向电容，图（b）中触控块 $R_{X\text{-}Y}$ 单元的电容由 C_1～C_5 组成，其中 C_1 是 Tx 与 Rx 线交叠电容，C_2～C_5 是侧向电容。当外界手指或电容性笔触摸到 $R_{X\text{-}Y}$ 触控块时，扫描该触控块的 Tx 行记录了行位置信息，其投射到 $R_{X\text{-}Y}$ 触控块的电场线受外界触摸物的影响而下降，引起对应的 Rx 线上电流发生变化，由信号电路处理感知 $R_{X\text{-}Y}$ 触控块的位置信息。

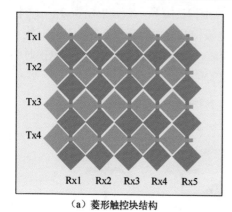
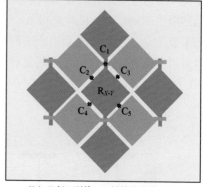

（a）菱形触控块结构　　　　　　　（b）X 行 Y 列的 $R_{X\text{-}Y}$ 触控块电容分布

图 12.11　常见互容触控传感器触控块布线结构

12.3.2　自容触控技术

常见自容触控传感器触控块布线结构如图 12.12 所示，采用的是触控块单端连线方式，构成了 M 行与 N 列的 $M{\times}N$ 触控块阵列排布。当手指或电容性笔触摸屏幕时，触控块的电容会增加，引起连接该触控块的 Tx 线电流发生变化，由信号电路处理感知该点位置。触摸引起的电容变化与 Tx 线自身电阻、电容构成的负载比例关系，影响着触控的灵敏度。

12.3.3　FIC 触控技术

常见液晶盒内触控传感器（FIC Touch）触控块布线结构如图 12.13 所示，与图 12.12 提到的自容触控结构的触控块一样，每个块只有一根 Tx 线连通（图中小点表示 Tx 线与块电极的过孔连接点），不同的是每个块里面还贯穿着其他触控块的 Tx 线，因此其块电容的计算更复杂。在液晶显示器件中，阵列基板上的公共电极 ITO 通常是以亚像素为单位一个个独立的小块，然后用金属电极线作为公共电极连通总线把小块的 ITO 都连通起来作为一个整体，在显示中施加一个直流稳定电压。当液晶显示屏集成盒内触控功能时，就需要把本来连通的公共电极再重新分割开来，在面内分成独立的 M 行 N 列触控块，每个块用一根 Tx 线通过过孔连通，并引入 S-IC 中。此时的 S-IC 集成了触控信号处理功能，一般称为 SRIC（Source and Readout IC）。在 SRIC 内，触控功能与显示功能通过分时驱动，公共电极分时复用实现功能。

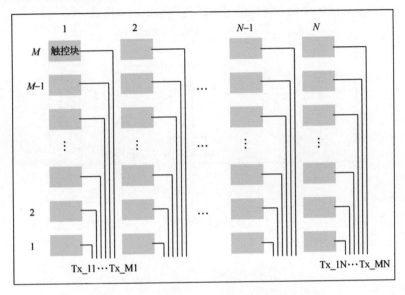

图 12.12　常见自容触控传感器触控块布线结构

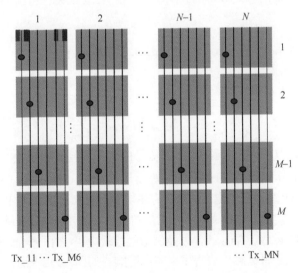

图 12.13　常见液晶盒内触控传感器（FIC Touch）触控块布线结构

FIC 触控的电路驱动原理如图 12.14 所示：在 SRIC 内集成了触控信号读取模块，液晶盒内的触控块电极与四周块电极及交叠线之间构成了块电容 C_A，当触控信号读取时，触控信号读取模块由 Tx 线给触控块发送信号，并同时由模块的反馈电容 C_{FB} 读取信号的强弱；当手指触摸到该触控块时，手指与块电极之间增加了一个电容 C_{finger}，相比触摸前，反馈电容 C_{FB} 上读取的信号会出现变化，读取模块内部电路识别出该变化，再由信号电路处理感知该点位置。

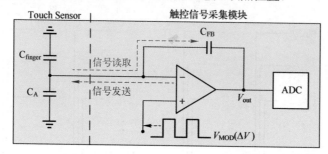

图 12.14　FIC 触控的电路驱动原理

当触控信号读取模块发送信号扫描触控信息时，触控块没有被触摸，此时通过 C_{FB} 上反馈的信号电压为

$$V_{out} = \left(1 + \frac{C_A}{C_{FB}}\right) \times V_{MOD} \qquad (12.1)$$

式中，V_{MOD} 为施加的一定频率的 PWM 调制信号。当触控块被触摸时，增加了电容 C_{finger}，此时，

$$V_{out} = \left(1 + \frac{C_A + C_{finger}}{C_{FB}}\right) \times V_{MOD} \qquad (12.2)$$

则触控块在触摸前后的电压差为

$$\Delta V_{out} = V_{MOD} \times \frac{C_{finger}}{C_{FB}} \qquad (12.3)$$

触控信号读取模块内电路对 ΔV_{out} 信号的变化来判断触控块是否被触摸。前面提到触控块电容 C_A 是其与四周触控块及与 Gate 线、Data 线（Source 线）、像素 ITO 和其他 Tx 线形成的电容总和，寄生电容的存在既增加了 Tx 线的负载，又会造成 Tx 线上 V_{MOD} 信号的衰减。为了得到更高的触控灵敏度，在触控块扫描期间会对临近的 Gate 线、Data 线，以及周边触控块电极线 Tx 叠加一个相同的调制信号 V_{MOD}，以减小目标触控块寄生电容的影响。如图 12.15 所示，在触控扫描期间，触控块 Tx 信号在原来 V_{COM} 的基础上叠加振幅为 ΔV 的调制信号 V_{MOD}，Data 线在 SRIC 内部与 V_{COM} 电压短接在一起，然后在 V_{COM} 电压基础上再叠加调制信号 V_{MOD}，Gate 线在直流低电平 V_{GL} 基础上叠加调制信号 V_{MOD}。

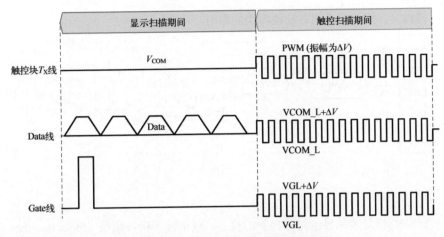

图 12.15　显示与触控块扫描期间的波形图

12.4　FIC 触控的驱动原理

12.4.1　电路驱动系统架构

外挂式电容触控面板是液晶显示器与触控传感器通过透明胶贴合而成的，在电路控制上两者是互相独立的，即显示与触控是两个独立的控制回路。触控传感器的触控信号传送给触控驱动芯片（Touch IC），再经触控微处理器 TMCU（Touch Microcontroller Unit，TMCU）数据处理后，将触控报点信息反馈给 SOC，SOC 将收到的坐标信息在下帧数据显示时显示出来，其电路驱动系统架构如图 12.16 所示。

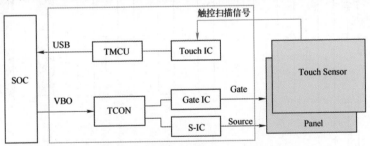

图 12.16　外挂式电容触控面板的电路驱动系统架构

FIC 触控面板的电路驱动系统架构如图 12.17 所示。与常规液晶显示电路驱动相比，在常规的 S-IC 内集成了触控扫描读取模块（Read Out 模块）的 SRIC，其将读取的触控信号反馈给 TMCU 处理，TMCU 再将处理的报点信息通过 USB 接口反馈给 SOC，SOC 将收到的坐标信息在下帧数据显示时显示出来；为了降低触控块寄生电容的干扰，提高信噪比，增加了触控信号调制 IC（Touch Modulation

IC，TMIC）。接下来介绍各功能模块的作用。

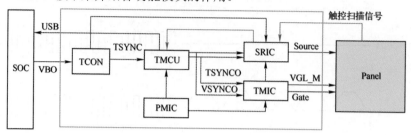

图 12.17　FIC 触控面板的电路驱动系统架构

1. TCON IC 功能

　　TCON IC 是液晶显示时序控制的核心，包括输入接口模块（Input Interface）、输入信号选择矩阵模块（Video Mux）、特殊画面侦测机制模块（PDF）、画质优化模块（De-Mura、Frame OD、ACC、Line-OD、Dither）、数据缓存模块（Line Buffer）、触控同步模块（Touch Synchronizer）和输出接口模块（Output Interface）。

　　用于 FIC TP 的 TCON IC 显示数据信号格式、接口（Interface）类型和常规显示产品类似，主要区别在于增加了数据缓存模块和触控同步模块，数据缓存模块的作用在于能将源源不断的 SOC 数据流进行缓存，形成不连续的数据流片段。缓存过程中，数据进入缓存模块而不会流到输出接口模块，此时无数据输出；出缓存模块后，数据流向输出接口模块，此时有数据输出，无数据输出的时间用于触控信号的检测。TCON IC 架构如图 12.18 所示。

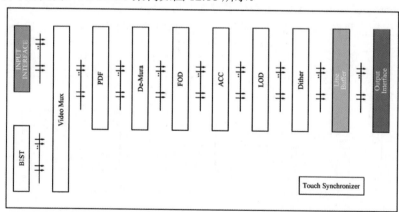

图 12.18　TCON IC 架构

2. SRIC 功能

　　SRIC 在手机、平板等小尺寸产品中功能类似的芯片称作 TDDI IC（Touch and Display Driver IC）。SRIC 一般由显示驱动和触控扫描驱动两部分组成。显示驱动部分硬件结构和常规液晶屏的驱动芯片类似，包括串行转并行接口模块（Serial to Parallel Converter）、逻辑控制/移位寄存器模块（Control Logic/Shift Registor）、数据缓存模块（2 Line Buffer）、数/模转换模块（D/A Converter）和输出接口模块（Multi-Channel Output Circuit）。触控扫描驱动部分硬件结构包括输入接口模块（Serial to Parallel Converter）、输入通道选择模块（Channel MUX）、模拟前端模块[Analog Front-End(AFE)Channel Circuit]、数/模转换选择矩阵模块（ADC MUX）、数/模转换模块（ADC）、逻辑控制模块（ROIC Control Logic）和输出接口模块（Multi-Channel Output Circuit），如图 12.19 所示。其中 AFE 模块的作用是处理触控块的模拟信号，这种处理通常包括信号放大、频率变换、电平调整与控制等。

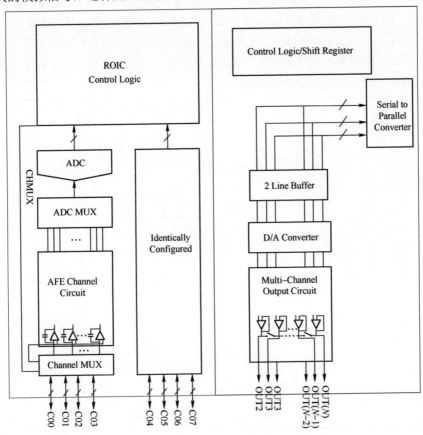

图 12.19　SRIC 电路模块架构图

显示驱动部分控制信号和常规液晶屏产品类似，包括行起始信号（Start Horizontal，STH）、行时钟脉冲信号（Clock Pulse Horizontal，CPH）、数据输出信号（TP 或 Load）和数据极性反转信号（MPOL 或 POL）。触控扫描部分控制信号包括触控扫描同步信号（Touch Sync Enable Signal）、触控感应载波信号（PWM Signal for sensing）、报点发送时钟信号（Master Transfer Clock，MCLK）、报点发送数据信号（Master Transfer Data）、报点接收数据信号（Master Read Data）、报点完成信号（Touch done Signal）等。

3. TMCU 功能

TMCU 是触控信号处理核心单元。如图 12.20 所示，TMCU 包括核心处理模块（ARM）、存储器控制模块（DDR Controller）、可编程逻辑存储互连模块（Programmable Logic to Memory Interconnect）、外部高速接口模块（High-Performance Ports）、中央交互模块（Central Interconnect）、多功能接口模块（MIO）、通用输入/输出接口模块（General-Purpose Ports）。TMCU 通过高速接口接收 SRIC 发送的数字信号，并进行数据分析、噪声滤波，解析出触控的坐标信息；对于支持主动笔的 TP，还能解析出笔的压力、倾角、按键状态等信息，最终通过标准总线协议（USB 协议）将信息反馈给 SOC。

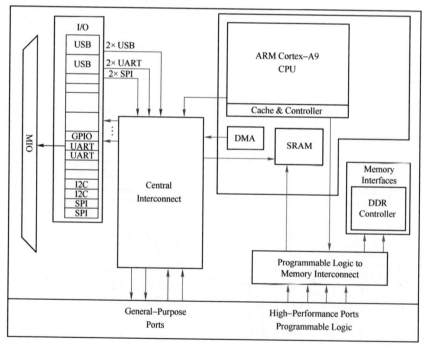

图 12.20　TMCU 电路模块架构

4. TMIC 功能

如图 12.21 所示，TMIC 主要包括寄存器配置接口模块（I^2C Interface）、过压欠压保护模块（UVLO&Seqence）、内部逻辑电压基准模块（VLREG）、VCOM 电压通道选择模块、VGL 电压通道选择模块。FIC TP 在显示阶段需要的供电电压和常规液晶显示屏一样，此时 TMIC 的各输出通道处理直接导通（Bypass）状态；触控阶段，TMIC 将打开 VCOM 电压通道选择模块和 VGL 电压选择模块，在VCOM 和 VGL 电压产生调制信号来降低面板内寄生电容影响，进而增强触控信号质量。以 VCOM 电压通道选择模块为例，该模块输出电压由三个途径产生，一是直接从外部 PMIC 提供的 VCOM 电极输入，另外两路是通过芯片内部的数/模转换芯片产生，而数/模转换芯片产生电压的大小由 I²C 配置的寄存器数值决定。在 TSYNC 信号的控制下，VCOM 电压通道选择模块自动完成输出电压的切换。VGL 电压通道选择模块电压的输出方式类似。

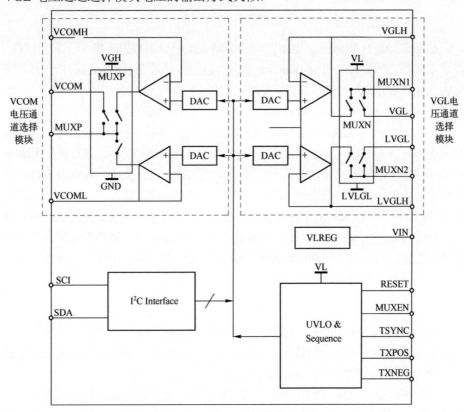

图 12.21 TMIC 电路模块架构

12.4.2 FIC 触控屏的两种驱动方式

常规液晶显示屏驱动方式为逐行扫描，即每一帧画面都是从第一行像素开始向下依次扫描直到最后一行，随后的帧末尾的短暂时间内停止有效显示数据的发送，这段时间间隙称为 V-Blanking 区。相比之下，FIC 触控屏则需要在 1 帧时间内同时完成显示数据和触控数据的传输。根据触控数据采集方式不同，FIC 触控屏驱动又可分为 Long-V Blanking 扫描方式和 Long H-Blanking 扫描方式。

Long V-Blanking 扫描方式中，显示数据同样是从第一行到最后一行的逐行扫描，与常规液晶显示屏不同的是，这种方式的 V-Blanking 区时间更长，同时由于 1 帧时间为固定值，V-Blanking 时间增加就需要相应地缩短显示时间。

Long H-Blanking 扫描方式中，显示数据先扫描 N 行，之后停止显示扫描并开始进行触控检测，检测一定时间段后再接着进行显示扫描，像这样显示和触控在 1 帧内交替进行，直到完成 1 帧画面的完整显示和所有触控块的扫描。这种方式中用于进行触控扫描的时间便称为 H-Blanking 区。

1. LHB 扫描电路

LHB（Long H-Blanking，LHB）扫描驱动将 1 帧显示数据分成 N 个显示区块，在显示区块之间插入一段 H-Blanking 时间，触控扫描便在 H-Blanking 内进行。同时为了区分显示与触控两个阶段，LHB 设计了单独的 TSYNC 信号，该信号为高电平时代表当前处于显示阶段，低电平时处于触控扫描阶段。

LHB 驱动时序如图 12.22 所示。LHB 显示/触控数据流：SOC 输出标准 VESA 制式 VBO（V-by One）数据，数据进入 TCON IC 后，TCON IC 将数据按照固定大小的显示区块进行接收，在第一个显示区块的数据接收完成后传输给 SRIC 进行显示，如前所述该时间段内 TSYNC 信号电平为高；当第二个显示区块的数据进入 TCON 后会由 TCON 先进行缓存将 TSYNC 信号电平置低，进入触控扫描阶段，该阶段内会在 VCOM、Gate Output、Source Output 上分别进行调制，产生对应调制方波，进行第一区块的触控块扫描，扫描结束后再将 TSYNC 置高，进入下一个显示区块的处理，如此重复直到完成 1 帧数据显示和所有的触控块扫描。

2. LVB 扫描电路

LVB（Long V-Blanking，LVB）扫描驱动将 1 帧完整显示数据进行压缩，压缩后显示时间相对于常规的减少，V-Blanking 区时间相对于常规的增加，压缩后延长的 V-Blanking 便称作 Long V-Blanking，用于触控扫描。

LVB 驱动时序如图 12.23 所示。LVB 显示/触控数据流：SOC 输出标准 VESA 制式 VBO 数据信号，数据进入 TCON IC 后（以 UHD 60Hz 产品为例），TCON 先将所有数据进行缓存，之后进行数据压缩，压缩后的数据传送给 SRIC，这段时间内 TSYNC 信号置高，即代表处于显示阶段。当完成 1 帧显示数据的传输后进入触控扫描阶段，此时 TSYNC 置低，通过一次显示和一次触控检测完成 1 帧数据显示和所有的触控 Sensor 扫描，同样在触控阶段对 VCOM、Gate Output、Source Output 分别进行调制处理。

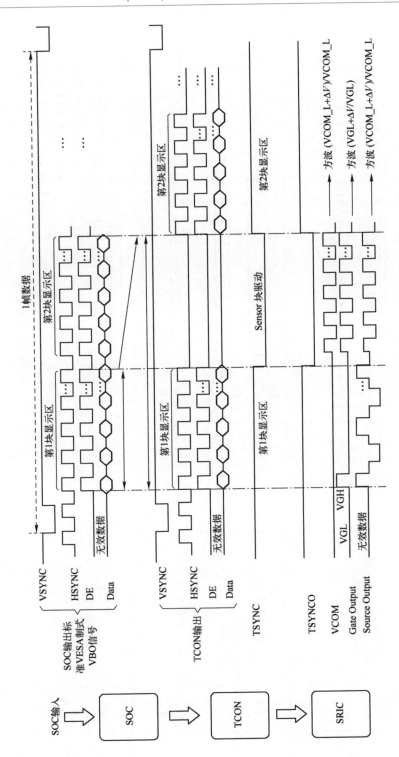

图 12.22　LHB驱动时序图

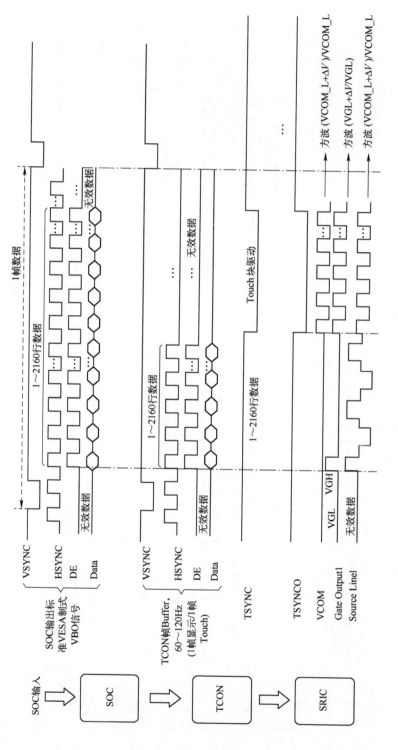

图12.23 LVB驱动时序图

12.4.3　触控通信协议

触控的交互方式一般有三种：主动笔、被动笔和手指。不同的交互方式适合的应用场景不一样。其中，笔类交互方式还涉及相关的信息传递，下面将进行简单介绍。

FIC 触控屏常用的主动笔通信协议目前主要有三种：华为的 HPP（HUAWEI Pen Protocol）协议、微软的 MPP（Microsoft Pen Protocol）协议和 WACOM 的 WGP（WACOM General Protocol）协议。各家协议需要的 LHB 区间个数不尽相同，但协议中包括的内容基本相同。具体来说，协议中主要包含以下信息：第一个 LHB 区域中包含协议握手信息，中间 LHB 区域包含手指坐标信息、主动笔坐标信息、笔的压力信息、倾角信息及笔上按钮状态信息，最后一个 LHB 区域则包含噪声程度信息；除此之外，协议还规定了支持的手指（被动笔）个数和主动笔的支数及触控的扫描频率等。以 UHD 60Hz 产品为例，若在 1 帧时间内完成两次手指信息和四次主动笔信息扫描，则手指的报点率（1 帧时间内某一触控块触控信号检测次数）为 120Hz，主动笔的报点率为 240Hz。主动笔协议能够涵盖的触控场景最为完整，能对仅仅手指（单指/多指）、仅仅被动笔、仅仅主动笔或手指+被动笔+主动笔同时触控等使用场景都进行良好的支持。主动笔通信协议框图如图 12.24 所示。

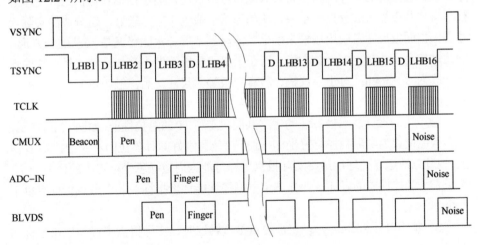

图 12.24　主动笔通信协议框图

被动笔通信协议相对主动笔通信协议要简单，触控扫描只有一个 LVB 区域，在 LVB 区间内依次完成多根手指的位置检测，最后同样进行噪声程度检测。被动笔协议同样规定了可以支持同时触控手指的最大数量和报点率。以 UHD 60Hz 产品为例，某些协议可支持 10 指或 20 指同时触控；被动笔报点率一般只支持 60Hz，通过计算前后两帧的报点数据再进行数据插值等运算，可将报点率提升到 120Hz。被动笔通信协议框图如图 12.25 所示。

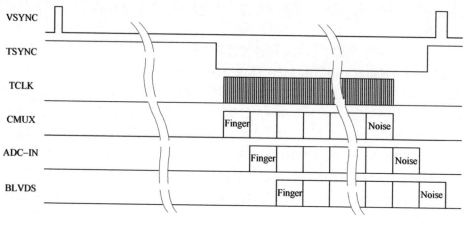

图 12.25　被动笔通信协议框图

12.4.4　触控性能指标

　　FIC 触控屏的设计思路是将公共电极分时复用，显示扫描和触控扫描交替进行。将公共电极做成分离的小块，块的形状一般为正方形较好，但分块的实际尺寸要根据面板尺寸及应用场景来确定。液晶显示屏长宽比普遍是 16:9 的长方形，因此触控块设计时也多为长方形。对于手机、平板等中小尺寸产品，触控块的尺寸一般为 3~5mm；对于会议机、教育白板等大尺寸产品，触控块的尺寸一般为 6~7mm。

　　触控块的设计及触控算法的优劣共同决定了 TP 的触控性能。如图 12.26 所示，中心蓝色位置为实际触控位置坐标，由于该位置刚好同时落在四周的触控块 1~4 上，经过算法运算处理后最终实际报点坐标可能为周边绿色坐标点中的任意一个。为了表征触控性能的好坏，业界规定了触控性能评价指标，其中重点指标有以下几个。

　　① 精确度（Accuracy）：表征多点多次触控时，实际报点坐标与理论坐标的偏差。

　　② 抖动度（Repeatability/Jitter）：表征单点持续触控时，实际报点与理论坐标偏差的最大值。

　　③ 线性度（Linearity）：进行画线测试时，画线报点轨迹与实际划线的偏差大小。

④ 灵敏度（Sensitivity）：触控块的尺寸大小决定了触控屏可以识别的最小触控面积，用铜柱测试时，将触控屏可以稳定识别的最小铜柱尺寸定义为灵敏度。

⑤ 延时度（Latency）：从开始触控到屏幕显示报点信息，需要经过系统各种算法处理和数据转换传输，实际触控与报点时间的间隔定义为延时度。

⑥ 报点率（Report Rate）：表征在 1 帧画面显示完成时，触控芯片控制信号的报点频率。

⑦ 信噪比（Signal-to-Noise Ratio，SNR）：触控信号采集过程中噪声信号会同时被采集到，触控信号水平与噪声水平的比率即为信噪比。通常大尺寸触控面板的信噪比在 40dB 左右。

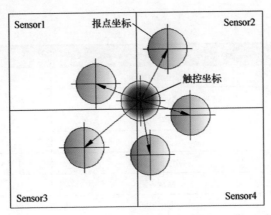

图 12.26　触控精度报点示意图

参 考 文 献

[1]　Shuo Gao, Arokia Nathan. A Flexible Multi-Functional Touch Panel for Multi-Dimensional Sensing in Interactive Displays[M]. Cambridge: Cambridge University Press, 2019.

[2]　洪锦维. 电容式触控技术入门及实例解析[M]. 北京：化学工业出版社，2012.

附录 A MOSFET 的 Level 1 模型参数

序号	名称	意义	单位	默认值
1	VTO	零偏阈值电压	V	0.0
2	KP	传输电导	A/V^2	2.0E-5
3	GAMMA	体效应参数	$\sqrt{V}$	0.0
4	PHY	表面势	V	0.3
5	LAMBDA	沟道长度调制	1/V	0.0
6	RD	漏极电阻	Ω	0.0
7	RS	源极电阻	Ω	0.0
8	CBD	零偏 B-D 结电容	F	0.0
9	CBS	零偏 B-S 结电容	F	0.0
10	IS	衬底结饱和电流	A	1.0E-14
11	PB	衬底结势垒	V	0.8
12	CGSO	单位沟道长度栅–源交叠电容	F/m	0.0
13	CGDO	单位沟道长度栅–漏交叠电容	F/m	0.0
14	CGBO	单位沟道长度栅–衬底电容	F/m	0.0
15	RSH	漏–源扩散片电阻	Ω/□	0.0
16	CJ	零偏衬底结电容	F/m^2	0.0
17	MJ	衬底结分级系数	—	0.5
18	CJSW	零偏衬底结侧向电容	F/m	0.0
19	MJSW	衬底结侧向分级系数	—	0.33
20	JS	衬底结饱和电流密度	A/m^2	0
21	TOX	栅极介质厚度	m	1E-7

续表

序号	名称	意义	单位	默认值
22	NSUB	衬底掺杂	$1/cm^3$	0.0
22	NSS	表面态密度	$1/cm^2$	0.0
23	NFS	快速表面态密度	$1/cm^2$	0.0
24	TPG	栅极类型设置参数：TPG 为+1 时，表示栅极材料和源/漏极的相反；TPG 为-1 时，表示栅极材料和源/漏极的相同；TPG 为 0 时，表示栅极材料为铝	—	1.0
25	XJ	冶金结深度	m	0.0
26	LD	横向扩散	m	0.0
27	U0	表面迁移率	$cm^2/(V \cdot s)$	600
28	UCRIT	临界电场迁移率衰减（Level 2）	V/cm	1.0E4
29	UEXP	临界电场指数迁移率衰减（Level 2）	—	0.0
30	UTRA	横向电场系数	—	0.0
31	VMAX	载流子最大漂移速度	m/s	0.0
32	NEFF	沟道总电荷系数（Level 2）	—	1.0
33	KF	抖动噪声系数	—	0.0
34	AF	抖动噪声指数	—	1.0
35	FC	正偏系数耗尽层电容公式	—	0.0
36	DELTA	阈值电压宽度效应（Level 2）	—	0.0
37	THETA	迁移率调制（Level 3）	1/V	0.0
38	ETA	静态反馈（Level 3）	—	0.0
39	KAPPA	饱和电场因子（Level 3）	—	0.2
40	TNOM	参数测量温度	℃	27

附录 𝓑 a-Si:H TFT 的 Level 35 模型参数

序号	名称	意义	单位	默认值
1	LAMBDA	输出电导参数	1/V	0.0008
2	M(MSAT)	膝行参数	—	2.5
3	ALPHASAT	饱和调制参数	—	0.6
4	VMIN	收敛参数	V	0.3
5	DELTA	转换区间宽度常数（纯数学参数，没有物理意义）	—	5
6	VTO(VT0)	零偏阈值电压	V	0.0
7	MUBAND	导带迁移率	$m^2/(V \cdot s)$	0.001
8	EPSI	Gate 绝缘层相对介电常数	—	7.4
9	TOX	绝缘层厚度	m	1.0E-7
10	VAA	场效应迁移率特征电压	V	7.5E3
11	GAMMA	迁移率的幂指数参数	—	0.4
12	V0(VO)	深能级特征电压	V	0.12
13	EPS	衬底相对介电常数	—	11
14	GMIN	深能级最小态密度	$m^{-3}eV^{-1}$	1E23
15	NC	有效电导	—	3E25
16	DEF0	暗态费米能级	eV	0.6
17	VFB	平带电压	V	−3
18	IOL	零偏空穴漏电流	V	7
19	VDSL	空穴漏电对 VDS 的依赖关系	V	7

续表

序号	名称	意义	单位	默认值
20	VGSL	空穴漏电对 VGS 的依赖关系	V	7
21	SIGMA0	最小空穴漏电流参数	A/V	1E-14
22	KVT	阈值电压温度系数	V/℃	−0.036
23	KASAT	ALPHASAT 温度系数	1/℃	0.006
24	EMU	场效应迁移率激活能	eV	0.06
25	EL	空穴漏电流激活能	eV	0.35

附录 *C* LTPS TFT 的 Level 36 模型参数

序号	名称	意义	单位	默认值
1	MUS	亚阈值迁移率	cm²/(V·s)	1.0
2	TOX	Gate 绝缘层厚度	m	1.0E-7
3	VTO	零偏阈值电压	V	0
4	VON	ON 态电压	V	0
5	DVT	ON 态电压/阈值电压差异	V	0
6	AT	第一 DIBL 参数	m/V	3E-8
7	BT	第二 DIBL 参数	mV	1.9E-6
8	VSI	第一 V_{GS} 依赖参数	V	2.0
9	VST	第二 V_{GS} 依赖参数	V	2.0
10	ASAT	$V_{DS\,sat}$ 百分比常数	—	1
11	MU0	高电场迁移率	cm²/(V·s)	100
12	MU1	低电场迁移率	cm²/(V·s)	0.0022
13	MMU	低电场迁移率指数	—	1.7
14	DELTA	转换区间宽度常数（纯数学参数，没有物理意义）	—	4.0
15	VKINK	Kink 效应电压	V	9.1
16	LKINK	Kink 效应常数	m	19E-6
17	MKINK	Kink 效应指数	—	1.3
18	I0	漏电流按比例缩放常数	A/m	6.0
19	BLK	漏电势垒降低常数	mV	1.0E-3
20	DD	V_{DS} 电场常数	m	1.4E-7
21	AD	1/DD	1/m	1/1.4E-7
22	DG	V_{GS} 电场常数	m	2E-7
23	AG	1/DG	1/m	1/2E-7

续表

序号	名称	意义	单位	默认值
24	VFB	平带电压	V	−0.1
25	I00	反偏二极管常数	A/m	150
26	EB	二极管势垒高度	eV	0.68
27	EAT	亚阈值理想因子	—	7
28	DVTO	VTO 温度系数	V/℃	0
29	LASAT	ASAT 长度依赖系数	m	0
30	DASAT	ASAT 温度系数	1/℃	0
31	DMU1	MU1 温度系数	$cm^2/(V \cdot s \cdot ℃)$	0
32	CAPMOD	电容模型选择参数	—	0
33	ZEROC	关断电容计算	—	0
34	MC	电容膝行参数		3.0
35	ETA0	零漏极偏压电容亚阈值理想因子	—	ETA
36	ETA00	漏极偏压电容亚阈值系数	1/V	0
37	EPSI	Gate 绝缘层相对介电常数		3.9
38	EPS	衬底相对介电常数		11.7
39	ME	长沟道饱和调制参数		2.5
40	META	EAT 衬底 Floating 参数		1.0
41	MSS	V_{DSE} 调制参数		1.5
42	VMAX	饱和速度		1.5
43	THETA	迁移率衰减参数	1/V	0.0
44	ISUBMOOD	沟道长度调制选择参数	—	0.0
45	LAMBDA	沟道长度调制参数	m/V	0.048
46	LS	沟道长度调制参数	—	35E-9
47	VP	沟道长度调制参数		0.2
48	INTSDNOD	本征电阻模式选择参数		0.0
49	SCALERPI	比例缩放方程选择参数		0
50	LU0	mu0 长度系数	m	0
51	LU1	低电场迁移率长度参数	m	0
52	CT	ALPH ASAT 长度系数	—	0
53	L0	ALPH ASAT 饱和长度	m	0
54	LMS	ms 长度参数	m	0

附录 *D* IGZO TFT 的 Level 301 模型参数（完善中）

序号	名称	意义	单位	默认值
1	LAMBDA	通道调变系数	1/V	0.0008
2	LAMBDAG	通道调变系数的 V_{GS} 相关	1/V	0
3	ALPHASAT	饱和调制系数	—	0.6
4	ASATG	饱和调制系数的 V_{GS} 相关	1/V	0
5	KINK	饱和区的电流突增（Kink）效应的选择常数	—	0
6	MKINK	饱和区的电流突增（Kink）效应的指数常数	—	1.3
7	VKINKG	VKINK 的 V_{GS} 相关	—	0
8	VKINK	饱和区的电流突增（Kink）效应的电压	V	9.1
9	LKINK	饱和区的电流突增（Kink）效应的常数	m	1.90E-05
10	M	膝区效应参数	—	2.5
11	VMIN	平滑收敛常数	V	0.3
12	DELTA	转换区间宽度常数	—	5
13	DELVTO	VTH 偏移量	V	0
14	MUBAND	导带迁移率	$m^2/(V \cdot s)$	0.001
15	MUBANDG	MUBAND 的 V_{GS} 相关	—	0
16	MUBANDD	MUBAND 的 V_{DS} 相关	V	0
17	VAA	场效应迁移率特征电压	V	7500
18	EMU	场效应迁移率	eV	0.06
19	GAMMA	迁移率的幂指数参数	—	0.4
20	GAMMAD	GAMMA 的 V_{DS} 相关	V	0
21	VFB	平带电压	V	0.3
22	V0	深能级特征电压	V	0.12

续表

序号	名称	意义	单位	默认值
23	GMIN	深能级最小态密度	$m^{-3}eV^{-1}$	1.00E+23
24	NC	有效导带掺杂浓度	—	3.00E+25
25	DEF0	暗态费米能阶	eV	0.6
26	VT0	零偏压阈值	V	0
27	DIBL	漏致势垒降低参数	—	0.01
28	DIBLD	DIBL 的 V_{DS} 相关	—	0.05
29	NIBL	光致势垒降低	V/Lux	0
30	NIBLD	NIBL 的 V_{DS} 相关	V/Lux	1.00E-05
31	KTD	IGZO 局域态特征常数	eV	0.056
32	KTT	IGZO 自由载流子特征常数	eV	0.0268
33	NEFFD	IGZO 导带局域态等效密度	m^{-3}	7.50E+23
34	NEFFT	IGZO 导带自由载流子等效密度	m^{-3}	2.00E+23
35	PHIF0	热平衡态下的费米能级	V	0.5
36	PHITRAP	陷阱态对表面电位的电位修正	—	1
37	PHIVGSDEP0	PHIF0 的 VG 相关依赖参数	—	0.5
38	PHIVGSDEP1	PHIF0 的 VG 相关一阶依赖参数	1/V	0.5
39	SS0	亚阈值斜率调节系数	V	0.5
40	SSDIBL	SS0 的 DIBL 相关效应	1/V	0.5
41	TSSDIBL	SSDIBL 的温度相关效应	1/℃	0.02
42	MUS	亚阈值区迁移率	—	1
43	PHIB	IGZO 背沟道电势调制效应	V	0.5
44	IOL	零偏压漏电流	A	5.00E-14
45	VDSL	空穴漏电对 V_{DS} 的依赖关系	V	50
46	VGSL	空穴漏电对 V_{GS} 的依赖关系	V	50
47	VGSLD	VGSL 对 V_{DS} 的依赖关系	—	0.1
48	IBCF	零偏压背沟道漏电流常数	—	1
49	VDSBC	背沟道漏电流触发电压	V	0
50	MBC	背沟道漏电流指数特征常数	—	0
51	MBCD	MBC 的 V_{DS} 相关	—	0
52	VFC	高电压区前沟道漏电流触发电压	V	−20
53	IFCF	高电压区前沟道的零偏压漏电流常数	—	2
54	MFC	高电压区前沟道漏电流指数特征常数	V^{-2}	0.05

续表

序号	名称	意义	单位	默认值
55	MFCD	MFC 的 V_{DS} 相关	—	0
56	SIGMA0	最小漏电流	A	1.00E-14
57	SIGMA0D	SIGMA0 的 V_{DS} 相关	—	1.5
58	ULC1A	线性相关光致漏电流偏移系数	A/(V·Lux)	1.00E-16
59	ULC1B	线性相关光致漏电流对 VDS 的依赖关系	A/Lux	1.00E-15
60	ULC1EAA	线性相关光致漏电流偏移的活化能	J	0.025
61	ULC1EAB	线性相关光致漏电流活化能的 VDS 依赖关系	J	0.025
62	ULC2GAMMA	指数相关光致漏电流的比例因子	A/(V·Lux)	1.00E+18
63	ULC2ETAD	指数相关光致漏电流的指数 V_{DS} 依赖关系	1/V	0.5
64	ULC2ETAG	指数相关光致漏电流的指数 V_{GS} 依赖关系	1/V	0.15
65	LUX	光辐照强度	Lux	0
66	DVON	CV 模型阈值修正参数	V	0.1
67	METO	交叠电容边缘效应因子	—	0
68	CGSO	单位沟道长度栅-源交叠电容	F/m	0
69	CGDO	单位沟道长度栅漏交叠电容	F/m	0
70	CGSCALE	IGZO 电容缩放因子	—	1
71	CAPGAMMA	电容幂指数参数	—	0.5
72	ETAC0	零偏压电容因子	—	7
73	ETAC00	漏致电容变化因子	1/V	0
74	MC	电容膝区效应参数	—	3

反侵权盗版声明

　　电子工业出版社依法对本作品享有专有出版权。任何未经权利人书面许可，复制、销售或通过信息网络传播本作品的行为；歪曲、篡改、剽窃本作品的行为，均违反《中华人民共和国著作权法》，其行为人应承担相应的民事责任和行政责任，构成犯罪的，将被依法追究刑事责任。

　　为了维护市场秩序，保护权利人的合法权益，本社将依法查处和打击侵权盗版的单位和个人。欢迎社会各界人士积极举报侵权盗版行为，本社将奖励举报有功人员，并保证举报人的信息不被泄露。

举报电话：（010）88254396；（010）88258888

传　　真：（010）88254397

E-mail：dbqq@phei.com.cn

通信地址：北京市海淀区万寿路 173 信箱
　　　　　电子工业出版社总编办公室

邮　　编：100036